建筑用彩涂钢板
应用指南

宝山钢铁股份有限公司
中国钢结构协会　编著

中国建筑工业出版社

图书在版编目（CIP）数据

建筑用彩涂钢板应用指南/宝山钢铁股份有限公司，中国钢结构协会编著. —北京：中国建筑工业出版社，2018.5

ISBN 978-7-112-22064-9

Ⅰ. ①建… Ⅱ. ①宝… ②中… Ⅲ. ①钢板-建筑材料-指南 Ⅳ. ①TU511.3-62

中国版本图书馆 CIP 数据核字（2018）第 062054 号

　　本书对建筑用彩涂板的材料特性、技术标准、建筑设计、结构计算及加工安装与质量检验等方面进行了系统介绍和指导，分为材料和设计应用两大部分，共10章。第一篇材料部分（第1~5章）系统地介绍了彩涂钢板的基板、涂（镀）层的生产工艺和材料性能以及分类和使用特点，使读者对基板、镀层板、涂层板的特性有较全面了解，同时列举了不同行业、不同环境、不同彩涂品种的工程应用实例，可作为工程应用参考。第二篇设计应用部分（第6~10章）就广大用户关心的彩涂钢板的环境条件、使用寿命和防护措施等问题，汇集了国内外有关标准和资料，提出了应用彩涂钢板可参照的标准和分类；建筑设计部分内容丰富，可操作性强，是作者对多年设计和工程实践经验的总结，对屋面防水、保温、隔热有独特的建议并附有大量参考节点构造图，可用作实际工程参考；结构设计章节中明确了采用的标准和选材要求，提出设计计算方法和公式与设计荷载（包括负风压）的计算，特别是附有多种板型承载力的计算实例，使读者对复杂的薄壁构件计算有深入的了解。本书还总结了多年来彩涂板的压型加工、安装经验，列出各类板材的有关验收标准与检验细则，可供工程施工时参考。

　　本书可作为建筑用彩涂钢板应用培训教材，也可供建筑设计、制作安装、监理、管理部门技术人员参考使用。

＊　　＊　　＊

责任编辑：仕　帅　王　跃
责任校对：芦欣甜

建筑用彩涂钢板应用指南

宝山钢铁股份有限公司
中国钢结构协会　编著

＊

中国建筑工业出版社出版、发行（北京海淀三里河路9号）

各地新华书店、建筑书店经销

霸州市顺浩图文科技发展有限公司制版

北京缤索印刷有限公司印刷

＊

开本：880×1230毫米　1/16　印张：17　字数：549千字

2018年5月第一版　2018年5月第一次印刷

定价：**99.00**元

ISBN 978-7-112-22064-9

（31964）

序　1

随着科学技术的进步，工业化进程的加快以及环保要求的日益提高，外观亮丽、耐蚀性好、易加工成型、使用寿命长、功能实用的彩涂钢板被广泛应用于建筑、交通运输、家用电器、家具和办公用品等各个领域。

宝钢第一条彩涂线于1989年投产，目前已建成4条世界一流的彩涂生产线，年产量达80万吨，是中国高端彩涂最大的生产基地，产品广泛应用于冶炼、化工、汽车、医药、食品、农牧、航空航天、科学考察、交通运输和物流等行业。

作为世界一流的钢铁企业，宝钢一直致力于高端彩涂产品的研发与应用，以完备的检测手段、强有力的研发能力、一贯制的质量管理体系为保证，发挥炼铁、炼钢、热轧、冷轧、镀锌、彩涂全流程的生产设备和工艺优势，形成聚偏二氟乙烯（PVDF）、高耐久性聚酯（HDP）、硅改性聚酯（SMP）、聚酯（PE）、自洁、抗静电、隔热、网纹、幻彩等全系列、多功能涂层体系，热镀锌、镀铝锌、锌铝镁、不锈钢、电镀锌以及专有的普通强度、280MPa、300MPa、350MPa、500MPa、550MPa等多品种、高强度基板种类。

近年来，建筑师们以超人的智慧和灵感用宝钢彩涂板创作了浦东国际机场、首都国际机场、上海环球金融中心、北京奥运场馆、上海世博会、南极长城站、中山站、泰山站、巴西科考站、天津博物馆、上海磁悬浮车站等一幢幢钢结构建筑艺术作品，诠释了钢铁、技术与艺术的完美结合，创造了令人振奋和遐想的建筑风格，营造了时尚和谐的生活空间。

为了进一步满足广大设计师和用户的需求，推进国内涂镀钢板选材的标准化和健康发展，宝钢股份与中国钢结构协会编写了《建筑用彩涂钢板应用指南》，系统地介绍建筑涂镀彩涂板力学特性、涂层技术特性、板型和加工安装技术，收集了部分典型工程案例，指导用户正确地选材和应用。让我们走近彩涂板，感受钢铁、技术和艺术带来的激情与快乐。

愿我们携手共进，用钢铁与智慧谱写建筑历史的新篇章。

2018年5月

序 2

进入 21 世纪，我国国民经济高速平稳发展，以钢结构为主体的工业和民用建筑也得到迅速发展，中国钢结构协会的统计数据显示，中国钢结构行业 2016 年度的加工制造总产量约 5720 万吨，较 2015 年增长 12.2％。

据有关企业统计资料分析，彩涂钢板产量中大约 70％用于建筑工程屋面、墙面、隔墙及楼板，用量约有 600 万吨/年。目前彩涂压型钢板的应用也已从一般工业建筑进入各地的大型公共建筑，如机场候机楼、火车站、体育场馆、大型超市、物流中心、2008 年奥运场馆、上海世博会、首都新机场等。建筑屋顶及墙面采用了防腐蚀性能更强的彩色涂层钢板以及受力和连接更为合理的板型，施工方法也更为科学。随着压型钢板应用技术的发展，出现了咬合构造、扣合构造以及紧固件隐藏式连接等压型钢板产品；楼盖用闭口型板已有成熟的应用，楼盖桁架楼承板也有了更多的工程应用。

不少院校、研究单位和有关企业对压型钢板的计算理论、板型、连接节点进行试验研究；对建筑物受到大雪和台风破坏进行调研和理论分析；开展对新型箱形组合压型钢板的试验研究和工程实践；结合重大工程总结了各种施工工法，积累了宝贵的经验；并已基本形成了压型钢板系列的全过程标准体系，从而对压型钢板的发展提供了可靠的技术支撑作用。压型钢板作为绿色环保的工业化建筑产品，也是装配式建筑的配套产品，未来必将会蓬勃发展。

《建筑用彩涂钢板应用指南》由宝山钢铁股份有限公司和中国钢结构协会组织国内知名专家及有关企事业单位人员经过一年多辛勤努力编写而成，是目前镀层、涂层压型钢板工程方面最全面、最系统、最规范的指导性应用参考资料。本书的出版必将为提高彩涂钢板生产、应用技术水平以及钢结构围护工程的设计和施工做出贡献。

岳清瑞

2018 年 5 月

前　　言

近年来，彩色涂层钢板（简称彩涂板）已成为国内最具有科技含量和市场活力的钢材品种之一，而在我国工业和民用建筑中的广泛采用，更是引起了建筑围护结构在轻量化和造型美化方面革命性的变化。建筑用彩涂板的年用量已近 600 万 t。同时经过近 40 年建筑用彩涂板的应用，积累了丰富的经验，宝山钢铁股份有限公司和中冶建筑研究总院一直作为产品生产研发、应用技术规范、设计图集深化的开拓者和创新者做出了很大的贡献。压型金属围护结构是一项有较高技术含量的系统工程，涵盖了板材性能、建筑热工、防水构造与结构承重、施工工法等多方面技术要求，但目前建筑设计和施工人员对这些技术要求缺乏系统了解。故很需要一本对建筑用彩涂板的材料特性、技术标准、建筑设计、结构计算及其加工安装与质量检验等方面给予系统细化介绍指导的大型工具书或技术指南资料，以适应用户、规划、设计、制作、安装、监理、业主及管理部门等各方面的要求。

为此，中国钢结构协会与宝山钢铁股份有限公司共同组织相关专家编写了这本《建筑用彩涂钢板应用指南》，相信并期待着本书的出版发行会为在建筑工程中科学合理地应用彩涂板，促进国内彩涂钢板选材和应用科学化、标准化，提高建筑围护工程质量和应用水平，起到积极的推动作用。

本书由宝山钢铁股份有限公司和中国钢结构协会联合编写。

顾　　　问：吴彬、沈伟平

主　　　编：陈禄如

副　主　编：顾进荣、文双玲

主　　　审：柴昶、李向军

编写组成员：陈禄如、顾进荣、文双玲、柴昶、任玉苓、田新芳、范纯、陈宝华、陈红明、卞宗舒、张圣华、苏雪霞、 吕绍泉

编写人员分工如下：

第 1 章	彩涂钢板的生产与发展	（任玉苓）
第 2 章	彩涂钢板基板的性能及影响因素	（顾进荣）
第 3 章	彩涂钢板涂层的性能及影响因素	（田新芳）
第 4 章	宝钢彩涂的质量保证体系	（范纯、顾进荣）
第 5 章	彩涂钢板的订货、储运和防伪标识	（陈宝华、陈红明）
第 6 章	建筑压型钢板的分类及技术标准	（陈禄如 、文双玲）
第 7 章	压型钢板围护结构的建筑设计	（卞宗舒、 吕绍泉 ）
第 8 章	涂、镀层压型钢板的耐久性	（柴昶）
第 9 章	压型钢板的结构设计	（文双玲、张圣华）

第 10 章　　压型钢板的加工、安装与质量检验　　　　（陈禄如、文双玲、苏雪霞）

本书是在原《宝钢建筑用彩涂钢板应用指南》一书基础上，经原作者补充、更新修编而成。本书的公开出版首先要感谢徐伟、白云为组织编写和出版所做的贡献。同时还应感谢为本书出版提供资料与支持的以下单位：中国钢铁工业协会、中冶建筑研究总院有限公司、《工业建筑杂志社》有限公司、西北电力设计研究院、沈阳铝镁设计研究院、中冶赛迪工程技术股份有限公司、中国京冶工程技术有限公司、中交第三航务港务勘测设计研究院有限公司、中船第九设计研究院、上海机电设计研究院、上海宝钢彩钢建设有限公司、美建建筑系统中国有限公司、美联钢结构建筑系统（上海）有限公司、浙江精工工业建筑有限公司、精工科技股份有限公司、北京多维钢构公司、河南天丰集团。

由于本书编写人员经验有限且时间短促，难免有疏漏或不足之处，请广大读者用户批评指正。

目　　录

第一篇　材料部分

第二篇　设计应用部分

第一篇
材料部分

第1章 彩涂钢板的生产与发展

1.1 彩涂钢板的生产发展历史

1.1.1 彩涂钢板的特点

彩涂钢板也称有机涂层钢板、预涂钢板、彩涂板，是在基板经过预处理后，涂敷一层或者多层有机涂料，再经烘烤之后形成的复合材料。彩涂钢板具有外观亮丽、耐蚀性好、易加工成型、使用寿命长、污染少、功能实用的特点，广泛应用于建筑、运输、家用电器、家具和办公用具等各个领域。

建筑行业中，各种彩涂压型钢板在满足建筑使用、缩短施工周期、降低维护费用等方面具有明显的优势。彩涂钢板具有适应各种环境下使用的镀层和涂层，变化多样的压型钢板板型、方便操作的施工工艺和丰富多彩的颜色，使彩涂钢板具有极大的灵活性和适应性。与木材、混凝土及其他建筑材料相比，彩涂钢板具有独特的性能，成为当代建筑围护结构的主要材料之一。

在轻工家电行业，彩涂钢板可以直接通过辊压、冲压或者折弯加工成为冰箱面板、侧板、洗衣机箱体、空调室外机外壳等，无须脱脂、磷化、喷漆等工序，从而降低设备投资、减少加工工序、避免环境污染等。彩涂钢板已经在全球家电行业得到广泛应用。

1.1.2 国内外彩涂板发展情况

彩色涂层板20世纪30年代中期产生于美国，开始是窄带涂漆，用于百叶窗的制造。美国在20世纪50年代建造了第一批宽带材涂层机组。20世纪60年代，涂层板在美国、欧洲和日本得到了迅速地发展。

根据日本相关公司的统计，2013年全球彩涂钢板产量约2000万吨（图1-1），其中欧洲年产量约500万吨，美国约400万吨，亚洲约1100万吨。根据欧洲卷材协会（ECCA）、美国卷材协会（NCCA）统计显示：2016年欧洲（不含俄罗斯）彩涂钢板年产量约500万吨，美国约400万吨，处于平稳发展期（图1-2）。近年俄罗斯新建彩涂机组较多，产量呈现上升趋势，年产量约70万吨（图1-3）。

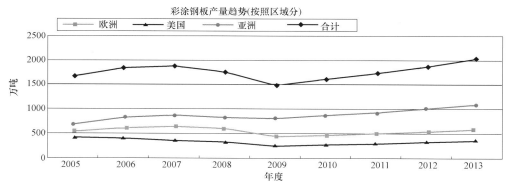

图1-1 2013年全球彩涂钢板产量

近年来，亚洲彩涂钢板产量总体呈上升趋势（图1-4）。其中，中国大陆上升趋势明显，印度次之。2013年中国大陆彩涂钢板产量超过500万吨。由于亚洲产能的迅速增加，使大量产品流向欧美，影响了全球的彩涂钢板产品市场。近二十多年进口到欧洲的彩涂钢板量见图1-5，2016年欧洲进口彩涂钢板约73万吨，主要来自韩国和印度；近十多年进口到美洲的彩涂钢板量见图1-6，2016年美国进口彩涂

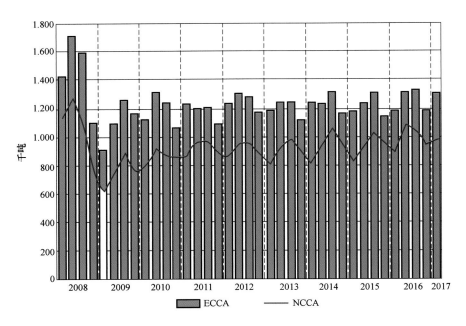

图 1-2　欧洲和美国卷钢产量

ECCA—欧洲卷材涂层协会；NCCA—美国卷材涂层协会

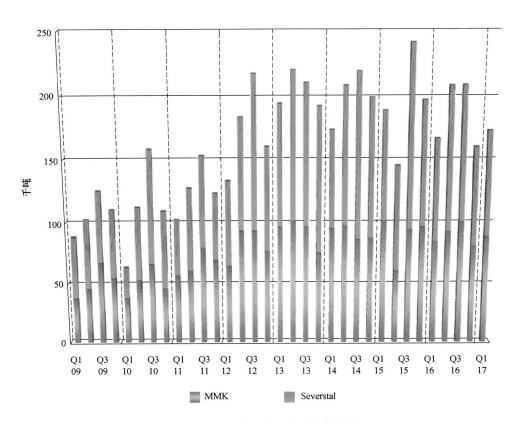

图 1-3　俄罗斯主要钢厂彩涂钢板产量

MMK—俄马钢；Severstal—谢维尔钢公司

钢板约 45 万吨，主要来自韩国和中国台湾。2013 年以来中国大陆在这两个主要市场的出口均因反倾销而基本退出。

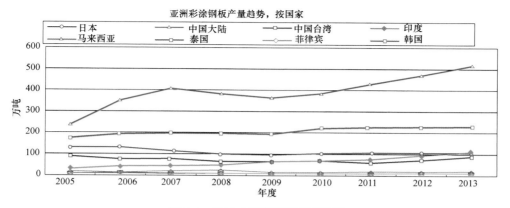

图 1-4 2013 年亚洲彩涂钢板产量

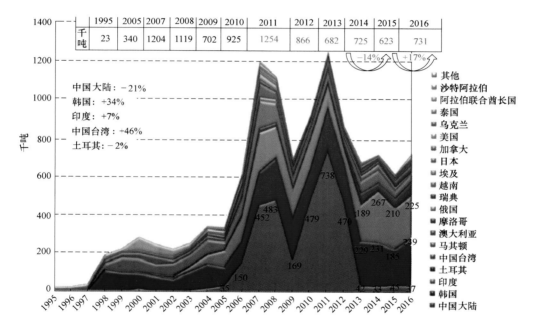

图 1-5 欧洲彩涂钢板进口情况

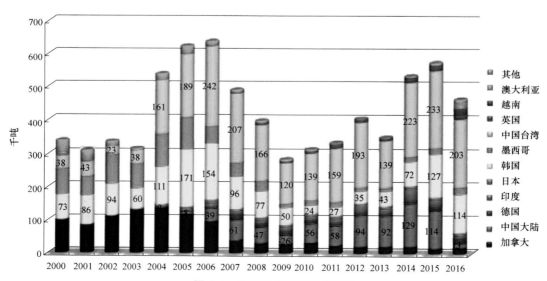

图 1-6 美洲彩涂钢板进口情况

我国 20 世纪 80 年代，武钢、宝钢、广州彩带厂、北京门窗厂等相继建成了二涂二烘形式的彩色涂层钢板生产线，填补了国内空白。随着彩色涂层钢板产品在国内的推广以及应用领域的扩大，人们对彩涂钢板的认识不断提高，到 20 世纪末和 21 世纪初，国内彩色涂层钢板生产线急剧增加，消费量也迅速增长。据不完全统计，2016 年国内彩涂机组共计 413 条，产能约 5050 万吨，产量约 600 万吨，开工率不足 20%，产销供求矛盾明显，市场竞争日益复杂，产品质量参差不齐。

我国目前正在推进供给侧改革，淘汰落后产能，更加注重环境保护，提倡节约资源，走循环经济和可持续发展之路。目前多数行业产能严重过剩，制造业新建或扩建需求明显降低，民间工业投资增速大幅度放缓，彩涂钢板市场从快速扩张阶段，进入相对稳定发展阶段，年需求量大于 600 万吨。

1.2　彩涂钢板品种发展趋势

近年来彩涂钢板的用途仍然以建筑为主（图 1-7）。涂料类型以聚酯为主，聚氨酯正在替代 PVC（图 1-8）。涂料耐久性提高、特殊颜色、特殊表面、环保涂料等是主要发展趋势。随着印花设备和工艺等变革，印花油墨用量有所增加。

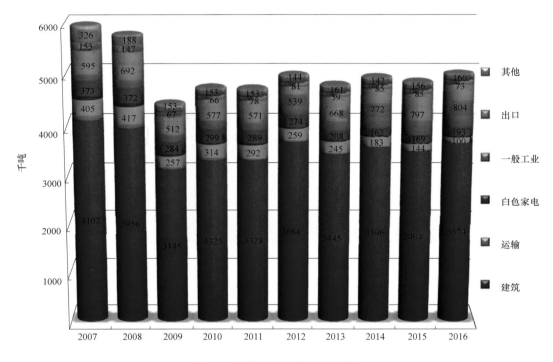

图 1-7　欧洲卷钢产量及用途趋势

在基板方面，高强减薄仍然是主要发展方向；锌铝镁镀层因对彩涂钢板耐蚀性提高有重要贡献，欧洲主要钢厂均已经开始采用低铝锌铝镁镀层基板进行彩涂钢板生产，澳大利亚的博思格、日本日铁住金、韩国东国制钢等均已经切换进行高铝锌铝镁基板彩涂钢板生产。宝钢也于 2016 年试验了低铝锌铝镁和高铝锌铝镁镀层及其彩涂钢板（图 1-9）。

1.2.1　先进高强钢彩涂钢板

作为建筑用钢，基于成本考虑和非冲压性的要求，采用普通 CQ 钢种进行全硬或半全硬处理提高屈服强度一直是建筑用彩涂钢板钢种开发的首选，但对加工成型性要求高，全硬工艺就不能满足高强度、低屈强比钢种生产要求。

宝钢采用 HSLA（低合金高强度）工艺开发了 250MPa、280MPa、300MPa、350MPa、420MPa 不同等级的高强度、低屈强比钢种，满足了用户对不同钢种性能的要求。例如浦东国际机场二期航站楼屋

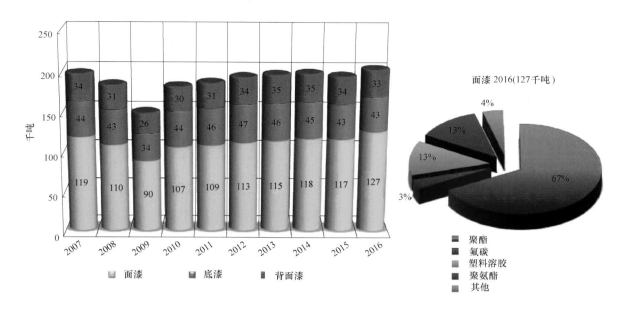

图 1-8　欧洲卷材涂料趋势

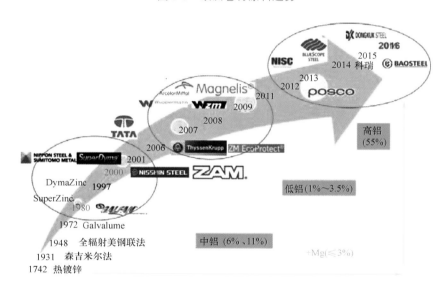

图 1-9　锌铝镁镀层发展趋势

面外板就使用了宝钢 TS250GD＋AZ、0.7mm 厚的热镀铝锌氟碳彩涂板，基板屈服强度、延伸率分别控制在 280～340MPa 和 28％～34％，保证了长廊和主楼面板大跨度连续正反弧良好的加工成型性能和良好的板型，如图 1-10 所示浦东机场二期航站楼屋面外板。

近年来国内外彩色涂层钢板市场对高强、高韧、具有良好成型性能的彩色涂层钢板产品需求显著提高，同时对成本控制要求也不断增加。针对于此，宝钢成功开发出具有高强、高韧特性、强度不小于 450MPa、断裂延伸（El）不小于 10％的系列先进高强钢彩色涂层钢板产品（表 1-1）。宝钢先进高强度彩色涂层钢板产品包括复

图 1-10　浦东机场二期航站楼屋面外板

相钢（CP，complex phase steel）系列和双相钢（DP，dual phase steel）系列，先进高强钢主要利用相变强化的原理，可在不增加或少增加成本的前提下，获得具有高强、高韧特性、加工成型性能和板型良好的先进高强彩色涂层钢板产品，更好地满足了用户对不同钢种性能的要求。

宝钢新开发的高强彩色涂层钢板产品系列 表 1-1

牌号	规格(mm×mm)	屈服强度(MPa)	抗拉强度(MPa)	断后延伸率（%）	镀层
HC400/450CPD+AZ	(0.4～2.0)×(800～1250)	≥400	≥450	≥14	常规
HC450/500CPD+AZ	(0.5～2.0)×(800～1250)	≥450	≥500	≥12	常规
HC500/550CPD+AZ	(0.4～2.0)×(800～1250)	≥500	≥550	≥10	常规
HC550/600CPD+AZ	(0.5～2.0)×(800～1250)	≥550	≥600	≥9	常规
HC350/550DPD+AZ	(0.4～2.0)×(800～1250)	≥350	≥550	≥18	常规
HC400/650DPD+AZ	(0.5～2.0)×(800～1250)	≥400	≥650	≥14	常规

宝钢开发的先进高强彩涂新产品受到用户欢迎，压型加工正常（图 1-11），风揭试验（图 1-12）在宝钢某用户试验室完成，该用户对压型钢板风揭强度的要求是大于 4.0kPa。宝钢先进高强的 HC500-

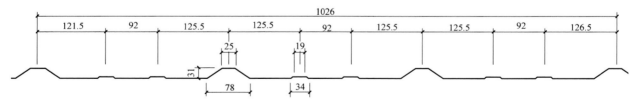

图 1-11 压型成型

普通TS550GD   HC500-550CPD

图 1-12 抗风揭试验

550CPD 钢板，当风压至达到 2.5kPa 持续保持风压 30s 时，观察钢板表面有发生塑性变形；当风压至达到 6.0kPa 时，压型钢板在螺钉紧固处发生破坏，螺钉孔扩大，钢板被撕裂，钢板从螺钉头部脱开，螺钉完好保持在檩条上。同等工况条件下，宝钢 TS350GD 彩涂钢板抗风揭强度为 4.19kPa，0.53mm 厚度宝钢 TS550GD 的 PBR-1026 压型钢板极限破坏风压值为 3.96kPa。

宝钢的先进高强度彩涂钢板不仅可以满足压型钢板的加工要求，而且在抵抗大风等危害天气时更能体现其高强的优势。

1.2.2 锌铝镁镀层彩涂钢板

热镀锌系列彩涂基板是应用比较普遍的产品，为了提高耐蚀性，主要是增加镀层厚度，但增加镀层厚度使成本提高很多，且表面质量不易控制，加上全球锌资源的枯竭，各种耐蚀性好的合金镀层产品应运而生。这些合金热镀锌的一个特点就是加入少量的合金元素，在不提高镀层重量（甚至减少镀层重量）的情况下，可大大提高产品的耐蚀性，合金镀层的耐蚀性和普通热镀锌相比可提高 2～6 倍。应用较多的合金镀层有镀锌铝（5％铝）、镀铝锌（55％铝）和镀铝锌镁等。

宝钢建筑用途彩涂板的镀层通常为热镀纯锌镀层和热镀铝锌（55％铝）镀层。2016 年又开发了锌铝镁镀层彩涂钢板：低铝锌铝镁镀层钢板（BZM）及彩涂板和高铝锌铝镁镀层钢板（BAM）及彩涂板两种系列产品。

1. 锌铝镁镀层

锌铝镁镀层钢板是在现有的热镀锌或热镀铝锌镀层中添加一定铝镁等相关微量元素，达到提升钢板耐蚀性能、切边保护性能的目的。已有公开的实验室加速实验、户外暴露实验等结果表明，一定范围内铝、镁含量增加会提高耐蚀性几倍到十几倍（图 1-13）。加镁之后的另一大优点是钢板的切边耐蚀性提高，含镁的锌基腐蚀产物会覆盖在切口表面，从而对切口形成保护。

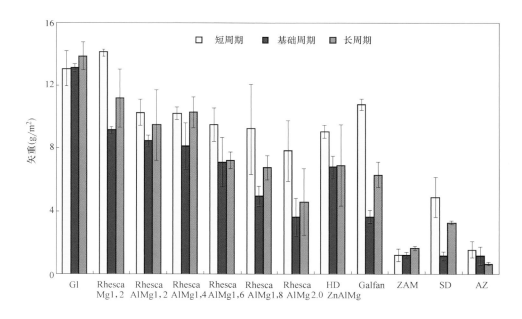

图 1-13　添加不同铝镁含量的镀层对钢板耐蚀性的影响

对商业应用的含镁镀层钢板进行归纳分析，绝大部分镀层中镁含量不大于 3％，又根据镀层中铝含量的不同，将锌铝镁镀层分为：

1）低铝锌铝镁镀层：铝含量：1％～3.5％，该镀层是在热镀锌基础上添加一定的铝镁和其他元素形成，宝钢在 2016 年 6 月进行了第一次工业试制。该镀层钢板也进行了彩涂机组试验，并开发成功了低铝锌铝镁基板彩涂钢板。该镀层是热镀纯锌镀层耐蚀性的升级版，宝钢简称为 BZM 镀层钢板及其彩涂板。

2）中铝锌铝镁镀层；铝含量：6％、11％。

3）高铝锌铝镁镀层；铝含量：55％，该镀层是在热镀铝锌基础上添加一定的镁和其他元素形成，宝钢在 2016 年 8 月进行了第一次工业试制。该镀层钢板也进行了彩涂机组试验，并成功开发了高铝锌铝镁基板彩涂钢板。该镀层是热镀铝锌镀层耐蚀性的升级版，宝钢简称为 BAM 镀层钢板及其彩涂板。

2. 低铝锌铝镁镀层钢板（BZM）及彩涂板

低铝锌铝镁钢板（BZM）镀层成分以锌为主，同时含有少量铝和镁元素，相结构比纯锌镀层复杂，主要包括初生锌相，$MgZn_2$-Zn 二元共晶和 Zn-$MgZn_2$-Al 三元共晶相。镀层表面形貌和截面形貌如图 1-14 所示。

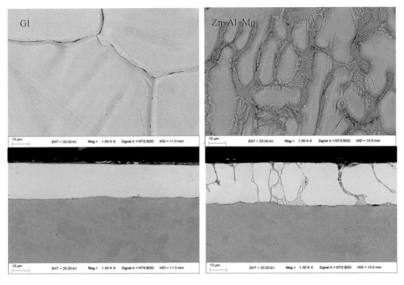

图 1-14 BZM 镀层表面形貌和镀层截面形貌

由于添加了铝镁等元素，镀层加工性能下降，与现有热镀锌和镀铝锌基板相比，180°折弯后镀层裂纹介于两者之间（图 1-15）。

图 1-15 BZM 镀层 180 度折弯裂纹比较

Z—纯锌；ZM—BZM；AZ—镀铝锌

为了评估低铝锌铝镁（BZM）彩涂钢板在建筑用途的使用情况，我们分别经过了辊压成型（图 1-16），折弯成型，包括 180°折弯（拍平）成型试验，均满足建筑围护结构材料加工要求。

3. 高铝锌铝镁镀层钢板（BAM）及彩涂板

高铝锌铝镁镀层钢板（BAM）镀层成分以铝锌为主，同时含有少量镁和硅元素，镀层组织较之前的镀铝锌镀层更加复杂，包括富 Al 相、富 Zn 相、Zn-Mg 相和 Mg_2Si 相（图 1-17）。

图 1-16　BZM 基板彩涂钢板压型试验

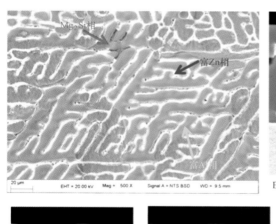
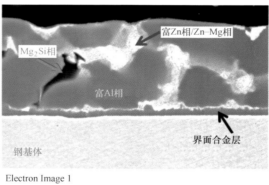

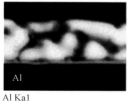
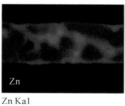
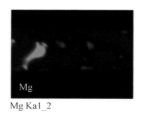
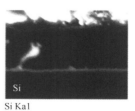

图 1-17　BAM 镀层表面形貌和截面形貌及成分分布

为了评估高铝锌铝镁（BAM）彩涂钢板在建筑用途的使用情况，我们分别在不同用户处进行了加工。经过辊压成型（图 1-18），折弯（包括 180°折弯）成型均满足用户加工要求。

4. 锌铝镁镀层彩涂钢板耐蚀性

采用相同规格、相同镀层厚度的 BZM 基板和热镀纯锌基板生产的相同涂料品种的彩涂钢板，采用

图 1-18　BAM 基板彩涂钢板压型试验

相同规格、相同镀层厚度的 BAM 基板和热镀铝锌基板生产的相同涂料品种的彩涂钢板经过盐雾试验结果如图 1-19 和图 1-20 所示。

500h 盐雾试验条件下，加镁后（BAM 和 BZM），提高了镀铝锌基板和热镀锌基板聚酯白灰钢板切口耐蚀性不低于 50％；4000h 盐雾试验后，锌铝镁基板彩涂钢板切口部位还未发生红锈。

1.2.3　超厚涂镀层彩涂钢板

彩涂钢板涂层厚度一般指钢板上表面涂层厚度，是包括底漆和面漆的总厚度。一般情况下，上表面涂层厚度在 $20\sim25\mu m$。为了提高涂层对镀层和钢板的保护能力，可以采用增加涂层厚度的方法。一方面是通过多涂层实现，另一方面就是依靠厚涂层聚氨酯这个新的涂料品种。

目前，宝钢开发出了 5 种厚涂层系列产品：厚底漆二涂层氟碳彩涂钢板、三涂层珠光氟碳彩涂钢板、超厚双面氟碳彩涂钢板、厚涂层聚氨酯彩涂钢板、厚底漆聚酯系列彩涂钢板。

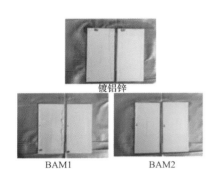

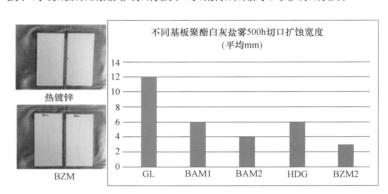

图 1-19　锌铝镁基板彩涂钢板盐雾试验（500h，切口扩蚀宽度）

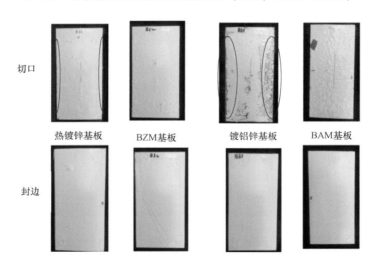

图 1-20　锌铝镁基板彩涂钢板盐雾试验（4000h，切口锈蚀）

1. 厚底漆二涂层氟碳彩涂钢板

厚底漆二涂层氟碳彩涂钢板是指采用特殊的聚氨酯底漆，提高底漆涂层厚度，面漆厚度与现有普通氟碳彩涂钢板相比保持不变，从而提高二涂层氟碳钢板上表面涂层总厚度的产品。由于底漆中含有耐腐蚀颜料，因此提高底漆厚度可以提高涂层对镀层和钢板的保护效果；且面漆厚度不变，面漆颜色选择和现有颜色系列及配色方法一致，也保证了涂层的耐候性。

表1-2列出了该系列产品上表面涂层总膜厚从25μm到45μm的底漆和面漆匹配方法，图1-21更加清晰地显示了不同的匹配膜厚分布。

厚底漆二涂层氟碳钢板上表面膜厚匹配　　　　　　　　　　　　　　　表1-2

面漆品种	膜厚（μm）	初涂种类	初涂厚度（最小）	精涂种类	精涂厚度（最小）	涂层总厚度（微米，最低）	涂层总厚度（微米，最高）
聚偏二氟乙烯 PVDF	≥25	聚氨酯1/聚氨酯2	5	聚偏二氟乙烯	20	25	28
	≥30	聚氨酯1/聚氨酯2	10	聚偏二氟乙烯	20	30	33
	≥35	聚氨酯2	15	聚偏二氟乙烯	20	35	38
	≥40	聚氨酯2	20	聚偏二氟乙烯	20	40	43
	≥45	聚氨酯2	25	聚偏二氟乙烯	20	45	48

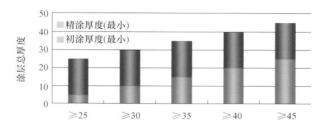

图1-21　厚底漆二涂层氟碳钢板上表面膜厚匹配

该产品相比普通的氟碳产品最大的优势就是耐蚀性，图1-22是膜厚分别为22μm的高耐候聚酯钢板、普通二涂层氟碳钢板（膜厚23μm）与厚底漆二涂层氟碳钢板在盐雾试验4000h后的涂层起泡情况。从图中可以看出，4000h盐雾试验后，45μm二涂层氟碳钢板涂层未起泡，是最好的0级。

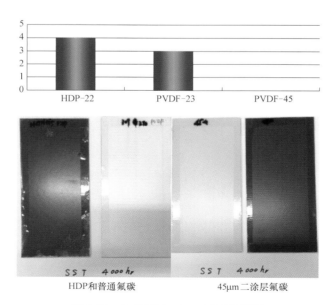

图1-22　盐雾试验4000h后对比情况

由于该产品氟碳面漆的颜色和涂层厚度与普通氟碳产品是一致的，因此，耐候性与现有氟碳产品一致，经过3000h QUVB检测后，涂层粉化程度仍为最好的0级（图1-23）。

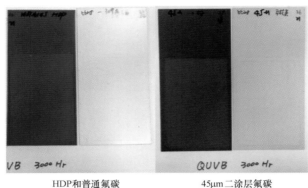

HDP和普通氟碳　　　　　　　45μm二涂层氟碳

图 1-23　QUVB 3000h 后对比情况

该产品与现有普通氟碳钢板相比，进一步提高了耐蚀性，且耐候性相当，推荐使用在耐候性和耐蚀性均要求高的环境。

2. 三涂层珠光氟碳彩涂钢板

三涂层珠光氟碳彩涂钢板是指彩涂钢板上表面涂层为包括底漆、中涂层和面漆在内的三层，面漆是珠光透明清漆，且中涂层和面漆为氟碳品种的彩涂钢板。图 1-24 是该产品上表面涂层结构示意图。

这样的涂层匹配方法一方面可以增加涂层厚度以提高涂层的耐蚀性和耐候性，另一方面可以通过最外层添加珠光粉的清漆提高面漆的视觉效果。该方法生产的涂层钢板上表面涂层厚度可以达到 35～45μm，且由于中涂层和面漆均为氟碳品种，氟碳涂层的最高厚度可以达到 30μm（普通氟碳钢板氟碳面漆的厚度一般为 20μm）。因此，该产品在耐候性和耐蚀性方面均表现优秀。图 1-25 是经过 3000h 盐雾试验后钢板表面、切口和划线部位的照片，表 1-3 是包括耐酸、耐碱等各项测试的结果。

图 1-24　三涂层珠光氟碳
彩涂钢板上表面涂层结构

图 1-25　三涂层珠光氟碳
彩涂钢板 3000h 盐雾

三涂层珠光氟碳彩涂钢板检测结果　　　　　　　　　　　　表 1-3

检测项目	星月白 371604601
耐酸(10%盐酸,24h)	0 级
耐碱(10%氢氧化钠,24h)	0 级
湿热(40℃,1000h)	0 级
划格(38℃,24h)	0 级
划格(100℃,20min)	0 级
SO_2 试验(1L,240h)	0 级

续表

检测项目		星月白 371604601
耐划伤(g)		3000
盐雾 (3000h)	平板	0级
	划线	5/1
Q—SUN (1000h)	粉化	0级
	变色	0级

三涂层珠光氟碳彩涂钢板因上表面涂层厚度可以达到 35～45μm，具有珠光效果，且在各种腐蚀性条件下，三涂层珠光氟碳产品表现都很优秀。推荐使用在对耐候性和耐蚀性均有高要求，或者建筑寿命超过 50 年，且对建筑美观性要求较高的机场、体育场馆等公共建筑。

3. 超厚双面氟碳彩涂钢板

超厚双面氟碳彩涂钢板是指彩涂钢板上下表面涂层均为氟碳品种，且涂层厚度远高于普通氟碳涂层的彩涂钢板。表 1-4 为超厚双面氟碳彩涂钢板与三涂层氟碳产品的膜厚和涂料品种对比。从表中可以看出，上表面涂层总厚度达到 60μm，其中中涂层和面漆均为氟碳，膜厚达到 35μm；下表面涂层总厚度达到 30μm，其中氟碳涂层 20μm。

超厚双面氟碳彩涂钢板涂层匹配　　　　　　　　　　　　　　　　表 1-4

位　　置		普通三涂层氟碳产品		超厚双面氟碳产品	
		涂料种类	涂层厚度(μm)	涂料种类	涂层厚度(μm)
上表面	底漆	聚氨酯	10	聚氨酯	25
	中涂	氟碳	15～20	氟碳	20
	面漆	氟碳	10～15	氟碳	15
	总		35～45		60
下表面	底漆	聚氨酯	5	聚氨酯	10
	面漆	聚酯	15～20	氟碳	20
	总		20～25		30
涂层总厚度			55～65		90

超厚涂层必须保证涂层附着力优良，才能真正发挥其对镀层和钢板的保护能力，图 1-26 是对超厚涂层进行的划格＋杯凸和 0T 折弯检测涂层附着力的照片，这两项试验都是涂层附着力最为苛刻的试验，从照片中可以看出，涂层附着力达到最优的 0 级。

图 1-26　超厚涂层附着力检测

有了超厚的氟碳涂层和优良的附着力，才是耐蚀性和耐候性的保证，图 1-27 是超厚涂层经过 4860h 和 8216h（一年是 8760h）之后盐雾试验的照片，从图中可以看出，超厚氟碳涂层具有优异的耐蚀性能。

图 1-27　超厚氟碳涂层盐雾试验结果

图 1-28 是不同涂层盐雾试验中划线扩蚀程度的比较情况，从图中可以看出，3000h 的盐雾试验中，与普通厚度的聚酯和高耐候聚酯相比，氟碳涂层钢板划线部位扩蚀宽度变化最缓慢，也就是说不同涂层中，氟碳涂层耐蚀性最为优秀，且随着涂层厚度的增加，耐蚀性更加优异。

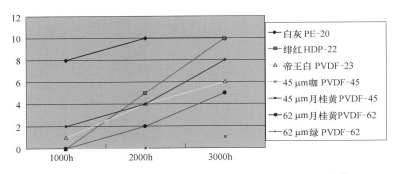

图 1-28　不同涂料品种和膜厚在盐雾试验中划线扩蚀趋势

由于有超厚的氟碳的涂层，因此耐候性也是非常优异的，图 1-29 为不同品种和膜厚彩涂钢板经过 3000h QUVB 试验后失光率的对比，从图中可以看出，氟碳产品的失光率远远低于普通聚酯（PE）；上表面总膜厚为 23μm 氟碳和 45μm 氟碳钢板，由于氟碳膜厚均为 20μm 左右，因此失光率基本一致，而上表面总膜厚为 62μm 的氟碳钢板，氟碳涂层的总厚度超过 35μm，在失光率上也是最优的，且 62μm 氟碳产品粉化等级仍保持在最优 0 级（图 1-30）。

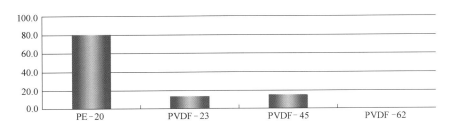

图 1-29　不同品种和膜厚彩涂钢板 QUVB 试验 3000h 后失光率对比

超厚氟碳双面涂层彩涂钢板上表面涂层厚度超过 60μm，有着优异的耐蚀性和耐候性，该产品背面也为氟碳涂层，底漆厚度超过普通氟碳钢板的底漆，因此耐蚀性也非常优秀，特别适用于内外环境均较为苛刻的场合；例如，近海岸 1km 内（码头、港口设施）、长年潮湿环境、室内外腐蚀性环境（电厂、铝厂等）。

4. 厚涂层聚氨酯彩涂钢板

一方面是通过多涂层实现，另一方面就是依靠厚涂层聚氨酯这个新的涂料品种。前面介绍的三个厚涂层产品（超厚二涂层氟碳钢板，三涂层珠光氟碳钢板，超厚双面氟碳钢板），我们都可以看到这种聚氨酯底漆的身影。有了它，我们底漆的厚度就可以从 5μm 提高到 25μm。这种新型的厚涂层聚氨酯可以做面漆吗？当然可以！随着聚氨酯技术的发展，卷钢涂层的新成员——厚涂聚氨酯，在欧洲快速增长。

厚涂层聚氨酯彩涂钢板就是采用厚涂聚氨酯底漆和厚涂聚氨酯面漆获得的厚涂层钢板，二涂二烘彩涂机组一次生产可以获得 45～55μm 厚度的涂层，两次生产可以获得 60～90μm 厚度的涂层。表 1-5 为宝钢彩涂机组采用厚涂聚氨酯涂料一次和二次生产分别可以达到的上表面涂层总厚度和厚度匹配。

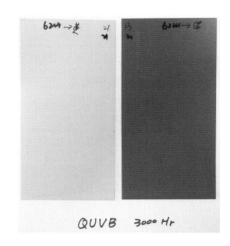

图 1-30　3000h QUVB 试验后
62μm 氟碳钢板表面状态

宝钢彩涂机组聚氨酯厚涂层膜厚匹配　　　　　　　　　　　表 1-5

面漆品种	膜厚 (μm)	第一次生产				第二次生产			
		第一层		第二层		第三层		第四层	
		初涂种类	初涂厚度（最小）	精涂种类	精涂厚度（最小）	初涂种类	初涂厚度（最小）	精涂种类	精涂厚度（最小）
聚氨酯 PU	≥30	聚氨酯1/聚氨酯2	10	聚氨酯	20	—	0	—	0
	≥35	聚氨酯2	15	聚氨酯	20	—	0	—	0
	≥40	聚氨酯2	20	聚氨酯	20	—	0	—	0
	≥45	聚氨酯2	25	聚氨酯	20	—	0	—	0
	≥50	聚氨酯2	25	聚氨酯	25	—	0	—	0
	≥60	聚氨酯2	20	—	0	聚氨酯	20	聚氨酯	20
	≥70	聚氨酯2	20	—	10	聚氨酯	20	聚氨酯	20
	≥80	聚氨酯2	20	—	20	聚氨酯	20	聚氨酯	20
	≥90	聚氨酯2	20	聚氨酯2	20	聚氨酯	25	聚氨酯	25

厚涂聚氨酯涂层因膜较厚，涂层较软，因此一般会在聚氨酯面漆中添加抗刮伤颗粒，这些颗粒的截面和表面放大照片如图 1-31 所示。

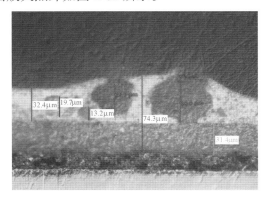

截面

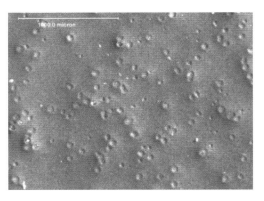

表面

图 1-31　厚涂聚氨酯表面（面漆含抗刮颗粒）

　　厚涂聚氨酯涂层因涂层较厚，对镀层和钢板的保护能力较强，我们对包括聚酯、高耐候聚酯、普通二涂层氟碳钢板和三涂层氟碳（总膜厚 35μm）在内的彩涂板与厚涂聚氨酯涂层钢板耐蚀性进行对比如图 1-32 所示。从图中可以看出，经过 4000h 试验，厚涂聚氨酯涂层耐蚀性优于普通聚酯、高耐候聚酯和普通二涂层氟碳；但是劣于三涂层氟碳钢板的起泡等级和扩蚀宽度。因此厚涂层聚氨酯彩涂钢板耐蚀性介于二涂层氟碳和三涂层氟碳之间。

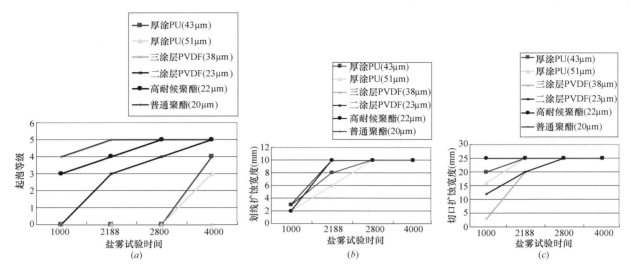

图 1-32　厚涂聚氨酯涂层耐蚀性比较
（a）起泡等级；（b）划线扩蚀；（c）切口扩蚀

　　厚涂聚氨酯涂层的耐候性沿袭了聚氨酯涂层的性能，图 1-33 为我们对包括普通聚酯、高耐候聚酯、普通二涂层氟碳和三涂层氟碳（膜厚 35μm）在内进行的耐候性测试（QUVB 试验）对比，从试验结果可以看出，厚涂聚氨酯涂层耐候性类似于高耐候聚酯，低于氟碳涂层。厚涂聚氨酯涂层耐候性与高耐候聚酯相当，劣于氟碳；耐蚀性介于二涂层普通氟碳和三涂层氟碳之间。因此推荐使用在耐蚀性要求较高，而对耐候性要求正常的场合。

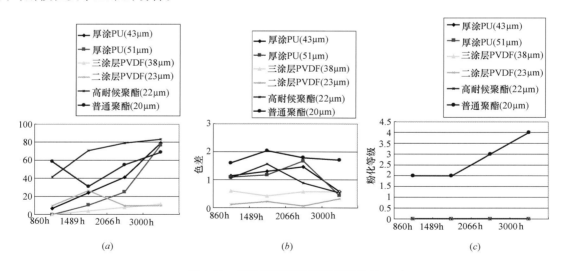

图 1-33　厚涂聚氨酯涂层耐候性比较
（a）失光率；（b）色差；（c）粉化

5. 厚底漆聚　系列彩涂钢板

　　正是有了厚涂层聚氨酯底漆，与目前的普通聚酯、高耐候聚酯、硅改性聚酯面漆配合，宝钢可以提供厚底漆聚酯系列彩涂钢板，以提高聚酯类彩涂钢板的耐蚀性。表1-6列出了不同膜厚聚氨酯底漆与普通聚酯面漆、高耐候聚酯面漆和硅改性聚酯面漆的匹配表，从表中我们可以看出，在现有面漆体系下，通过提高底漆涂层厚度5～25μm，宝钢可以提供上表面涂层膜厚从25～45μm的全系列涂层钢板。

厚底漆聚酯彩涂钢板膜厚匹配表 表1-6

面涂品种	膜厚（μm）	初涂种类	初涂厚度（μm，最小）	精涂种类	精涂厚度（μm，最小）	涂层总厚度（μm，最低）	涂层总厚度（μm，最高）
普通聚酯（PE）	≥25	环氧、聚氨酯1/聚氨酯2	5	普通聚酯	20	25	28
	≥30	聚氨酯1/聚氨酯2	10	普通聚酯	20	30	33
	≥35	聚氨酯2	15	普通聚酯	20	35	38
	≥40	聚氨酯2	20	普通聚酯	20	40	43
	≥45	聚氨酯2	25	普通聚酯	20	45	48
硅改性SMP	≥25	环氧、聚氨酯1/聚氨酯2	5	硅改性聚酯	20	25	28
	≥30	聚氨酯1/聚氨酯2	10	硅改性聚酯	20	30	33
	≥35	聚氨酯2	15	硅改性聚酯	20	35	38
	≥40	聚氨酯2	20	硅改性聚酯	20	40	43
	≥45	聚氨酯2	25	硅改性聚酯	20	45	48
高耐候HDP	≥25	聚氨酯1/聚氨酯2	5	高耐候聚酯	20	25	28
	≥30	聚氨酯1/聚氨酯2	10	高耐候聚酯	20	30	33
	≥35	聚氨酯2	15	高耐候聚酯	20	35	38
	≥40	聚氨酯2	20	高耐候聚酯	20	40	43
	≥45	聚氨酯2	25	高耐候聚酯	20	45	48

宝钢新推出的厚涂层系列：厚底漆二涂层氟碳彩涂钢板（厚底漆氟碳）、三涂层珠光氟碳彩涂钢板（三涂层氟碳）、超厚双面氟碳彩涂钢板（超厚双面氟碳）、厚涂层聚氨酯彩涂钢板（厚涂聚氨酯）、厚底漆聚酯系列彩涂钢板等，在耐候性和耐蚀性上是存在差异的，为了便于大家理解和推广，如图1-34所示的各品种比较示意图。我们可以根据建筑物所处内外环境、建筑物寿命等推荐合适的涂层钢板。

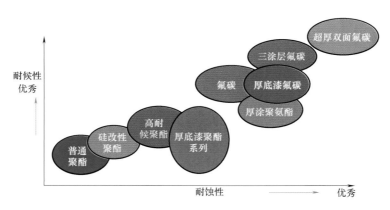

图1-34 各涂层品种耐候性和耐蚀性比较示意图

1.2.4 自洁隔热系列彩涂钢板

1. 自洁彩涂钢板原理

一般来说外墙涂层的污染主要来自大气中的污染物，大气中漂浮的大量尘埃和粉尘，以及一些油性的烟雾。在一些工业城市燃油和燃煤所带来的大量带有油性和酸性的物质，同时还有汽车尾气中带有的污染物等，都会在漆膜上形成污染，这些污染物主要可以分为两大类：油性污染物和粉尘污染物，一类是亲油性，另一类则以亲水性为主。这些污染物通过各种不同的方式对漆膜进行污染，一种是通过吸附，在漆膜表面不断沉积形成污染层；另一种是利用漆膜表面的粗糙不平，小的污染颗粒通过雨水而渗入表面所存在的缝隙和小孔中，在雨水蒸发后依然留在漆膜表面的缝隙和小孔形成污染。因此，提高漆膜的耐沾污性主要从减少漆膜对大气中污染物的吸附和提高漆膜的致密性入手。

自洁型涂料和普通涂料的区别不仅仅是有良好的耐沾污能力，同时还要有良好的自洁能力。漆膜的自洁能力和耐沾污能力有一定的区别，目前自洁型卷材涂料主要有两大类：一类是通过提高漆膜的疏水、疏油性，使亲水和亲油性的污染物比较难在漆膜表面吸附，即使能吸附上，和漆膜的结合力也不强，在雨水的冲击力下，比较容易被冲洗掉；另一类是提高漆膜的亲水、疏油性，雨水能在漆膜表面形成一个完整的水膜，雨水能完全渗入漆膜的缝隙和小孔中，依靠雨水的冲刷作用而将漆膜表面的污染物冲洗掉，这个过程有点类似于润湿分散剂润湿颜料表面的过程；如图1-35所示。

宝钢自清洁系列彩涂钢板是专门针对污染地区建筑用材开发的一系列具有自我清洁功能的彩涂钢板，采用该产品制成的厂房，除具有优异的高装饰性及户外耐久性外，不需人工清洗维护，只需借助雨水的冲刷就能在空气质量较差的工业和城市地区保持屋顶和墙面持久洁净。

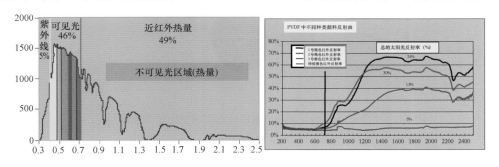

图1-35　自洁彩涂钢板原理

2. 隔热彩涂钢板原理

隔热系列彩涂钢板是针对钢结构厂房在太阳光照射下内部温度容易上升而开发的。太阳光中红外部分（不可见）的能量占总能量的49%，我们可以通过涂料中颜料的选择，使涂层钢板反射红外光（不可见而具有高能量），而又不影响视觉颜色（图1-36）。试验表明：上海地区4月到10月期间，采用隔热彩涂钢板建设的房间，其空调电能消耗可以下降19.5%（与同颜色普通彩涂钢板房间相比见表1-7）。

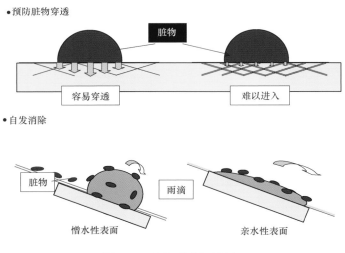

图1-36　隔热彩涂钢板原理

3. 自洁隔热产品系列

从自洁和隔热彩涂钢板原理得知，这两种性能与涂料品种无关，两者也互不干扰，因此宝钢开发了自洁和隔热全系列的彩涂钢板：自洁系列产品、隔热系列产品、自洁隔热系列产品，如图1-37所示。

隔热彩涂钢板节能效果试验　　　表 1-7

月份	平均温度（℃）	平均节省能力比例
四月	24.0	20.4%
五月	25.5	11.0%
六月	32.9	10.4%
七月	34.7	24.0%
八月	34.2	29.5%
九月	31.3	25.8%
十月	21.3	15.7%
平均	29.1	19.5%

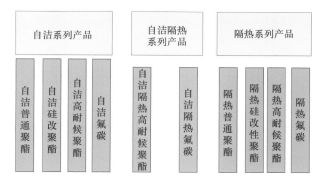

图 1-37　自洁隔热系列品种供货能力

4. 产品性能

1）自洁性能

评价产品的自洁性能通常采用亲水性和耐污染两个指标，图 1-38 显示了自洁聚酯产品与宝钢普通聚酯产品以及市场上同类产品的对比情况，图 1-39 显示了宝钢自洁高耐候聚酯产品的自洁性能对比情况。大气曝晒条件下的自洁性能对比情况如图 1-40 所示。从对比情况看，宝钢自洁系列产品在亲水性和耐污染性能，特别是长期使用条件下的自洁性能都有非常优异的表现。

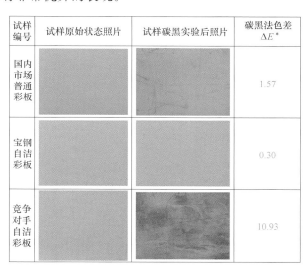

图 1-38　自洁聚酯产品自洁性能对比

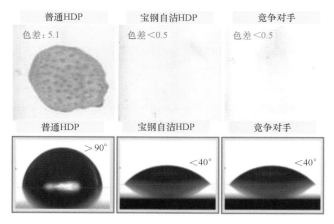

图 1-39　自洁高耐候聚酯产品自洁性能对比

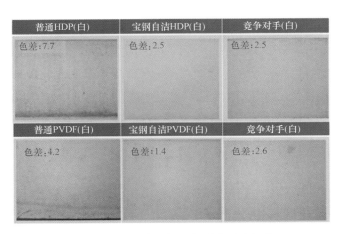

图 1-40　自洁高耐候和氟碳在重庆江津
自然曝晒 1 年后自洁性能对比

2）隔热性能

评价彩涂钢板隔热性能的参考依据是美国 CRRC（Cool Roof Rating Council）冷屋顶协会组织和美国能源之星对冷屋顶板的规定，如表 1-8 所示。不同颜色反射率或者辐射率不同，如图 1-41 所示。白色产品的隔热系数最高，反射率 SRI 值可以达到 84，如表 1-9 所示。

隔热性能评价参数　　　　　　　　　　　　　　　表 1-8

初始反射率 （TSR）	与相同颜色的普通彩板相比 隔热性能，反射率的提高值	3年后反射率	辐射率（TE）	反射系数（SRI） 白色
≥0.25	≥0.05	≥0.15	≥0.80	≥78

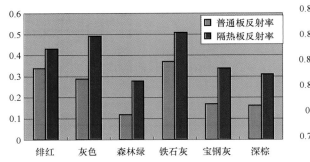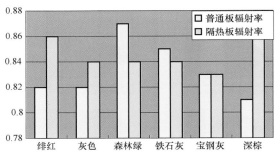

图 1-41　宝钢不同颜色隔热聚酯和隔热高耐候聚酯产品隔热性能

隔热高耐候聚酯白灰产品隔热系数　　　　　　　　　表 1-9

项目	隔热高性能聚酯白灰
辐射率（TE）	0.84
反射率（TSR）	0.7
反射指数（SRI）	84

我们对隔热聚酯绯红进行的老化试验中，未见反射率劣化趋势，涂层无粉化（图 1-42），试验时间内隔热性能未随涂层老化而下降。

3）自洁隔热性能

具备自洁和隔热双重性能的产品技术指标如表 1-10 所示，也有相应的使用案例如图 1-43 所示，该产品用于迅达电梯工厂厂房。

自洁隔热高耐候聚酯白灰性能　表 1-10

项　目		技术指标	实绩
自洁性能	接触角	≤60°	44°
	抗沾污色差（ΔE）	≤1.0	0.38
隔热性能	SRI	≥78	84

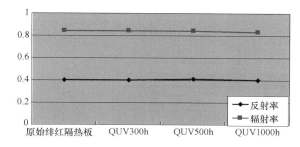

图 1-42　涂层老化对隔热性能的影响

图 1-43　自洁隔热高耐候聚酯白灰产品应用

1.2.5　印花彩涂钢板

传统的钢板印花是单套色印花，通常在二涂二烘机组上配备 2 套精涂涂层机，1 号精涂带料辊表面刻有木纹、大理石纹等不同的花纹，在与带钢同步运行的条件下，将油墨带到钢板表面以形成花纹，这是印刷行业传统的凹版印刷方法（图 1-44，图 1-45）。

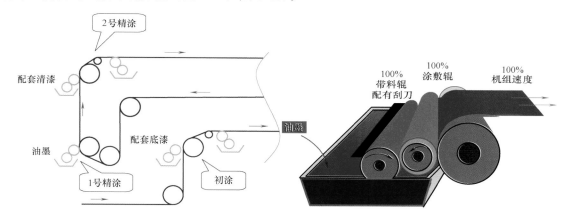

图 1-44　单套色凹版印花彩涂钢板生产工艺

单套色印花钢板花纹和色彩单一，日本和韩国等彩涂钢板生产工厂模仿印刷套色技术建立了钢板多套色印花机组（图1-46）。

多套色技术提高了钢板表面印花色彩和效果的丰富性，但是工艺复杂，设备精度要求高。同时受到套色技术的限制，4 套色及其以上难度很高。随着数码印花和数字印刷技术的发展，在钢板上数码印花成为印花发展的新趋势。部分企业通过热转印方式、喷墨印刷方式等实现了数码印花技术（图 1-47）。

图 1-45　宝钢单套色木纹印花钢板

1.2.6　环保彩涂钢板

2006 年欧盟 RoHS 指令实施，促进了彩涂钢板环保化的发展，欧洲建筑和家电彩涂钢板已经率先实现无铬化，并限制了重金属等的使用，REACH 法规的实施对彩涂钢板生产使用的溶液和涂料中的有害成分进一步进行限制。日本也逐渐进行环保彩涂钢板的切换。

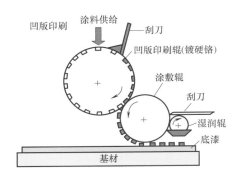

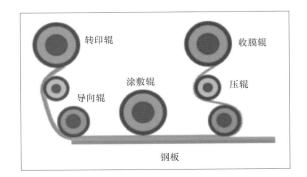

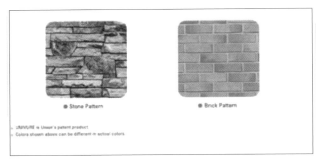

图 1-46　钢板多套色印花技术

图 1-47　钢板表面数码印花技术

宝钢在家电用彩涂钢板无铬化基础上，进一步开发了建筑用无铬彩涂钢板，指标如表 1-11 所示，与含铬聚酯彩涂钢板性能相当。图 1-48 是建筑无铬化彩涂钢板盐雾试验检测结果，耐蚀性与非环保产品相当。

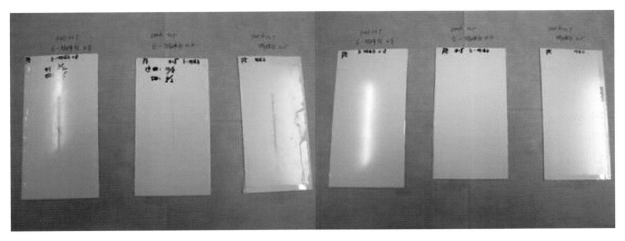

图 1-48　建筑无铬彩涂钢板盐雾试验结果

建筑用无铬彩涂钢板性能 表 1-11

涂料种类	涂层厚度(μm)	铅笔硬度	60°涂层镜面光泽			180°弯曲①		反向冲击(J)	耐盐雾(h)
			低	中	高	厚度≤0.75mm			
						A 级			
普通聚酯	≥20	≥F	<15	16~80	—	≤5T		≥9	≥500

注：① 厚度大于 0.75mm 的钢板及钢带做 90°弯曲。

该产品也由欧洲用户采用欧洲耐蚀性评价方法进行了评价，湿热试验满足 CPI3 级要求，PROHESION 试验结果显示环保和非环保检测结果相当（表 1-12，图 1-49）。

环保和非环保彩涂钢板湿热试验比较 表 1-12

试样	250h	500h	750h	1000h	附着性		CPI
					湿	干	
环保	OK	OK	OK	OK	1	2	3
非环保	OK	OK	OK	OK	0	2	3

湿热试验（QCT）条件，试验标准：SFS-EN ISO 6270-1；评价标准：ISO 4628-2；试验时间：1000h。试验结果：满足 CPI3 级要求。

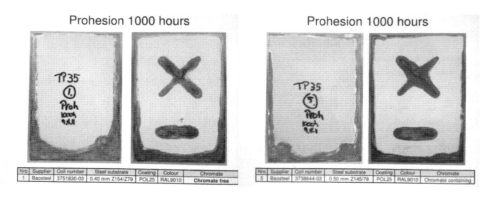

图 1-49 环保和非环保聚酯涂层钢板 Prohesion 试验结果

PROHESION 试验条件，试验标准：ASTM G 85/A5；试验方法：1Hr 干燥＋1Hr 喷雾（0.05％NaCl＋0.35％（NH$_4$)$_2$SO$_4$)；试验时间：1000h。试验结果：两者相当。

1.2.7 不锈钢基板彩涂钢板

1. 国内外不锈钢主要情况

不锈钢在日用制品、石化、船舶、汽车、核电、建筑等方面应用广泛。它具有优良的防腐蚀性能，但在一定条件下也会出现点蚀、应力腐蚀、晶间腐蚀等现象，除了通过不同合金成分及处理工艺可以获得耐蚀性优异的不锈钢产品，表面涂层技术也是其中之一，涂层技术主要包括气相沉积、电沉积、激光改性、等离子改性、浸渍、渗氮、电化学聚合、有机涂层等。日本不锈钢基板彩涂钢板发展趋势如图 1-50 所示。

2015 年全球不锈钢粗钢产量 4155 万吨，其中我国不锈钢粗钢产量 2156 万吨（图 1-51），占全球不锈钢粗钢总产量的 51.9％。经过近十年的迅猛发展目前，我国已成为世界第一大不锈钢生产国（图 1-52）。不锈钢 200 系、300 系和 400 系是目前国内使用的主要品种系列（图 1-53）。

2. 宝钢不锈钢基板生产能力

宝钢不锈钢产能 340 万吨，拥有宝钢不锈钢本部、宝钢德盛不锈钢有限公司和宁波宝新不锈钢有限公司 3 个生产基地，产品主要有热轧不锈钢板卷、冷轧不锈钢薄板和冷轧不锈钢焊管等，形成了铁素体、奥氏体、马氏体、双相钢四大系列产品。

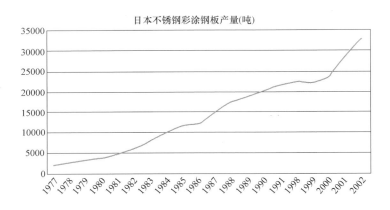

图 1-50　日本不锈钢彩涂钢板产量趋势（数据来源：日本不锈钢协会）

数据来源：ISSF，赛迪智库原材料工业研究所整理

图 1-51　2009～2015 年中国不锈钢产量

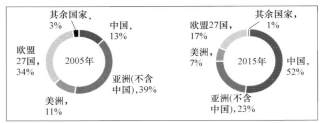

数据来源：ISSF，赛迪智库原材料工业研究所整理

图 1-52　2005 年和 2015 年中国不锈钢产量占世界比重

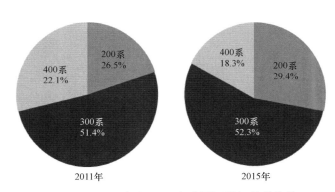

图 1-53　2011 年和 2015 年我国不锈钢品种结构

宝钢不锈钢本部，拥有炼铁、炼钢、热轧、冷轧等配套完整的不锈钢和碳钢联合生产线。炼铁：主体生产设备 1 座 2500m³ 高炉；炼钢：一条不锈钢生产线，年产不锈钢约 50 万吨；热轧：1780 热轧产线一条，全年可生产碳钢板卷、热轧不锈钢板卷 350 万吨；冷轧：1 条不锈钢热带退火酸洗线、1 条五机架冷连轧机组、1 条不锈钢带钢冷退酸洗机组，可产不锈钢商品材 22 万吨。

宁波宝新，主要产线：单机架冷轧机 7 座、热带退火酸洗线 1 条、冷带退火酸洗线 3 条、光亮退火线 2 条以及配套的离线平整机、重卷线、横切线、拉矫线等精整机组，满足各类用户要求。主要产品：300 系和 400 系冷轧表面卷、板及不锈钢焊管，主要表面有 2D、2B、BA、No.3、No.4、HL 等。生产能力：年产冷轧不锈钢 65 万吨、不锈钢焊管 1 万吨。

宝钢德盛，工艺、产能：具备烧结、粗炼、精炼、热轧、固溶、冷轧等完整的不锈钢生产工艺，目前已形成年产 120 万吨以上热轧不锈钢的生产能力。产品结构：德盛产品结构中以 200 系产品为主，占比 90% 以上，少量生产 300 系产品。

3. 不锈钢基板彩涂钢板

有机涂层技术不仅可以提高不锈钢作为建筑围护材料的寿命，也能带来更加多彩的外观。在我国装配式建筑相关政策的大力推进下，2020 年装配式建筑面积将达到 1.8 亿 m² 以上，围护系统金属材料市场空间将达到 180 万吨以上，同时建筑寿命 50 年、70 年对围护材料寿命的需求增加，不锈钢基板彩涂钢板在国内建筑围护行业崭露头角。不锈钢彩涂钢板与铝板涂层钢板比较如表 1-13 所示，不锈钢彩涂钢板在强度、防火性能等方面优于铝板涂层钢板。

不锈钢彩涂钢板和铝板彩涂钢板比较　　　　　　　　　表 1-13

	不锈钢的特点	铝的特点
防腐性	与大气形成氧化铬钝化膜,防止被进一步腐蚀	与大气形成氧化铝薄膜,防止被进一步腐蚀
重量	重量比较重(密度为7900kg/m³)	重量轻(密度为2700kg/m³)
强度和刚度	强度和刚度较高	铝合金中有镁、锰的含量,因此具有一定的强度和刚度
加工性	加工成形性良好	易加工成复杂形状
外观性	不锈钢原板或表面彩涂。涂漆类（PVDF、SMP、PE、PVC 皮膜等）	可分为非涂漆（锤纹、压花、预钝化氧化铝表面处理等）和涂漆类（PVDF、SMP、PE、PVC 皮膜等）
防雷性能	一般采用 0.5mm 厚裸板和彩涂板,裸板可直接作为防雷接闪器,但彩涂板不能直接作为防雷接闪器	厚度一般为 0.7mm 和 0.9mm,可直接作为防雷接闪器(国家规范《建筑防雷设计规范》GB 50057),避免在屋面穿孔
防火性能	钢的熔点高(1500℃)	熔点低(660℃),发生火灾时,屋面易被烧穿

　　我们采用不同系列的不锈钢基板进行了氟碳涂层的测试,涂层附着力优异,盐雾试验 2000h 测试中,相比镀铝锌基板氟碳钢板,涂层起泡等级相当,但是在切口和划线扩蚀宽度均有优异的表现（表 1-14）。不同牌号不锈钢之间耐红锈能力存在明显的差异（图 1-54）。

不锈钢基板氟碳白灰产品性能对比　　　　　　　　　表 1-14

编号	基板类型	镀层厚度	总膜厚(μm)	色差	光泽	耐溶剂性能(次)	铅笔硬度	T 弯曲	时效 T 弯曲	盐雾 2000h,平板封边起泡等级	盐雾 2000h,划线扩蚀宽度平均(mm)	盐雾 2000h,切口扩蚀宽度平均(mm)
2—1	430	//	27	0.28	38	100	F	1T	2T	0	0	0
3—1	410S	//	27	0.47	32	100	F	2T	3T	3	0	1
4—1	201	//	27	0.52	38	100	HB	1T	2T	2	0	0.5
5—1	445J2	//	27	0.58	35	100	F	1T	2T	2	0	1
6—1	镀铝锌钢板	75/75	26	0.38	33	100	HB	0T	1T	2	2	20

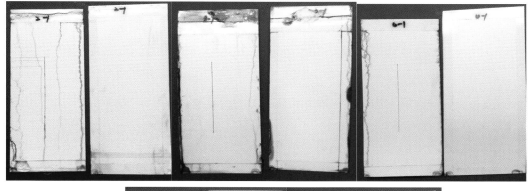

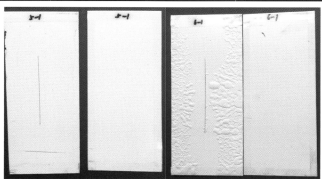

图 1-54　不锈钢基板和镀铝锌基板氟碳耐蚀性对比（盐雾试验 2000h）

1.3 镀层钢板的生产工艺

以热浸方式将锌镀在钢板面以便防腐蚀的方法称之为镀锌（Galvanizing）。钢材热镀锌的概念最早是 1748 年由法国化学家梅拉宁提出的。1837 年英国人威廉·亨利克劳弗德取得了热镀锌基础原理的专利，1847 年摩尔沃德和罗根在英国建起了第一座热镀锌工厂，美国第一座热镀锌工厂始建于 1890 年，早期的热镀锌均采用人工操作，生产率很低。一百多年来，热镀锌技术取得了巨大的发展。

目前，镀锌钢板广泛地用于建筑、管道、家用电器、彩色涂层板及汽车等工业。为了满足市场需求，不断建设新的热镀锌生产线，开发新的技术和新的产品品种。

1.3.1 热镀锌（合金）生产工艺

热镀锌钢板是将经过预先处理的钢带浸入熔融锌液中所得到的镀层钢板，现在常见的 NOF 法热镀工艺如图 1-55 所示，热镀锌机组一般包括清洗、退火、热镀锌、合金化、平整、拉矫、化学处理、表面检查、涂油等主要工序。

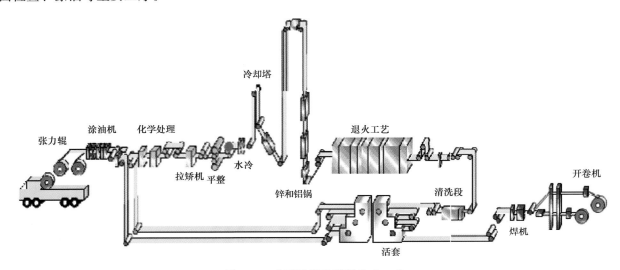

图 1-55 典型连续热镀锌生产工艺

主要工序及其作用如下：

1. 清洗

用机械刷洗和电解清洗的方法，去除冷轧带钢表面残存的轧制油，及其他表面脏物。

2. 连续退火

将冷轧后加工硬化的带钢进行再结晶退火或相变处理（在保护气体气氛下），完善微观组织，调整材质性能。

3. 热镀锌及其合金化

采用气刀控制镀锌层厚度，待带钢从锌锅出来后，进行冷却以形成一定镀层重量和良好镀层结合力的镀层钢板；如果生产合金化热镀锌，带钢从锌锅出来后，经过感应加热至 500℃ 左右保温，使锌层转化为以 δ1 相为主体的合金相。当生产合金镀层时，锌锅中的镀液成分含有铝、镁等不同的合金成分，锌锅工艺也随之不同。

4. 平整

消除材料屈服平台，改善材料机械性能，改善板形和板面质量，获得良好的带钢平直度和合适的表面粗糙度。

5. 拉矫

进一步矫平带钢浪形，获得更好的带钢平直度。

6. 化学处理

在镀层表面涂敷钝化或者耐指纹涂层，并进行烘干和冷却处理，以达到防锈和具备导电、润滑或者其他功能性的表面处理过程。

7. 表面检查、涂油和打捆

进行带钢尺寸检查，板形检查及表面质量检查，并进行记录。在带钢表面均匀地涂敷防锈油，然后在带钢卷取至规定重量时进行分卷，切除焊缝、头部及尾部的尺寸超差部分及有缺陷的部分，然后打捆及进行称重。

1.3.2　宝钢热镀锌机组

截至 2017 年，宝钢分别在上海宝山（9 条）、南京梅山（1 条）、湛江东山（3 条）、武汉青山（5 条）的四个生产基地拥有 18 条热镀锌机组，产量超过 600 万吨，包括热镀锌纯锌和合金化镀锌产品。

宝钢拥有两条热镀铝锌机组，产能约 45 万吨。合金镀层由 55% 的铝、43.5% 的锌和 1.5% 的硅组成，与传统的镀锌产品相比，具有优良的抗腐蚀性、高抗热性和卓越的热反射性等特点。

宝钢热镀锌机组均为专业化、大型化、高速化现代化机组。注重带钢表面洁净，均在机组入口活套前设置清洗装置，带钢入炉前就有光洁的表面；快速、稳定的退火工艺，无论是 NOF 炉还是辐射管间接加热，都在保证带钢不氧化、提高镀层粘附性、防止热变形、优化炉内张力等方面采取了诸多措施，直接生产不同深冲等级、强度等级的镀锌板；高效多样的冷却方式，为适应不同钢种、不同镀层设置了不同的冷却方式；精确的镀层控制，多种新型气刀均能自动应用多种方式，保持气刀的吹压力恒定和气刀与带钢间距的恒定，通过在线检测和控制系统确保精确的、均匀的镀层厚度；平整机和拉矫机的组合使用，消除了屈服平台，改善了板形，提高了进一步的涂敷性和深冲润滑性，增加了表面光洁度。

1.4　涂层钢板的生产工艺

1.4.1　彩涂钢板的生产工艺

彩色涂层钢板的生产工艺很多，但目前用得最多的是传统的辊涂＋烘烤工艺，由于建筑用涂层道次以二涂为多，因此，传统的二涂二烘是最典型的彩涂生产工艺，彩涂机组的主要工艺包括预处理工艺、涂敷工艺、烘烤工艺。

简单的工艺流程包括：开卷—缝合—脱脂—化学预处理—初涂—初涂烘烤—初涂冷却—精涂—精涂烘烤—精涂冷却—检查—分剪—卷取，如图 1-56 所示。

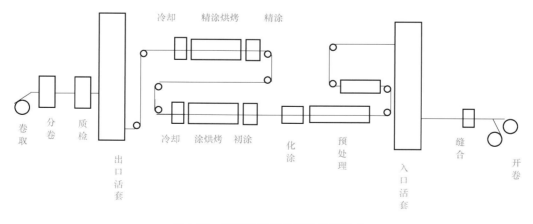

图 1-56　典型二涂二烘彩涂生产工艺

主要工艺及其作用如下：

1. 预处理工艺

钢卷经脱脂、水洗后，再经过磷化或者复合氧化，在钢板表面形成一层磷酸盐或复合氧化物膜，再

图 1-57　辊涂钝化方式

经过钝化封闭处理，形成的预处理膜是提高基板和涂料之间结合力的有效手段。图 1-57 为辊涂钝化方式。

2. 涂敷工艺

彩涂机组一般采用辊涂方式将涂料涂敷在带钢表面上。辊涂是在辊子上先形成一定厚度的湿膜，然后再将这层涂料转移到带钢表面的涂装方法。它适用于平板或带钢的涂层，速度快、生产效率高、不产生漆雾、涂布效率接近 100％，仅在清洗涂层机时产生少量废溶剂；靠调节辊子间隙、压力和涂层头与带钢的压紧力以及辊子转速可实现在一定范围内的涂层厚度的增减调节；可以涂一面，也可以同时涂两面。图 1-58 为涂层机（正、背面）。

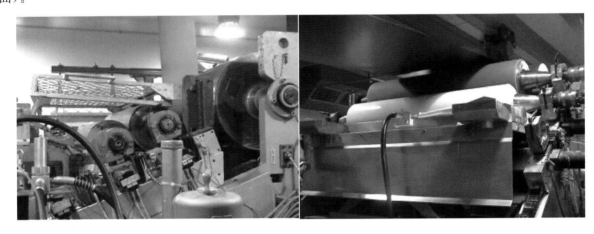

图 1-58　涂层机（正面、背面）

3. 烘烤工艺

涂料的固化，是指涂料中的主要成膜物质和辅助成膜物质及固化剂，在一定温度条件下，通过溶剂挥发进行化学缩聚、加聚、交联等反应，从液态转变为固态的过程。

涂层固化一般包括初涂烘烤、精涂烘烤及其相应的废气焚烧系统。目前在大型的生产机组，一般采用新鲜热风循环的间接燃烧方式，其主要优点是：减少炉内灰尘的积累；节省能源，利用了溶剂燃烧的热能；提供了清洁的烘烤环境；废气排放符合环保标准。

4. 后处理工艺

彩涂钢板涂层后续加工包括涂层压花、金属压花、印花、覆膜等处理方式，产品多样化，也可上蜡或加保护膜，以避免彩涂钢板在搬运及加工时刮伤。图 1-59 为金属压花产品，图 1-60 为覆膜设备。

1.4.2　宝钢彩涂机组

宝钢彩涂机组分别在上海宝山（3 条）、武汉青山（1 条）、黄石（2 条）等地，产品主要用于建筑、装饰、家电、运输等行业。

宝钢彩涂机组均为高速、大型二涂二烘有机涂层生产线，工艺段速度最高在 150～160m/min。自动控制的预处理工艺，适应不同种类基板以提高涂层结合力；每条机组配备 5 套三辊高精度涂层机，便于颜色切换和膜厚均匀可控；采用带有低爆炸极限控制系统的五段炉温控制、可调悬垂式烘烤炉，保证高精度的涂层烘烤板温。为防止涂料有机溶剂 VOC 污染，提高热效率均配备了高效节能的后燃烧系统；为增加彩涂板的装饰性，包括印花、压花、覆膜等特殊功能。

图 1-59　金属压花产品

图 1-60　覆膜设备

第2章 彩涂钢板基板的性能及影响因素

彩色涂层钢板属于钢铁产品中薄板材的范畴，又属于金属涂镀产品；它既具有薄板材类钢铁材料的要求和特点，还有金属镀层以及有机涂层方面的性能特点；因此，描述彩色涂层钢板的性能及要求应该包括钢板的力学性能、涂镀层性能、板型公差以及表面性能等。彩色涂层钢板所用基板，根据用途不同，有碳钢、不锈钢等。事实上建筑上采用铝板作为基板的也有，但其不属于钢板范畴，并在建筑围护结构中很少使用。在钢板系列中，不锈钢基板只是在国外相关标准中有介绍，并使用于特别苛刻的腐蚀环境，所以实际使用的并不多。而碳钢基板主要分热轧基板（相对较厚的基板不小于 1.2mm）、冷轧基板和镀层钢板，冷轧和热轧基板由于其耐腐蚀性差，一般用在室内，各种镀层钢板才是建筑用彩色涂层钢板的基板首选。

2.1 基板的性能

2.1.1 钢中化学成分对基板性能的影响

钢铁中主要成分是铁，含碳量低于 2.11% 的铁碳合金称为钢。但是工业用碳钢除碳以外还有其他元素，如硅、锰、磷、硫等，这些元素分成脱氧元素（如硅、锰等）、杂质元素（如冶炼未除尽的磷、硫等）以及合金元素（为改善性能而加入的如钼、铬稀土等）。

1. 碳的影响

碳是决定碳钢在缓冷后的组织和性能的主要元素。总的来说，含碳量提高，强度上升，延伸率下降，另外，不同组织（铁素体、渗碳体和珠光体）在性能上的差异也很明显。含碳量增加时碳钢的耐腐蚀性降低，同时碳也使碳钢的焊接性能和冷加工性（冲压、拉拔）变差。

2. 锰的影响

锰在碳钢中的含量一般为 0.25%～0.80%，在具有较高含锰量的碳钢中，锰含量可以达到 1.2%。在碳钢中，锰属于有益元素。对于镇静钢来说，锰可以提高硅和铝的脱氧效果，也可以同硫结合形成硫化锰，从而在相当大程度上消除硫在钢中的有害影响。锰对碳钢的力学性能有良好影响，它能提高钢经热轧后的硬度和强度。在锰含量不高时锰可以稍微提高或者不降低碳钢的面缩率和冲击韧性。

3. 硅的影响

硅在碳钢中的含量不大于 0.5%。硅也是钢中有益元素。在沸腾钢中，硅含量很低，硅作为脱氧元素加入到镇静钢中。硅增加钢液的流动性。除形成非金属夹杂物外，硅溶于铁素体中。但当硅含量超过一定值时，材料的冲击韧性显著下降。

4. 硫的影响

一般来讲，硫是有害元素，它主要来自生铁原料。硫的最大危害是引起钢在热加工时开裂，即产生所谓热脆，造成热脆的原因是硫的严重偏析，即使在不是很高的含硫量的情况下，也会出现（Fe＋FeS）共晶。一般通过加入锰来防止热脆性。硫通过形成硫化物夹杂而对钢的力学性能发生影响。硫对钢力学性能的影响，不仅和含量有关，还和夹杂的大小、形状以及与基体组织有关。

5. 磷的影响

一般来说，磷是有害杂质元素。它来源于矿石和生铁等炼钢原料。磷在纯铁中有相当大的溶解度，磷能提高钢的强度，但范性、韧性降低，特别是使钢的脆性转折温度急剧升高，即提高钢的冷脆性。在含碳量比较低的钢中，磷的冷脆危害较小，在这种情况下可以利用磷来提高钢的强度，另外，磷能提高抗大气腐蚀能力，减少热轧薄板的粘接。

6. 氧的影响

氧在钢中的溶解度很小，钢中氧化物以夹杂物形式出现，总的来说，含氧量提高，夹杂物就多，钢板的韧性降低，其他力学性能如疲劳强度、耐磨性也有不同程度的下降。在炼钢时是借氧化把钢液中的杂质元素去掉，因此氧起到积极作用。但它对固态钢是有害的。因此，必须脱氧处理。

7. 氮的影响

钢中的氮来自炉料，同时，在冶炼时钢液也从炉气中吸收氮，氮引起碳钢的淬火时效和形变时效，从而对碳钢的性能发生显著影响。由于时效作用，钢的硬度、强度固然升高，但是韧性要降低，尤其是在形变时效的情况下，范性和韧性的降低比较显著，对于普通低合金钢来说，时效现象是有害的，所以氮是有害元素。

向钢中加入足够数量的铝，能形成氮化铝，可以消除或减弱时效现象。由于氮化铝高度弥散，质地稳定，可以起到细化晶粒的作用，从这方面讲，氮又是有益元素。

8. 氢的影响

在冶炼过程中，钢液既可以由锈蚀含水的炉料带入氢，也可以从炉气中直接吸收氢，钢材在含氢的还原性保护气体中加热时，在酸洗过程中、在电镀或电解过程中都能吸收氢。氢以离子或原子形式溶入液态或固态钢中，溶入固态钢中形成间隙固溶体，氢在钢中是有害元素，溶入钢中使钢的范性和韧性降低，引起所谓氢脆；另一方面，当氢从钢中析出时造成内部裂纹性质的缺陷，钢材强度越高，氢脆的敏感度越大。

9. 铝的影响

铝作为脱氧元素加入钢中，加入钢液中的铝部分与氧结合形成 Al_2O_3 或含有 Al_2O_3 的各类夹杂物。铝除了能起到脱氧作用外，铝和氮结合所形成的弥散的 AlN 粒子能起到阻止奥氏体晶粒长大的作用。因此，必须保证钢中有一定量的酸溶铝。

10. 其他残留元素的影响

由废钢或矿石带入碳钢中的还有一些元素，常见的有铜、镍、铬等，为使各类碳钢的性能波动范围不致过大，它们的含量都有一定的限制。但这些元素的存在一定程度上会提高热轧的强度。

典型牌号的钢中化学成分　　　　　　　　　　　　表 2-1

基板种类	牌　号	化学成分（熔炼分析）（%）							
		C 不大于	Si 不大于	Mn 不大于	P 不大于	S 不大于	Alt 不小于	Ti② 不大于	Nb 不大于
冷轧基板	DC51D+Z,DC51D+ZF（St01Z,St02Z,St03Z）	0.10	—	0.50	0.035	0.035	—	—	—
	DC52D+Z(St04Z),DC52D+ZF	0.08	—	0.45	0.030	0.030	—	—	—
	DC53D+Z(St05Z),DC53D+ZF	0.01	—	0.40	0.030	0.030	—	—	—
	DC54D+Z(St06Z)①,DC54D+ZF①	0.01	0.10	0.30	0.025	0.025	0.015	0.10	—
	DC56D+Z(St07Z),DC56D+ZF	0.01	0.10	0.30	0.025	0.025	0.015	0.10	0.10
	S220GD+Z,S220GD+ZF	0.13	—	0.50	0.035	0.035	0.015	—	—
	S250GD+Z,S250GD+ZF	0.16	—	0.60	0.035	0.035	0.015	—	—
	S280GD+Z(StE280−2Z),S280GD+ZF	0.20	—	0.80	0.035	0.035	0.015	—	—
	S320GD+Z,S320GD+ZF	0.23	—	1.00	0.035	0.035	0.015	—	—
	S350GD+Z(StE345−2Z),S350GD+ZF	0.25	—	1.50	0.035	0.035	0.015	—	—
	S550GD+Z,S550GD+ZF	0.25	—	1.50	0.035	0.035	0.015	—	—
	H220PD+Z,H220PD+ZF	0.08	0.50	0.70	0.080	0.025	0.015	—	—

续表

基板种类	牌　号	化学成分（熔炼分析）（%）							
		C 不大于	Si 不大于	Mn 不大于	P 不大于	S 不大于	Alt 不小于	Ti[②] 不大于	Nb 不大于
冷轧基板	H260PD+Z，H260PD+ZF	0.15	0.50	0.70	0.100	0.025	0.010	—	—
	H300LAD+Z，H300LAD+ZF	0.10	0.50	1.00	0.030	0.025	0.015	0.15	0.09
	H340LAD+Z(HSA340Z)，H340LAD+ZF	0.10	0.50	1.00	0.030	0.025	0.015	0.15	0.09
	H380LAD+Z	0.16	0.50	1.50	0.030	0.025	0.015	0.15	0.09
	H420LAD+Z(HSA410Z)	0.16	0.50	1.50	0.030	0.025	0.015	0.15	0.09
	H180BD+Z，H180BD+ZF	0.04	0.50	0.70	0.060	0.025	0.020	—	—
	H220BD+Z，H220BD+ZF	0.06	0.50	0.70	0.080	0.025	0.020	—	—
	H260BD+Z，H260BD+ZF	0.08	0.50	0.70	0.100	0.025	0.020	—	—
	H180YD+Z，H180YD+ZF	0.01	0.10	0.70	0.060	0.025	0.020	0.12	—
	H220YD+Z，H220YD+ZF	0.01	0.10	0.90	0.080	0.025	0.020	0.12	—
	H260YD+Z，H260YD+ZF	0.01	0.10	1.60	0.100	0.025	0.020	0.12	—
热轧基板	DD51D+Z(St01ZR，St02ZR)	0.10	—	0.50	0.035	0.035	—	—	—
	DD54D+Z(St06ZR)	0.01	0.10	0.30	0.025	0.020	0.015	0.10	—
	HR340LAD+Z(HSA340ZR)	0.10	0.20	1.00	0.030	0.025	—	—	0.09
	HR420LAD+Z(HSA410ZR)	0.12	0.20	1.00	0.030	0.025	—	—	0.09

注：1. ①可以添加 Nb，此时 Nb 和 Ti 的总含量不大于 0.20%；

2. ②对于低合金高强度钢，钢中也可添加 Ti 等合金元素，但是这些合金元素的总含量不大于 0.22%。

2.1.2　热处理及冷变形对性能的影响

1. 热处理

工业用钢中大约 75% 是经过热加工（热轧、热锻或热压）后使用的。钢的热轧包括加热、形变和冷却三个阶段，因此，加热温度、终轧温度、变形量和变形速度以及随后的冷却温度（卷取温度）是重要的工艺及性能参数。热轧钢的室温组织是加热、形变、再结晶和相变等一系列变化叠加之后的结果。一般来说，提高精轧温度，抗拉强度和屈服强度下降，但产品的延伸率有所提高，卷取温度变化通过 α 结晶晶粒直径、析出物的量和形态的变化使力学性能发生变化。精轧温度一定，提高卷取温度，再结晶 α 晶粒的结晶晶粒变大，使屈服和抗拉强度降低。普碳钢的特性值基本上受卷取温度支配，冷却速度的影响较小。含 Nb 钢等低合金高强度钢卷取温度和冷却速度均起重要的作用。冷轧用原料一般采用低温卷取，而冷轧连续退火工艺则要求热轧有较高的卷取温度。

2. 冷变形

冷变形（这里主要是指冷轧）在于改变热轧钢板的形状和尺寸，改善产品表面质量、提高产品的性能，冷轧后的供货状态有直接轧硬态供货以及经退火后供货两种。和热轧不同，钢在冷轧时范性形变所引起的组织结构变化可以保留下来，使钢处于加工硬化状态，冷轧具有更大的形变不均匀性，这种不均匀性导致在产品中产生不同大小尺度范围内的残余内应力。

冷轧的变形方式是滑移，这种变形不破坏金属的晶体性，但降低晶体的完整性，形变量不同，组织形貌的变化不同，形变量达到 65% 以上时，晶粒呈纺锤体，更大变形量时，显微组织变成纤维状，但它不同于热轧的纤维状组织，构成其组织纤维的是晶界和滑移带。而热加工纤维组织是一种低倍（宏观）组织，其组织纤维是被形变延伸的枝晶偏析和夹杂物。冷加工以后产生加工硬化，一般是变形量越大，钢的强度和硬度增加越多，同时，其延伸率下降。对于经过冷轧的低碳钢而言，在较高加热温度下（如高于 450℃）再结晶，就其实质来说就是形成大角度晶界，结果使冷轧后的高密度位错等得以消除，代之以再结晶后的无冷加工硬化的新晶粒，钢达到了更稳定状态。但随形变程度、加热温度和加热保温时间等条件的不同，再结晶后所获得的晶粒大小有很大的差别。随温度的提高，钢板的延伸率提高，强度略有下降，在700℃左右延伸率最大，但再提高温度的话，可能使铁素体晶粒变粗，延伸率开始下降。但在实际生产中，为了加速再结晶，提高生产效率，一般将退火温度适当提高。

2.1.3 常用力学性能及检测

钢铁材料的常用力学性能有拉伸、冲击和硬度，对不同的用途来说，要求检测的项目是不一样的，一般建筑围护结构用彩涂板仅仅进行拉伸试验，检测的项目有抗拉强度、屈服强度和延伸率，硬度检测相对比较方便。

1. 屈服强度

当钢材在拉伸时，应力超过弹性极限后，变形增加较快，此时除了产生弹性变形外，还产生部分塑性变形。当应力达到某点后，塑性应变急剧增加，曲线出现一个波动的小平台，这种现象称为屈服。这一阶段的最大、最小应力分别称为上屈服点（ReH）和下屈服点（ReL）。由于下屈服点的数值较为稳定，因此以它作为材料抗力的指标，称为屈服点或屈服强度。图2-1所示为典型的钢板拉伸曲线。有些钢材（如高碳钢）无明显的屈服现象，通常以发生微量的塑性变形0.2%（Rp0.2）时的应力或以总延伸0.5%（Rt0.5）时的应力作为该钢材的

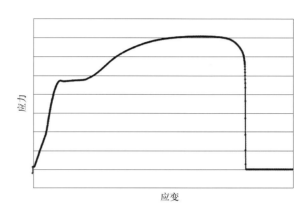

图2-1 典型的低碳铝镇静钢的拉伸曲线

屈服强度，称为条件屈服强度。这些屈服强度的检测都有其不同的标准和要求，检测方法中规定了材料的制样要求、尺寸精度、拉伸速度、试验方向等。

2. 抗拉强度

抗拉强度（Rm或TS）也叫强度极限，指材料在拉断前承受最大应力值。当钢材屈服到一定程度后，由于内部晶粒重新排列，其抵抗变形能力又重新提高，此时变形虽然发展很快，但却只能随着应力的提高而提高，直至应力达最大值。此后，钢材抵抗变形的能力明显降低，并在最薄弱处发生较大的塑性变形，此处试件截面迅速缩小，出现颈缩现象，直至断裂破坏。钢材受拉断裂前的最大应力值称为强度极限或抗拉强度。它的检测要求和方法与屈服强度一致，事实上在测量时屈服强度和抗拉强度在拉伸曲线上被同时检测出来。

3. 延伸率

延伸率（δ）：材料在拉伸断裂后，总伸长与原始标距长度的百分比。而延伸又分成断后延伸、均匀延伸和屈服延伸。断后延伸是（EL或A）试样拉伸断裂后，标距部分的伸长量与原始标距的百分比（%）。$A=(L-L_0)/L_0\times100\%$，L为断裂后标距部分的试样长度（mm），L_0为原始标距（mm），断后延伸也就是我们通常所说的延伸率。屈服延伸（$YP-EL$或Ae）是拉伸试验过程中，试验屈服开始至屈服阶段结束，标距部分的伸长量与原始标距的百分比（%）。$Ae=(L_2-L_1)/L_0\times100\%$，$L_1$为屈服开始时标距部分的试样长度（mm），$L_2$为屈服结束时标距部分的试样长度（mm），$L_0$为原始标距（mm）。均匀延伸（$Agt$）是最大力时原始标距的伸长与原始标距（$L_0$）之比的百分率，用"$Agt$"表示最大力总伸长率，用"$Ag$"表示最大力非比例伸长率。如表2-2 ASTM653—2017力学性能要求。

ASTM A653	最小屈服强度（MPa）	最小抗拉强度（MPa）	最小延伸率（%）	备 注
CS Type A	170/380	—	≥20	
CS Type B	205/380	—	≥20	
CS Type C	170/410	—	≥15	

ASTM653—2017 力学性能要求 表2-2

续表

ASTM A653	最小屈服强度 （MPa）	最小抗拉强度 （MPa）	最小延伸率 （%）	备　注
FS Type A，B	170/310	—	≥26	
DDS	140/240	—	≥32	
EDDS	105/170	—	≥40	
SS Grade(230)	230	310	≥20	
SS Grade(255)	255	360	≥18	
SS Grade(275)	275	380	≥16	
SS Grade(340)	340	450	≥12	Class 1
SS Grade(340)	340	—	≥12	Class 2
SS Grade(340)	340	480	≥12	Class 3
SS Grade(550)	550	570	—	
HSLAS Type A Grade(275)	275	340	≥22	
HSLAS Type A Grade(340)	340	410	≥20	
HSLAS Type A Grade(410)	410	480	≥16	
HSLAS Type A Grade(480)	480	550	≥12	
HSLAS Type A Grade(550)	550	620	≥10	
HSLAS Type B Grade(275)	275	340	≥24	
HSLAS Type B Grade(340)	340	410	≥22	
HSLAS Type B Grade(410)	410	480	≥18	
HSLAS Type B Grade(480)	480	550	≥14	
HSLAS Type B Grade(550)	550	620	≥12	

4. 硬度

洛氏硬度、表面洛氏硬度试验主要原理是先用初始试验力将压头压到试样表面，再用总试验力将压头压入试样表面，经规定保持时间后，卸除主试验力，用测量的残余压痕深度增量计算硬度值。它适合于冷轧板及热镀锌、电镀锌板、电镀锡板的洛氏硬度和表面洛氏硬度测量。根据钢板的厚度不同，一般来说，薄钢板测量表面硬度（不大于 0.22mm 采用 HR15T，0.22～0.6mm 采用 HR30T）而相对较厚的钢板则测量洛氏硬度（0.6～1.1mm 采用 HRF，不小于 1.1mm 的采用 HRB）。这几个不同硬度单位之间有相应的换算和对应关系。采用的使用方法为《金属材料洛氏硬度试验》GB/T 230—2009。

宝钢企标中钢材力学性能指标如表 2-3～表 2-5 所示（注：《连续热镀锌钢板及钢带》GB/T 2518—2008 也是宝钢股份牵头起草的，但其先进性落后于宝钢企业标准）。

宝钢企标中钢的力学性能指标　　　　　　　　　表 2-3

牌　号	拉伸试验[a,b,c]			r_{90} 不小于	n_{90} 不小于
	屈服强度 （MPa）	抗拉强度 （MPa）	断后伸长率 A_{80m} （%） 不小于		
DC51D+Z，DC51D+ZM，DC51D+ZF	140～300	270～500	22	—	—
DD51D+Z	—	270～500	—	—	—
DC52D+Z，DC52D+ZM，DC52D+ZF	140～260	270～420	26	—	—
DC53D+Z，DC53D+ZM，DC53D+ZF	140～220	270～380	30	—	—
DC54D+Z	120～200	260～350	36	1.6[d]	0.18
DC54D+ZF，DC54D+ZM	120～200	260～350	34	1.4[d,e]	0.18[e]

续表

牌 号	拉伸试验[a,b,c]			r_{90} 不小于	n_{90} 不小于
	屈服强度 (MPa)	抗拉强度 (MPa)	断后伸长率 A_{80m} (%) 不小于		
DC56D+Z	120~180	260~350	39	1.9[d]	0.21
DC56D+ZF,DC56D+ZM	120~180	260~350	37	1.7[d,e]	0.20[e]
DC57D+Z	120~170	260~350	41	2.1[d]	0.22
DC57D+ZF,DC57D+ZM	120~170	260~350	39	1.9[d,e]	0.21[e]

注：1. [a]无明显屈服时采用 $R_{p0.2}$，否则采用 R_{eL}；
2. [b]试样为 GB/T 228.1 规定的 P6 试样，试样方向为横向；
3. [c]当产品公称厚度大于 0.5mm，但不大于 0.70mm 时，断后伸长率允许下降 2%；当产品公称厚度不大于 0.50 时，断后伸长率允许下降 4%；
4. [d]当产品公称厚度大于 1.5mm，r_{90} 允许下降 0.2；当产品公称厚度大于 2.5mm，r_{90} 的规定不再适用；
5. [e]当产品公称厚度不大于 0.70mm 时，r_{90} 允许下降 0.2；n_{90} 允许下降 0.01。

宝钢企标中合金镀层钢的力学性能指标 表 2-4

牌号	拉伸试验[a,b,c,d]		
	屈服强度 (MPa) 不小于	抗拉强度 (MPa) 不小于	断后伸长率 A_{80mm} (%) 不小于
S220GD+Z,S220GD+ZM,S220GD+ZF	220	300	20
S250GD+Z,S250GD+ZM,S250GD+ZF	250	330	19
S280GD+Z,S280GD+ZM,S280GD+ZF	280	360	18
S320GD+Z,S320GD+ZM,S320GD+ZF	320	390	17
S350GD+Z,S350GD+ZM,S350GD+ZF	350	420	16
S550GD+Z[e],S550GD+ZM[e]	550	550	—

注：1. [a]无明显屈服时采用 $R_{p0.2}$，否则采用 R_{eH}；
2. [b]除 S550GD+Z 外，其他牌号的抗拉强度可要求 140MPa 的范围值；
3. [c]试样为 GB/T 228.1 规定的 P6 试样，试样方向为纵向；
4. [d]当产品公称厚度大于 0.50mm，但不大于 0，7mm 时，断后伸长率允许下降 2%；当产品公称厚度不大于 0.50mm 时，断后伸长率允许下降 4%；
5. [e]对于牌号为 S550GD+Z 和 S550GD+ZM 的产品，当产品的厚度不大于 0.70mm 时，由于厚度减薄效应，导致伸长率过低，无法测得到屈服强度；此时，屈服强度用抗拉强度代替。

宝钢企标中热镀锌钢板力学性能 表 2-5

牌 号	拉伸试验[a,b,c]			r_{90}[d] 不小于	n_{90} 不小于
	屈服强度 (MPa)	抗拉强度 (MPa)	断后伸长率 A_{80m} (%) 不小于		
HC180YD+Z	180~240	340~400	34	1.7	0.18
HC180YD+ZF,HC180YD+ZM	180~240	340~400	32	1.5	0.18
HC220YD+Z	220~280	340~410	32	1.5	0.17
HC220YD+ZF,HC220YD+ZM	220~280	340~410	30	1.3	0.17
HC260YD+Z	260~320	380~440	30	1.4	0.16
HC260YD+ZF,HC260YD+ZM	260~320	380~440	28	1.2	0.16

注：1. [a]无明显屈服时采用 $R_{p0.2}$，否则采用 R_{eL}；
2. [b]试样为 GB/T 228.1 规定的 P6 试样，试样方向为横向；
3. [c]当产品公称厚度大于 0.5mm，但不大于 0.70mm 时，断后伸长率允许下降 2%；当产品公称厚度不大于 0.50 时，断后伸长率允许下降 4%；
4. [d]当产品公称厚度大于 1.5mm，r_{90} 允许下降 0.2；当产品公称厚度大于 2.5mm，r_{90} 的规定不再适用。

2.1.4 表面要求

冶金过程中常见表面缺陷和解决方法如表 2-6 所示。

冶金过程中常见表面缺陷和解决方法 表 2-6

制造工序	常见表面缺陷	解决办法
炼钢	表面夹杂、夹渣	提高冶炼水平、板坯表面进行清理
热轧	氧化铁皮、擦划伤	轧制温度、冷却、设备状态
酸洗	欠酸洗、过酸洗斑迹	控制酸洗温度、浓度及机组速度
冷轧	乳化液斑迹、擦划伤	控制乳化液含油量及出口吹扫、被动辊轴承经常加油、传动辊与带速同步
退火	粘结、残碳量高	卷取张力、粗糙度、热轧凸度
精整	辊印、擦划伤、油斑	设备状态的维护、控制机组速度
包装	生锈	采用带缓蚀剂的包装材料、防止带入水气
运输	锁扣压痕等硬伤	合适吊具、钢卷朝向等

2.1.5 板型及公差

板型和公差对于建筑用彩涂相当重要，尤其对于大跨度以及聚氨酯发泡板来说，板型不好会导致现场施工困难，甚至结构漏雨，而对于发泡板来说，如果板型不好导致的应力会影响到发泡层的结合力，最终导致脱胶。钢板厚度公差的一致性对板型、建筑物的安全有重要的影响。

热轧和冷轧是板型和公差的主要影响工序，而板型和公差的控制精度不仅和工艺控制水平有关，更主要的是设备的精度和测量水平。

1. 热轧工序

对热轧带钢来说，厚度精度、断面形状（凸度、楔形和局部高点）是主要的控制要素。而对宽度精度则相对宽松一点，因为在随后的冷轧工序有切边装置。一般控制厚度精度采用高响应性液压压下装置来实现，通过轧制模型公式，由计算机自动控制。而对断面形状则通常采用改变轧制规程、轧辊凸度及冷却方式的改善、轧辊的横移等来解决。热轧带钢本身的板型缺陷有不平（边浪、中间浪）、侧弯、宽度方向弯曲（C 形弯曲）、长度方向弯曲（L 形弯曲），这些在热轧的精整工序基本可以进行调整，并根据最终用途来放行。

2. 冷轧工序

冷轧工序轧机是影响板型和公差的主要因素，它通过弯辊力的自动设定、机架本身的精细冷却、板型测量辊进行控制。这些技术包括 CVC-continuous variable crown（连续可变凸度）、DSR-dynamic shape roll（动态板型辊）等。这些也通过轧机过程计算机中的数学模型进行自动控制，在控制精度方面，连轧机比单机架往复轧机的效果要好。热处理以及随后的平整也能影响到最终产品的板型，一般来说，屈服强度高的产品它的板型要比屈服强度低的钢板板型差，厚且窄的钢板的板型要好于薄而宽的钢板，其原因主要在于在退火炉内的热瓢曲和内应力不同。对于厚度或宽度公差来说，厚度公差由轧机控制，另外，为保证建筑设计的载荷，彩涂用基板不按负公差交货。而宽度公差，对建筑用材以及国外相关标准均采用正公差交货，它的精度控制取决于冷轧工序中最后一条切边的圆盘剪的精度。

2.2 镀层性能

2.2.1 镀层钢板的耐腐蚀机理

1. 腐蚀机理

自然界的铁均以各种氧化物的形式存在，在钢铁生产出来的同时，钢铁的腐蚀就产生了，在常温情况下，腐蚀的形态主要是化学腐蚀。据统计，发达国家金属腐蚀每年的经济损失约占其当年国民生产总值的 $1.5\% \sim 4.2\%$，每年腐蚀掉的金属占生产量的 15% 左右，而且还可能造成安全事故。如 1967 年美国西弗吉利亚通往俄亥俄州的俄亥俄大桥，因钢结构腐蚀引起突然断裂导致 76 人死亡。

金属基材表面与非电解质直接发生化学作用的特点是基材表面的原子与非电解质中的氧化剂直接发

生氧化还原反应，形成腐蚀产物，腐蚀过程中的电子的传递是在金属基板和氧化剂之间直接进行的，因而没有电流产生。

电化学腐蚀是金属基材表面与离子导电的电解质发生电化学反应而引起的破坏，任何以电化学机理进行的腐蚀反应至少包含有一个阳极和一个阴极反应，并以流过金属基材内部的电子流和电解质中的离子形成回路。阳极反应是氧化过程，即金属离子从金属转移到介质中并放出电子；阴极反应为还原过程，即介质中的氧化剂组分吸收来自阳极电子的过程。电化学腐蚀是最普通、最常见的腐蚀。金属在大气、海水、土壤和各种电解质溶液中的腐蚀都属此类腐蚀。

2. 金属腐蚀的控制及防护方法

覆盖涂层使钢铁和外部介质隔离开是薄板材防止腐蚀比较普遍的方法，这些覆盖涂层主要分成金属镀层和非金属涂层两种，如图 2-2 所示。

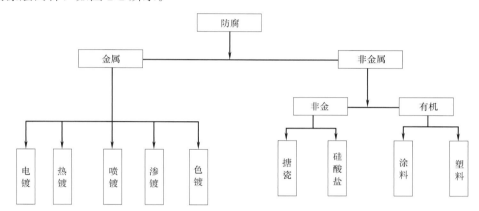

图 2-2　钢板防腐涂镀层主要类型

3. 镀锌钢板的防腐蚀特性

镀锌层对钢板具有物理、化学和电化学的多重保护。首先，由于钢板表面覆盖锌层后，隔绝了空气和铁的接触，防止了铁的腐蚀。其次，锌在干燥的大气腐蚀中，表面形成了腐蚀产物氧化锌，具有良好的致密性，能阻止空气对锌，层的进一步腐蚀。采用锌金属作为防腐层，由于锌和铁的电位不同，一旦锌层受到外界破坏，露出钢基板时，作为阳极锌被优先腐蚀，而相对电位高的铁被保护了。有关介质的标准电极电位见表 2-7。当空气中的水分积存于镀锌板表面的凹坑处，并且空气中的二氧化碳、二氧化硫或其他腐蚀介质溶于水中之后，便形成了电解液，这样，一个腐蚀原电池就形成了，此微电池中发生的电化学反应为：

阳极反应：$Zn - 2e^- \longrightarrow Zn^{2+}$

阴极反应：$O_2 + 2H_2O + 4e \longrightarrow 4OH^-$

在阳极发生了锌的溶解反应，在阴极发生的反应称之为氧的去极化反应，反应的最终结果是产生了锌的腐蚀。

$2Zn^+ + OH^- \longrightarrow Zn(OH)_2 + ZnO \cdot H_2O$

有关介质的标准电极电位　　　　　　　　　　　　　　　　表 2-7

电极过程		标准电极电位
$Zn - 2e$	Zn^{2+}	$-0.762V$
$O_2 + 2H_2O + 4e$	$4OH^-$	$+0.401V$
$Fe - 2e$	Fe^{2+}	-0.439
$2H^+ + 2e$	H_2	0.000

当大气没有污染，酸性介质的浓度很低，pH>5.2 时，腐蚀结果就可能产生非溶化合物，例如，氢氧化锌（$Zn(OH)_2$）、氧化锌（ZnO）或碳酸锌（$ZnCO_3$），这些腐蚀产物以沉淀的形式析出，构成致密的薄膜，厚度一般可达 8μm，具有足够的厚度和良好的粘附能力，且又不易溶解于水，能进一步的抗腐蚀，如果镀锌层表面完好，就可以防止腐蚀介质接触钢铁表面，起到隔离的作用。

如果镀锌层发生了破坏，且面积不大，锌将作为铁-锌微电池的阳极，以牺牲阳极的形式保护铁基体。在热镀锌中，直接和铁接触的镀层成分不是纯锌，而是含铁相对较高（20%）的 γ 相。尽管如此，它和含铁 10% 的 $\delta 1$ 相一样，还是具有比铁较低的电位，仍能起到防腐蚀的作用。

如果铁基体暴露得太多，电解液的量又不足以构成电化学回路，锌对铁的保护功能失效，此时铁的腐蚀加速。

在实际中，如果镀锌层上没有形成自身腐蚀产物所造成的保护薄膜，那么，起阳极保护作用的镀锌层将会很快被溶解完，这样的镀锌层就不能耐久。

锌的腐蚀产物随大气中的腐蚀介质的不同而不同。例如，在清洁的空气中的腐蚀产物为 ZnO 或 $Zn(OH)_2$，在海水气氛中的产物为 $ZnCL_2$，在大气中含有 H_2S 或 SO_2 时，生成 ZnS、$ZnSO_3$。如环境中二氧化碳增多时，生成 $ZnCO_3$，这些腐蚀产物统称为白锈，镀锌板在这些环境中的耐腐蚀性取决于这些白锈的致密性和溶解性。其他合金镀锌产品如镁、铝等的腐蚀机理和纯锌类似，镁和铝属于更活泼的金属，他们和铁比是阳极，但他们的腐蚀产物比锌产生的白锈更难溶，更致密，因此，他们的耐腐蚀能力更强。常用金属的电极电位如图 2-3 所示。

标准金属电势表

金属 - 金属离子平衡 （单位电荷）	电极电位，正常氢电极 25℃，V
Au–Au^{+2}	+1.498
Pt–Pt^{+2}	+1.2
Pd–Pd^{+2}	+0.987
Ag–Ag$^+$	+0.799
Hg–Hg$_2^{+2}$	+0.788
Cu–Cu^{+2}	+0.337
H$_2$–H$^+$	0.000
Pb–Pb^{+2}	−0.126
Sn–Sn^{+2}	−0.136
Ni–Ni^{+2}	−0.250
Co–Co^{+2}	−0.277
Cd–Cd^{+2}	−0.403
Fe–Fe^{+2}	−0.440
Cr–Cr^{+3}	−0.744
Zn–Zn^{+2}	−0.763
Al–Al^{+3}	−1.662
Mg–Mg^{+2}	−2.363
Na–Na$^+$	−2.714
K–K$^+$	−2.925

惰性或阴极

活跃或阳极

图 2-3　常用金属的电极电位

2.2.2　镀层性能及其测量方法

镀层性能包括强度、硬度、耐腐蚀性、摩擦系数和弯曲性能等，实际使用或标准要求的检测镀层的性能项目主要是镀层弯曲、冲击性能和镀层厚度，这些也直接影响彩涂板的性能。

1. 镀层弯曲性能及试验方法

镀层弯曲性能直接影响到涂漆后产品的附着力和镀锌产品的耐腐蚀性。如果镀层附着力差，加工时镀层就容易开裂或脱落，腐蚀介质就容易透过镀层进入到铁基板的表面，造成膜下腐蚀，而这种铁腐蚀的产物（红锈或黄锈）粗大疏松，破坏镀层的保护作用，导致腐蚀速度加快，这种情况更容易出现在镀锌板加工成型比较复杂的部位。影响镀层弯曲性能有表面清洁状态、炉内保护气体的比例、退火炉内露点、进锌锅温度以及钢种等因素。

弯曲试验是以圆形、方形、矩形或多边形横截面试样在弯曲装置上经受弯曲塑性变形，不改变加力方向，直至达到规定的弯曲角度。通俗讲，冷弯试验是将一定形状和尺寸的试样放置于弯曲装置上，以规定直径的弯心将试样弯曲到所要求的角度后，卸除试验力，检验试样受拉伸变形的面是否出现了裂纹等缺陷。冷弯试样还被用来评价镀层钢板（如镀锌板）的塑性及镀层附着性，这种情况下，冷弯试验一般只用来把试样弯曲到规定的形状，评价采用其他约定的判据。适用于冷轧板及热镀锌、电镀锌板的弯曲试验，判定准则见表 2-8。

镀层弯曲判断准则　　　　　　　　　　　　　　　　表 2-8

评点	弯曲表面的判定基准	评点	弯曲表面的判定基准
1	没有裂纹，或没有深的皱纹	4	裂纹的深度、长度在试验片的 1/2 以上
2	有细微的裂纹（长度在试验片宽度的 1/4 以下）	5	裂纹深、大、或折痕很大
3	有小的浅裂纹（长度在试验片宽度的 1/4～1/2 之间）		

注：镀锌产品的评点 1，除上述判定基准要求外，还需加上在弯曲外侧表面（从试验片的两端起 7mm 以上的内侧部分）没有发生剥离或发生龟裂。

2. 镀层的冲击性能及试验方法

镀层冲击反映镀层的附着力，即镀层在外来冲击情况下的完整性，它对耐腐蚀性也有一定的影响。影响冲击性能的原因部分和影响镀层弯曲一样，但镀层成分、热镀时间等对冲击性能的影响更大。

球冲试验是将镀层试样放置于球冲试验装置底座中，并把冲头提升到不同的高度，迅速释放冲头，冲击试样，检查冲击处镀层剥落情况，以评定镀层的附着性能。

采用内控标准进行判定，适合于热镀锌和电镀锌钢板。镀层冲击性能的好坏判断见表 2-9。

镀层冲击性能判断标准　　　　　　　　　　　　　　表 2-9

级别	镀 层 状 态	级别	镀 层 状 态
1	密布但轻微的镀层裂纹，镀层并未破裂，且用指甲也不能挑掉	3	容易挑掉的大裂纹或斑状剥去镀层
2	仔细用指甲能挑掉的龟裂或裂纹	4	不剥镀层也容易成片脱落

3. 镀层重量（厚度）对耐腐蚀性能的影响及检测方法

镀层重量是耐腐蚀的最重要的保证条件，镀层厚度越大，耐腐蚀性越好，这已经通过很多加速试验和暴晒试验所证明。通常所说的镀锌层的厚度指双面厚度，正常情况下，市面上常用的镀锌层都是双面等厚热镀锌。

如图 2-4 是英国标准 5493（1977 版）中列出不同镀层厚度在不同使用环境下的寿命。在美国、澳大利亚以及我国的彩涂国家标准中均规定了不同环境对镀层厚度的要求。

图 2-4 中横坐标是镀锌层的厚度（重量），纵坐标表示需要维护的最低年限，而图中斜线则表示不同环境下的腐蚀速率，图中可以看到在室内（干燥）条件下耐腐蚀性能最好，而在海水浸泡的条件下，其耐腐蚀性最差。

镀层重量的检测方法很多，最原始最准确的方法是重量法。重量法就是将钢板上的镀层用化学法脱下来，进行失重计算来换算出单位面积上的镀层重量或厚度，重量法一般在仲裁或校正时使用。现在，绝大多数镀锌生产工厂常用的快速检测方法为荧光法或磁性方法，用固定大小的镀锌板经过 X 荧光仪并通过专用计算软件，能在数分钟内准确测量出钢板表面的镀锌量，精度可达 ±1g/m²。为保证

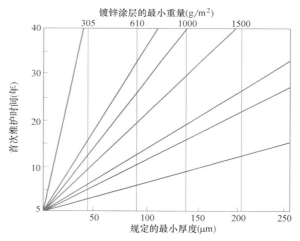

图 2-4　不同环境下镀层的使用寿命

钢板在整卷范围内的锌层稳定，现代化的热镀锌生产线采用在线锌层测厚装置进行在线闭环控制，通过气刀控制、机组速度等进行全过程的厚度控制。

国际流行钢铁材料板状态下交货采用理论计算重量，冷轧基板的厚度及密度与镀层的密度和厚度各异，因此，标准中规定了镀锌钢板理论计重的方法如表 2-10 所示。

美国标准（ASTM A 755-2016）、国标《彩色涂层钢板及钢带》（GB/T 12754—2006）对不同的环境下建筑外用热镀锌板的锌层重量均有要求，如国标中对低腐蚀环境要求镀锌量不小于 90/90g/m²，对中等腐蚀环境要求镀锌量不小于 125/125g/m²，而对高的腐蚀环境则要求镀锌量不小于 140/140g/m²。

镀锌钢板理论计重计算方法　　　　　表 2-10

计 算 顺 序		计 算 方 法	结 果 修 约
基板的基本重量(kg/mm·m²)		7.85(厚度 1mm、面积 1m² 的重量)	—
基板的单位重量(kg/m²)		基板基本重量(kg/mm·m²)×(订货公称厚度－公称镀层重量相应的镀层厚度[a])(mm)	修约到有效数字 4 位
镀后的单位重量(kg/m²)		基板单位重量(kg/m²)＋公称镀层重量(kg/m²)	修约到有效数字 4 位
钢板	钢板的面积(m²)	宽度(mm)×长度(mm)×10⁻⁶	修约到有效数字 4 位
	1 块板重量(kg)	镀锌后的单位重量(kg/m²)×面积(m²)	修约到有效数字 3 位
	单捆重量(kg)	1 块板重量(kg)×1 捆中同规格钢板块数	修约到 kg 的整数值
	总重量(kg)	各捆重量(kg)相加	kg 的整数值

注：50g/m² 镀层重量约等于 7.1μm。

对于镀铝锌基板，由于其耐腐蚀性能优于热镀锌，因此，在国内外标准中对镀层的重量要略低于热镀锌板，如国标规定低腐蚀环境要求镀铝锌量不小于 50/50g/m²，对中等腐蚀环境要求镀铝锌量不小于 60/60g/m²，对高的腐蚀环境则镀锌量要求镀铝锌量不小于 75/75g/m²。

4. 镀锌钢板的钢种、力学性能与用途

由于用途不同，热镀锌（合金）的钢种很多，建筑多采用高强结构钢，汽车用镀锌钢板多以深冲压为主。表 2-11、表 2-12 分别列出美国和日本热镀锌（合金）的标准和用途、宝钢企业标准和国家标准的钢种和用途。

美国和日本热镀锌（合金）的标准和用途　　　　　表 2-11

镀层	相关标准		用　途	
热浸镀锌钢板	JIS G3302-2010	SGHC	一般用	基板:热轧酸洗钢板
		SGH 340,400,440,490,540	结构用	
		SGCC	一般用	基板:冷轧钢板
		SGCH	一般用,硬板	
		SGCD 1,2,3	冲压用,第一级,第二级,第三级	
		SGC 340,400,440,490,570	结构用	
	ASTM A653-2017	CS Type A,B,C	商用(Commercial Steel)	
		FS Type A,B	成形用(Forming Steel)	
		DDS	深冲用(Deep Drawing Steel)	
		EDDS	超深冲用(Extra Deep Drawing Steel)	
		SSGrade33,37,40,50,80	高强结构用	
		HSLAS Type A、Type B Grade 40,50,60,70,80	高强度低合金钢(High Strength Low Alloy Steel)	
热浸镀5%铝锌钢板	JIS G3317-2012	SZAHC	一般用	基板:热轧酸洗钢板
		SZAH 340,400,440,490,540	结构用	
		SZACC	一般用	基板:冷轧钢板
		SZACH	一般用,硬板	
		SZACD 1,2,3	冲压用,第一级,第二级,第三级	
		SZAC 340,400,440,490,570	高强结构用	
	ASTM A8752015	CS Type A,B,C,FS Type A,B DDS,EDDS, SS 33,37,40,50 class1,2,3,80　HSLAS Type A、Type B 50,60,70,80	· 与 ASTM653 的分类相同 · 镀层可分 Type Ⅰ 与 Type Ⅱ 两种 Type Ⅰ:5%铝＋稀土 Ⅱ:5%铝＋镁	

续表

镀层	相　关　标　准		用　　途	
热浸镀55%铝锌钢板	JIS G3321-2010	SGLHC	一般用	基板:热轧酸、洗钢板
		SGLH 400,440,490,540	结构用	
		SGLCC	一般用	基板:冷轧钢板
		SGLCH	硬板	
		SGLCD 1,2,3	冲压用	
		SGLC 400,440,490,570	高强结构用	
	ASTM A792-2015	CS Type A,B,C FS,DS,HTS SS Grade 33,37,40,50 A,B,80	• 与ASTM 653的区分相同,但DS表冲压用,HTS表高温用钢	

注：JIS 日本工业标准、ASTM 美国材料试验协会标准。

宝钢企业标准和国家标准的钢种和用途　　　　　　表 2-12

相　关　标　准		用　途
国标 GB/T 2518	01	普通用途
	02	机械咬合
	03	冲压
	04	深冲
	05	特殊镇静钢深冲
	06	无时效超深冲
	220、250、280、320、350、400、500、550	结构用钢
宝钢企标 BQ B420	DC51D+Z	一般用
	DC52D+Z	冲压用
	DC53D+Z	深冲用
	DC54D+Z	特深冲
	DC56D+Z	超深冲
	220、250、280、320、350、550	结构用钢

　　热镀铝锌（55％铝）产品是近年来国内大量生产的新的镀锌产品和彩涂基板，国家标准现在还在制订中（国家钢标委委托宝钢牵头在进行制订）。热镀锌铝（5％铝）产品在中国国内还没有批量生产，因此，还没有相应的国家标准。

2.2.3　镀层的品种类型及用途

1. 热镀锌

　　热镀锌指的是热镀纯锌，在我国俗称为"白铁皮"，在建筑上的应用最为广泛，在没有作为彩涂基板以前它已经广泛应用于建筑行业，它的镀层表面状态是铸造态，表面有均匀光亮的锌花（在汽车和家电用热镀锌多崇尚无锌花粗糙表面），有各种不同的表面状态。不同的特性和用途见表2-13。

不同锌花热镀锌的特性和用途　　　　　　表 2-13

表面形貌类型	质 量 特 性	用　　途	表面条件
小锌花	因控制了锌花的结晶长大，所以表面晶粒结构细小；因表面均匀，所以涂装后表面质量优良；涂装性优于常规锌花	家具和办公用装备，家电，作涂层钢板的基材	

续表

表面形貌类型	质 量 特 性	用　　途	表面条件
零锌花	因为在熔融锌固化过程中锌粒长大完全被控制,所以肉眼很难看出锌花;因表面均匀,所以涂装后表面质量优良	家具和办公用装备,家电,作涂层钢板的基材	
光整锌花	熔融锌固化后经平整得到极光滑表面;因表面光整,所以涂装后表面质量优良	家具和办公用装备,家电,作涂层钢板的基材	

宝钢彩涂板用热镀锌涂层基板，根据用途和使用环境可以提供不同表面状态、不同镀锌量的基板品种，在家电、装饰、建筑行业应用十分广泛。

例如，一汽轿车厂房就使用了宝钢高强度热镀锌彩涂板（图 2-5）。屋面外板采用宝钢产 TS350GD、0.6mm 厚、镀锌量不小于 280g/m² （双面）、屈服强度不小于 350MPa，PVDF 聚偏二氟乙烯涂层彩涂板，正面涂层厚度不小于 23μm；墙面外板采用宝钢 TS350GD、0.5mm 厚、屈服强度不小于 350Mpa，镀锌量不小于 280g/m² （双面），PVDF 聚偏二氟乙烯涂层彩涂板，涂层厚度正面为 24μm，屋面、墙面内板均采用 0.43mm 厚热镀锌彩涂钢板，镀锌量为不小于 180g/m² （双面），PE 聚酯涂层，涂层厚度正面为 24μm。

图 2-5　一汽轿车厂房照片

2. 热镀铝锌

该产品的镀层成分大致为 55％铝、43.5％锌、1.5％硅，具有优良耐大气腐蚀性，耐腐蚀是镀锌板的 2～5 倍，还具备 AL 板的耐高温腐蚀性，表面光滑，外观良好，但其镀层的成型及焊接性稍差。

在国外一般 40％左右的镀铝锌板直接使用，60％左右的板则进一步作为彩涂的基板。在用途上，70％左右用于建筑，其他为家电、钢窗、建筑等。

直接使用的镀铝锌产品表面必须进行后处理以防止产品在后期发黑。一般来说，家电用途进行钝化处理，建筑用则进行耐指纹膜处理，这层耐指纹膜能进一步提高耐腐蚀性，并通过耐指纹膜改善加工润滑性能，得到高光泽度的表面性能。

宝钢的热镀铝锌作为原色板和彩涂板在国内外已经广泛使用，如昆明会展中心屋面外板使用了镀层重量 75g/m² 镀铝锌原色板（图 2-6）。

图 2-6　昆明会展中心

博世（德国）公司厂房墙面、屋面外板使用了宝钢 75g/m²、镀铝锌彩涂板（图 2-7）。

图 2-7　博世（德国）厂房

3. 电镀锌

电镀锌的镀层纯净度高，因此，同样厚度下的镀层耐腐蚀性优于热镀锌产品。据试验，在同等条件下按美国标准（ASTM B 114）进行试验，一微米镀层的抗红锈时间电镀锌为 12h，而热镀锌小于 10h。但是，要获得厚的电镀锌镀层的难度很大（耗电大、成本高、技术难度大），再加上电镀表面粗糙无光泽等因素，一般电镀产品均需要进行不同类型的后处理，如钝化、磷化或耐指纹处理等，它们广泛应用于汽车、家电以及电脑及电脑配件上，作为彩涂基板，电镀锌的用途也主要应用于家电以及钢制家具、门窗等。

4. 热镀锌铝

它是 20 世纪 80 年代国际铅锌协会（ILZRO）组织比利时国立冶金研究中心（CRM）开发的，其专利技术所有权属于国际铅锌组织，其商品名为 GALFAN。低铝钢板合金镀层成分：5％铝、0.1％混合稀土元素，其余为锌。其特点是镀层成型性很好，耐大气腐蚀性是热镀锌板的 2～3 倍，并具有良好的涂敷性和焊接性能。与高铝钢板相比，锌花小，表面不如高铝钢板那样光亮、精美，因此，很少裸露使用。在国外，它主要运用于建筑、汽车、家电等行业，其中建筑行业的量最大，达72％左右。

5. 镀锌铝镁钢板

热镀锌铝镁钢板主要是日本公司开发的，不同公司有不同的产品和牌号：（1）ZAM 为日新制钢开发的产品，它的镀层成分为6％铝、3％镁、其他为锌。据介绍它的耐腐蚀性是热镀锌钢板的10倍以上。它的耐腐蚀机理是 ZAM 镀层中所含铝和镁的成分，随着时间的推移，从镀层中溶化出来，然后在镀层表面上产生附着力极高的双层细密保护膜，抑制镀层腐蚀，从而发挥出优异的耐蚀性，在后处理方面采用无铬环保处理，保证了耐蚀、导电和环保的协调性。（2）SUPER DYMA 为另一种镀锌铝镁合金钢板，它的镀层成分为11％铝、3％镁、0.2％硅、其他为锌。加硅的目的是进一步提高抗白锈的能力以及减少镀层和基体界面层厚度，提高镀层的冲压性。

6. 镀铝硅合金钢板

由于耐腐蚀和耐热性能优异，镀铝硅合金钢板广泛应用于特殊建筑领域，也用于耐热工业部件、屋顶和一般的户外覆盖材料。产品的耐热性能远远优于镀锌或冷轧钢板，可耐450℃的温度，因此可用作锅炉的耐热防护罩。具有优异的热反射性能，可有效避免由于阳光照射导致的室内温度上升，从而可确保生活环境舒适。该产品的另一个突出的特点是具有平整、银色表面。采用气体吹扫和平整工艺相结合，控制镀层厚度均匀并使镀层钢板具有中等光泽的无光表面。

各种不同镀锌产品都有它的特点和使用领域。表 2-14 列出了不同产品之间的综合评价。

各类镀层（涂层）钢板的综合评价 　　　　　　　　　表 2-14

指标	热镀锌铝	热镀锌	电镀锌	合金化	热镀铝	热镀铝锌
加工成型性	5	3	5	3	2	3
裸板耐蚀性	4	3	3	2	5	5
切口保护性	5	5	5	5	1	3
成型后耐蚀性	5	3	3	3	2	3
涂膜附着力	5	4	5	5	2	4
涂漆后耐蚀性	5	4	4	5	3	4
可焊性	4	4	5	5	1	2
耐热/反射性	3	3	3	2	5	4
成本	尚可	较低	较高	较低	尚可	尚可

注：5 为最好，4 为良好，3 为可，2 为差，1 为最差。

第3章 彩涂钢板涂层的性能及影响因素

3.1 涂料的性能与分类

3.1.1 涂料的组成

卷材涂料组成通常包含颜料、树脂、溶剂、助剂及其他原材料组成，如图 3-1 所示，颜料、树脂、溶剂是涂料主要原料，它们的组成和作用如下：

1. 树脂

成膜物质，是组成涂料的基础，它具有粘结涂料中其他组分形成涂膜的功能，它对涂料和涂膜的性质起决定性的作用。涂料成膜物质具有的最基本特征是它能经过施工形成薄层的涂膜，并为涂膜提供所需要的各种性能，它还要与涂料中所加入的必要的其他组分混溶，形成均匀的分散体。

卷钢涂料使用的树脂有聚酯、高分子量聚酯、硅改性聚酯、丙烯酸、环氧、溶剂型聚偏二氟乙烯、PVC 等。

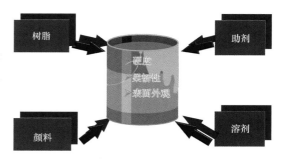

图 3-1 涂料组成示意图

2. 颜料

颜料是有颜色涂料的一个主要的组分。颜料使涂膜呈现色彩，使涂膜具有遮盖被涂物体的能力，发挥其装饰和保护作用。有些颜料还能提供诸如：提高漆膜机械性能、提高漆膜耐久性、提供防腐蚀、导电、阻燃等性能。

颜料按来源可以分为天然颜料和合成颜料；按化学成分，分为无机颜料和有机颜料；按在涂料中的作用可分为，着色颜料、体质颜料和特种颜料。

3. 溶剂

溶剂是能将涂料中的成膜物质溶解或分散为均匀的液态，以便于施工成膜，当施工后又能从漆膜中挥发至大气的物质。溶剂组分通常是可挥发性液体，习惯上称之为挥发分。现代涂料的溶剂包括水、无机化合物和有机化合物，原则上溶剂不构成涂膜，也不应存留在涂膜中。

4. 助剂

助剂也称为涂料的辅助材料组分，它不能独立形成涂膜，在涂料成膜后可以作为涂膜的一个组分而在涂膜中存在。助剂的作用是对涂料或涂膜的某一特定方面的性能起改进作用。不同品种的涂料需要使用不同作用的助剂；即使同一类型的涂料，由于其使用的目的、方法或性能要求的不同，而需要使用不同的助剂；一种涂料中可使用多种不同的助剂，以发挥其不同作用。例如，消泡剂、润湿剂、防流挂、防沉降、催干剂、增塑剂、防霉剂等。

3.1.2 涂层的分类

1. 涂料品种

1）面漆

通常彩涂板涂层的种类是以正面面漆命名，一般有聚酯、高分子量聚酯、硅改性聚酯、丙烯酸、聚偏二氟乙烯、PVC 等，性能特性如表 3-1 所示。

卷钢面漆树脂品种的特性　　　　　　　　　　　　　　　表 3-1

树脂类别	硬度	折弯	耐腐蚀性	耐候性	成本	膜厚(μm)
聚酯	优	良	良	良	优	20
丙烯酸树脂	良	可	良	良	优	20
硅改性聚酯	良	良	良	优	良	20
PVC 溶胶	可	优	优	良	可	200
PVDF 树脂	良	优	优	优	劣	25
高分子聚酯	良	优	良	劣	良	20

2）底漆

底漆根据成膜树脂不同分为聚酯底漆、聚氨酯底漆、环氧底漆等，根据用户的不同需要可选择不同的底漆。常用的是环氧底漆和聚氨酯底漆，配以锌铬黄、锶铬黄等防锈颜料加工制造而成。

3）背面漆

目前，常用的涂层结构有 2/1、2/2、2/1M。2/1、2/1M 要求背面能发泡、粘接。背面漆一般对耐候性和耐腐蚀性要求不高，在 2/2 涂层结构时，通常使用聚酯涂层，也有个别特殊需求的，可以协商选择不同背面漆。

2. 涂层结构

按涂层不同，可将涂料分为底漆、面漆和背面漆三大类。

根据对涂层的耐腐蚀性和加工要求，通过涂层的结构控制涂层的厚度或背面的加工（粘结等）性能，2/1 背面可涂一层底漆或只涂一层背面漆，主要用于夹心板，要求涂层有良好的粘结发泡性能。2/2 采用底漆加背面漆两涂层，一般不要求发泡性能，作为单板使用。2/1M 一般涂 3μm 的底漆和 6μm 的背漆，可代替 2/1 或 2/1M，要求背面能发泡。常用彩涂产品可分成 2/2、2/1、1/1、3/2 等，＊/＊分别代表正面及背面的涂层次数，常用不同背面涂层结构的性能比较如表 3-2 所示。3/2 涂层性能在订货时根据用途协商确定。

常用不同涂层结构的背面性能比较　　　　　　　　　　　表 3-2

涂层结构	2/1	2/2	2/1M
涂层数	1	2	2
颜色	黄绿色	云白	钢白
涂层厚度	5～7μm	13～18μm	8～10μm
光泽度	—	40～60	30～50
铅笔硬度	F～2H	F～2H	≥F
反向冲击	≥9J	≥9J	≥9J
柔韧性	≤3T	≤3T	≤3T
用途	夹芯板	单层压型板	夹芯板 单层压型板

3. 特殊涂层

抗菌、抗静电、自洁、隔热、厚涂层等。

4. 按用途

建筑、家电、门窗、家具、交通运输等。

5. 表面状态

正常表面、印花钢板、涂层压花钢板、抗刮、绒面等。

6. 彩涂板颜色与光泽

高光彩涂（光泽大于 70），中光彩涂（光泽 40～70），低光彩涂（光泽小于 40）。

太阳每秒有 1.765×10^{17} J 能量到达地球，因此对于彩涂建筑压型板来说，当其呈现不同的外观时，太阳的辐照会对其产生不同的影响。入射在涂层表面的太阳辐射会同时被吸收、透射和反射。一般由于涂层中存在着颜料和填料，呈不透明状态，不会发生透射现象，因此涂层的吸收率和反射率是影响太阳辐射对于彩涂建筑压型板的主要因素。不同颜色对太阳辐射的热吸收系数见表 3-3。

不同颜色的热吸收系数（p_s）　　　　表 3-3

颜　色	热吸收系数	颜　色	热吸收系数
白、淡黄、淡绿、粉红	0.2～0.4	深褐色	0.7～0.8
灰色～深灰色	0.4～0.5	深蓝色～黑色	0.8～0.9
浅褐色、黄色、浅蓝色、玫瑰红	0.5～0.7		

太阳辐照使建筑物外墙温度升高的程度，首先由墙面的颜色和材料的吸热性能决定，不同颜色所引起的综合温度和表面温度都相差较大。据有关试验资料，在温度最高值时，白色表面比蓝色表面低 10℃，比黑色表面低 19℃，也就是说颜色的选择对于热量的吸收有很大影响。

对于彩涂板涂层来说，通常涂层与基板的受热膨胀率不同，尤其是金属基板与有机涂层的线膨胀系数差别较大，当环境温度发生交变时，基板与涂层界面产生膨胀或收缩应力，如果不能适当释放就会发生脱层或龟裂等涂层失效。涂层中的聚合物吸收热量后会加速降解，导致粉化甚至涂层剥离现象的出现。许多传统颜料为有机颜料，热量会加速其降解，提早褪色。

不同的颜色对于光的反射作用也是不同的，其反射率见表 3-4。

不同颜色的反射能力　　　　表 3-4

颜色	反射率	反射效果	颜色	反射率	反射效果
白	84%	最好	浅绿	54.1%	较好
乳白	70.4%	较好	浅蓝	45.5%	中等
浅红	69.4%	较好	棕	23.6%	较差
米黄	64.3%	较好	黑	2.9%	最差

光泽度可以衡量涂层表面对光线反射能力的大小。被涂层吸收的太阳光会引起涂层聚合物的分子键的断裂，造成涂层的降解，因此彩涂建筑压型板的光泽度也会直接影响其涂层降解速度。涂层降解的直接表现为失光、变色、粉化和涂层减薄。涂层失光和变色影响的是彩涂板的装饰性功能，而涂层粉化和减薄则会影响彩涂板的耐腐蚀能力，这直接影响彩涂板的使用寿命。同时涂层的老化会使聚合物发生降解，从而使涂层减薄，降低甚至失去其屏蔽作用。

由此可见，热吸收率低、反射越高的涂层相比于热吸收率高、反射率低的涂层可以起到延缓涂层老化的速度，延长彩涂板的寿命的作用。这一规律通过宝钢彩涂板的大气曝晒试验得到了验证。

验证一：颜色对于彩涂板性能的影响，可见表 3-5，表中五试样为同一机组生产的彩涂板，涂料供应商相同，试样的性能基本一样，不同点就是试样的颜色不同。大气曝晒试验地为海南。

不同颜色彩涂板 8 年大气曝晒试验结果比对　　　　表 3-5

颜色	原光泽（%）	现光泽（%）	色差（ΔE）	原涂层厚度（μm）	现涂层厚度（μm）	粉化等级
白色	35	3	1.49	24	20	2
红色	45	3	1.34	24	20	2
浅黄	26	2	1.26	22	17	2
绿色	41	2	3.43	24	17	2
蓝色	41	2	4.95	24	17	2

由表 3-5 可以看出，涂层颜色对于彩涂板耐老化性能有明显影响。吸热系数低和反射率高的白色、

红色和浅黄色彩涂板经过 8 年在海南的大气曝晒试验后，色差变化和涂层厚度的减小程度明显优于吸热系数高、反射率低的绿色和蓝色彩涂板。

验证二：光泽对于彩涂板性能的影响，见表 3-6，表中两个试样为同一机组生产的彩涂板，涂料供应商相同，试样的性能基本一样，不同点就是一个试样为中光泽，一个为高光泽。大气曝晒试验地为海南。

不同光泽彩涂板 8 年大气曝晒试验结果比对　　　　　　　　　　　　　　　表 3-6

颜色	原光泽（%）	现光泽（%）	色差（ΔE）	原涂层厚度（μm）	现涂层厚度（μm）	粉化等级
绯红	45	2	2.48	24	20	3 级
高光绯红	73	3	1.34	24	23	3 级

由表 3-6 可以看出，涂层光泽对于彩涂板耐老化性能有明显影响。光泽高的彩涂板经过 8 年在海南的大气曝晒试验后，色差变化和涂层厚度的减小程度明显优于光泽低的彩涂板。

因此，建筑设计师在选择彩涂建筑压型板时，颜色和光泽也是必须考虑的因素之一。彩涂建筑压型板的颜色和光泽除了从建筑美学的方面进行考虑，还应结合建筑物所在地的具体情况，考虑太阳辐射对彩涂建筑压型板耐久性的影响。

3.1.3　卷材涂料技术的发展趋势

随着彩板应用数量和范围迅速扩大，卷材涂料已进入快速发展期。彩板及其涂料的走势将趋向高性能、环保和经济性。卷材涂层延长户外使用寿命，产品的功能化、环保节能、涂层表面特殊效果将是彩钢板今后的发展方向。

PVDF、HDP、SMP 是高耐候卷钢涂料的应用发展方向，它们的特性分别介绍如下。

1. PVDF 聚偏二氟乙烯涂料

聚偏二氟乙烯用作高耐候涂料始于 20 世纪 60 年代，经过实际使用，被证明耐候性是十分优异的，且柔韧性好，具有极佳的耐粉化性和耐粘污性等。

表 3-7 为各种聚合物中共价键的键能比较，其中碳-氟键是有机共价键中键能最高的。

各种聚合物中共价键的键能　　　　　　　　　　　　　　　表 3-7

有机化合物共价键	键能（kcal/mol）	有机化合物共价键	键能（kcal/mol）
C-F	116	C-C	83
C-H	99	C-Cl	78
C-O	84		

如图 3-2 所示，聚偏二氟乙烯还具有极高的化学稳定性，氟原子具有最高的电负性和较小的原子半径，决定它具有极高的化学稳定性。

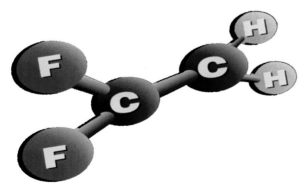

图 3-2　聚偏二氟乙烯的分子结构键

PVDF 树脂具有极佳耐紫外线性能，但其本身不能阻隔紫外线，需借助涂料中的颜料达到阻挡紫外线的作用，使底漆不受紫外线的侵蚀，因此所使用的颜料必须具有优异的耐候性和耐化学品性，能够经受 20~30 年的户外曝晒。绝大多数有机颜料在阳光和大气的作用下会发生降解或结构破坏而褪色，而无机高温煅烧金属氧化物颜料的化学性质相对比较稳定，适合长期保护。目前国内没有成熟的涂料和涂料评价技术标准，一般采用美国 AAMA2605 或 ASCA96 标准来评价涂层的优劣。

近年来，国内开始盛行以三氟氯乙烯和乙烯酯单体共聚的含氟树脂，大量应用于建筑的外墙和金属板，由于使用易水解的乙烯酯单体和氟的含量较PVDF低，因此，其耐候性与PVDF比较，有一定的差距。

2. HDP 高耐久聚酯

目前建筑用彩板主要采用普通的聚酯涂料，使用8～10年后，其涂层一般会失光，失去保护和装饰性，甚至产生锈蚀等现象。PVDF氟碳涂料尽管可以保证室外25年以上的耐候性，但价格十分昂贵。在建筑用彩板方面，英国HYDRO公司（现被BASF收购）、瑞典的BECKER等开发出可达到PVDF涂层60%～80%耐久性HDP聚酯涂料，且优于普通的硅改性聚酯涂料，其户外耐候性达到15年。目前，国内上海涂料有限公司振华造漆厂也开发出了高耐候的聚酯树脂。

欧洲专利EP525871介绍了一种适用于户外耐久涂料体系的聚酯，特别适用于卷材涂料，是以含1，4-环己烷二甲酸、六氢邻苯二甲酸（酐）、Ester Diol 204和新戊二醇制得一种聚酯。将其与三聚氰胺匹配，用于卷材涂料体系，形成柔韧耐候的涂膜。

欧洲专利EP1172425介绍了一种适用于户外耐久涂料体系的聚酯，也适用于卷材涂料，是以含2.1mol Esterdiol 204、0.2mol NPG、4.5mol CHDM、5.3mol HHPA制得的一种聚酯。将其与三聚氰胺和异氰酸酯匹配，用于卷材涂料体系，形成柔韧耐候的涂膜。

US Patent Application 20040058187中介绍了一种HDP卷材涂料和用HDP卷材涂料制得的彩涂钢板，树脂采用Construction Chemicals的KP1578，并和普通聚酯卷材涂料、有机硅改性聚酯卷材涂料、PVDF涂料进行了比较。

高耐久性聚酯树脂在合成时采用含环己烷结构的单体，来达到树脂的柔韧性、耐候性和成本的平衡，采用不含芳香族的多元醇和多元酸来减少树脂对UV光线的吸收，达到涂料的高耐候性能。涂料配方中加入紫外线吸收剂和位阻胺（HALS）提高漆膜耐候性能。高耐候聚酯卷材涂料在国外已被市场认可，国内宝钢正不遗余力地进行推广和应用，该涂料性价比十分突出。

3. SMP 有机硅改性聚酯

传统的有机硅改性聚酯卷材涂料是用有机硅树脂和聚酯树脂冷拼进行改性，可保证10年的室外耐候性。有效的办法是把有机硅单体直接对聚酯树脂进行改性，进一步提高有机硅改性聚酯树脂的耐候性，使涂层达到室外20年的耐候性，并成为开发的热点。

在对聚酯树脂进行改性时，通常采用甲氧基的有机硅中间体，当有机硅含量达到树脂比例30%时，并采用高温煅烧的金属氧化物颜料时，涂料可达到25年的耐候性要求，仅次于聚偏二氟乙烯涂料。

3.2 彩涂产品防腐蚀机理

3.2.1 彩涂腐蚀表现形态

建筑用彩涂产品的防腐蚀是镀层、预处理膜和涂层（底漆、面漆和背面漆）的组合作用，这种组合直接影响其使用寿命。从彩涂涂层的防腐蚀机理看，有机涂层是一种隔离性的物质，它将基板与腐蚀介质隔离开来，以达到防腐的目的。但从微观的角度，涂层存在很多针孔，针孔是漆膜表面上类似毛孔状的缺陷，它是陷入湿膜中的空气逸出造成的，原因可能是湿膜表层黏度和气泡的表面张力过大。这种针孔有的深入到基板，有的则很浅（在涂层表面），针孔的大小足以使外界的腐蚀介质渗透到基体（如水、氧气、氯离子等），在一定的相对湿度下，产生丝状腐蚀现象（Filiform Corrosion）。而在基体处腐蚀后产生的腐蚀介质又使体积增大，导致整体漆膜鼓起。针孔和镀层厚度成反比，涂层越厚，针孔越少。因此，如果采用冷轧基板进行彩涂，由于铁的腐蚀产物疏松易吸潮，并没有二次保护作用，所以其腐蚀速度很快。如果采用相当厚度的镀锌基板的话，它可以起到"防火墙"的作用，大大提高了产品的耐腐蚀性能。当然，涂层表面不仅仅有针孔现象，普遍存在的还有加工划伤和辊压成型比较严重部位的漆膜的开裂等，这些部分都是优先腐蚀的。

漆膜经常发生的破坏形式是鼓泡，其产生原因很多，漆膜吸水后会使体积胀大，如在漆膜-基材界面处产生的应力大于附着力，则有气泡产生。漆膜产生鼓泡的主要原因是漆膜与水或高湿度空气接触时附着力的降低。外部液体介质的渗透压将影响介质渗入涂层的速度。渗透压越小，介质的渗入速度和渗入量越大。在气泡形成时，若外部液体的渗透压小于泡内溶液的渗透压则继续渗入，气泡长大；若外部渗透压大于内部渗透压则不会有渗入，就不会形成气泡。形成气泡的极限渗透压和涂料种类、厚度有关。漆膜的水溶性物质对气泡有促进作用，残余溶剂也有影响，极性溶剂容易产生气泡，一旦腐蚀介质渗透到膜下，这种腐蚀将加剧。如图 3-3 所示，不同涂层厚度对耐蚀性影响，试验结果说明涂层厚度在 20μm 以上时，其防腐效果相对比较稳定。

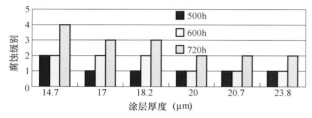

图 3-3　不同涂层厚度下的盐雾试验结果

3.2.2　镀层的表面质量和预处理的影响

前面已经讲过，建筑外用彩涂板均采用镀锌或镀锌合金基板，但同时，镀层质量以及加工工艺也会影响到彩涂产品最终的耐腐蚀性。热镀层中表面质量（如镀层纯净度和表面质量）等会影响到彩涂后的涂层质量，并导致表面有锌渣或锌粒突起的部分涂层厚度不足或疏松，优先进行腐蚀。另外，如果热镀锌产品存放时间久而不进行彩涂的话，其稳定性和附着力会受到一定程度的影响，并最终影响到产品的耐腐蚀性，一般情况下不能超过 10 天，梅雨季节则更少。

在同样的基板条件下，预处理质量对腐蚀的影响程度最大。外购或长时间存放的热镀锌板为防止其产生白锈需要在生产后进行涂油，彩涂生产时必须将油脂去除，脱脂不净将会影响到涂层的附着力，产生大量的涂层脱落（大片）。经脱脂后的预处理有很多种，如金属氧化物处理、磷酸盐处理、铬酸盐处理、草酸盐处理以及阳极氧化处理等。在彩涂前处理中多采用复合金属氧化物处理以及磷酸盐处理。磷酸盐处理的耐腐蚀性能稍好些。有研究表明，在镀锌基板的彩色涂层的盐雾试验中，预处理质量的贡献率至少为 60%。

3.2.3　底漆的影响

由于金属腐蚀，阴极呈碱性，耐碱性差的涂层，一般含有酯键的涂层，如聚酯、醇酸等，在碱性条件下，易皂化，其耐蚀性也差，因此环氧树脂涂料不含酯键而耐蚀性最好，聚氨酯次之，聚酯底漆易皂化而最低；涂层透过性（透氧、透水性）影响耐蚀性，较高的玻璃化温度（Tg）和交联密度，其防透过性较好。环氧底漆一般（Tg）和交联密度较高，耐蚀性比聚酯的好；良好的对底材湿附着力，漆膜透水后，不会发生脱附，使耐腐蚀性提高，一般漆膜中含有羟基、羧基、氨酯键等极性基团，提高对底材的附着力。如环氧、聚氨酯较聚酯底漆对底材湿附着力有明显提高。底漆中需含有缓蚀颜料，如铬酸盐颜料，使阳极钝化，提高耐蚀性，目前卷钢底漆中普遍含有该颜料，市场中个别涂料企业为使面漆涂薄，将底漆与面漆颜色一致，导致耐蚀性下降。

3.2.4　面漆的影响

面漆的作用：遮蔽太阳光，防止紫外线对涂层的破坏；装饰美观或特殊的功能；面漆需达到规定的膜厚，以得到致密的屏蔽涂膜，降低透水、透氧性，防止涂层腐蚀，就同品种漆膜而言，漆膜厚度是影响腐蚀的关键因素。彩涂板国标规定，彩涂板正面涂层的厚度应不小于 20μm。

目前用于卷材涂层的主要品种有聚酯-氨基、聚酯-聚氨酯、硅改性聚酯、丙烯酸树脂、PVC 溶胶、PVDF 等。

聚酯-氨基体系由于其综合性能较平衡，原材料易得且价格适中，大量用于卷材面漆。由于涂层含有大量的酯键，易在碱性和酸性条件下水解，故其耐蚀性一般。

聚酯-聚氨酯体系其柔韧性明显优于普通聚酯面漆，且结构中的氨酯键形成分子间的氢键，使耐腐蚀性接近环氧体系。

硅改性聚酯涂料是在聚酯结构中引入硅氧键，硅氧键键能达到 443.5kJ/mol，仅次于氟碳键，比聚酯涂料的耐热性和耐腐蚀性好。

丙烯酸涂料由丙烯酸酯、苯乙烯等单体聚合合成，其突出优点是耐候性好，但由于其 T 弯一般而较少使用。

PVDF 涂料主要由 PVDF 和少量丙烯酸树脂组成，经烘烤后，形成致密的高分子漆膜，且碳氟键能达到 484.9kJ/mol，漆膜具有极好耐化学品性和渗透性。

PVC 溶胶涂层中不含酯键，漆膜耐水、盐水、酸、碱等，防腐蚀性优良。PVC 分散于增塑剂中，可达到 90% 以上的固含量，可获得超过 200μm 的膜厚，从而达到高的屏蔽性和最佳的耐腐蚀性。PVC 塑溶胶由于在烘烤时有二恶烷的危险问题及涉及环境问题，已逐渐减少，但由于涂膜可实现厚膜化、良好抵抗化学污染的腐蚀和表面易压花产生工艺设计效果，仍有一定的市场。

涂料种类和耐蚀性的关系如表 3-8 所示。

涂料种类和耐蚀性的关系　　　　　　　　　　表 3-8

环氧	5	硅改性聚酯	4
聚酯	3	PVDF	5
聚氨酯	4	PVC 溶胶	5

3.2.5　环境的影响

1. 腐蚀的环境因素

经纬度，温度，湿度，总辐射量（紫外线强度、日照时间），降雨量，pH 值，风速，风向，腐蚀性沉降物（Cl、SO_2）。

2. 太阳光的影响

太阳光是电磁波，根据能量及频率的高低分为 γ 射线、X 射线、紫外线、可见光、红外线、微波和无线电波。微波和无线电波具有低能量并不和物质相互作用。红外线也属低能量光谱，它只能拉伸或弯曲物质的化学键，而不能使之断裂。可见光赋予万物丰富的色彩。UV 紫外光谱属高频射线，它有比低能光谱更大的破坏力，如我们知道的皮肤黑斑和皮肤癌是由于太阳紫外线造成的。同样，UV 也能破坏物质的化学键，使其断裂，这取决于 UV 的波长和物质的化学键强度。X 射线有穿透作用，γ 射线能使物质化学键断裂并产生游离的带电离子，这些对有机物都是致命的。

3. 温度和湿度的影响

对金属镀层来说，高温、高湿有助于氧化反应（腐蚀），曲线显示的是不同水温度下锌的腐蚀规律，温度过高水中溶氧减少，因此耐蚀性反而提高，湿度高，容易结露，且电化学腐蚀趋势增强。图 3-4 和图 3-5 列出了在不同环境温度和酸碱度时镀锌板的腐蚀行为。

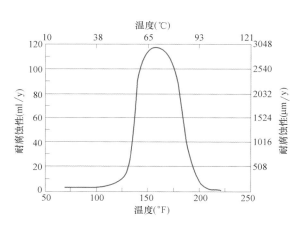

图 3-4　不同环境温度下腐蚀率
（横坐标表示温度，纵坐标代表腐蚀速度）

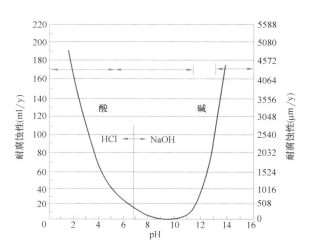

图 3-5　不同酸碱度下的年腐蚀速率
（横坐标表示酸碱性 pH 值，纵坐标表示腐蚀速率）

4. 酸碱度对腐蚀性能的影响

对金属镀层（锌或铝）来说它们全是两性金属，强酸强碱均能腐蚀他们。但不同金属耐酸碱能力各有特点，镀锌板耐碱性稍强，而镀铝锌耐酸性稍弱。

5. 雨水的影响

雨水对彩涂板的耐蚀性取决于建筑物的结构和雨水的酸度。对坡度大的建筑（如墙面），雨水有自清洁功能，防止进一步腐蚀，但如果建筑物坡度小（如屋面），雨水会长时间沉积在表面，促使涂层水解和水的渗透。对于钢板的接缝处或切口，有水的存在就增加了电化学腐蚀的可能，朝向也很重要，酸雨情况更严重了。

第 4 章 宝钢彩涂的质量保证体系

4.1 一贯制质量管理体系

宝钢于 1994 年 1 月通过了 ISO 9002 质量认证，1995 年 5 月通过 ISO 9001、ISO/TS 16949 质量认证（图 4-1、图 4-2），建立和完善了一整套质量保证体系。公司实行全面质量管理模式，各职能部门根据相关质量管理体系的要求，进行质量策划、质量控制、质量改进以及各种过程监控等活动，采用 PD-CA 方法持续改进质量，以满足用户日益提高的品质要求。在近年的彩涂发展过程中，不断提升质量管理水平，对质量的一贯管理逐渐延伸到涂料供应商，把供应链质量作为彩涂产品质量保证的重要内容。建立了宝钢涂、镀钢板的企业标准与质量保证体系，有热镀锌产品标准 BQB 420—2018，热镀铝锌产品

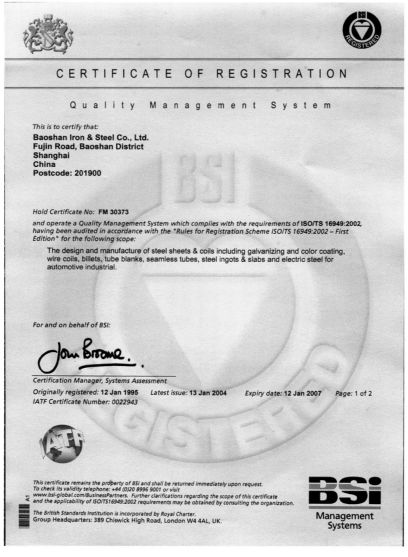

图 4-1　ISO/TS 16949 质量认证证书（一）

标准 BQB 425—2018，彩涂产品标准 BQB 440—2018。也可以按照国际标准进行生产，如 ASTM、EN、JIS 等标准。

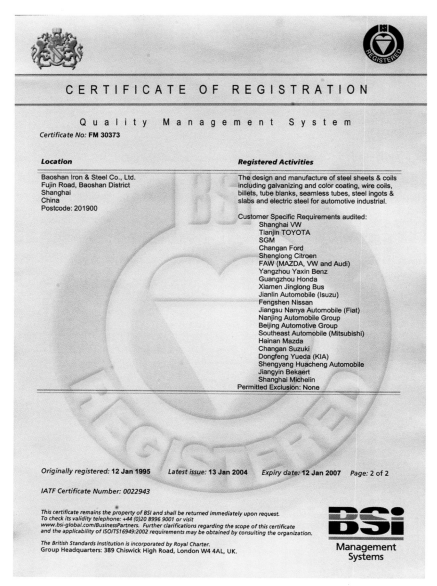

图 4-2　ISO/TS 16949 质量认证证书（二）

宝钢从订货、订单处理、质量设计、原料采购、生产计划的编制、产品的生产、检验以及产品的包装、入库和发货等都有完整的规程，并且通过计算机管理，提高了工作效率，保证了产品的质量。

4.2　先进工艺装备和生产管理

4.2.1　全流程工艺和生产装备

宝钢具有从炼铁-炼钢-热轧-冷轧-镀锌-彩涂的全流程的生产工艺，能够满足用户在材质、性能、强度、规格等方面的不同要求。基板的材质是要通过炼钢控制材质成分和轧制工艺来完成，镀层和涂层的质量、加工性能同样需要良好的设备和工艺来完成，而国内很多的彩涂生产厂只有彩涂工艺，且其基板是从市场上采购，板的厚度、宽度、材质性能不能自己控制，因此无法全面满足用户的高品质要求。

4.2.2　过程控制

彩涂产品过程控制系统具备高水平、高精度保证能力。由质量策划形成的一贯制工艺全部通过系统下传到现场，用于过程控制，每个参数都有严格的公差范围，使产品指标稳定性保持最优水平。各工序根据下达的技术工艺要求进行严格控制，如果出现异常，则对工艺参数和性能结果双重确认。检测单位根据产品要求进行检测，表面质量由专门检验人员进行目视检查、记录，最后由质检部门进行性能综合判定，合格产品才予以准发出厂，不合格产品会根据相关规定降级或判废。

4.2.3 涂料管理

彩涂产品的大部分性能都与涂料的性能密切相关，因此，涂料的质量管理就相当重要。目前宝钢采取的管理措施最大程度保证了涂料品质的稳定。具体管理措施有：选择国内外品牌优良的涂料供应商，根据用户的涂层性能要求制定涂料技术要求，作为涂料采购技术标准，并针对技术标准的新增、变更、维护等需求，建立相关管理程序。与涂料供应商签署涂层耐久年限的承诺书，作为宝钢向最终用户承诺的基础，也是供应链质量保证体系的一部分。在日常质量管理中，深入推进涂料供应商的过程控制理念，监控审核涂料供应商的管理体系和制造过程，要求涂料供应商进行性能异常产品的分析和改进。对涂料常规性能实施进厂检验，对非常规性能实施过程管理和抽查检验。为消除检测的不良差异，定期对标产品实物质量和分析测量系统。

4.3 严格全面的检测和试验方式

彩涂板的性能检测试验包括外观检测、物理性能检测、耐老化和腐蚀性能检测三类。其中外观检测包括光泽检测、色差检测；物理性能检测包括涂层厚度测定、硬度检测（铅笔硬度、刻划硬度）、柔韧性检测（冲击、轴弯、T弯、杯突、拉伸）、附着力检测（划格试验、耐划伤试验）、固化程度检测（玻璃化转变试验、耐溶剂试验、干热试验）、其他性能检测（压斑试验、过烘烤试验、耐污染试验、耐化学品试验、磨耗试验、落砂试验、摩擦系数检测）；耐老化和腐蚀性能检测包括自然老化试验（大气曝晒试验）、盐雾试验、耐湿试验、氙灯老化试验、紫外灯老化试验等。

宝钢长期以来对彩涂板产品进行的性能检测试验基本囊括了《彩色涂层钢板及钢带试验方法》GB/T 13448—2006中的所有试验项目。通过对所有彩涂板的抽样检测和对国内外主要竞争对手彩涂板产品的对照试验，宝钢彩涂建筑压型板产品的各项性能指标均能达到或超过国外同类产品，优于国内同类产品。主要项目对照试验试验结果如表4-1所示。

宝钢彩涂建筑压型板与国内外同类产品（聚酯产品）性能比较　　　　　　表4-1

样板来源	试验结果						
	膜厚	T弯	冲击	铅笔硬度	MEK	耐盐雾起泡	Q-SUN
宝钢（白色）	≥22μm	2T～3T	9J	≥F	≥100	≤1级	粉化0级
宝钢（蓝色）	≥22μm	2T～3T	9J	≥F	≥100	≤1级	粉化0级
宝钢（红色）	≥22μm	2T～3T	9J	≥F	≥100	≤1级	粉化0级
某亚洲国家（红色）	22	3T	9J	H	≥100	2级	粉化0级
某亚洲国家（绿色）	23	5T	9J	H	≥100	1级	粉化0级
某澳洲国家（白色）	17	4T	9J	2H	≥100	0级	粉化0级
某澳洲国家（灰色）	22	1T	9J	F	≥100	0-1级	粉化0级
中国某钢厂（白色）	17	2T	9J	H	≥100	1-2级	粉化0级
中国某钢厂（蓝色）	21	2T	9J	F	≥100	2-3级	粉化0级
中国某钢厂（白色）	23	2T	9J	F	≥100	2级	粉化0级
中国某钢厂（蓝色）	13	4T	9J	2H	≥100	2-3级	粉化0级

注：1. 盐雾试验按照《彩色涂层钢板及钢带试验方法》GB/T 13448—2006进行，试验周期为1000h；

　　2. Q-SUN试验按照《彩色涂层钢板及钢带试验方法》GB/T 13448—2006进行，试验周期为1000h；

　　3. 涂层老化性能的评定按照《色漆和清漆　涂层老化的评级方法》GB/T 1766—2008进行。

4.3.1 光泽测定

使用光泽仪（图 4-3）可以进行彩涂板光泽的测定，通过测定涂层镜面相对光反射率即可测出试样的镜面光泽。光泽仪一般有 20°入射角、60°入射角和 85°入射角三种测定方式，如图 4-4 所示。彩涂板光泽测定一般采用 60°入射角的光泽仪。若有特殊要求时，高光产品可选用 20°入射角进行测定，低光产品可宜选用 85°入射角进行测定。

图 4-3 光泽仪

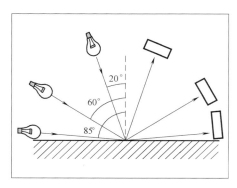

图 4-4 光泽仪入射角度

图 4-5 色差仪图

4.3.2 色差测定

使用色差仪（图 4-5）可进行彩涂板色差的测定，通过色差仪分别测定参照样和试样的光谱三刺激值，即可定量测定出试样与参照样的颜色差异。由于彩涂建筑压型板一般都用于户外，因此测定其色差时，色差仪光源一般选用模拟正午日光的 D_{65} 光源。

宝钢的彩涂板参照样（即色差仪标准板）是由用户提供，或者经用户确认的彩涂板，生产样的色差控制范围也远远小于中国颜色体系中颜色样品色差宽容度的规定：浅色系 $\Delta E < 0.86$；深色系 $\Delta E < 1.5$；部分高明度高饱和度的颜色样品的色差 ΔE 可适当放宽。宝钢彩涂板发展至今，生产基地也由原来的宝山基地扩大为宝山、青山和黄石三个基地。为确保不同基地生产的彩涂板颜色的一致性，宝钢实验室参照 ASTM 中关于彩涂板色差标准板的管理模式，采用一个唯一的色差标准母板作为三个生产基地的统一颜色管理基准，在此标准母板的基础上制作出色差标准工作板用于三个生产基地的日常质控管理。

4.3.3 涂层厚度测定

彩涂板涂层厚度最快捷准确的方法是磁性-涡流仪法。该方法采用磁性-涡流复合探头可以同时进行彩涂板镀层厚度和涂层厚度的检测。其测量原理如图 4-6 所示。

磁性探头测定镀层和涂层总厚度，涡流探头测定镀层厚度，涂层厚度则为总厚度减去镀层厚度。

涂层厚度测定比较便捷且准确的方法是千分尺法，通过测定彩涂板涂层去除前后厚度的差值来测定涂层厚度，如图 4-7 所示。

钻孔破坏式显微观测法（又称 DJH 法）现在也广泛用于涂层厚度测定，因为这种方法可以比较准确地分别测定底漆和面漆的厚度，它是利用钻孔机在彩涂板涂层中钻出一定锥度的圆孔，通过光学显微镜观测涂层，对涂层界面进行定位，测量出水平距离并根据锥度换算成涂层的厚度，如图 4-8 所示。

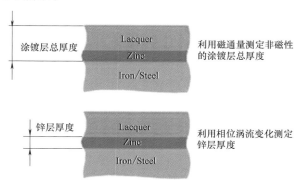

彩涂板涂层厚度＝涂镀层总厚度－锌层厚度

图 4-6 磁性-涡流仪法测量原理

图 4-7　数显千分尺图

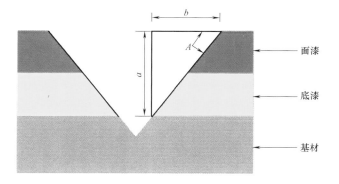

面漆

底漆

基材

图 4-8　DJH 法测定涂层厚度图

宝钢股份检测中心彩涂试验室于 2017 年邀请 11 家试验室进行了彩涂板膜厚检测的重复性和再现性试验，试验结果见表 4-2。

彩涂板厚度检测的重复性和再现性试验结果　　　　　　　　　　　　　　　　　表 4-2

方法	镀锌基板重复性	镀锌基板再现性	镀铝锌基板重复性	镀铝锌基板再现性
千分尺法	3	6	4	6
钻孔破坏式显微测厚	3	5	4	5
磁性-涡流法	2	5	3	5

该彩涂板涂层厚度检测的重复性和再现性数据将纳入 2018 年新修订的《彩色涂层钢板及钢带检测方法》GB/T 13448 标准中。

4.3.4　铅笔硬度试验

铅笔硬度试验是最方便有效地测定涂层硬度的方法，是用一组已知硬度的铅笔来测定彩涂板涂层表面相对硬度。宝钢与上海中华铅笔厂合作开发出了中华505 涂层硬度测试专用铅笔（图 4-9），专门用于彩涂板涂层硬度的检测，该铅笔由《彩色涂层钢板及钢带试验方法》GB/T 13448—2006 推荐使用。该铅笔确保了铅笔批次之间的硬度的稳定性，使铅笔硬度试验结果更加准确可靠。

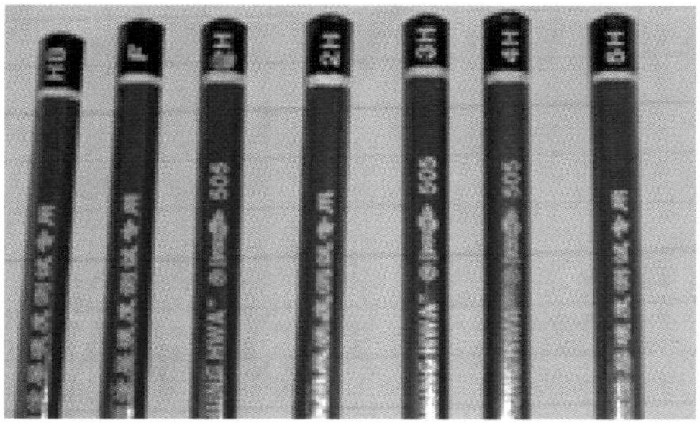

4.3.5　冲击试验

彩涂板一般进行的是反向冲击试验，是让冲击仪的重锤进行自由落体运动冲击试样，使试样快速变形，形成凸形区域，检查凸形区域的涂层是否有开裂

图 4-9　中华 505 涂层硬度测试专用铅笔

或脱落，从而评定涂层抗开裂或脱落的能力，如图 4-10 所示。

4.3.6　T 弯试验

T 弯试验是通过将试样绕自身弯曲 180°，观察弯曲面的涂层开裂或脱落情况，确定使涂层不产生开裂或脱落的试样的最小厚度倍数值。图 4-11 所示为0T 和 1T 试验。

4.3.7　杯突试验

杯突试验是用杯突试验机将冲头恒速地从试样的背面顶出，冲压至规定的深度，以观察涂层是否开裂或从基板上脱落来评定涂层抗开裂或脱落的能力。杯突试验与冲击试验所表现的性能不同，这是对底材伸长情况下，对涂膜的强度、弹性和附着力的综合考察，如图 4-12 所示。

图 4-10　冲击仪

4.3.8　划格试验

划格试验是在试样表面的涂层上，用刀具切出每个方向是六条或十一条切口的棋盘式格子图形，并一直切到基板，将透明胶带贴在格子上，然后撕下，通过涂层的脱落面积来评定涂层的附着力，如图4-13所示。

图 4-11　T 弯示意图

图 4-12　杯突试验仪

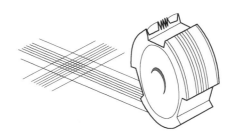

图 4-13　划格试验

为严格考察产品性能，现在进行较多的是划格杯突试验，即将彩涂板划格后再用杯突试验仪进行杯突试验，如图4-14所示。

4.3.9　耐划伤试验

耐划伤试验是以一定重量下钢针是否犁破涂层或钢针未犁破涂层的最大负重来评定彩涂板涂层的耐划伤性能，如图4-15所示。

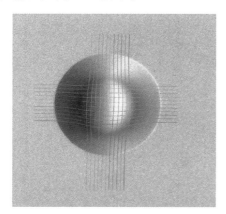

图 4-14　划格杯突试验

图 4-15　耐划伤试验

4.3.10　耐溶剂试验

耐溶剂试验是将食指或人造指用棉纱布裹住并浸入指定的有机溶剂中，以一定的速度和摩擦压力在试样板上来回擦拭一定的距离，连续擦拭至涂层破损并记录擦拭次数，或者擦拭至规定的次数看是否出现涂层破损。一般彩涂板耐溶剂试验使用的溶剂为丁酮（MEK），因此彩涂板耐溶剂试验一般也叫MEK试验。

4.3.11　干热试验

干热试验是指彩涂板经规定温度和规定时间烘烤老化后，评定其涂层失光、变色、起泡、开裂、T弯性能的变化和涂层抗脱落性能的变化等。该试验的试验温度、试验周期和评定内容可根据彩涂板的具体用途有所不同。

4.3.12　耐化学品试验

耐化学品试验在彩涂板领域也叫耐污染试验，是指通过适当的方法将试样与化学品接触一段时间，然后评定色差、光泽的变化及是否有涂层起泡、脱落等现象。根据彩涂板的实际用途可选择不同的化学品进行试验，以达到考察彩涂板耐化学品的能力。

4.3.13 磨耗试验

磨耗试验是采用 Taber 磨耗仪，用标准橡胶砂轮在一定的重力负荷下对试样经规定的磨转次数后，以涂层磨耗的质量大小来评定彩涂板的耐磨性能，如图 4-16 所示。

4.3.14 自然老化试验

自然老化试验也叫大气曝晒试验，对于彩涂建筑压型板来说，是最真实、最可靠的反应彩涂板性能的试验方法，通过将彩涂板置于不同气候条件和不同环境条件下进行长期放置，评价其耐久性能，如图 4-17 所示。中国已经建立了全国大气、海水、土壤腐蚀网站，专门进行材料老化腐蚀试验。彩涂板作为建筑材料，一般选择在大气腐蚀网站进行试验。宝钢从 1992 年就开始进行该试验，先后在海南、重庆、深圳、舟山、广州、上海、北京进行了彩涂板的大气曝晒试验。

图 4-16 磨耗仪

图 4-17 大气曝晒试验

4.3.15 盐雾试验

盐雾试验包括中性盐雾试验、酸性盐雾试验和铜加速盐雾试验。目前在彩涂板领域采用最多的是中性盐雾试验，即 5% 的氯化钠连续喷雾试验，如图 4-18 所示。中性盐雾试验的腐蚀条件十分苛刻，可以快速反应出彩涂板耐盐雾腐蚀的能力，但是经常与彩涂板在实际使用环境中的表现出现差异，因此近年来宝钢开始参照国际相关标准，采用循环腐蚀试验来更加客观地表征彩涂板的耐腐蚀性能。循环盐雾试验也称为 CCT 试验，即采用 5% 的氯化钠喷雾与干燥、冷凝、喷水等过程进行交替循环试验，来模拟彩涂板在实际使用环境中的表现。

4.3.16 耐湿试验

湿热试验是将样板置于恒温恒湿环境中进行加速老化的一种试验方法，以试验箱是否在样板表面形成冷凝水，分为冷凝试验和非冷凝湿热试验两种。图 4-19 所示为冷凝湿热试验箱。

图 4-18 盐雾试验箱图

图 4-19 冷凝湿热试验箱

4.3.17　氙灯老化试验

氙灯老化试验是将试样暴露在氙灯光照、黑暗和喷水气氛中，经规定的试验周期后，测量其光泽、色差，评定其变色、失光、粉化等涂层表面老化现象。氙灯可以逼真完整的模拟直射太阳光的光谱，它包括了紫外光、可见光和红外光光谱，如图4-20所示。

4.3.18　紫外灯老化试验

紫外灯老化试验是将试样暴露在紫外光照和（或）凝露气氛中，在规定的试验周期后，测量其光泽、色差，评定其变色、失光、粉化等涂层表面老化现象。紫外光是导致涂层降解的主要原因，因此要考察彩涂板涂层耐紫外线老化能力，紫外灯老化试验是最主要的手段之一。紫外灯UVA-340可以最佳模拟太阳光紫外光谱，波长更短的紫外灯UVB-313可以快速导致涂层降解，如图4-21所示。

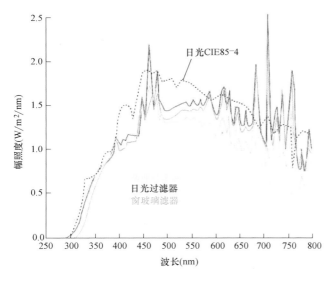

图4-20　氙灯光谱与日光光谱的比较

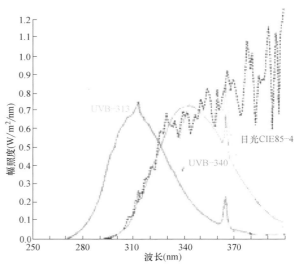

图4-21　UVA-340和UVB-313光谱与太阳光光谱的比较

4.4　彩涂钢板的实物性能

4.4.1　彩涂钢板的大气曝晒试验

彩涂板各项性能的试验室检测方法已经有二十多种，可以从各个方面考察其性能，而作为一种室外建筑材料，只有大气曝晒试验才是最准确、最真实反应彩涂建筑压型板的实际使用性能和使用寿命的试验方法。大气曝晒试验需要投入大量财力、物力和人力，需要长期进行数据的积累和分析。作为一个负责任的材料供应商，宝钢从1992年开始已经进行了共五轮彩涂板的大气曝晒试验，试验概况如表4-3所示。

宝钢彩板大气曝晒试验情况　　　　　　　　　　　　　　　　　表4-3

	第一轮	第二轮	第三轮	第四轮	第五轮
试验周期	1992～1997	1999～2007	2004～2009	2005～2007	2007～2012
试样品种数	8	15	13	10	30
试验样板数	400	300	650	100	360
基板种类	冷轧板、电镀锌、热镀锌	热镀锌	热镀锌	热镀锌	热镀锌、镀铝锌
涂层种类	聚酯、硅改性聚酯	聚酯	聚酯、硅改性聚酯、高性能聚酯、氟碳	聚酯	聚酯、硅改性聚酯、高性能聚酯、氟碳、丙烯酸

	第一轮	第二轮	第三轮	第四轮	第五轮
试验地点	青岛、成都、广州、包头、哈尔滨、上海	海南、重庆、舟山、上海、深圳	海南、重庆、舟山、上海、深圳	海南、重庆、舟山、上海、深圳	海南、拉萨、重庆、美国佛罗里达
试验目的	基板的影响	颜色、光泽及涂料供应商的影响	涂层种类及涂料供应商的影响，加速试验相关性研究	涂料供应商的影响	涂层种类及试验点的影响，加速试验相关性研究

1. 宝钢第一轮大气曝晒试验

宝钢第一轮大气曝晒试验开始于彩涂机组开工初期，彩涂板在国内的应用还处于起步阶段，在建筑行业比较缺乏使用经验，对于彩涂建筑压型板基板的选择缺乏十分清晰的认识，因此大气曝晒试验分别选择了冷轧板、电镀锌板和热镀锌板作为基板以聚酯树脂为涂层的彩涂板，进行了为期五年的试验。试验结果表明，冷轧板和电镀锌板为基板的彩涂板不适合用于室外的建筑用板。

2. 宝钢第二轮大气曝晒试验

随着彩涂板在建筑领域的应用不断扩大，用户对于彩涂板的外观要求开始日益个性化，为了研究彩涂板颜色和光泽对于其使用性能的影响，宝钢第二轮大气曝晒试验选择了彩涂建筑压型板最常用到的几种颜色和同一种颜色不同光泽的彩涂板，同时，为考察不同涂料供应商的涂料水平，选择了三家涂料供应商的产品，进行了为期八年的试验。本轮试验的大气曝晒点有：海南万宁、上海宝钢、重庆江津、浙江舟山和深圳沙井。

其中海南万宁和上海宝钢的老化结果最为明显，最具代表性，其试验结果分别见表4-4和表4-5。

彩涂板海南万宁八年大气曝晒试验结果　　　　　　　　　　　　　　　　　　　表 4-4

试样编号	试样颜色	涂料供应商	原始膜厚 (μm)	原始光泽 (GU)	大气曝晒试验结果					
					光泽 (GU)	失光率 (%)	色差 (ΔE)	粉化 (级)	生锈 (级)	膜厚 (μm)
11	海蓝	A	24	41	2	95	4.75	2	0 级	19
12	深天蓝	A	22	29	2	93	6.11	2	0 级	16
13	茶色	A	27	66	2	97	2.44	3	0 级	18
14	深豆绿	A	22	41	2	95	3.88	2	0 级	17
15	高光绯红	A	24	73	2	97	1.34	3	0 级	22
16	低光绯红	A	24	45	2	93	2.48	3	0 级	20
17	白灰	A	24	35	3	91	1.37	2	0 级	20
18	象牙	A	22	26	2	92	1.26	2	0 级	17
25	高光绯红	B	25	79	6	96	5.40	2	0 级	20
26	低光绯红	B	22	45	2	96	6.22	3	0 级	21
31	海蓝	C	28	45	1	98	9.30	2	0 级	19
32	深天蓝	C	24	34	2	94	7.41	2	0 级	16
38	象牙	C	22	34	2	94	6.03	2	0 级	18
47	白灰	D	24	27	3	89	0.44	2	0 级	20

海南万宁大气腐蚀试验站位于东经 110°05′，北纬 18°58′，海南省万宁市市郊的南海岸边，海拔高度 12.3m，距海边 50m。该试验站的年平均气温为 22.4℃，年平均降水量为 1492mm，年平均相对湿度为 79%。海南万宁试验站具有很强的太阳辐照和典型的海洋腐蚀环境。

彩涂板上海宝钢八年大气曝晒试验结果 表 4-5

试样编号	试样颜色	涂料供应商	原始膜厚（μm）	原始光泽（GU）	大气曝晒试验结果					
					光泽（GU）	失光率（%）	色差（ΔE）	粉化（级）	生锈（级）	膜厚（μm）
11	海蓝	A	24	41	6	85	6.58	2	0 级	21
12	深天蓝	A	22	29	3	90	9.77	2	0 级	20
13	茶色	A	27	66	2	97	3.83	3	0 级	21
14	深豆绿	A	22	41	2	95	8.99	2	0 级	20
15	高光绯红	A	24	73	3	96	8.62	2	0 级	23
16	低光绯红	A	24	45	4	91	5.03	2	0 级	21
17	白灰	A	24	35	7	80	3.64	2	0 级	21
18	象牙	A	22	26	3	88	3.44	2	0 级	20
25	高光绯红	B	25	79	4	95	12.01	2	0 级	23
26	低光绯红	B	22	45	4	91	14.17	2	0 级	22
31	海蓝	C	28	45	3	93	14.14	2	0 级	23
32	深天蓝	C	24	34	3	91	18.48	2	0 级	19
38	象牙	C	22	34	3	91	14.56	2	0 级	22
47	白灰	D	24	27	5	81	6.51	2	0 级	22

上海宝钢大气曝晒点是宝钢自己建立的重工业环境的腐蚀试验点，地处东经 122°12′，北纬 31°53′。年平均气温为 16℃ 左右，年平均降雨量为 1100mm，年平均相对湿度为 79%。上海宝钢大气曝晒点为典型的重工业腐蚀环境。

八年大气曝晒试验结果表明，彩涂板的装饰性功能（失光、变色、粉化）虽然有明显下降，但是其保护性功能（彩涂板锈蚀）却没有变化，涂层厚度虽然有所下降，但是尚未到其使用寿命。这说明宝钢聚酯涂层的彩涂板在国内一般环境中使用超过八年没有明显不良影响。

试验表明，在宝钢点试验后的彩涂板由于受到工业环境的影响，涂层表面嵌入了异物，这些嵌入的异物造成了彩涂板光泽和颜色的变化，影响了其外观形象，但是并未引起涂层的进一步腐蚀，对于彩涂板的使用寿命没有明显影响。这也证明了宝钢彩涂板的耐工业污染能力较好，是合适的建筑材料。

同样，在海南点试验后的红色彩涂板由于受到太阳辐照和海洋环境的影响，涂层开始出现起泡的现象。这种起泡现象是涂层下腐蚀的开始，而宝钢彩涂板在海南经过 8 年大气曝晒试验后，仅有部分颜色的彩涂板开始出现肉眼还无法辨认的起泡，也就是说宝钢聚酯彩涂板的耐腐蚀能力较好。通过试验得知，对于同一品种同一颜色的彩涂板，由于涂料供应商的不同，其耐大气曝晒试验的能力是不同的。通过彩涂板各类试验的检测，和大气曝晒试验的验证，宝钢已经逐渐淘汰了较差的涂料供应商，确保了产品质量。

3. 后几轮大气曝晒试验

随着宝钢彩涂板不断发展和进步，涂层种类由原来比较单一的聚酯类发展出各项性能不断优化的硅改性聚酯、高性能聚酯和氟碳产品，其实际使用性能也需要经过大气曝晒试验的证实。宝钢从 2004 年开始进行了硅改性聚酯、高性能聚酯和氟碳彩涂板的大气曝晒试验。宝钢近年不断开发的彩涂板新产品，包括高耐候的三涂层氟碳、自清洁产品、隔热产品、环保产品等，也均陆续进行了大气曝晒试验。宝钢的所有彩涂建筑板产品均需通过大气曝晒试验的验证，以确保产品的使用寿命。

除了在国内各典型的大气曝晒点进行大气曝晒试验，宝钢还于 2005 年送样至全球最权威的美国佛罗里达进行了彩涂板大气曝晒试验。表 4-6 为宝钢彩涂板经美国佛罗里达大气曝晒场曝晒一年后的检测报告。

美国佛罗里达大气曝晒场曝晒一年的检测报告 表 4-6

颜色	种类	曝晒时间（月）	色差				光泽（%）	失光率（%）	保光率（%）
			L^*	a^*	b^*	ΔE			
白灰	聚酯	0	86.52	−1.27	3.01		36.83		
		3	86.48	−1.28	3.23	0.22	35.14	4.60	95.40
		6	86.51	−1.23	3.19	0.18	33.00	10.41	89.59
		9	86.52	−1.24	3.23	0.22	33.00	10.41	89.59
		12	86.98	−0.01	3.87	1.59	33.00	10.41	89.59
海蓝	聚酯	0	46.81	−13.51	−32.40		33.47		
		3	46.96	−13.74	−32.15	0.37	32.40	3.19	96.81
		6	47.23	−13.86	−32.24	0.57	30.00	10.36	89.64
		9	47.40	−13.83	−32.23	0.69	29.00	13.35	86.65
		12	48.03	−11.77	−31.33	2.38	29.00	13.35	86.65
白灰	聚酯	0	86.76	−0.99	3.31		33.10		
		3	86.22	−0.94	3.54	0.59	32.13	2.93	97.07
		6	86.01	−0.92	3.60	0.81	31.00	6.34	93.66
		9	86.20	−0.95	3.63	0.65	31.00	6.34	93.66
		12	86.78	0.27	4.22	1.55	31.00	6.34	93.66
海蓝	聚酯	0	47.32	−13.34	−32.88		40.00		
		3	47.48	−13.49	−32.79	0.24	38.12	4.71	95.29
		6	47.39	−13.47	−32.73	0.21	36.00	10.00	90.00
		9	47.37	−13.47	−32.77	0.18	36.00	10.00	90.00
		12	47.92	−11.45	−31.88	2.22	34.00	15.00	85.00
白灰	聚酯	0	86.33	−1.05	2.88		40.00		
		3	86.07	−1.06	3.11	0.35	38.13	3.55	96.45
		6	86.04	−1.06	3.05	0.34	37.00	7.50	92.50
		9	86.12	−1.09	3.08	0.29	37.00	7.50	92.50
		12	86.63	0.17	3.76	1.53	36.00	8.94	91.06
海蓝	聚酯	0	47.01	−12.92	−32.98		32.30		
		3	47.16	−12.86	−32.98	0.16	32.18	0.36	99.64
		6	47.30	−12.74	−32.94	0.34	30.00	7.12	92.88
		9	47.18	−12.70	−32.87	0.30	29.00	10.22	89.78
		12	47.98	−10.61	−31.95	2.71	28.00	13.31	86.69

经过一年的大气曝晒试验，美国佛罗里达曝晒场给出的试验结论是，样品的颜色及光泽变化都不是很明显。

4.4.2 彩涂板耐盐雾、酸碱的性能试验和发泡试验

1. 彩涂板中性盐雾试验

宝钢彩涂板中性盐雾试验结果见表 4-7。5% NaCl，35±2℃，连续喷涂 1000h。

宝钢彩涂板中性盐雾试验结果 表 4-7

彩涂板种类	颜色	起泡等级	生锈等级	表面情况
普通聚酯 PE	海兰	0 级	不生锈	无变化
普通聚酯 PE	白灰	0 级	不生锈	无变化

续表

彩涂板种类	颜色	起泡等级	生锈等级	表面情况
普通聚酯 PE(镀铝锌基板)	白灰	0级	不生锈	无变化
硅改性 SMP	香山白	0级	不生锈	无变化
硅改性 SMP	海兰	0级	不生锈	无变化
高耐久性 HDP	蚝白	0级	不生锈	无变化
高耐久性 HDP	净月灰	0级	不生锈	无变化
氟碳 PVDF	宝钢灰	0级	不生锈	无变化
氟碳 PVDF	宝钢蓝	0级	不生锈	无变化

注：1. 试验标准：盐雾试验标准方法 ASTM B117-2003；
　　2. 评定标准：色漆和清漆　涂层老化评级方法 GB/T 1766—1995（等同于 ISO 4628-1980）。

2. 彩涂板耐酸碱试验

宝钢彩涂板耐酸碱试验结果见表 4-8。0.1％ HCl，0.1％NaOH，室温下浸泡 1000h。

宝钢彩涂板耐酸碱性试验结果　　　　　　　　　　　　　　　　　表 4-8

彩涂板种类	颜色	变色等级	失光等级	起泡等级	表面情况
普通聚酯 PE	海兰	0级	0级	0级	无变化
普通聚酯 PE	白灰	0级	0级	0级	无变化
普通聚酯 PE(镀铝锌基板)	白灰	0级	0级	0级	无变化
硅改性 SMP	香山白	0级	0级	0级	无变化
硅改性 SMP	海兰	0级	0级	0级	无变化
高耐久性 HDP	蚝白	0级	0级	0级	无变化
高耐久性 HDP	净月灰	0级	0级	0级	无变化
氟碳 PVDF	宝钢灰	0级	0级	0级	无变化
氟碳 PVDF	宝钢蓝	0级	0级	0级	无变化

注：1. 试验标准：2003 卷涂材料-试验方法-第 18 部分：耐污染 EN 13523-18；日用化学品对清漆和着色有机面漆影响试验 ASTM D1308-87（1998）；
　　2. 评定标准：色漆和清漆　涂层老化评级方法 GB/T 1766—1995（等同于 ISO 4628-1980）。

3. 发泡试验

由于建筑用夹芯板是彩涂板的重要用途，因此彩涂板背面对胶水和泡沫的粘结性能对于用户是十分重要的质量指标。为确保彩涂板背面的粘结性能，宝钢试验室今年自主研发了适用于验收彩涂板背面粘结性能的检测方法，并对出厂产品进行该性能的质量控制，以满足建筑彩涂板用户使用的需求。宝钢试验室采用如图 4-22 所示的自制装置模拟夹芯板的背面发泡样板的加工，然后将发泡粘结后的试样用拉伸试验机进行 T 剥离试验，根据 T 剥离拉伸强度和剥离后的试样状态同时进行检测结果的判断。

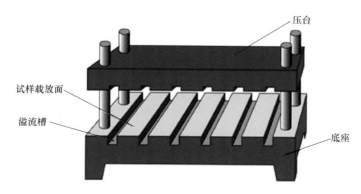

图 4-22　宝钢的发泡试验设备

4.5 使用宝钢彩涂的相关工程案例

宝钢的彩涂钢板经过 20 多年实际使用考验，优异的实物质量保证了建筑物在多年后仍使用完好，下面列出部分使用 20 年以上的工程实例和宝钢彩涂钢板在不同行业的使用实例。

4.5.1 上海外高桥发电厂

上海外高桥发电厂位于长江入海口的南岸，上海市东北部，上海毗邻东海，属亚热带湿润季风气候，四季分明。最低气温−8℃，最高气温40℃，每年 6、7 月份为梅雨季节，每年有台风登陆。

上海外高桥电厂是一家大型火力发电厂，1992 年开始一期建设，到目前为止总共建设了三期。2001 年 7 月二期厂房开始建设，第三期工程于 2006 年 2 月开始建设。连续三期工程均使用 $180g/m^2$ 的热镀锌基板、牌号为 TSt01、涂料为 PE、颜色为土黄和砖红的宝钢彩涂板。一期工程厂房 1993 年开始安装使用，到现在已经使用了 23 年了，切口、连接处无任何锈蚀，从不同朝向检测，色差均小于 7，涂层整体色彩还保持原来风貌。如图 4-23、图 4-24 所示。

4.5.2 宁波宝新不锈钢有限公司

宁波宝新不锈钢有限公司位于宁波市经济技术开发区，宁波市依山靠海，所处纬度经常受冷暖气团交汇影响，特定的地理位置和自然环境使得该地区天气多变，差异明显，灾害性天气相对频繁，主要有台风、暴雨洪涝、雷电大风等。宁波是长三角地区重要的经济中心和重化工基地，是华东地区重要的工业城市。1997 年开始建设，基板为 $280g/m^2$ 的热镀锌，牌号为 TSt01，颜色为深灰绿氟碳彩涂，该屋面属于低坡度屋面。使

图 4-23　2007 年拍摄

用多年后在 2005 年又开始建设二期，如图 4-25～图 4-27 所示，从图中看不到存在明显的色差。2016 年检测，使用 19 年的氟碳涂层，其色差值只有 2.4，从屋顶旁楼梯的腐蚀情况看，该地区的腐蚀还是相当厉害的，而该彩涂氟碳板的边部还看不出明显的腐蚀迹象。

图 4-24　2016 年拍摄

图 4-25　2011 年拍摄

4.5.3 大长江摩托

大长江摩托位于广东省江门市，江门地处华南亚热带，常年绿色植被，四季常春，是"国家园林城市""国家环保模范城市"，年平均气温在 22℃左右，夏季会有台风和暴雨。

1997 年扩建过程中，使用宝钢雪白聚酯彩涂。基板为 $180g/m^2$ 的热镀锌，牌号为 TSt01。使用 19 年后，涂层颜色依然鲜艳，如图 4-28 所示。

图 4-26 2011 年拍摄

图 4-27 2016 年拍摄

4.5.4 南极长城站

南极长城站是中国在南极建立的第一个科学考察站,位于南极洲南设得兰群岛的菲尔德斯半岛上,所处位置为南极洲的低纬度地区,四周环海,被称为南极洲的"热带"。最暖 1 月份最高气温可达 13℃,最冷 8 月份最低温度可达到−28.5℃,全年风速超过 10m/s 的大风天数为 205d,处于多气旋地带,天气变化剧烈。同时该地区日照强,紫外线强烈。

宝钢从 1998 年开始参与考察站扩建,采用宝钢专门开发的宝钢蓝氟碳彩涂钢板,热镀锌基板,镀锌量为 180g/m²,牌号为 TSt01,聚氨酯发泡板。目前从南极考察站得到的反馈是:房屋总体质量情况良好,屋面墙面板未发现有需要维修和更换的地方,涂膜保存完好,颜色无变化,如图 4-29 所示。

图 4-28 2016 年拍摄

图 4-29 2011 年拍摄

4.5.5 浦东机场

浦东机场二期位于上海浦东,毗邻东海,浦东机场二期是为奥运会、世博会配套的项目,整个工程形如大鹏展翅,寓意上海腾飞,最长单跨 140m。这给材料的成型性提出了严格的要求,宝钢专门为此研制了新的钢种 S250 钢种,保证了材料一次性连续性成型。2006 年建设,采用三涂层氟碳彩涂钢板,颜色为星月白,基板为热镀铝锌,牌号为 TS250GD+AZ,选择这种牌号是基于浦东机场二期航站楼的板型、半空安装以及适应该压型机并经过试验而选择的。如图 4-30、图 4-31 所示。

4.5.6 兰州铝业

兰州铝业位于兰州市西固区,兰州地处内陆,大陆性季风气候明显,特点是降水少、日照强、气候干燥、昼夜温差大,年平均气温 9.3℃。兰州已形成以石油、化工、机械、冶金为主的工业体系,成为我国主要的重化工、能源和原材料生产基地之一。

2001 年在扩建中开始使用宝钢氟碳镀锌彩板,涂层的颜色有骨白、浅天蓝、亮银等。镀锌量为 180g/m²,牌号为 TSt02,该项目由沈阳铝镁设计院设计。如图 4-32、图 4-33 所示。

图 4-30　2007 年拍摄

图 4-31　2016 年拍摄

图 4-32　2011 年拍摄

图 4-33　2011 年拍摄

4.5.7　中国运载火箭技术研究院

1992 年 9 月，中国政府决定实施载人航天工程，并确定了三步走的发展战略。第一步，发射载人飞船，建成初步配套的试验性载人飞船工程，开展空间应用试验。第二步，在第一艘载人飞船发射成功后，突破载人飞船和空间飞行器的交会对接技术，并利用载人飞船技术改装、发射一个空间实验室，解决有一定规模的、短期有人照料的空间应用问题。第三步，建造载人空间站，解决有较大规模的、长期有人照料的空间应用问题。

神八天津发射基地采用了宝钢镀锌彩涂钢板，颜色为冰月蓝，涂层种类为高耐候，牌号为 TDC51D，镀锌量为 $180g/m^2$，如图 4-34、图 4-35 所示。

图 4-34　2011 年拍摄

图 4-35　2016 年拍摄

4.5.8　广州龙穴船厂

广州龙穴船厂位于广州市南沙区龙穴岛，广州属亚热带季风气候，年平均气温 22℃，该地区气候具有阳光充足、雨量充沛、夏季长等特征。该工程 2007 年建设，墙面及屋面均采用宝钢镀铝锌 HDP 彩涂板，镀铝锌量 150g/m²，牌号为 TS550GD＋AZ，如图 4-36 所示。

4.5.9　天津西门子

天津西门子坐落于天津北辰经济技术开发区内，占地 13 万 m²，2005 年建设。工程采用镀铝锌氟碳彩涂钢板，颜色为白银灰，牌号为 TS550GD＋AZ，铝锌层重量为 150g/m²。该工程为上海美联钢结构承建，如图 4-37 所示。

图 4-36　2011 年拍摄　　　　　　　　　　　　图 4-37　2016 年拍摄

4.5.10　东方汽轮机有限公司

东方汽轮机有限公司位于四川北部德阳市，隶属于中国东方电气集团公司，创建于 1966 年，是我国研究、设计、制造大型电站汽轮机的高新技术国有骨干企业。2009 年 3 月开始灾后重建，使用四种颜色的自洁彩涂钢板：自洁白、自洁蓝、自洁珠白、自洁极光蓝，牌号为 TS350GD，铝锌层重量 150g/m²。2008 年 5 月 12 日汶川发生大地震，东汽损失惨重，后在德阳八角选址进行重建。在重建过程中，宝钢跟东汽指挥部密切配合，2009 年 3 月至 10 月期间为厂房建设供应彩涂 5600 余吨，保证了重建工作按期保质完成，如图 4-38 所示。

4.5.11　现代牧业

现代牧业旗下的蚌埠牧场是 22 个牧场中规模最大的牧场，该牧场建于 2011 年 9 月，于 2012 年 3 月正式运营，分别从澳大利亚、乌拉圭、新西兰进口奶牛 2.26 万头，是当时亚洲单体养殖规模最大的牧场。现代牧业使用宝钢彩涂 TDC51D＋Z，锌层重量 180g/m²，HDP 海蓝和 HDP 白灰，如图 4-39 所示。

图 4-38　2011 年拍摄　　　　　　　　　　　　图 4-39　2016 年拍摄

4.5.12　国家会展中心

国家会展中心（上海）地处大虹桥经济区，总建筑面积 147 万 m²，拥有 40 万 m² 的室内展厅和 10 万 m² 的室外展场，配套 15 万 m² 商业中心、18 万 m² 办公设施和 6 万 m² 五星级酒店。定位于建成世界上最具规模、最具水平、最具竞争力的会展综合体。厂房选择 TDC51D＋AZ 镀铝锌彩涂，颜色国展灰，涂层结构 2/2，涂层种类 PE，镀层重量 150g/m²，如图 4-40 所示。

4.5.13　迪士尼宝藏湾、明日世界

上海迪士尼乐园是中国内地首座迪士尼主题乐园，位于上海浦东新区川沙新镇，于 2016 年 6 月 16 日正式开园。乐园拥有六大主题园区：米奇大街、奇想花园、探险岛、宝藏湾、明日世界、梦幻世界。上海迪士尼有许多全球首发游乐项目、精彩的现场演出和多种奇妙体验。其中宝藏湾和明日世界建筑选择了宝钢 SSGRD40＋AZ 镀铝锌彩涂板，涂层种类为 SMP，颜色为蓝银/翔蓝，如图 4-41 所示。

图 4-40　2016 年拍摄

图 4-41　2016 年拍摄

4.5.14　长春一汽

一汽轿车股份有限公司位于吉林省长春市高新技术开发区内，是一汽集团发起设立的股份有限公司。一汽集团前身为第一汽车制造厂，成立于 1953 年，是我国"一五"期间建设起来的第一个汽车工业基地，一汽集团被人们誉为"中国汽车工业的摇篮"。长春属大陆性季风气候区，四季分明。春季较短，干燥多风；夏季温热多雨，炎热天气不多；秋季气爽，日夜温差大；冬季寒冷漫长。该厂房于 2004 年建设，屋面使用宝钢氟碳宝钢蓝，墙面氟碳白灰，内墙普通聚酯白灰，如图 4-42、图 4-43 所示。

图 4-42　2004 年拍摄

图 4-43　2011 年拍摄

4.5.15　襄阳保税区物流园

襄阳位于湖北省西北部，是湖北省省域副中心城市，国家历史文化名城，楚文化、汉文化、三国文化的主要发源地，已有 2800 多年建制历史，历代为经济、军事要地。

襄阳保税物流中心位于襄阳高新区米芾路，主要开展保税仓储、国际物流配送、简单加工和增值服务、进出口贸易和转口贸易等业务。

该工程于 2016 年 3 月供料，2017 年 6 月通关运营，材料全部选用宝钢黄石镀铝锌彩涂产品，屋面外板为 0.8mm，墙面外板为 0.6mm，内板为 0.4mm，铝锌层为 100g/m²，颜色为 PE 海蓝 404、银灰 512、奶白 811，如图 4-44 所示。

图 4-44 2016 年拍摄

4.6 宝钢对彩涂板使用年限的承诺

宝钢为了对用户负责，现已正式向用户提出对所生产的高性能聚酯彩涂板的保证使用年限书面承诺，用户在接受此种承诺时应注意其说明的条件（如屋面坡度、与海岸线距离等），现列出宝钢高耐久性聚酯（HDP）彩涂板保证年限（15 年）承诺书（图 4-45、图 4-46）与氟碳（聚偏二氟乙烯）彩涂板保证年限（20 年）承诺书（图 4-47）。

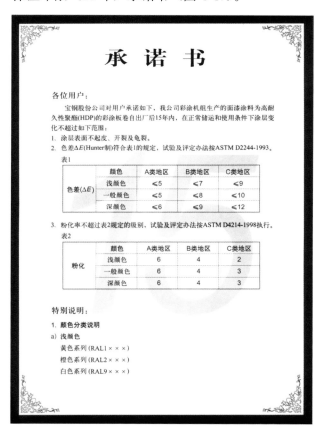

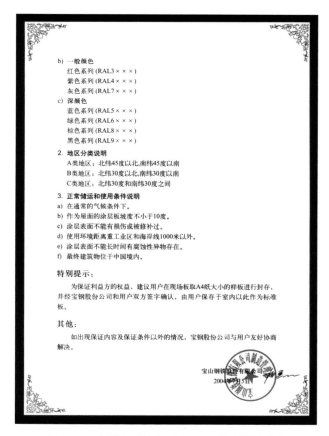

图 4-45 高耐久性聚酯（HDP）彩涂板承诺书　　　图 4-46 高耐久性聚酯（HDP）彩涂板承诺书

图 4-47　氟碳（聚偏二氟乙烯）彩涂板承诺书

第5章 彩涂钢板的订货、储运和防伪标识

5.1 彩涂钢板厚度及性价比分析

5.1.1 关于彩涂板厚度说明

国家标准《彩色涂层钢板及钢带》GB/T 12754—2006 规定彩涂板的厚度是指基板厚度，不包括涂层厚度。宝钢彩涂产品的订货厚度是指基板厚度（含镀层），不包括涂层厚度。

建筑用彩涂钢板的厚度市场上说法比较混乱，有用冷轧基板厚度的，也有用镀后厚度的，甚至有用涂后厚度的。涂层厚度由底漆、正面面漆和背面漆等组成。现在宝钢生产的 0.5mm 的镀层重量为 90/90g/m² 的常规彩涂产品，它的厚度构成是冷轧基板 0.474mm，加上镀层厚度 0.026mm，基板厚度为 0.5mm，如果彩涂为 2/1 产品，则彩涂后实际总厚度约为 0.53mm，如果是 2/2 彩涂产品，则总厚约为 0.54mm。

5.1.2 不同基板、涂层的性价比分析

1. 不同基板的价格关系

基板类型和力学性能主要依据用途、加工方式和变形程度等因素进行选择。例如，建筑物的内墙面板通常不承重，且变形不复杂，选用普通等级的 TDC51D+Z 或 TDC51D+AZ 即可。对于变形程度比较大的零件，应选择 TDC52D+Z、TDC53D+Z 或 TDC52D+AZ、TDC53D+AZ 等成形性好的材料。而对于有承重要求的构件，就应根据设计要求选择合适的结构钢，如 TS350GD+Z、TS550GD+Z 或 TS350GD+AZ、TS450GD+AZ、TS550GD+AZ 等。彩涂板常用的加工方式有剪切、弯曲、辊压等，订货时应根据每种加工方式的特点进行选择。另外，由于通常用基板的力学性能代替彩涂板的力学性能，而彩涂工艺可能导致基板的力学性能发生变化，对此应予以注意。

由于生产工艺或合金成分的差异，通常成型好的 TDC52D+Z、TDC53D+Z 或 TDC52D+AZ、TDC53D+AZ 以及高强度如 TS350GD+Z、TS550GD+Z 以及 TS350GD+AZ、TS450GD+AZ、TS550GD+AZ 等材料价格略高于普通性能的 TDC51D+Z、TDC51D+AZ，按 0.5mm 厚度估算，每平方米市场价格约增加 1 元。

2. 不同镀层的价格关系

基板类型（镀层种类）和镀层重量主要依据用途、环境腐蚀性、使用寿命和耐久性等因素进行选择。防腐是彩涂板的主要功能之一，镀层种类和镀层重量是影响彩涂板耐腐蚀性的主要因素，耐腐蚀性通常随镀层重量的增加而提高。不同种类镀层的耐腐蚀性也不同，在相同镀层厚度的情况下，热镀铝锌镀层的耐腐蚀性高于热镀锌镀层。因此，可以通过使用耐腐蚀性高的基板或增加镀层重量的方法提高彩涂板的耐腐蚀性。使用寿命、耐久性是选材时不可忽视的重要因素，如要求使用寿命长、耐久性高时，应选用耐腐蚀性好或镀层重量大的基板。

随着有色金属价格上涨，作为彩涂基板镀层的原材料锌、铝的价格也大幅度上涨，热镀锌和热镀铝锌基板镀层的重量对彩涂板成本的影响很大，同样规格的彩涂板，由于镀层重量减薄，每吨成本可相差成百上千元，因此市场上出现了大量超薄镀层基板的彩涂产品。镀铝锌和镀锌基板彩涂板的价格随市场需求的变化会略有调整，但同规格不同品种之间价格差异不是十分明显，镀层重量对热镀锌和热镀铝锌彩涂板价格的影响更为突出。

3. 不同涂层的价格关系

常用的面漆有聚酯、硅改性聚酯、高耐久性聚酯和聚偏二氟乙烯，不同面漆的硬度、柔韧性/附着

力、耐腐蚀性等方面存在一定的差异，可根据用途、环境腐蚀性、使用寿命、耐久性、加工方式和变形程度等因素来确定。

1）聚酯是目前使用量最大的涂料，耐久性一般，涂层的硬度和柔韧性好，价格适中。

2）硅改性聚酯耐久性和光泽、颜色的保持性有所提高，但涂层的柔韧性略有降低，价格略高于聚酯。

3）高耐久性聚酯既具有聚酯的优点，又在耐久性方面进行了改进，价格略高于硅改性聚酯，性价比较高。

4）聚偏二氟乙烯的耐久性优异，涂层的柔韧性好，但硬度相对较低，可提供的颜色较少，价格较贵。

5.2　彩涂钢板订货

订货时合理的选材不仅可以满足使用要求，而且可以最大限度地降低成本。如果选材不当，其结果可能是材料性能超过了使用要求，造成不必要的浪费，也可能是达不到使用要求，造成降级或无法使用。因此，用户应高度重视合理选材的重要性，订货时要提出基板类型与镀层重量、力学性能、涂层种类、膜厚与涂层结构、颜色及涂层表面状态、规格、尺寸等内容。

5.2.1　基板类型、镀层重量

由于建筑用彩涂板通常直接暴露在大气环境中，因此通常选择耐腐蚀性好、镀层厚的热镀锌、热镀铝锌、热镀锌铝镁（低铝、中铝、高铝）等基板。另外，不同种类镀层的耐腐蚀性也不同，例如，在相同镀层厚度的情况下，热镀铝锌镀层的耐腐蚀性高于热镀锌镀层。此外，耐腐蚀性通常随镀层重量的增加而提高，因此可以通过使用耐腐蚀性高的基板或增加镀层重量的方法提高彩涂板的耐腐蚀性。另外，不同种类镀层的耐腐蚀性也不同，因此可以通过使用耐腐蚀性高的基板或增加镀层重量的方法提高彩涂板的耐腐蚀性。镀层种类和镀层重量是影响彩涂板耐腐蚀性的主要因素。

1）镀铝锌、高铝锌铝镁彩涂基板的镀层重量通常为 $50/50g/m^2$、$60/60g/m^2$、$75/75g/m^2$、$90/90g/m^2$。

2）热镀锌、低铝锌铝镁彩涂板镀锌量通常为 $90/90g/m^2$、$140/140g/m^2$。

3）建筑用彩涂板通常使用热镀锌板和热镀铝锌板基板。

4）不同镀层种类钢板的切边耐腐蚀性存在差异，这一点也应引起注意。

除此之外，使用寿命、耐久性也是选材时不可忽视的重要因素，如要求使用寿命长、耐久性高时，应选用耐腐蚀性好或镀层重量大的基板。

5.2.2　力学性能

1）彩涂基板的力学性能根据用途不同有冲压、深冲压、普通强度和 250MPa、280MPa、300MPa、350MPa、450MPa、550MPa 强度等级。

2）力学性能主要依据用途、加工方式和变形程度等因素进行选择。例如，建筑物的墙面板通常选用普通强度即可。对于变形程度比较大的零件，应选择冲压、深冲压成形性好的材料。而对于有承重要求的构件，就应根据设计要求选择 250MPa、280MPa、300MPa、350MPa、450MPa、550MPa 等合适的结构用钢。

3）实际生产时通常用基板的力学性能代替彩涂板的力学性能，而彩涂工艺可能导致基板的力学性能发生变化，对此应予以注意。

5.2.3　涂层种类与膜厚

1. 正面面漆

常用的树脂种类主要有五种类型：聚酯（Polyester，PE）；硅改性聚酯（Silicone Modified Polyester SMP）；聚偏二氟乙烯（Polyvinylidene Fluohde，PVDF）；高耐久性聚酯（High Durable Polyester

HDP）；聚氨酯（Polyurethane，PU）。

1）聚酯

聚酯涂料对于镀锌钢板有良好的附着性，涂装的钢板易于加工成型，价廉且产品多，颜色和光泽性要求的选择范围大，在一般环境直接暴露下，其防蚀年限可长达 5～8 年，但在工业环境或污染严重的地区，其使用寿命会相对降低。

2）硅改性聚酯

为了充分发挥聚酯涂料的特点，提高它的室外耐久性和保光性，用冷拼法或热反应法进行有机硅的改性而使聚酯涂料变成了硅改性涂料。SMP 提供彩涂钢板更好的持久性，其防蚀年限可长达 10～12 年，其价格比 PE 略高，但附着性和加工成型性比 PE 差。

3）高耐久性聚酯

HDP 是采用高分子量的树脂，聚合物支链少，键能稳定，不易光解，因此不易粉化和光泽降低，HDP 采用与 PVDF 相同的无机陶瓷颜料，该产品具有优良的颜色保持性、抗紫外线性能、室外耐久性和抗粉化性能，性价比高。

宝钢高耐久性聚酯的供应商为世界上最早的也是最大的涂料公司之一，提供 15 年涂层质量保证，保证 15 年内涂层表面不起皮、开裂或龟裂。

4）聚偏二氟乙烯

由于 PVDF 的化学键与化学键间有很强的键能，因此涂料具有非常好的防蚀性和色泽保持性，在建筑工业用彩涂钢板涂料中，是属于最高级的产品，俗称"彩板王"。其分子大又是直链型结构，因此除耐化学药品性之外，其机械性能、耐紫外线和耐热性能极优。于一般环境下，其防蚀年限可达 20～25 年之久，但成本高，相对彩涂钢板的价位也较高，一般也仅用于大楼建筑、别墅、医院及标志性的公用设施，但是，其光泽度只能是低光泽，在颜色选择上也有很多限制（色彩鲜艳的颜色不能提供）。

宝钢聚偏二氟乙烯保证 20 年内涂层表面不起皮、开裂或龟裂。在工业建筑、公共建筑等领域已经广泛应用。

5）聚氨酯

聚氨酯涂层彩板目前运用不多，但它在厚涂膜的耐蚀性以及复杂加工条件下的涂层加工性上有点优势，价格上高于聚酯涂层彩涂板。

彩涂板耐腐蚀性的高低与涂层厚度有密切关系，通常耐腐蚀性随涂层厚度的增加而升高，应根据环境腐蚀性、使用寿命和耐久性来确定合适的涂层厚度。正面漆膜厚度要求不低于 20μm，根据使用环境的特殊要求，可以涂覆高涂层厚度的 PVDF 或 PU 涂料。

2. 涂层结构及背面涂层

背面漆膜厚度一般在 5～12μm，涂层结构分为：2/1、2/1M、2/2 三种，背面二涂层的面漆通常为聚酯（PE）涂层。在海岸地区、重工业地区、化学工业区等腐蚀严重之环境下，或日夜冷暖气温差较大，可能结露之场所，应使用 2/2 涂层结构，背面涂层需要加厚。

5.2.4 颜色与光泽

经过多年的生产，宝钢可提供各类涂层的多种颜色，除选用标准颜色外，用户亦可根据自己喜爱的颜色与厂商协商生产，但如选用自己确定的颜色，可能因配色延迟交货时间，将来维修时亦较难在市面上找到颜色相近的彩涂板，从耐久性考虑的话，建议客户选择浅颜色的彩色涂层钢板。

同一工程项目用料应该一次订货，以避免不同生产批次的材料颜色存在差异，影响项目的美观。

光泽度一般均以 60°的反射角来测量，数值越高表示光泽度越高（越亮）。高光泽（≥85%）、中光泽（55±5%）、低光泽（25±5%）。

高光泽表面刺眼、易滑，白天对阳光的反射率强，易造成公害，在屋顶施工时，亦造成人员滑跤。在阳光照射下，光泽易降低。若需维修时，新旧钢板之间极易分辨，造成外观不良。

涂层光泽主要依据用途和使用习惯进行选择。例如，欧美国家通常使用低光泽（25±5%），国内建筑用彩涂板通常选择中、低光泽 。

5.2.5　规格尺寸

彩涂板可供厚度 0.3～2.0mm，可供宽度 700～1600mm。订货时要说明订货重量、交货日期、钢卷的包装方式（立式/卧式）、钢卷内径（508/610mm）等。

5.3　彩涂钢板的储运

5.3.1　彩涂钢板储存

彩色涂层钢板，尽管在钢板表面有镀锌层和有机涂层的双重保护，但如果长期在潮湿的状态下，表面所积存的水（包括空气结露产生的水）会逐渐渗透通过有机涂层，从而造成有机涂层膜下镀层的腐蚀，因此在储存时必须注意良好的储存条件。

1）不被水浸湿，存放在室内，避免露天堆放。室内应干燥通风，无腐蚀性气体，必须避免放在易发生结露以及温差变化大的地方。迫不得已暂时存放室外时，底下一定要有方形枕木作垫木，并注意通风良好，选择平坦的地面，垫木上方也要水平，以使钢板堆放在同一高度上，防止发生翘曲，上面要盖上防雨布，保护产品不直接受日晒雨淋。若彩色涂层钢板受到雨淋或有了结露，应马上拆包迅速干燥，除去湿气，并尽早使用。

2）钢卷应尽量保持出厂时的状态存放，不要堆积，以免损伤涂层。

3）彩色涂层钢板不要放在砂土、灰尘多的地方。钢板上面若积存砂土、灰尘，可能损伤涂层钢板的涂膜，且砂土、灰尘的积存，会使涂层板表面不容易保持干燥，成为产生腐蚀的根源。

4）彩色涂层钢板应避免长期存放，使用时以先进先用为原则，以免长期留存不用所造成的污染、碰伤，以及新、旧产品混用时出现的颜色差异，尤其在沿海及工业气氛的环境中，更应缩短存放期。

5）为了排除因某种原因滞留在板包内钢板表面的水分时，钢板在仓库里可以倾斜放置，适宜的倾斜角度为 3.5°。

6）产品应存放在干净整洁的环境中，避免各种腐蚀性介质的侵蚀。

7）彩涂板的力学性能和部分涂层性能，如铅笔硬度、T 弯值、冲击功值、镀层的加工性能等，可能随储存时间的延长而发生变化，因此建议用户尽快加工。

5.3.2　彩涂钢板运输

1）按照生产厂家的产品出厂状态，原封不动地运输，不能为便于装运，卸掉垫木或把产品上、下颠倒。

2）钢板和钢卷在装卸时，为防止碰伤，须使用橡皮垫与吊具隔离，或使用专用吊具。

3）装运彩板的车厢应打扫干净，铺上厚橡皮垫或使用专用防护装置，以防钢卷外围碰伤。尤其应该避免卧式放置的钢卷摆在高低不平的卡车车厢底板上。

4）采用立式包装时，彩卷的运输和装卸也保持立式。要把立式钢卷横放时，应使用翻卷机。

5）运输钢板和钢卷时应牢牢固定，以避免钢板之间产生相对移动及钢卷滚动从而造成擦伤。

6）在把彩涂钢板一张张地取出时，绝不能拖拉，否则切口和切断时产生的毛边会使钢板表面产生刮痕、擦伤。因此在取出或移动钢板时，需两个人一起拿着钢板的两端搬动，绝不能拖动，且应轻拿轻放，不要碰到其他硬物。

5.4　建筑用彩涂钢板的维护

服役期间的维护可以延长彩涂板使用寿命。虽然预涂油漆的建筑面板寿命比平常油漆的面板长很多年，它们仍需彻底进行清洗，在有雨水自动清洗的地方，如屋顶板，不需要进行维护。清洗可以清除积存的腐蚀物，保持建筑物美好外观而无须进行油漆，需要清洗的地方包括支架、滴水檐下侧板、仓库门板、滴水檐板背面沟槽等。

5.4.1　清洗

通常，用干净的水能够清除钢板表面积存的大多数灰尘和残留物。理论上，至少每六个月需要清扫一次，在盐雾较多的海岸及工业粉尘较重的地方，清扫应更频繁。对冲洗不掉的顽渍，可采用家用清洗剂。无论什么情况，在大面积清洗之前，先擦洗一个不显眼的小块测试。

不要私自将洗涤剂和漂白剂混合，如果要求进行洗涤和漂白，使用含漂白剂的洗涤剂。

使用上述任一种洗涤剂，用浸透了的软布、海绵、软毛刷或低压喷头由上至下清洗钢板表面，避免擦拭条痕、避免产生光亮点。建议不要采用去污粉或工业洗涤剂，因为它们将损害油漆。水溶性洗涤剂如"奥妙"非常有效，可以使用。

如果出现真菌和长霉，上述方法无法去除，推荐使用含漂白剂的洗涤剂，如含漂白剂的"汰渍"。洗涤后的钢板表面需彻底清除洗涤剂残留。

5.4.2　补漆

如果在安装和使用过程中出现擦划伤，可能需要对缺陷部分进行补漆。补漆不当或过多可能损坏整个表面。1.5m 处看上去不显眼的擦划伤最好不要进行修补，因为正常风蚀能将其掩盖。

补漆只需对油漆脱落部分进行修补，补漆前，对需要进行修补的部位需用酒精清除污物、石蜡及其他污秽。建议不使用喷补漆对大面积区域进行修补，因为喷补漆风干不如工厂预涂漆。与建筑板生产厂商或涂料供应商索取适合的喷补系统。不推荐使用气溶胶或喷雾修补擦划伤缺陷。最佳的修补工具为高质量的画画刷。

如果按上述方法进行维护，彩涂钢板将长时间保持其原有本色。

5.5　宝钢彩涂板二维码防伪指南

宝钢彩涂板是目前国内很多重点工程的首选材料，广大设计院和业主都积极推荐和选用宝钢彩涂板。但是市场上出现了仿冒的宝钢彩涂板，给用户的辨别和使用带来困惑，如何辨别真伪，是宝钢和用户共同关心和迫切需要解决的问题。

5.5.1　宝钢彩涂板防伪历程

1. 2002 年

对宝钢所有彩涂卷进行明文喷码，见图 5-1，内容包括：Baosteel、卷号、颜色代码后三位、涂料品种、钢种。

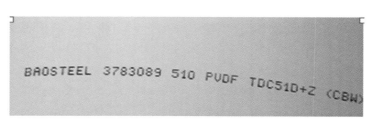

BAOSTEEL 3783089 510 PVDF TDC51D+Z (CBW)

图 5-1　钢卷背面喷码字样

2. 2009 年

在宝钢的质保书上应用光栅防伪技术，实现质保书防伪，见图 5-2，经宝钢系统打印的纸质质保书可通过专用光栅片看到宝钢 LOGO，此外，系统外打印（含复印件），LOGO 并不会显现。

3. 2012 年

宝钢彩涂质保书率先应用二维码技术进行防伪，可以通过宝钢在线移动应用读取并验证，见图 5-3。

5.5.2　二维码防伪技术介绍

从 2015 年开始进行最新型防伪技术研发，经过无数次的试验和失败，终于从 2017 年 1 月 1 日开

图 5-2　加防伪光栅的宝钢质保书

图 5-3　带二维码的宝钢质保书

始，宝钢彩涂板率先应用高速数码喷印技术，在彩涂钢板生产的同时，钢板背面间断喷印唯一的加密二维码和卷号、生产时间等信息，图 5-4 为宝钢在线二维码喷印设备。加密二维码只有宝钢可以解析，宝钢将会对每一次的扫描解析进行记录，从而帮助用户根据解析内容判别所购产品真伪。用户可以采用手机等装备进行二维码扫描，以核对钢卷真伪。

1. 技术先进性

1）二维码加密技术

加密随机码根据卷号、线号、时间、序列等条件生成唯一码，采用双码关联合一技术；加密随机二维码与明文卷号时间绑定且精确到秒。

2）二维码高速喷码系统

宝钢彩涂板首创二维码高速喷印技术，为满足喷码作业的高可靠性，二维码高速喷码机采用一用一备的方式进行配置，做到即时切换，且自带在线高速相机，识别率达到 90%；每隔 2m 完成一次喷码，做到高速密集打印。

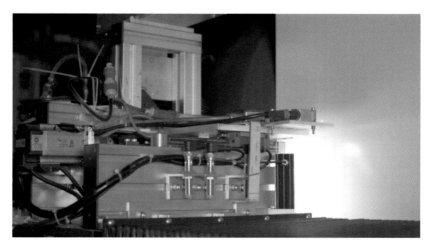

图 5-4　在线二维码喷印设备

2. 解码流程

1）肉眼识别

宝钢彩涂钢板二维码防伪标记在每个钢卷背面（图 5-5），可能出现在钢板背面的左侧，也可能出现在钢卷背面的右侧，是随机的；标记在距离带钢边部约 5cm 的位置，纵向排列，间距约

2m；每个二维码旁边会有 BAOSTEEL、母卷号、宝钢上表面精涂涂料代码和打印时间。打印标记不仅每个二维码不同，每个二维码旁边打印时间也是不同的（精确到秒）。上述特征即可肉眼初步辨别钢卷真伪。

图 5-5　钢卷上显示的喷印结果

2）手机扫描确认

如果您有微信，打开"扫一扫"功能，对准二维码进行扫描，约几秒钟后，即可显示防伪跳转信息。每个二维码扫描后，手机上会出现跳转画面，显示卷号时间等信息（图 5-6），请您核对。

图 5-6　手机扫码后的显示

3）宝钢后台数据确认

建议访问宝钢彩涂社区（图 5-7），可获取更多防伪帮助和使用指导。点击"＋"发帖咨询获得宝钢专业解答；点击"正确使用"获取彩涂板使用指导。

图 5-7 宝钢彩涂社区的友好界面

第二篇
设计应用部分

第6章 建筑压型钢板的分类及技术标准

6.1 压型钢板的发展

6.1.1 产品与产量的发展

压型钢板在 20 世纪 30 年代产生于美国，80 年代初武钢、宝钢先行引进彩涂钢板生产线，从此国产的彩涂压型钢板开始规模应用于工业建筑，如宝钢厂房、国家棉花和粮食仓库、各地开发区厂房等。随着彩涂压型钢板应用技术迅速发展，应用范围不断扩大，用量不断增加。据不完全统计，2016 年国内彩涂机组共计 413 条，年产能约 5050 万吨，产量约 600 万吨，其中宝武集团年产量已达到 100 万吨，产品质量达国际先进，产品上已采用二维码等先进防伪技术。同时，国内也出现了山东聊城冠洲彩板厂、浙江东南网架厂等一批民营企业。

2006 年全国压型钢板建筑已达 6000 万 m^2，需要彩涂钢板 200 多万吨。与彩涂板和压型钢板相关建筑钢材标准、设计施工规程、规范相继编制。1988 年由原冶金工业部建筑研究总院（现为中冶建筑研究总院有限公司）组织编制了金属围护领域的首个标准《压型金属板设计施工规程》YBJ 216—88，对压型金属板的材料、设计、计算、构造、加工、施工验收等相关内容进行了规定，对初期规范指导国内压型金属板的应用起到了重要作用。20 世纪 90 年代，陆续颁布了一系列相关标准：国家标准《建筑压型钢板》GB/T 12755—91、冶金部标准《钢－混凝土组合楼盖结构设计与施工规程》YB 9238—92、建材标准《金属面聚苯乙烯夹芯板》JC 689—1998 以及协会标准《门式刚架轻型房屋钢结构技术规程》CECS 102：98 更促进了彩涂压型钢板的应用，扩大了压型钢板在建筑工程中的应用范围。

进入 21 世纪，我国国民经济高速平稳发展，以钢结构为主体的工业和民用建筑迅速发展，中国钢结构协会的统计数据显示，中国钢结构行业 2016 年度的加工制造总产量达到 5720 万吨，较 2015 年的 5100 万吨增长 12.2%。协会根据现有的数据分析，全行业钢结构加工量继续保持增长态势，预测全行业钢结构 2017 年加工量 6480 万吨，同比增加 760 万吨，增长 13.28%，环比增加 1.08%。中国钢铁工业协会统计的 2004～2016 年彩涂板产量曲线图（图 6-1）表明，彩涂板产量一直有较大的增长。我国已从彩涂钢板进口国发展成出口国。

彩色钢板市场也随市场需求也形成多元化状况，以宝钢为首的大型钢铁企业彩色涂层钢板向高端化发展，质量稳定，产品水平达到国际先进水平，产量约 100 万吨/年。江苏常熟苏州无锡一批台资、韩资企业产品质量和管理也达较高水平，产量约 100 万吨/年。山东、天津等地民营企业发展迅速，其产量约为 400 万吨/年。同时彩涂钢板产品质量不断提高、品种也有增加，目前压型钢板基板有镀锌板、镀铝锌板、含镁镀层板、钛合金板、不锈钢板等多个品种，涂层也有聚酯、硅改性聚酯、高耐久性聚酯、聚偏氟乙烯等种类可供工程选用。

目前，市场竞争激烈，彩钢板市场上产品质量参差不齐。现有宝武钢铁企业向用户提供彩色涂层钢板 10 年、15 年、20 年的耐久性保证承诺书，而且有二维码防伪标识，质量可靠有保证，可做到产品信息的追溯，产品主要用于国家重点工程建设和大型工程，已有良好的信誉。但也存在少数企业产品质量低劣的情况，如产品含锌量仅有 $50g/m^2$，远未达到国标的要求，此类产品若用于工程会存在很大隐患。

6.1.2 压型钢板应用技术的发展

根据有关企业统计资料分析，彩涂钢板产量中大约 70% 用于建筑工程屋面、墙面、隔墙及楼板中，用量约有 600 万吨/年。目前彩涂压型钢板的应用也已从一般工业建筑进入各地的大型公共建筑，如机

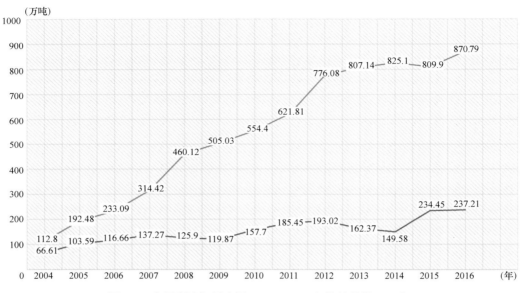

图 6-1　全国彩涂钢板产量 2004～2016 年统计曲线（万吨）

场候机楼、火车站、体育场馆、音乐厅、大剧院、大型超市、物流中心、2008 年奥运场馆、上海世博会、首都新机场等。建筑屋顶及墙面采用了防腐蚀性能更强的彩色涂层钢板以及受力和连接更为合理的板型，施工方法也更为科学。

随着压型钢板应用技术的发展，出现了咬合构造、扣合构造以及紧固件隐藏式连接等压型钢板产品；楼盖用闭口型板已有成熟的应用，而近年来楼盖桁架楼承板也有了更多的工程应用。

近年来，工业建筑与大型公用建筑的屋面大多采用了金属板材与压型钢板。在试验研究方面，多年来不少院校和研究单位对压型钢板的计算理论、板型、连接节点进行试验研究；对建筑物进行受到大雪和台风破坏的调研和理论分析；开展对新型箱形组合压型钢板的试验研究和工程实践；结合重大工程总结了各种施工工法，积累了可贵的经验；为国家规范和行业规程修改提供了丰富的资料和数据。很多施工安装单位在规范、规程不够完善的情况下，根据各工程特点编制了屋面、墙面工程施工质量验收标准（企业标准），确保屋面和墙面工程质量。首都机场 3 号航站楼、广州新白云国际机场航站楼、北京英东游泳中心、北京大学体育馆、北京新机场航站楼等工程都编制了适合本工程的屋面、墙面施工质量验收标准。北京市 2008 工程建设指挥部办公室编制了北京市 2008 年奥运工程金属屋面板防水工程质量控制指导意见，以高标准严要求，确保了奥运工程质量。

随着应用发展的需要，有关压型钢板的材料、设计、施工与验收标准也相继颁布实施。如《连续热镀锌钢板钢带》GB/T 2518—2008、《彩色涂层钢板及钢带》GB/T 12754—2006、《连续热镀铝锌合金镀层钢板及钢带》GB/T 14978—2008、《不锈钢冷轧钢板和钢带》GB/T 3280—2015、《建筑用压型钢板》GB/T 12755—2008、《建筑用金属面绝热夹芯板》GB/T 23932—2009、《压型金属板工程应用技术规范》GB 50896—2013、《屋面工程技术规范》GB 50345—2012、《门式刚架轻型房屋钢结构技术规范》GB51022—2015、《拱形波纹钢屋盖结构技术规程》CECS 167：2004、《钢结构工程施工质量验收规范》GB 50205—2001、《冷弯薄壁型钢结构技术规范》GB 50018—2002 等。同时新的国标《建筑用不锈钢压型板》、行业标准《建筑金属围护系统工程技术规范》和《金属夹芯板应用技术规程》，以及国家标准《建筑金属板围护系统检测鉴定及加固技术标准》已经完成报批稿，等待批准。截至 2017 年底，从压型钢板应用的现行标准和即将实施的标准来看，已基本形成了压型钢板系列的全过程的标准体系，从而对压型钢板的发展提供了可靠的技术支撑作用。压型钢板作为绿色环保的工业化建筑产品，也是绿色装配式建筑的配套产品，未来必将会蓬勃发展。

由于彩涂压型钢板需求不断扩大，近几年来压型板厂发展如雨后春笋，不少大型生产厂年产量已达到 200 万～300 万 m² （需用彩涂钢板 20000t 左右），中型厂也能达到 40 万～50 万 m² （需用彩涂钢板

4000t 左右），小型彩涂厂压型钢板厂全国至少有上千家。杭州萧山彩板一条街生意也不错，他们的产品可满足住宅屋顶、仓库、临时围挡等建设需要。目前压型钢板加工厂有两种生产模式：①压型钢板和钢结构制作是一个厂，但内部钢结构与压型钢板分别在两个车间；②工厂专做压型钢板，不制作主体钢结构。目前较大的厂家有博思格、上海美建、北京多维、广州霍高文、浙江精工、浙江东南网架、浙江杭萧钢构、杭州恒达钢构、上海宝冶钢构、钢之杰、宝钢彩钢、鞍山东方钢构等公司。

与此相配套的成型机等压型钢板加工设备制造行业也迅速发展起来，厦门黎明、浙江精工科技、新乡天丰、无锡远大等公司的产品已从开始仿制国外产品走向自主创新。他们的生产不但满足了国内生产需要，而且已将成型设备出口到国外。如浙江精工科技每月向印度和东南亚提供几十台设备。

6.2 建筑压型钢板的材料

建筑用压型钢板的材料分为镀层板和彩涂板两种。镀层板主要用于楼层压型钢板，也有用作屋面压型钢板；彩涂板一般用作屋面、墙面等围护结构的压型钢板。

6.2.1 镀层板

目前，建筑压型板的镀层板为热镀锌板、热镀铝锌板、热镀锌铝板、含镁镀层板和不锈钢镀层板，目前国内外最为普遍采用的镀层板是热镀锌基板。除不锈钢镀层板主要用作围护结构压型钢板外，其余镀层板主要用作楼盖压型钢板。

镀层板作为楼盖压型板时，只采用镀锌板。各类镀层板的镀层（锌、铝锌、锌铝）均应采用热浸镀工艺制作，其质量、性能均应符合相应国家标准《连续热镀锌钢板及钢带》GB/T 2518、《连续热镀铝锌合金镀层钢板及钢带》GB/T 14978 的规定。

不锈钢镀层板因其"寿命长"的特点，而用于建筑围护结构的压型板，其质量、性能均应符合《建筑屋面和幕墙用不锈钢冷轧钢板和钢带》GB/T 34200—2017、《不锈钢冷轧钢板和钢带》GB/T 3280—2015 和《不锈钢和耐热钢 牌号及化学成分》GB/T 20878—2007 的相关规定。

某些业主要求选用钛锌基板作为屋面材料，但这种基板仍须进口且造价很高。

6.2.2 彩涂板

国际上定名为"预涂层镀锌薄钢板"，简称彩涂钢板，又因多为呈卷状供货，亦可称之为彩钢卷板。"预涂层"是一个关键词，即在工厂生产时就已完成了涂层工艺程序，是成品的一个组成部分。"预涂层后压型"与"先压型后涂层"是不同的产品，而后者就不应属彩涂板之范畴。

1. 彩涂板组成

彩涂板是由金属镀层基板、化学转化膜和有机涂层三部分组成的。

1）镀层可分为电镀和热浸两类，镀层材料有锌、铝、铝锌、锌铝等。镀层的腐蚀物能保护钢材，不发生进一步的腐蚀。建筑用压型钢板只能用热浸镀层板。

镀层最常用的是镀锌。锌在一般大气环境中的腐蚀物是碱式碳酸锌，对锌层有一定的保护作用。但在含硫的工业大气环境中，锌和硫会生成溶于水的硫酸锌，而易被雨水带走造成锌层腐蚀加快。所以锌层的腐蚀程度与该地区大气相对湿度、温度、降雨量、大气中含硫量、含盐量以及暴露时间等诸因素有关。

2）化学转化膜是金属表面的金属原子参加反应而成的一种惰性金属绝缘膜，化学转化膜能与金属板牢固地结合，也能与涂层结合牢靠并改善涂层的性能，所以化学转化膜在金属板与涂层间起到"承上启下"的作用。

3）涂层是彩涂板的最表层，它不仅有装饰功能，更重要的是能使基板与大气有可靠的隔离功能。经加热烘烤后紧密地附着在金属板表面。

涂层的功能是使金属板材与外界起到隔离作用，以延长板材的使用寿命。某种涂料在附着力和耐候性两者是很难同时兼备的，因此可将附着力好的涂料作底漆；而耐候性好的作面漆，做到优势互补。理论上讲层次多、涂层厚其耐蚀性好，但考虑到经济条件，除特殊情况外一般来说涂二层。

2. 彩涂板的基板

作为彩涂板基板的镀层板有热镀锌基板、热镀铝锌镀层板、热镀锌铝镀层板、热镀铝镀层板、热镀钛锌镀层板和不锈钢镀层板。常用的是镀锌板（代号 Z）、镀铝锌板（代号 AL）和镀锌铝板（代号 ZA）。

1）热镀锌基板约存在了百余年之久，其有良好的"牺牲性保护"。镀层重量约 $70\sim700g/m^2$（双面），镀层愈重其防腐蚀性能愈好，当镀锌量为 $275g/m^2$ 时，其理论上的使用寿命可达 20 年（乡村大气）、15 年（温带海洋气候）、10 年（中等工业气候）、4 年（恶劣工业气候）。

2）热镀铝锌镀层 $100\sim150g/m^2$，在耐蚀性能上比热镀锌镀层高 2 倍（海洋性气候）和 6 倍（在工业性气候）。因此在防腐蚀性能上热镀铝锌镀层要优于热镀锌镀层，但国外试验证明，在切边保护性能上却差于热镀锌镀层。

3）热镀锌铝镀层 $130\sim220g/m^2$，其耐蚀性高于热镀锌镀层 $2\sim4$ 倍，且其有最优良的切边保护特性，但国内还很少应用。

3. 彩色涂层钢板

目前，建筑最常用彩涂板是彩色涂层钢板。彩涂不锈钢板在欧洲已有使用；目前宝钢已经成功研制不锈钢彩涂板产品，国内还没有工程应用实例。

彩色涂层钢板的产品符合现行国家标准《彩色涂层钢板及钢带》GB/T 12754—2006 要求。按国家标准《彩色涂层钢板及钢带》GB/T 12754—2006，彩涂板的牌号、涂层种类与基板类型分别见表 6-1、表 6-2 和表 6-3。建筑用的彩色涂层钢板应采用经过热镀的结构级基板，不应采用电镀基板。

彩涂板的牌号及用途　　　　　　　　　　表 6-1

彩涂板的牌号				用途	代号说明
热镀锌基板 Z	热镀锌铁合金基板 ZF	热镀铝锌合金基板 AZ	热镀锌铝合金基板 ZA		
TS250GD＋Z TS280GD＋Z TS320GD＋Z TS350GD＋Z TS550GD＋Z	TS250GD＋ZF TS280GD＋ZF TS320GD＋ZF TS350GD＋ZF TS550GD＋ZF	TS250GD＋AZ TS280GD＋AZ TS300GD＋AZ TS320GD＋AZ TS350GD＋AZ TS550GD＋AZ	TS250GD＋ZA TS280GD＋ZA TS320GD＋ZA TS350GD＋ZA	结构用	T-彩涂；S-结构钢；G-热处理；D-冷成型用钢板；250、280、300、320、350、550-规定的最小屈服强度（MPa）

涂层种类及厚度　　　　　　　　　　表 6-2

分类	项　目	代号
面漆种类	聚酯 硅改性聚酯 高耐久性聚酯 聚偏氟乙烯	PE SMP HDP PVDF
涂层结构	正面二层　反面一层 正面二层　反面二层	2/1 2/2
涂层厚度	正面涂层≥20μm 反面一层≥5μm 二层≥12μm	

基板类型及镀层重量　　　　　　　　　　　　　　表 6-3

基板类型	公称镀层重量(g/m²)		
	使用环境腐蚀性		
	低	中	高
热镀锌基板 Z	90/90	125/125	140/140
热镀锌铁合金基板 ZF	60/60	75/75	90/90
热镀铝锌合金基板 AZ	50/50	60/60	75/75
热镀锌铝合金基板 ZA	65/65	90/90	110/110
电镀锌基板 ZE	40/40	60/60	—

6.3 建筑压型钢板特点和分类

6.3.1 建筑压型钢板 (简称压型钢板) 特点

1) 造型美观新颖、色彩丰富、装饰性强、组合灵活多变, 可表达不同的建筑风格。

2) 自重轻 (6～10kg/m²)、强度适中 (屈服强度 250～350MPa) 并具有良好的蒙皮刚度、防水及抗震性能好。

3) 工厂化产品质量高, 属于装配式建筑配套产品。

4) 施工安装方便, 减少安装、运输工作量, 缩短施工工期。

5) 采用压型钢板用作楼板, 可同时多层施工, 加快施工进度, 楼板下表面便于铺设各种管线及吊顶。

6) 压型钢板属环保型建材, 可回收利用, 推广应用压型钢板符合国民经济可持续发展的政策。

7) 单体材料价格较高, 与现浇混凝土或砌筑围护材料相比, 耐久性差。比装配式混凝土外围护产品的价格低。

6.3.2 建筑压型钢板分类

压型钢板通常根据应用部位、板型波高、功能要求、材质和搭接构造等不同, 有多种分类方式。常见的分类方式如下几种:

1. 按应用部位分类

按应用部位分为屋面板、墙板、楼承板和吊顶板等。使用中同时采用彩色钢板平板作墙面装饰板, 也开始应用到工程当中, 建筑装饰效果比较新颖、独特。

2. 按板型波高度分类

按压型钢板波型高度不同可分为高波板 (波高不小于 70mm)、中波板与低波板 (波高小于 30mm)。

3. 按功能要求的单层或复合分类

1) 单层彩钢板——在工厂或现场经压型机辊压成型, 沿板宽方向形成连续波形截面的钢板, 可直接用做屋面板、墙面板、楼面板等, 也有在内表面喷涂防结露、防噪声、隔热材料, 具有更好的建筑功能。单层板是建筑压型钢板中使用最多的板材。

2) 现场制作复合板——在用一层或二层压型钢板之间铺设隔热保温、防水、无纺布等材料, 现场用复合而成的屋面板、墙面板 (外、内墙)。

3) 工厂制作夹芯板——在工厂制造, 上下两层金属面板 (也可用不同材料) 之间用胶粘结聚苯乙烯、岩棉、矿渣棉或聚氨酯发泡等形成芯材的夹芯板, 主要用于食品、制药等洁净车间内隔墙及保温门、自动门。

4. 按材质分类

按材质分为彩涂板、镀层板、铝镁锰板和铝合金板。彩涂钢板以其色彩丰富、价格适中, 用量最大; 热镀钢板多用于多、高层建筑的楼承板; 不锈钢板价格高, 以寿命长的优势, 开始在国内应用于大型公共建筑; 铝合金板是在压型钢板发展初期, 已经开始使用, 至今仍有少量应用。

5.按搭接缝构造方式分类

按搭接缝构造分为搭接、咬边和扣合构造等。其中咬边，扣合的中、高波板宜用作防水要求较高的屋面板；搭接的中、高波板镀锌板宜用作楼盖板；搭接的低波板宜用作墙面板。

6.其他类型

经专门压型机械成型的双曲压型拱板，兼有防护、承重的板架合一功能，可直接用作18~30m跨度的屋盖结构。

在实际工程应用中，单层压型钢板或现场复合压型钢板仍多在现场将卷板压制成型，这样可加工成长尺板并可减少成型板运输的费用。

6.3.3 压型钢板的分布比例

在建筑工程中，用作屋面、墙面和楼面的建筑材料分别称作屋面板、墙板和楼板，俗称三板。三板也是压型钢板在建筑中的重要用途。

随着建筑物的不同，"三板"的比例也不尽相同。在一个建筑中，采用压型钢板也许三板全用，也许只是一种板，主要是根据设计图纸的要求来确定。如果从压型钢板整个行业的生产分布情况角度分析，目前工程中压型钢板用作三板的大致比例分别为：屋面板60%、墙面25%、楼面15%，这个数据是根据几家大型的钢结构加工厂的不完全统计而得到的。应用范围、用量仍是以工业建筑为主。

6.4 建筑压型钢板有关各类技术标准

与压型钢板及其连接技术相关的现行和在编的标准已近60余项，其名目按材料标准、产品与检测和工程标准分类分别列于表6-4~表6-6。

材料标准　　　　　　　　　　　　　　　　　　　　　　　　　　　表6-4

序号	名　称	编号或状态
1	连续热镀锌钢板及钢带	GB/T 2518—2008
2	彩色涂层钢板及钢带	GB/T 12754—2006
3	连续热镀铝锌合金镀层钢板及钢带	GB/T 14978—2008
4	不锈钢冷轧钢板和钢带	GB/T 3280—2015
5	建筑屋面和幕墙用冷轧不锈钢钢板及钢带	GB/T 34200—2017
6	铜及铜合金板材	GB/T 2040—2008
7	镍及镍合金板	GB/T 2054—2013
8	铜及铜合金带材	GB/T 2059—2008
9	钛及钛合金板材	GB/T 3621—2007
10	钛及钛合金带、箔材	GB/T 3622—2012
11	钛-不锈钢复合板	GB/T 8546—2007
12	一般工业用铝及铝合金板、带材	GB/T 3880.1—2012
13	变形铝及铝合金化学成分	GB/T 3190—2008
14	铝及铝合金彩色涂层板、带材	YS/T 431—2009

产品和检测标准　　　　　　　　　　　　　　　　　　　　　　　　表6-5

序号	名　称	编号或状态	备　注
1	建筑用压型钢板	GB/T 12755—2008	
2	铝及铝合金压型板	GB/T 6891—2006	
3	铝及铝合金波纹板	GB/T 4438—2006	
4	热反射金属屋面板	JG/T 402—2013	

续表

序号	名　称	编号或状态	备　注
5	建筑用不锈钢压型板	GB/T 在编	预计 2018 实施
6	建筑用金属面绝热夹芯板	GB/T 23932—2009	
7	建筑用金属面酚醛泡沫夹芯板	JC/T 2155—2012	
8	锌及锌合金化学分析方法	GB/T 12689.1～12—2010	
9	自钻自攻螺钉	GB/T 15856.4—2002	
10	紧固件机械性能自攻螺钉	GB/T 3098.5—2000	
11	十字槽盘头自钻自攻螺钉	GB/T 15856.1—1995	
12	开口型平圆头抽芯铆钉 10、11 级	GB/T 12618.1—2006	
13	开口型沉头抽芯铆钉 20、21、22 级	GB/T 12617.5—2006	
14	开口型沉头抽芯铆钉 10、11 级	GB/T 12617.1—2006	
15	开口型平圆头抽芯铆钉 20、21、22 级	GB/T 12618.5—2006	
16	电弧螺柱焊用圆柱头焊钉	GB/T 10433—2002	
17	栓接结构用紧固件	GB/T 18230.1～18230.7—2000	
18	六角头螺栓 C 级	GB/T 5780—2000	
19	六角头螺栓(A 级、B 级)	GB/T 5782—2000	
20	紧固件机械性能、螺栓、螺钉和螺柱	GB/T 3098.1—2010	
21	单层卷材屋面系统抗风揭试验方法	GB/T 31543—2015	
22	绝热材料稳态热阻及有关特性的测定 防护热板法	GB/T 10294—2008	
23	装配式金属屋面系统 检测与认证	MCIS-MBE-05:2013	检测认证(港澳标准)
24	建筑金属围护系统抗风检测方法	MCIS-PPT-01:2014	

设计、施工、验收等工程标准　　　　　　　　　　　　　　　　　表 6-6

序号	名　称	编号或状态
1	建筑结构荷载规范	GB 50009—2012
2	建筑防雷设计规范	GB 50057—2010
3	钢结构设计标准	GB 50017—2017
4	冷弯薄壁型钢结构技术规范	GB 50018—2002
5	不锈钢结构技术规范	CECS 410:2015
6	铝合金结构设计规范	GB 50429—2007
7	门式刚架轻型房屋钢结构技术规范	GB 51022—2015
8	压型金属板工程应用技术规范	GB 50896—2013
9	屋面工程技术规范	GB 50345—2012
10	坡屋面工程技术规范	GB 50693—2011
11	组合结构设计规范	JGJ 138—2016
12	采光顶与金属屋面技术规程	JGJ 255—2012
13	单层防水卷材屋面工程技术规程	JGJ/T 316—2013
14	铝合金结构工程施工规程	JGJ/T 216—2010
15	虹吸式屋面雨水排水系统技术规程	CECS 183:2005
16	拱形波纹钢屋盖结构技术规程	CECS 167:2004
17	建筑金属围护系统工程技术规范	JGJ 在编
18	金属夹心板应用技术规程	JGJ 在编

序号	名　称	编号或状态
19	钢结构工程施工质量验收规范	GB 50205—2001
20	铝合金结构工程施工质量验收规范	GB 50576—2010
21	建筑金属板围护系统检测鉴定及加固技术标准	GB 在编

6.5　建筑压型板应用的问题和建议

压型板起源于建筑工业化，属于工业化建筑产品，目前已经有了国家产品标准。压型钢板在建筑中的应用，是以建筑金属围护系统的形式体现。

建筑金属围护系统是指采用以压型金属板和金属夹芯板为主要板材，通过次结构连接，并结合保温材料、防水材料、防风隔汽材料等形成的具有满足建筑围护相应功能的装配式建筑系统。压型板是建筑金属围护系统的主要组成产品。

6.5.1　压型板存在的问题

建筑金属围护系统通过 30 多年的应用表明，由于建筑金属围护系统在使用中出现的漏雨、风揭等建筑质量问题和事故，给用户带来了不少损失。经过对国内外压型钢板的调研分析，目前国内压型板存在问题为：

1）建筑漏水和密封不严；

2）耐久性达不到使用年限或因腐蚀老化严重而影响使用；

3）因设计施工缺陷而存在安全、火灾等问题；

4）产品加工质量参差不齐；

5）缺乏压型钢板系统产品认证制度和标准、设计施工验收维护标准和鉴定改造标准等；

6）缺乏压型钢板的日常维护。

6.5.2　压型钢板工程质量的解决方法

1）尽快建立建筑金属围护系统的认证标准系统，以保证系统产品满足设计要求；

2）编制建筑金属围护系统的设计施工验收维护标准；

3）编制建筑围护系统鉴定改造标准；

4）由设计人员通过精细化设计来完成，设计出多道设防的细部节点构造；

5）工厂建立严格的加工产品质量检验，以保证进入施工现场前的产品质量；

6）要求工人经过培训合格后再上岗；

7）改进技术管理水平，严格规范加工和安装人员的操作技术，加大质量监管力度，保证施工质量；

8）在使用中注意日常维护。

6.5.3　压型钢板发展的建议

经过 30 余年的应用发展，压型钢板已成为工业建筑与公共建筑中用量最大的围护结构建材，对建筑物的安全使用和经济性能都有着重要影响。同时，近年来工程应用中也陆续发生了多起此类围护结构建筑在暴雪、台风及大风情况下屋面损坏、房屋倒塌及人员伤亡的事故，而在一些大型场馆、航站楼与火车站房中，也发生过因施工质量不良引起的屋面渗漏情况。这有待完善围护结构承载功能与保证工程质量的问题应引起世界重视与关注解决。此外，在压型钢板围护结构日益广泛应用的情况下，其应用技术发展中也存在新产品、新技术的研发，技术标准的修订与编制，计算理论的完善与科研课题的组织，施工工法与验收标准的编制，产品检测认证制度的建立以及技术交流与贯标培训等工作缺少统一的组织管理，阻碍了行业技术的进步。为解决技术层面与管理层面的问题，同时，也借鉴国外压型金属板行业的成功经验，以及国内同类产品的成功发展过程，针对现在金属围护系统（包括彩色压型钢板）的未来发展提出一些建设性的意见。

1. 建立健全标准体系，完善产品检测认证标准和工程应用标准

根据 6.4 节压型钢板标准的统计，国内适用压型钢板的现行标准有原材料标准、产品标准和通用的工程标准；待在编标准颁布实施后，还缺乏压型金属板系统产品的检测认证标准。

在编的三个专用工程标准已经完成报批稿，国内急需编制压型金属板系统产品的检测认证标准，建立一套产品开发研制、生产和应用全过程的标准体系，确保压型钢板的全产业链的产品质量，为压型钢板的健康发展提供技术支持。

建立全过程的标准体系，将解决压型钢板在应用过程中无标准可依的尴尬问题，为压型钢板的推广起到了基础保障作用。

2. 扩大产品宣传范围和力度，进行应用技术交流

压型钢板的应用全过程为立项决策、规划设计、生产、施工、使用维护、检测改造等阶段的全寿命周期。产品的宣传范围要扩大到应用全过程的参与单位人员，让大家知道彩色压型钢板的优势，及时了解新产品上市。

3. 加强压型钢板的应用技术交流

由于设计人员不了解压型钢板的材料性能，对彩涂基板牌号、性能、厚度公差、镀锌层要求，彩涂有机涂层的要求，彩涂钢板寿命等存在着许多误区。如在压型钢板选用设计文件中不提镀锌层厚度和要求，彩涂压型钢板的强度仍按主体钢结构 Q234、Q345 要求选用，并以为强度越高越好，而且选择过薄的彩涂板。还有些设计单位将屋面、墙面的选用计算构造均交给压型板厂，造成构造不尽合理，无法从设计源头保证屋面及墙板工程质量。业主、施工管理和监理人员对建筑压型钢板也缺乏深入了解。

建议加强压型钢板的应用技术交流，让更多专业人员更加了解压型钢板性能特点，知道如何正确设计，分享制作安装的经验，保证压型钢板设计和施工质量，减少压型钢板事故的发生，改变压型钢板使用的不良形象，更有利于压型钢板的推广应用。

4. 采取有力措施防止压型钢板屋面墙面不漏雨

屋面、墙面漏雨是建筑业存在通病，对压型钢板屋面墙面而言比一般卷材屋面更容易防水不漏雨，但在实际不少新建工程中往往出现漏雨现象，造成经济损失和工作生活不便。但有大量工程建成后防水性能很好，一直未发生漏雨现象，值得我们去总结经验。

压型钢板屋面墙面漏水的措施要从设计和施工两个方面入手。

1）在设计建筑外观时，要考虑压型钢板的特点，尽量避免屋面和墙面过于复杂，减少存在漏雨隐患的节点。节点设计要详尽，采取多道设防构造。如设置过多天窗、侧窗，过于复杂屋面形状，过于复杂的节点设计，过于平缓的屋面坡度等造成先天不足，存在漏雨的薄弱环节，又不便于施工安装。

2）在施工过程中，压型钢板的加工和安装工人要经过培训，严格过程管理，保证加工和安装的质量。目前，常见的问题是施工人员没有培训就上岗，制作和安装过程缺乏严格管理和要求，工程验收没有坚持标准最终造成新建工程漏水。对于已建工程防漏雨更是管理部门的职责，要像工厂设备定期维修一样对压型钢板屋面墙面定期检查维修，建筑物就能不漏雨，抗风揭。目前标准中对防水和验收均有详细规定，应认真执行。

5. 加强行业管理，保证彩涂压型钢板市场规范运行

国内彩色涂层钢板生产线急剧增加，用量也迅速增长，但存在产销供求矛盾明显，市场竞争日益复杂，产品质量参差不齐等问题。市场对高端、高品质的彩涂钢板需求不断增加，但目前产品仍是中、低端产品为主。

压型钢板厂无序竞争，相互压价，还未形成优质优价的市场机制。采购彩涂钢板中以次充好，安装单位施工未严格按标准安装，甚至野蛮施工，造成屋面漏水长久得不到解决。以上情况在工程中时有发生，个别中小工程较为严重。对于大型国家重点工程，由于领导重视，科学管理，严格按标准验收，所以屋面和墙面工程质量得以确保。

6. 推广不锈钢压型板

目前，压型钢板在建筑中应用推广的最大障碍是压型钢板寿命低于设计使用寿命，不锈钢材料就可以解决这个难题。不锈钢板的建筑已经有使用 88 年的建筑（著名的美国纽约的克莱斯勒大厦，不锈钢尖塔和围护，1930 年建成），远超过建筑的 50 年设计年限。

目前，由中冶建筑研究总院有限公司主编的国家标准《建筑用不锈钢压型板》即将颁布实施，将会对压型板的发展起到重要的推动作用。

不锈钢薄板是绿色环保材料，使用寿命长，可以满足建筑百年的要求。不锈钢压型板的全寿命周期成本远低于目前常用的彩色涂层钢板（见表 6-7，摘自于世界金属报道 2010.3.9）。但因产品单价高，应用不广泛。

不锈钢压型板的全寿命周期　　　　　　　　　　　　　　　　　　　　　　　　表 6-7

建筑材料	预计寿命（年）	成本（美元/m²）	美元/更换次数	100 年总成本
预喷涂钢板（彩涂钢板）	35	600	2754（2）	3354
不锈钢	100	900	—	900

第 7 章　压型钢板围护结构的建筑设计

7.1　概述

近四十年来，彩涂压型钢板作为钢结构配套的轻型围护板材已得到了广泛的应用。主要是因其具有良好外观、造型特点之外，还具有轻质、防水、热工、防震等方面良好的综合性能，且施工方便，性价比合理。但与传统建筑相比较，两者有明显的差异。压型钢板围护结构显得比较"单薄"，因工厂或现场制作后现场安装，要求对较多的接缝妥善处理；当要求保温、隔热时，还必须复合使用热工性能良好的保温材料。

从国外引进至今的数十年中，压型钢板围护结构已在国内的严寒地区、寒冷地区、冬冷夏热地区、夏热冬暖地区和温和地区都得到了广泛的使用。上海宝钢是最早大面积应用（一期工程应用约 100 万 m²）彩涂板围护结构的企业，也是随后在国内最早规模生产彩涂板的企业。多年来一直以追求产品的高品质为目标，严格管理与不断创新，使宝钢彩板已成为著名的品牌产品，在用户中享有良好的信誉。与此同时，宝钢自身对彩涂板围护结构的应用也为国内工程的应用累积了基本经验。在此基础上，由冶金部建筑研究总院（现为中冶建筑研究总院有限公司）等单位编制，在 1998 年颁布了《压型金属板设计施工规程》YBJ 216—88，从而将压型钢板围护结构规范的设计要求，正式纳入到建筑结构设计的序列中。但早期相关的设计规范（程）对建筑设计内容的规定比较简单，随着应用经验的积累和对压型钢板应用技术认识的深化，在新编的《压型金属板工程应用技术规范》GB 50896—2013 中，对压型板工程应用的建筑设计内容做出了明确的规定，也提供了技术和法定的依据。

7.2　建筑设计的一般规定与设计要点

7.2.1　一般规定

1）压型钢板围护结构应根据当地气象条件、建筑等级、建筑造型、使用功能要求等进行系统设计。

2）压型钢板系统设计应包括下列内容：

（1）压型钢板屋面系统、墙面系统构造层次设计；

（2）压型钢板屋面系统、墙面系统抗风揭设计；

（3）压型钢板屋面防水排水设计；

（4）压型钢板系统防火、防雷设计；

（5）压型钢板系统保温隔热设计；

（6）确定压型钢板选用的材料、厚度、规格、板型及其他主要性能；

（7）确定压型钢板配套使用的连接件材料、规格及其他主要性能。

3）当压型钢板围护结构设计时，应考虑温度变化的影响，合理选择压型金属板板型及连接构造。

4）压型钢板围护结构应防止外部水渗漏，并应防止系统构造层内冷凝水集结和渗漏。

5）压型钢板屋面系统应进行排水验算。

6）压型钢板围护结构所用材料的燃烧性能和耐火极限应符合现行国家标准《建筑设计防火规范》GB 50016 的有关规定。

7）压型钢板围护结构应根据现行国家标准《建筑物防雷设计规范》GB 50057 和相关设计要求进行

防雷设计。

7.2.2　设计要点

1）压型钢板板型按照连接方式分为搭接型板、扣合型板和咬合型板，屋面板宜采用搭接、扣合、咬合连接方式（图7-1），墙面板宜采用搭接连接方式（图7-2）。

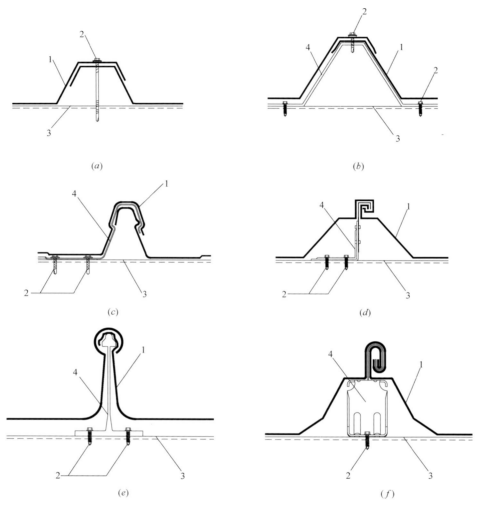

图 7-1　压型钢板屋面连接构造

（a）屋面搭接型板连接构造（无固定支架）；（b）屋面搭接型板连接构造（有固定支架）（c）屋面扣合型板连接构造；（d）屋面咬合型板连接构造一（180°咬合）；（e）屋面咬合型板连接构造二（270°咬合）；（f）屋面咬合型板连接构造三（360°咬合）

1—屋面板；2—结构用紧固件；3—支承结构；4—连接用紧固件

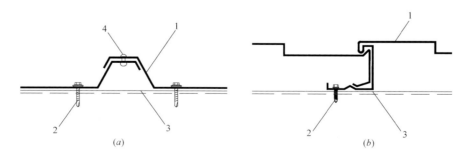

图 7-2　压型钢板墙面连接构造

（a）墙面搭接型板连接构造（紧固件外露）；（b）墙面搭接型板连接构造（紧固件隐藏）

1—墙面板；2—结构用紧固件；3—支承结构；4—连接用紧固件

2）压型钢板围护结构设计应符合下列规定：

（1）压型钢板围护结构应设置其他构造层满足系统水密性和气密性要求；

（2）当压型钢板围护结构有保温隔热要求时，应采用防热桥构造；

（3）压型钢板屋面与墙面围护系统的伸缩缝设置宜与结构伸缩缝一致；

（4）压型钢板屋面和墙面板应设置固定式连接点；扣合型和咬合型屋面板，除应按照设计要求设置的固定式连接点外，在其他部位不得与固定支架或支撑结构直接连接固定；

（5）在风荷载大的地区，屋脊、檐口、山墙转角、门窗、勒脚处应加密固定点或增加其他固定措施；对开敞建筑，屋面有较大负风压时，应采取加强连接的构造措施；

（6）压型钢板屋面与墙面系统不宜开洞，当必须开设时，应采取可靠的构造措施防止渗漏；

（7）压型钢板屋面宜设置防止坠落的安全设施。

3）压型钢板屋面坡度应符合下列规定：

（1）压型钢板屋面的坡度，应根据屋面结构形式、屋面板板型、连接构造、排水方式以及所处气候条件等通过计算确定；

（2）压型钢板屋面坡度不应小于5%；当压型钢板采用紧固件直接连接时，屋面坡度不宜小于10%；

（3）在腐蚀性粉尘环境中，压型钢板屋面坡度不宜小于10%；当腐蚀性等级为强、中环境时，压型金属板屋面坡度不宜小于8%；

（4）当确定压型钢板的屋面坡度时，应考虑压型钢板波高与排水能力的关系，当屋面坡度较缓时，宜选用高波板。

4）压型钢板屋面板型选择应符合下列规定：

压型钢板屋面板型及构造应符合表7-1的规定。

压型钢板屋面防水等级和构造 表7-1

防水等级	防水层设计使用年限	防水层构造要求
一级	≥20年	应设非明钉固定且咬边连接大于180°的板型和防水垫层或防水透汽层
二级	≥10年	压型金属板，宜设防水垫层或防水透汽层，选用后者时宜设置排汽通道

（1）应根据当地的积雪厚度、暴雨强度、风荷载及屋面形状等选择板型；

（2）屋面用外层板宜采用波高大于50mm的高波板；屋面用内层板可采用波高小于或等于50mm的低波板；

（3）搭接型及扣合型压型金属板不宜用于形状复杂的屋面；

（4）曲形屋面宜根据几何形状，分别采用扇形、弧形和扇弧形板布置。

5）当压型钢板屋面采用有组织排水时，不得将高跨雨水直接排放到低跨屋面上。

6）采用滑动式连接的压型金属板屋面，压型钢板单板长度不宜超过75m；采用固定式连接的压型钢板屋面板单板长度不宜超过36m。

7）压型钢板屋面采光通风天窗及出屋面构件宜设置在屋面最高部位，且宜高出屋面板250mm。

8）当屋面及墙面压型钢板的长度方向连接采用搭接连接时，搭接端应设置在支撑构件上，并应与支撑构件有可靠连接。当采用螺钉或铆钉固定搭接时，搭接部位应设置防水密封胶带。压型钢板长度方向的搭接长度应符合下列规定：

（1）当屋面坡度不大于1/10时，压型钢板搭接长度不宜小于250mm；

（2）当屋面坡度大于1/10时，压型钢板搭接长度不宜小于200mm；

（3）墙板的压型钢板搭接长度不宜小于120mm；

（4）当采用焊接搭接时，压型钢板搭接长度不宜小于50mm。

9）作为承力板使用的压型钢板屋面底板和墙面内层板，其长度方向搭接长度不宜小于80mm。

10）泛水板应采用与压型钢板相同材质制作，并宜采用辊压成型的长尺产品。

11）选择固定支架及紧固件时应符合下列规定：

（1）压型钢板系统应根据被固定构件的材质和厚度，选择相应规格型号的固定支架及紧固件；

（2）固定支架及紧固件应采用不致与其他构件连接时产生电化学腐蚀作用的材质；

（3）屋面压型钢板搭接板中的高波板、扣合型及咬合型板，应每波设置固定支架，并应与结构构件连接；屋面压型钢板搭接板中的低波板和墙面压型钢板，应每波或隔波设置紧固件与结构构件连接；

（4）屋面压型钢板用紧固件应采用带有防水密封胶垫的自攻螺钉。

应用经验表明，压型板围护结构建筑设计的关键点，是保证整体围护结构有良好的防水与热工性能。

7.3 压型钢板围护结构的热工性能

压型钢板围护结构有三种形式：铺装单层压型钢板（非保温）；铺装压型钢板并与保温材料（如：玻璃棉毡）现场复合板；铺装工厂制作的保温夹芯板材。

在有保温复合的围护结构中，其热工性能由保温材料和通风构造保证，而压型钢板的作用可忽略不计。目前，国内大量生产和使用的保温材料有两大类，即多孔状纤维保温材料（玻璃棉或岩棉）和多孔泡沫塑料（聚苯乙烯泡沫、硬质聚氨酯泡沫和酚醛泡沫）。

7.3.1 围护结构的基本热工性能

240mm 厚砖墙热阻值为 0.3，50mm 玻璃棉毡和聚氨酯泡沫分别是 1.0 和 1.52，因此与传统实体材料具有相似的保温特性时，高效保温材料的墙体就显得比较"单薄"。从表 7-2 可知，单从相等的保温效果比较，则其自重可略不计。再由表知，保温材料的热惰性指标均小于 1，与实体材料相比仅为 1/6 左右。这说明压型钢板保温墙体作围护结构时，建筑物的整体热稳定较差，薄而高效能保温材料层内的温度波衰减速度将大大慢于实体重质墙体，即压型钢板保温围护结构的建筑物，供热时室内能很快的升温，且达到热平衡时能耗并不高，但在停止供热后，建筑物室内温度会很快地下降，对建筑物供冷时也有相似特点，这是压型钢板保温围护结构的整体热工性能的重要特征。例如，超市需要在最短的时间内，供热或供冷使室内达到预想的温度，此时采用压型钢板保温围护结构较为理想。如果是住宅，当供热时难以连续，此时采用压型钢板保温围护结构即非合理方案。

保温材料与重质实体材料热工性能一览表 表 7-2

类别	材料名称	干密度（kg/m³）	导热系数[W/(m·K)]	蓄热系数[W/(m²·K)]	厚度（mm）	热阻（m²·K/W）	传热系数[W/(m²·K)]	热惰性指标
保温材料	玻璃棉毡	≤20	0.050	0.58	50	1.00	1.00	0.58
	岩棉	≤100	0.045	0.77	50	1.10	0.90	0.86
	聚苯乙烯泡沫	30	0.042	0.36	50	1.19	0.84	0.43
	聚氨酯泡沫	35	0.033	0.36	50	1.52	0.66	0.55
实体材料	黏土砖	1800	0.810	10.63	240	0.30	3.33	3.15
	泡沫混凝土	700	0.220	3.59	200	0.91	1.10	3.27

7.3.2 保温和隔热措施

建筑物理中的保温和隔热是两个不同的概念。在严寒、寒冷和某些夏热冬冷地区一般采用的保温措施，如果同样用于炎热地区，则其隔热效果并不理想。国内外的相关资料中，所有的构造均是针对保温的措施，但又都说明这种构造既保温又隔热，这似乎是个误区。当然保温措施中保温材料应是"主角"，而在炎热地区以隔热为主的围护结构就应采取一些必要的构造措施。

1. 保温措施

压型钢板围护结构中，硬质聚氨酯泡沫、玻璃棉和岩棉等高效能保温材料已得到了广泛的运用。玻璃棉毡主要用于现场复合板，聚氨酯泡沫和岩棉主要用在工厂制作的夹芯板材中。此类板材的保温性能应由其保温芯材予以保证，故其厚度选择，应以热工计算为主要依据，同时还应根据客观环境和使用条件考虑一定的余量。聚氨酯保温夹芯板材一般采用厚度为 50～80mm，玻璃棉毡厚度一般选用 50～100mm。其最大厚度一般已可满足我国严寒地区的采暖与节能要求。

2. 隔热措施

同一轻质高效能的保温材料，虽可直接用于隔热，有一定效果，但不像用于保温时那样具有厚度对应效果。压型钢板围护结构在隔热方面可考虑以下几项措施：

1）提高围护结构表面的反射系数，减少吸收量，尽量使大部分辐射热能得以反射出去。根据重庆地区的实测，混凝土本色和经过刷白处理后的屋顶表面，其综合温度相差 15.3℃，因此采用浅色的彩钢板作为围护结构的面层是隔热的有效手段。

2）在屋顶和墙体中设置流通性空气间层，使阳光辐射热消耗在隔离物和其下的空气加热上，并用流通的空气将热量排出，这应当是隔热设计中极为重要的构造措施，遗憾的是目前由于构造方法上经验不足和过度压缩成本的原因，尚未得到足够的重视。设置空气间层应注意下述三个问题：

（1）通风空气间层的有效高度。一般来说间层愈高则通风效果愈好，但高度增大一定值后，其通风效果不会有明显提高，因此推荐的有效高度以不大于 300mm 为宜；

（2）应有效地利用压力差，合理地组织气流，避免出现紊流；

（3）空气间层的进风口应该设置在迎主导风向的方向。

3）设置铝箔反射构造，有以下两种做法：

（1）在保温材料外侧的空气夹层中靠保温材料的一侧铺装铝箔（常采用玻璃棉与铝箔复合毡），反射热量，空气层由次龙骨或压型板波型组成，厚度宜为 20～50mm。

（2）在临室内一侧铝箔外露，将室内的热辐射反射回去，减少热量参加热交换。

4）采用屋面淋水降温，根据资料介绍，从隔热机理上来看，喷水降温屋面的隔热性能最好（9：00～18：00 时实施在屋面上喷水），喷水屋面的隔热效果主要取决于喷水后水的蒸发量之大小。这种方法将涉及冷却循环水再利用的问题，无疑将会增加基建费用的投资和水消耗，因此喷水降温的方法在应用上是有局限性的。

5）建筑物通风，合理设置门窗和通风口，一般可按下部进气上部排气考虑，必要时还可设置天窗、通风屋脊、有动力或无动力风机等。换气量可结合室内冷、热源和有关卫生标准确定。

综上所述，适合于严寒和寒冷地区而具有良好保温构造的压型钢板围护结构，不能简单地推广用于炎热和高温高湿的南方地区。在南方地区首推具有通风空气间层的构造，这是解决压型钢板屋面隔热的重要而合理的途径，当然，对设有空调的建筑，保温层仍需一定的厚度，以减少达到热平衡时空调能耗，满足当地对节能的要求。

7.3.3 保温材料及其性能

目前使用的保温材料有两大类：多孔纤维状保温材料及多孔泡沫塑料。

1. 多孔纤维状保温材料

国内目前通常使用的多孔纤维状保温材料是玻璃棉和岩棉制品，其实体部分就是玻璃纤维和岩棉纤维，而决定保温性能的优劣则主要是在单位面积中充满空气的空隙总量。实体材料只是限制气体分子运动的作用，也就是说限制了空气的对流循环。因此材料的导热系数是由两部分组成的，其一是实体纤维材料的热传导量；其二是空隙中空气的微量对流和辐射传热量。在纤维簇中，纤维直径增大一倍，则导热系数将提高 11%。

一般保温材料密度与导热系数成正比关系，密度越低导热系数越小，见图 7-3。但对多孔纤维状保温材料来说密度在 30～40kg/m³ 时导热系数最低，低于这一临界密度则呈反比关系，即密度愈低则导热系数愈高，只有当密度大于 40kg/m³ 以后方可是呈正比关系。据国外资料介绍，多孔纤维状保温材料密度在 34kg/m³ 时其导热系数最低，最小值为 0.042W/m·K；密度 11kg/m³ 和 85kg/m³ 比较，则其导热系数均为 0.070W/m·K；当密度为 128kg/m³，也就是说最佳导热系数时密度的四倍，则其导热系数高达 0.084W/m·K，即导热系数比最小值提高了一倍。因此玻璃棉毡在使用时应避免过量的压缩，如果玻璃棉的密度达到 200kg/m³ 时，其导热系数将高达 0.167W/m·K，此时就与泡沫混凝土的导热系数相当了，高效保温的热工性能将大为降低。

玻璃棉和岩棉为 A 级（不燃）材料，无须防火保护。

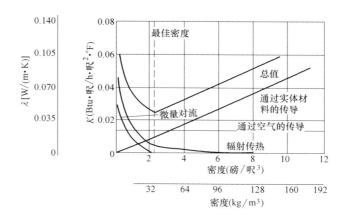

图 7-3　多孔纤维材料密度和导热系数的关系

2. 多孔泡沫塑料

多孔泡沫塑料属高分子材料，其形态与多孔纤维状材料是相似的，只不过其实体部分是塑料。其导热系数也由两部分组成，其一是塑料实体部分的热传导量；其二是孔隙中空气的对流和辐射传热量。多孔纤维状保温材料中的空隙是相互连通的，而泡沫塑料中的空隙有两种，即相互连通的和封闭的。

目前用作彩钢保温夹芯板材芯材的泡沫塑料材料主要有两种：膨胀聚苯乙烯泡沫（EPS）板，在工厂粘结复合；硬质聚氨酯泡沫（PU），在工厂发泡复合。用作屋面层铺装时，有时也会用到挤塑聚苯乙烯（XPS）板。

泡沫塑料的导热系数同密度相关性较小，一般聚苯乙烯泡沫（B1 级）常用密度为 20～25kg/m³，传热系数设计值为 0.042W/m·K；挤塑苯乙烯（B1 级）常用密度为 32～40kg/m³，传热系数设计值为 0.033W/m·K；硬质聚氨酯泡沫（B1 级）常用密度为 28～45kg/m³，传热系数设计值为 0.03W/m·K。有些供应商，在产品说明中给出了试验室条件下的导热系数，但在实践应用中，因原料和生产工艺条件所限，很难达到理论值，故应按现行节能标准给出的设计值进行计算。

高分子泡沫塑料一般具有一定的燃烧性能，燃烧时还有毒烟气挥发，以 EPS 最甚。采取一定的工艺措施后，泡沫材料最多可达到 B1 级（难燃），但成本大为增加。因此在应用时应当按照《建筑设计防火规范》GB 50016 的有关要求，分别采取以下措施：

（1）采用 B1 级材料；

（2）符合相应的建筑类别、部位和构件耐火极限的要求；

（3）采取一定的保护措施；

（4）冷库还要同时满足《冷库设计规范》GB 50072—2010 的要求。

3. 保温材料的吸湿性

上述的保温材料正是因为他们存在着空隙，而这些空隙又充满着空气，所以形成了良好的保温性能。如果这些空隙吸湿或是有水侵入，则会对材料的保温性能产生严重不利影响。空气的导热系数为 0.028W/m·K，水的导热系数为 0.582W/m·K，而冰的导热系数为 2.326W/m·K。由此不难看出，水是空气导热系数的 20 倍，冰是空气导热系数的 80 多倍。因此多孔保温材料一旦吸湿或被水入侵，或是在外部条件的影响下又结成了冰，保温材料的导热系数将大幅度提高，在极端的情况下可导致保温特性丧失殆尽。同时过量的水蒸气进入保温材料，自行干燥十分困难。据国外资料介绍，如果一旦出现这种情况，围护结构就必须翻修。因此保温材料，特别是多孔纤维状保温材料为芯材的板材必须具有良好的防水和隔汽构造，这一点非常重要。

众所周知，空气中含有一定的水分，温暖的空气中水蒸气含量就比冷空气中多得多。在一定的条件下水蒸气会冷凝成液态水，在下述情况下虽然无外部水分侵入，但保温材料内部也将会产生冷凝现象：

（1）室外温度很低而室内温度较高；

（2）室内相对湿度高；

（3）冬季室外低温时间过长。

因此当上述条件同时发生时，多孔状纤维保温材料应设置可靠的隔汽层。在玻璃棉制品表面覆设一层加筋铝箔层，是一种优良的隔汽层，同时也是一种极佳的反射保温材料，能隔绝大部分的辐射传热。应当注意，铝箔作为隔热层使用必须将其布置在温暖的一侧，在夏热冬冷的地区和部分寒冷地区，夏季室内供冷，而到了冬季室内供暖，这时多孔状纤维保温材料的两面均可覆设铝箔反射层，其中室内一侧铝箔连续密封，隔绝水汽，室外一侧可采用覆铝（多孔）的防水透汽膜，既反射又能将水分挥发；在严寒地区和夏季无须供冷的寒冷地区，则外侧可设无覆铝的防水透汽膜。覆有铝箔的玻璃棉毡均是成卷供货，有一定的长度和宽度，所以纵横接缝是不可避免的，习惯做法是采用加筋铝箔胶带贴缝。在这里，保证良好的施工质量是密闭隔汽的关键；同样防水透汽膜也应处理接缝使之连续，起到防风和防水屏障的作用。用在建筑上的泡沫塑料，其空隙是密闭的，不存在吸湿问题。

4. 保温材料的吸水性

多孔状纤维材料的吸水性应是其重要特性之一。玻璃纤维和岩棉纤维在生产的过程中，在纤维外表满覆一层塑料树脂，正是由于这层树脂改变了其吸水性。

国外资料有这样的描述：对于玻璃棉纤维常在其表面覆盖一层酚树脂，使其毛细接触角约为80°，这也就是说这种材料具有轻微的正向毛细吸力，在使用时最好与水隔离；岩棉纤维是用油和酚树酯混合液进行处理的，其毛细接触角大于90°，因此是不吸水的。经处理的矿物纤维的这种性质使玻璃棉和岩棉对于空气中的水分可以少吸附或不吸附，但当发生漏水时，由于纤维间隙的毛细作用，仍会有水滞留的现象，此时如水分没有挥发通道，将使材料热阻大大降低，甚至发生冷凝。EPS和PU泡沫塑料，由于空隙是密闭的，因此其吸水率很低，甚至是不吸水的。保温材料渗水与毛细接触角的关系见图7-4。

7.3.4　围护结构热工设计要求

在保证建筑舒适度的同时，实现建筑节能，是对建筑进行热工设计的目标。设计的主要依据是《民用建筑热工设计规范》GB 50176、《公共建筑节能设计标准》GB 50189、《民用建筑节能设计标准（采暖居住建筑部分）》JGJ 26、《夏热冬冷地区居住建筑节能设计标准》JGJ 134、《夏热冬暖地区居住建筑节能设计标准》JGJ 75和一些地方性节能设计标准，工业建筑暂无热工与节能设计标准，但对一些人员密集或对室内环境要求高的工业建筑，也可参照公共建筑进行设计。

热工设计涉及多方面工作，在建筑设计中应考虑选址、总图、建筑物体型、风环境等因素；热工设计中应进行保温、隔热和防潮设计，自然通风和遮阳设计；节能设计中还要将热工设计与暖通、给水排水和电气的节能措施结合起来；必要时还可考虑新能源利用。

压型钢板围护结构有自身的特殊性，最主要的就是由于采用轻质高效的围护材料，热工基本指标——围护结构的传热阻（R）或其倒数传热系数（K）容易满足要求。当需要调整时，只需改变绝热材料厚度，但反映抵抗外界温度波动能力的热惰性指标D值偏低（热区D值越大越好，一般以$D \leqslant 2.5$及$D > 2.5$区分，而压型钢板轻质围护构件一般$D < 1.0$）。这就要求在寒冷和严寒地区，采用连续供暖方式或间歇供暖时加大围护热阻，否则室内温度就难以保持均衡；在夏热冬暖和夏热冬冷

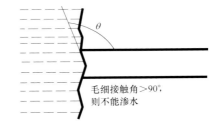
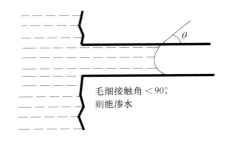

图 7-4　保温材料渗水与毛细接触角的关系

地区，节能设计要求在不同的 D 值区间选用不同的围护传热系数，而这往往是不经济的。因此压型钢板围护结构的热工设计应当根据自身特点，扬长避短，采用适当的技术措施，取得较好的技术经济效果。

1. 满足冬季保温要求

保温设计首先应满足《民用建筑热工设计规范》GB 50176 中 4.2 节保温设计的各项要求，围护结构各部位选取适宜的传热阻，并兼顾减少和集中产品规格，特别注意应对围护结构中的热桥部位进行表面结露验算，并应采取保温措施，确保热桥内表面温度高于房间空气露点温度。

2. 满足夏季防热要求

夏热冬暖地区、夏热冬冷地区和寒冷地区的 B 区的防热设计，首先应满足《民用建筑热工设计规范》GB 50176 中的 4.3 节防热设计的各项要求，在建筑体型已确定的条件下，还可依次采取以下措施：

（1）组织建筑自然通风；

（2）在屋面中设置通风夹层；

（3）在屋面通风夹层中设置反射材料，如铝箔或覆铝的防水透汽膜。

3. 满足节能标准的要求

在民用建筑中，总能耗指标、窗墙比指标和建筑部位传热系数指标同时强制限制，部分满足不一定全部满足，全部满足也不一定使能耗在最优状态，因此应将权衡判断和子项达标同时考虑，一般工作次序如下：

（1）根据已知条件和设计假定，计算建筑全年供暖和空调能耗；

（2）能耗不达标时分别调选设备、系统及工作设置，围护部件比（窗墙比、窗地比）及部件传热系数，得出合格条件下的不同组合方案；

（3）对不同组合进行经济比较，最终选定方案。

7.4 压型钢板围护结构的防水机理与措施

压型钢板在工厂压制，尺寸精准，产品本身具有良好的防水、排水功能，但当组成屋面或墙面围护结构时，发生了多处板间纵横接缝、螺钉穿透、配件衔接、门窗安装、凸出物穿越等构造情况，考虑长时间的温度膨胀、风雨作用、积雪冻融等使用工况，再加上往往因设计构造不合理、施工不规范及材料不耐用等原因而造成渗漏，这种渗漏还常具有持续时间长、渗漏点多变的特点，严重影响使用。为了保证围护结构的防水功能，设计人员应了解围护结构的渗漏机理与设防原则，合理进行屋面布置，接缝、落差、穿孔处采取科学的防渗漏、防热桥构造；同时，围护结构的施工安装应规范操作，并严格检查验收。

7.4.1 围护结构产生渗漏的机理

1. 毛细现象

压型钢板之间接缝不可能做到"天衣无缝"，其辊压误差、安装误差以及在运输和堆放过程中导致的变形，都可能会使衔接处产生大小不等的缝隙，所导致的毛细现象就可能造成渗漏。

毛细现象是一种物理现象。物体间细微缝隙与水分接触时，在浸润情况下液体会沿缝隙上升或渗入，缝隙愈细，液体上升愈高或渗入愈深。内径小到足以引起毛细现象的管子就称之为毛细管，液体在毛细管上升或下降的高度，与液体表面张力成正比，与毛细管的半径和液体密度成反比，这就是毛细渗水的物理概念。

既然压型钢板的接缝不可避免，那么就希望这些缝隙的大小能避免产生毛细渗水。而板缝的缝隙尺寸是多少时就可以消除毛细渗水，这是个重要的参数。根据试验得知，接缝的缝隙宽度大于 0.5mm 时，一般不再出现毛细渗水现象，这个结论是当外部空气为静止时作为依据的，如果在风压的作用下，毛细现象会更为扩大，而使水的渗入速度更快。同时，缝隙也不能太大，否则在风压下可能直接进水。

综上所述，压型钢板接缝不是愈紧密愈好（当然能做到绝对紧密是最好的，但实际是难以做到）。而应当设法使接缝腔中特定部位的间隙保持在大于 0.5mm 的宽度，有意识地避免毛细现象的产生。

2. 接缝处的"雨屏原理"

建筑物围护结构的雨水在风力作用下，其运动方向会发生改变。譬如，建筑物围护结构的下部和上部会使雨水出现回转向上的趋势，而屋面的雨水也可能出现逆向运行，转角墙面雨水会出现水平运动的现象。这对围护结构的接缝防水是极为不利的。

雨水渗入围护结构接缝的通道可能有以下五种状况：

(1) 雨滴单一的动能作用；

(2) 毛细作用，缝隙小于 0.5mm 时；

(3) 重力，缝隙大于 0.5mm，方向向下的缝隙会因重力作用出现渗水；

(4) 风压，此时水能渗入 0.01～6mm 的缝隙；

(5) 风压与毛细现象的共同作用。

上述出现渗水的五种可能，不管哪一种渗水现象出现必须同时具备三个基本条件，即液体水的存在、具有孔洞或缝隙、水通过孔洞或缝隙时需要的作用力。亦即消除此三个条件中的任何一个，便可避免渗漏的发生，而显然消除前两个条件是不可能的。针对第三个条件，挪威对大型壁板的接缝进行了大量的研究，继而加拿大的 Kirby Garden 于 1963 年提出"雨屏原理"（Rain Screen Principles），即从最后一个条件入手，消除水流动的"作用力"。因此，提出消除缝隙内外两侧的压力差（即保持等压），从而消除了水通过缝隙需要的作用力，则渗漏就不会发生。这就是"雨屏原理"的主要理论基础。

利用雨屏原理构造的接缝称之为"压力平衡缝"或"压力平衡舱接缝""防水空腔接缝"。为了形成这种构造则必须有一定尺寸的进气口和减压空腔，为了避免出现压力差和毛细作用，开口最小应大于 6mm，空腔尺寸应小于 10mm×20mm。

7.4.2　屋面排水的几个问题

压型钢板屋面由于多为一脊双坡，其坡度比传统建筑物屋面坡度要小得多，一般采用 1∶15 或 1∶20（约 2.85°～3.80°），有的甚至做到 1∶50（1.15°）。同时屋面单坡长度很长，单坡长度达到 30m 是常见的，达到 60m 甚至 80m 也有实例，这时其汇水面积较大，保证其可靠的排水就显得更为重要。此外，多脊双坡的多跨屋面形式和设有女儿墙的屋面都会因屋面不均匀积雪与昼夜冻融的差别造成排水不畅，甚至因堵水而渗漏，也对此处屋面排水的监测和检修制度的建立提出了更高的要求。压型钢板围护结构的排水问题集中反映在屋面，而屋面的面积大，对一幢压型钢板作围护结构的建筑物，其屋面面积可占总围护结构面积的 70% 以上，可见解决好屋面排水问题的重要性。

1. 屋面坡度的选择

一般来说，屋面坡越大，其排水的水流速度就会越大，就横向接缝而言（约占屋面接缝量 90% 以上），压型钢板波距和波高增大都会对排水有利，屋面的水流速度和板型截面是选定屋面坡度的两个互相关联的因素，这一点可以通过屋面排水验算来验证。同时其余接缝的防水是不能被忽视的，譬如屋脊和屋面四周边缘的泛水接缝、屋面开孔处的接缝、板材纵向接缝等等，这些都是防水的薄弱环节，只能通过一系列合理的构造措施解决。有资料介绍，"在 90% 屋面漏水报告中，漏水均发生在仅占屋面面积 10% 的屋面周围"，可见纵向接缝和周边构造因工况更多样，应一一根据防排水原理给予正确的构造设计。

据资料介绍，采用 360°咬边或直立缝锁边板的屋面，因其横向接缝的防水较为可靠，坡度可做到 1∶48，并已有工程实例，但其他接缝并不可能做到 360°咬边，因此采用如此小的屋面坡度须特别慎重。同时在轻钢结构中，刚架横梁允许挠度为 $L/180$，若发生此挠度将使梁跨中部附近可能会出现更小的坡度，同时，屋面板下檩条也存在允许挠度，故须整体考虑这种小坡屋面在特定条件下会出现的后果。

综上所述，压型钢板屋面坡度以在 1∶15 左右为宜，若采用整长板，且其他部位泛水措施也到位的条件下，宜采用 1∶20 的屋面坡度。

2. 单脊双坡与多脊双坡

多脊双坡屋面会出现多个内天沟，但其屋面单坡长度较短，如选用单脊双坡，则不会出现内天沟，但单坡长度较长。

内天沟与屋面板交汇处之节点构造是多脊双坡屋面的防水关键，该节点要做到密闭防水极其困难，特别是在严寒多雪地区，内天沟积雪严重，如果一旦冻结，夜冻昼融的积雪就可能在内天沟处形成"冰坝"，表面一旦融化而下部仍然冻结，则该部位就会形成"水池"，由于天沟与相邻屋面板不可能有整体密封的构造，此种情况下的渗漏几乎是不可避免的。因此，积雪地区的压型钢板屋面不宜选用多脊双坡的方案（除非有天沟加热等特别措施）。国外对各型屋面积雪分布的实测示例可见图 7-5。由此图可见，多脊双坡的内天沟，其积雪深度几乎是迎风檐口处的三倍。

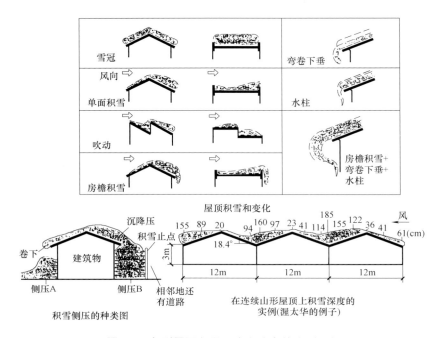

图 7-5 各型屋面积雪深度和分布的实测示例

此外，沿内列柱的天沟设置还常因有组织排水落水管落地后需设置地下排水沟（管），增加设施与工程费用，且施工维修不便。故对多跨连跨厂房，屋面屋脊的形式宜综合考虑雨量、气温、屋面防水功能等要求与工程经济性，经过比较优化选定单脊或双脊。

3. 屋面压型钢板的排水验算

压型钢板屋面排水验算可按下列公式进行，当满足下式时可认为屋面可以顺利排水。

$$\frac{V \cdot A}{U \cdot A_{ra}} \geq K \tag{7-1}$$

$$V = \frac{1}{\mu} \cdot r^{2/3} \cdot i^{1/2} \tag{7-2}$$

$$r = A/u \tag{7-3}$$

式中　A——一个波槽（或卷边搭接端部以下部分波槽）的截面积（m²）；

A_{ra}——汇水面积（取一个波距为计算单位）（m²）；

i——屋面坡度；

K——排水安全系数，取 $K \geq 2$；

r——水力半径（m）；

U——降水强度，（按本地区气象资料选用）（m/s）；

u——一个波槽（或卷边搭接端部部分波槽）的截面湿边总长（m）；

V——流水速度（m/s）；

μ——压型钢板表面的粗糙系数，彩钢板取 0.015。

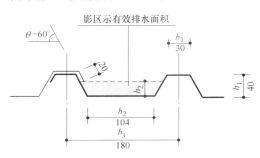

图 7-6 压型钢板屋面排水计算截面尺寸

【算例】 广州地区，单坡长度 30m，坡度 $i=1/20$，屋面材料为彩色压型钢板，截面尺寸如图 7-6 所示，试验算该屋面排水的安全性。

【解】 已知条件：$L=30$m，$i=1/20$，$h_1=0.04$m，$h_2=0.04-0.02\times\sin60°=0.023$m，$b_3=0.18$m，$b_1=0.03$m，$b_2=0.104$m，$\theta=60°$，$\mu=0.015$。

一个波距的汇水面积：$A_{ra}=0.18\text{m}\times30\text{m}=5.4\text{m}^2$

广州地区暴雨强度：$U=0.0000622$m/s

$$A=h_2\cdot\frac{b_2+(b_3-b_1-2\times0.02\times\cos60°)}{2}=0.0027\text{m}^2$$

$$u=b_2+2.\frac{h_2}{\sin\theta}=0.157\text{m}$$

$$\gamma=\frac{A}{u}=0.0172\text{m}$$

$$V=\frac{1}{\mu}\cdot r^{2/3}\cdot i^{1/2}=0.995\text{m/s}$$

$$K=\frac{V\cdot A}{U\cdot A_{ra}}=8>2，安全。$$

4. 女儿墙的设置

在整体建筑设计中，有时会采用女儿墙的形式，这同样会出现内檐沟构造。因女儿墙的背后将会形成气流旋涡，这与上述的内天沟极为相似，但其积雪深度可能更厚。在严寒的多雪地区以及有极大暴雨出现的炎热地区，女儿墙的设置都将使屋面存在漏水的重大隐患。女儿墙背后的积雪还可能造成局部屋面构件严重超载，从而引起结构坍塌的事故。2007 年 3 月沈阳地区暴雪就造成 200 余栋门式刚架结构严重的局部坍塌毁损。有的高女儿墙后积雪深度达到 2～3m。

若需设女儿墙，则应避开可能发生最大积雪的地区，顺冬季主导风向布置，并严格控制女儿墙的高度，也可采取一些相应的构造措施。如设置外挑女儿墙，在女儿墙下部设置栅格百页避免或减少积雪，甚至在高寒地区于檐沟下设置采暖管道融雪以及安排人工及时除雪等，但这无疑都会使设计、施工与构造复杂化并增加工程费用。综合而言，在多雪地区不宜采用直通的女儿墙方案。

7.4.3 提高屋面防水功能的设计要点

1）压型钢板围护结构应设置其他构造层满足系统水密性和气密性要求。

2）压型钢板屋面与墙面系统不宜开洞，当必须开设时，应采取可靠的构造措施保证不产生渗漏。

3）压型钢板屋面坡度应符合下列规定：

（1）压型钢板屋面的坡度，应根据屋面结构形式、屋面板板型、连接构造、排水方式以及所处气候条件等通过计算确定；

（2）压型钢板屋面坡度不应小于 5%；当压型钢板采用紧固件连接时，屋面坡度不宜小于 10%；

（3）在腐蚀性粉尘环境中，压型钢板屋面坡度不宜小于 10%；当腐蚀等级为强、中环境时，压型金属板屋面坡度不宜小于8%；

（4）当确定压型钢板的屋面坡度时，应考虑压型钢板波高与排水能力的关系；当屋面坡度较缓时，宜选用高波板。

4）当压型钢板屋面采用有组织排水时，不得将高跨雨水直接排放到低跨屋面上。

5）压型钢板屋面采光通风天窗及出屋面构件宜设置在屋面最高部位，且宜高出屋面板250mm。

6）当屋面压型钢板的长度方向连接采用搭接连接时，搭接端应设置在支撑构件上，并应与支撑构件有可靠连接。当采用螺钉或铆钉固定搭接时，搭接部位应设置防水密封胶带。压型钢板长度方向的搭接长度应符合下列规定：

（1）当屋面坡度小于等于1/10时，压型钢板搭接长度不宜小于250mm；

（2）当屋面坡度大于1/10时，压型钢板搭接长度不宜小于200mm；

（3）墙板的压型钢板搭接长度不宜小于120mm；

（4）当采用焊接搭接时，压型钢板搭接长度不宜小于50mm。

7）作为承力板使用的压型钢板屋面底板和墙面内层板的长度方向搭接长度不宜小于80mm。

7.5 压型钢板围护结构的板型与接缝构造

单层压型钢板作为围护结构的材料，仅适用于通风良好的开敞、半开敞建筑，或用于对室内环境无特殊要求的简易建筑；对有保温（隔热）要求的工业厂房、库房或民用建筑，则可采用由单层压型钢板与保温材料共同组成的现场复合保温围护体系。对内部外观有要求时，内侧还可封一层浅色压型板。

7.5.1 单层压型钢板

单层压型钢板是镀层或彩涂层卷板经过多辊冷轧、定尺剪切而形成的波形建筑板材。除平面纵向压型钢板外，尚有扇面、曲面、拱形、横向以及其他特殊形式的压型板。

1. 常用单层压型钢板的几何尺寸

压型钢板板型截面可见图7-7，其主要参数为：波高（h）、波距（d）、板厚（t）和板宽（B），B亦称有效宽度或覆盖宽度。其主要接口条件为：可纵向搭接或不可纵向搭接、横向搭接方式、固定和滑移方式等。按工程需要合理地选用（或开发）板型产品，是重要的设计（研发）工作。

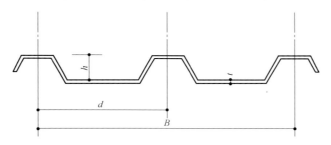

图7-7 压型钢板、板型几何尺寸示意

1）波高

波高是指波谷顶面到波峰顶面之垂直距离。目前通用的有三种：低波板（波高15～30mm），中波板（波高30～50mm），高波板（波高50mm以上，大跨度的拱板波高可达200mm左右）。低波板多用于墙体和屋面的内层板，中波板多用于屋面，高波板多用于单坡长度较长的屋面或檩距较大的屋面，高波板通常需要与板型配套的专用支架配套使用，构造较为复杂。板材的强度、厚度及波高，与压型板的刚度及屋面排水性能成正相关关系。

2）波距

波距指是波峰与波峰之间的中心水平距离。通常压型钢板的波距范围很大，种类繁多，100～300mm较为常用，直立缝型板则一般为300～500mm。波距对板材的强度、刚度和屋面排水性能有一定的影响，在满足承载力与刚度的条件下，宜选用较大的波距。

3）板厚

按相关规范的规定及应用经验，屋面压型钢板基板厚度一般不应小于0.6mm，墙面压型钢板厚度不应小于0.5mm，屋面和墙面的内层板板厚不宜小于0.5mm。特殊使用条件下，板厚也可采用0.7mm或0.8mm，直立缝板最大厚度还可能用到1.2mm。应当注意所述基板厚度均包含了镀层厚度。

4）板宽（有效宽度或覆盖宽度）

板宽将直接影响到有效覆盖率也就是围护结构的经济性，但应在平衡强度、刚度、防水和外观效果等因素的条件下争取最大的有效覆盖率；建筑设计时应考虑板宽模数，进行整板或半板的排板，减少材料的裁切浪费。一般较合理的覆盖率为75%～80%，墙面内层和屋面下层板85%～90%，墙面外层板80%～85%，而直立锁边板为60%～70%。

2. 单层压型钢板的板型

目前国内专业制板设备商、制板厂商提供的板型甚多，适合于围护结构和楼承板者超过百种。同时其配件板型也应匹配，这就给建筑设计、深化设计、采购和施工带来诸多不便，因此，除了自成专用系统的一体化服务商外，对一般工程，标准化势在必行。《建筑用压型钢板》GB/T 12755—2008进行了一定标准化归纳，给出了一些常用板型今后选用单层压型钢板板型，宜尽可能以国标为准。该标准推荐的典型的板型可见图7-8。

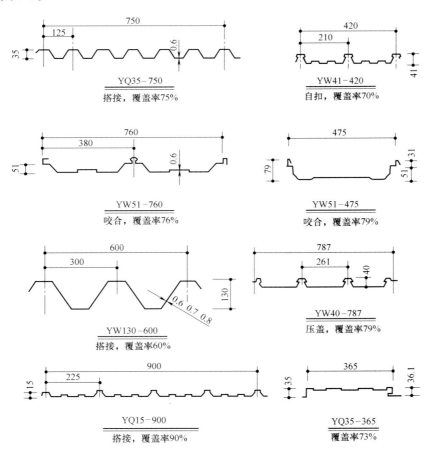

图 7-8　压型钢板典型板型
YQ 表示墙面用板；YW 表示屋面用板

综合而言，屋面压型钢板板型的选择，应考虑可靠的防水功能、恰当的强度和刚度、最佳的连接方式、较大的覆盖率以及能适应温度的变形要求，同时还应考虑加工和采购的便利，此外，坚挺与美观也是重要的考虑因素。

近些年，以暗钉为特点的各类直立锁边或设压盖的板型有了较大发展，这类板型一般防水更可靠，缩胀更自由，屋面附加构件更容易，外观也有改善。由于耐久性和成型性能较好，近年来在大型公共建筑形状复杂的屋面工程中较多采用了直立锁边的铝锰镁合金压型板，铝合金倒T形件为连接件，可现场成型为直、扇、弧形，其截面见图7-9。另一类为简单槽型铝合金板或彩涂钢板压型板，在现场将连接件和相邻边共同咬合的直立缝锁边板，有些还可以设置芯条或压盖。为保证平段刚度，直立缝类压型钢板板厚一般为0.7～1.2mm，如采用铝镁锰板则为0.9～1.4mm。

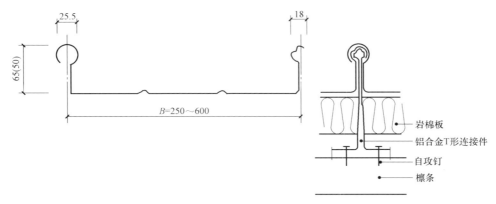

图7-9　直立锁边压型板典型截面与构造

3. 单层压型钢板的接缝

单层压型钢板板宽一般不会超过1m（常用原料卷板板宽为1.0m）；为方便运输，工厂辊压加工，板长一般不会超过9～12m，最长15m，特殊个例下现场压型最长可达55m（济南国际机场），采取特殊措施时可达90m（宝钢连铸车间，高架开卷成型与安装连续作业），因此，纵向和横向接缝是不可避免的。1万 m² 的压型钢板可能会出现15km长的纵横接缝，横向接缝约占总接缝量的80%以上，而这些接缝将是渗水、漏气的直接来源。除此之外，屋面和墙面上还存在其他接缝，如檐口、屋脊、山墙封檐、屋面开洞、墙面的阴角和阳角、墙面与门洞、窗洞口等都会发生各式不同方向的接缝。

1）横向接缝

紧固件按连接方法可分为连接螺栓外露型和隐藏型两种。从搭缝构造上可分为搭接（外露）、扣合、压盖和咬合型（隐藏）等类型。具体的搭接方法众多，其典型的示例可见图7-10。

（1）搭接接缝

这是最常用的一种接缝，一般为板与板边互相搭接再以外露紧固件连接，简单易行，无须专用设备，无须高级技工参与施工，且对材质无特殊要求，在早期使用广泛。也可以说这种接缝是由过去使用的石棉瓦材、镀锌铁皮瓦楞板的构造沿用而来的，图7-8中YQ35-750板与中波石棉瓦极为相似。该板更适用于墙板，在屋面板用时，也要像石棉瓦一样，需要在横向接缝多搭一个波即可靠防水，这样板材的有效覆盖率就有所减低。此外，经历过强台风的压型板屋面表明，在很大风吸力作用下，外露自攻钉的连接强度要明显大于扣合接缝构造的强度，还能起到一定的"蒙皮效应"，并在维修时能够直接观察到紧固松动的情况，可很方便地能更换某局部损坏的板材。图7-10中（b）和（c）应是合理可靠的搭接接缝构造。但这类板型均与紧固件连接固定，其连接孔处可能会成为板的锈蚀源，因而这种方式在应用方面有减少的趋势。

国外也有与YQ35-750类似的板型（板宽760mm，波距190mm，波高29m），用于1:20屋面坡度的实例。

（2）扣合接缝

图7-10中（h）所示自扣合接缝是国外引进的，它须要专用的支架（固定座），以自攻钉将支架紧固在檩条上，支架与型板在凹口处扣合。所谓扣合就是要靠型板弹性产生一定的"握裹力"，以保证安全承受风吸力的作用，这就要求型板材质为硬度、强度较高的钢材，如550MPa级钢，但这将提高板材

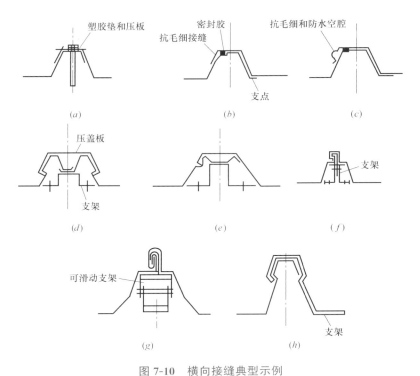

图 7-10　横向接缝典型示例

（a）普通搭接；（b）有密封胶搭接；（c）抗毛细和防水空腔搭接；（d）独立压盖；
（e）互搭压盖；（f）225°咬合；（g）360°咬合；（h）自扣合

造价并增加加工成型的难度。这种接缝的安装施工方便，无须专用工具。但抗风吸力承载力较差，在大风区已有被揭盖的事故先例，应用时应特别慎重。

（3）压盖接缝

这种接缝须用专用支架以紧固件将板固定，在上部覆设特制压盖，可以说是搭接和扣合的组合形式，而压盖与板的连接是和扣合接缝相似的。压盖接缝有两种形式，图 7-10 中的（d）和（e），独立压盖和互搭压盖。压盖接缝亦必须保证有足够"握裹力"，故亦需使用高强钢材，在工程应用中应严格控制接缝压合处的成型配合精度，这是保证压盖构件保持平整的关键环节。否则，在某些压合处就会出现压不紧的现象，即使勉强压紧，只要有某些扰动，压盖就会自行弹起。

（4）咬合接缝

国内应用 360°和 225°咬合接缝比较普遍（图 7-10），这些接缝都须要与其配套的专用支架，360°咬合接缝的支架是可滑动的，其咬合须要电动机械来完成的，而 225°咬合接缝的支架是固定的，其咬合作业可采用手动或电动专用机械来完成。

360°咬合接缝是首先将两块板进行 180°的套合，然后现场用咬边机将其与支架的可活动部分同时进行 180°的咬合夹紧。单从板材的横向接缝来看，无疑在防水和抗风吸力性能上是最优的。使用 360°咬合接缝的板材多为单波板，按国外的习惯做法，板材材质亦要求为高强钢材，但按我国的工程经验，咬合成型特别要求钢材的塑性与易加工性，而不是钢材的强度与硬度，故咬合接缝的板材材质应用 250MPa 或 350MPa 钢材，不用 550MPa 高强钢是更为合理的。由于在施工作业中板材的弯折角较大，弯曲半径较小，且咬边机在其上进行强制性滚压，因此要求专用设备须有较高的精度，此时，对压型钢板的镀层和涂层的附着力都是一次很大的考验。

225°咬合接缝是将两块板进行 180°的套合，然后在现场将上层板边作近似 45°的折边。这种咬合作业可在现场采用电动专用设备或手动机械进行，此时固定支架并未参与咬合作业，因此支架与压型钢板之间可自由滑动，支架应以厚度不小于 1.2mm 的钢板制成。但应注意的是这种可滑动构造不能保证屋面板对檩条的侧向支撑作用，而这一点结构工程师应当注意。

具有圆头并连同铝合金梅花头（或其他头）的直立锁边板，其截面、配件以及现场压型和锁边机械已能配套，需要注意的是有些机械对钢、铝板通用，有些是不通用的。

上述四种横向接缝构造在工程中都有应用。实际选用时，除应保证接缝的防水、紧固等重要功能外，还应特别注意要保证其可靠的抗风吸力功能与良好的加工性能。原则上不应因接缝构造要求（扣合力或硬度）选用 550 级的高强钢材，同时对屋面板的接缝构造宜优先考虑紧固件不外露的连接构造。

典型的咬合、压盖接缝构造见表 7-3。

直立缝压型板接缝形式

表 7-3

序号	名称	接口简图	适用部位	1：屋面适用坡度值（≥）	缝高（≥mm）
1	平咬口		屋面、墙面	15	—
2	360°咬合		屋面	25	25
3	270°咬合		墙面	15	25
4	225°咬合		屋面、墙面	—	30
5	咬合/压盖		屋面	15	30
6	咬合/压盖		屋面	15	30
7	咬合/压盖		屋面、墙面	15	30
8	无盖类型		屋面	15	30
9	钢芯条/压盖		屋面	—	40
10	木芯条/压盖		屋面	—	40

2) 纵向接缝

当在现场压制长尺板时，可以做到长度大于 50m 的一块整板（个别工程有达 90m）进行安装，对一个整坡屋面可以减少甚至没有纵向接缝，但多数情况下板的纵向接缝是不可避免的。纵向接缝一般均采用搭接的形式，其搭接长度与屋面坡度有关，坡度大于 1：10 时，搭接长度不宜小于 200mm，坡度小于 1：10 时，搭接长度不宜小于 250mm。值得注意的是改进接缝的构造可能比增加搭接长度更有效。如图 7-11 所示，紧固件不应过分压紧板面以确保板材之间保持足够的抗毛细间隙，这符合"堵为下策、疏导为上策"的防水构造原则，当上方板端防水空腔不易成形时，两道胶带密封也有等效作用。

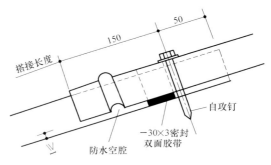

图 7-11 纵向搭接接缝

3) 墙板的接缝

压型钢板墙面板的横接缝多采用与屋面板相似的搭接接缝，并以自攻钉和拉铆钉连接，分为外露和隐藏两种形式。隐藏式（图 7-12）外观简洁，但波距较大，刚度低，覆盖率不高，因此较少使用。墙板多为竖向布置，也可横向布置，无论横、竖均应分别考虑主导风向和雨水重力方向，给予合理构造。

工程中墙板采用整块板时很少出现纵向接缝，但高大的建筑物则会出现墙板纵向接缝。纵向接缝的水平线应整齐划一，否则很影响外观，其搭接长度一般不宜小于 100mm。

不论如何，由于墙板不滞留雨水，因此纵横接缝引起墙面渗漏的情况尚不多见，但对墙板接缝的密封性能仍应多加关注，接缝处的泡沫塑料堵头板、双面密封胶带以及墙梁与墙板连接处的胶垫等细部构造是必须安装到位的。否则，墙板在风的作用下，与檩条产生的风振撞击声会形成噪声污染。

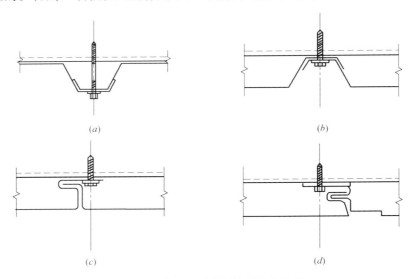

(a) (b)

(c) (d)

图 7-12 单层压型彩钢墙板横向接缝

(a) 自攻钉外露式；(b) 自攻钉半隐藏式；(c) 自攻钉隐藏式；(d) 自攻钉隐藏式

4) 单层压型钢板的其他接缝和构造

前面所阐述的压型钢板板材纵缝和横缝，是占总接缝面积的 90% 以上的"主要接缝"，而屋脊、檐口、高低跨处、洞口等均会出现不同类型接缝，虽为"次要接缝"，但由于部位工况更复杂、非辊压高精度配件更少、作业更分散，且无法采用可靠的咬合工艺，因此发生渗漏的概率更高。因此处理这些连接构造时，应当从基本原理出发，合理设计，妥善处理接缝构造，规范施工，确保整体围护结构的防渗漏性能。对于压型板供应商，有必要将构造与配件标准化、开发定型、精制、长尺（尽可能辊压成型）配件并系统化。

（1）檐口接缝

压型钢板构成的檐口与传统建筑是一样的，可分为有组织落水和无组织自由落水。前者又可分为内檐沟和外檐沟（设置女儿墙），檐口构造较为复杂，对整个建筑物的排水性能和外观效果有一定的影响。外檐沟较为简单可靠，在工程中应优先选用，特别是在多雨、多雪地区最为适用。工业与物流建筑一般临墙设沟成檐，挑出较少；民用建筑挑出的距离一般与传统建筑物相同，不宜小于 500mm，还需要设置挑出支架（见 7.9 节的附图 1、附图 2）。若波形端部外形影响观瞻时，可在不影响排水的条件下做一装饰板。

有组织的外檐沟是最常用的形式。正如前所述，压型钢板屋面的单坡长度很大，汇水面积较大，按正常的排水计算，则檐沟的截面也会很大，而大檐沟的设置会带来一系列的问题。早期引进的压型钢板围护结构建筑物的檐沟都非常小，如最大的檐构尺寸也只有 200mm×200mm 左右，但其构造措施是保证檐沟内壁与墙板外壁保持一定的间隙，有利于出现溢水时，水能顺利的排至室外，特大暴雨时间短暂，概率低，短暂的溢水不会造成很大的问题，因此截面小而有可靠的溢水通道的檐沟是值得推荐的，重要的是檐沟应有排至室外的溢水通道（见 7.9 节的附图 3 中的溢水孔）。

设女儿墙的内檐沟（也包括内天沟），其截面和排水管分布的组合排水能力，应按当地暴雨强度由给水排水专业计算确定，考虑到一些不确定因素，一般来说沟截面宜按计算适当放大一些，留有余量（见 7.9 节的附图 4）。

（2）屋脊接缝

屋脊是屋面最高处的接缝，屋脊接缝通常有两种构造，图 7-13 是国外采用的一种整板无缝构造。屋脊板型与屋面一致，并在工厂压制，省工、省时、省料且防水可靠，国内尚未出现这种构造。7.9 节中的附图 15、附图 17 是目前国内常用的方法，这种构造须有上屋脊盖板、下屋脊封板、挡水板多种配件，因板型不同需要供应商要提供不同的配件，而现场制作这些配件是不可取的，因质量和外观难以得到保证。上层屋脊盖板是最表层的构件，如果采用最简单的人字形这种刚度极差的构件，要做到严密的匹配，与平整规则的外观是较为困难的。此外在屋面板交汇处，其间隙应确保板材温度变形的需要。

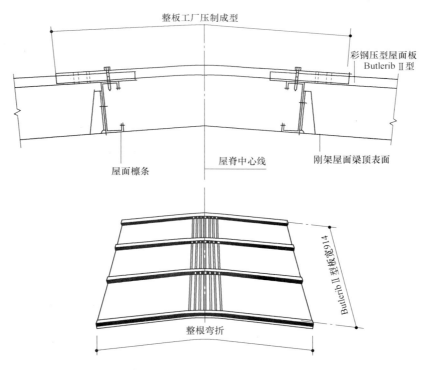

图 7-13　国外特殊压制的屋脊板材

（3）内天沟接缝

当压型钢板围护结构设置内天沟时，特别是在多雪和暴雨频繁的地区，内天沟与屋面板接缝处的漏水很难避免，国外也有这方面的经验与报道。当必须采用内天沟时，应注意采取相应的措施，如在内天沟的两端应做适当大的溢水孔洞（见 7.9 节的附图 4）。

（4）屋面开洞处的接缝

原则上讲，屋面上应尽量少开洞，若不可避免时，洞口应尽量靠近屋脊，但这种愿望很难实现，特别是工业建筑根据工艺要求必须在指定的位置上开洞（如烟囱等）。同时由于构造措施不妥引起屋面开洞处渗漏的情况是经常发生的。要做好合理构造不产生渗漏的关键是泛水罩的构造（见 7.9 节的附图 14、附图 15），以及一个不等高的角锥台与下面一块平板组成的相贯体的设置，采用彩钢平板无焊制作这些配件，是有一定难度并需要细致的工作。

（5）山墙与屋面处接缝

山墙与屋面板交接处接缝的构造有两类，山墙处屋面出檐和不出檐。屋面出檐方案多用于纵向侧墙屋面也出檐，即建筑物沿四周均有出檐，这种构造较为简便，防水可靠，但必须注意整个节点板材端部的密封（见 7.9 节的附图 5）。

山墙无出檐方案是最常用的构造，山墙随屋面坡度封口，山墙檐口的封檐板经弯折后一定要保持一定的刚度，使成形后封檐板整齐划一，具有良好的外观（见 7.9 节的附图 6）。

当采用有女儿墙方案时，女儿墙需要整体外包，并与屋面板形成合理的泛水关系。

（6）屋面高低差处的接缝

建筑物出现高低差时，其接缝的防水构造费工又费料，还易形成隐患，因此宜尽量避免，如必须设置时，高差处应将高跨的落水管直接引入低跨的外檐沟，以避免高跨的屋面落水直接冲刷低跨的屋面板。长时间的水力冲刷将对压型钢板的涂层产生不利的影响，同时会产生令人烦躁的噪声（见 7.9 节的附图 6）。高低差处不宜有内天沟的构造形成，否则应尽量作好接缝处的密封，保证其防渗漏性能。

（7）外墙板下端的接缝

外墙板直接落地或是直接落在勒脚矮墙上都会出现装配接缝。国外很少采用勒脚矮墙的构造，不希望高度装配式的轻钢结构再出现人工湿作业砌筑的围护墙。但工程经验表明，墙板直接落地会引起严重的切边端锈蚀，国内一般为了保护压型钢板墙体多采用勒脚墙的构造方案。

有两种方案可供选择，其一是底部有墙檩，墙板与地坪和勒脚矮墙不发生关系；其二是墙板直接固定在地面和勒脚矮墙上，取消了一根墙檩，此时应要求勒脚矮墙与整体钢架不能有过大的沉降差，这就需要设置基础连梁承托。后一种作法要求墙体在钢结构安装前必需施工完毕，这往往是难以做到的（见 7.9 节的附图 9）。

墙板底部的泛水板极易损坏，其原因主要是泛水板刚度不够以及人为不当心的碰撞所致，如果能做成挤压成型的铝制泛水板，并尽量少挑出，则其外观和使用将会大为改观（见 7.9 节的附图 10）。

（8）外墙板转角接缝

压型钢板外墙板会出现阳角和阴角接缝，包角板截面和长度的设计应同时考虑密封和美观。板的切边端宜采取冷涂锌保护措施。国外有一种方案，采用一块墙板纵向整体弯折，取消了包角板，这是一种最简洁且省工省料的方案，详见 7.9 节的附图 7、附图 8。

（9）外墙板上门窗洞口的接缝

采用单层压型钢板的围护墙体，其门窗均设在墙檩所在的平面内。一般在门窗洞的四周有互为相背的墙檩，其净空尺寸与门窗尺寸相匹配，这种墙檩可称之为"窗檩"。窗檩内净空必须保证其几何尺寸的正确，且不允许出现凸出和内空的任何构件，否则将影响窗门框的安装。在实践中由于某种原因造成窗檩变形过大的情况是时有发生的，致使门窗框安装困难或是出现门窗框与窗檩之间间隙过大的情况，这将对外观和防水造成不良的影响。故从结构设计、施工上应对门窗处墙檩的挠度、变形等有较严格的要求。门窗框与窗檩的接缝构造应注意下述几个问题：

① 门窗四周的包角板和泛水板是一个细致的工作，在构造上应使雨水能顺畅的排至室外；

② 墙板与窗洞相交的边缘，特别是带形窗上框处，墙板沿上框处很难做到整齐划一，因此用装饰板进行调整和遮挡是值得推荐的方案；

③ 目前多采用塑钢窗或铝合金窗，窗料边框料均具有空腔，如采用穿透型自攻钉将窗框固接在窗檩上，使窗框架的完整性遭到了破坏，则渗漏很难避免，因此应推荐采用调整铁脚件的固接方法，详见7.9节的附图11、附图12；

④ 窗框窗扇安装完毕，窗框与窗檩之间的安装间隙必须用聚氨酯现场发泡填充，然后门窗四周外表再用密封胶密封。

（10）变形缝处的接缝

根据规范有关规定，建筑物纵向长度200～300m时宜设变形缝，接缝构造详见7.9节的附图13。

7.5.2 单层压型钢板与保温隔热层现场复合的保温围护结构

"板加棉"的现场复合保温围护结构，由于保温性能好、造价低廉、材料来源充足等优点，在国内得到了广泛的应用。取得优良保温性能的主导材料应是多孔状玻璃棉毡，而压型钢板的保温效果可忽略不计。保温玻璃棉的热工性能在7.3节中已有阐述，玻璃棉毡的密度一般为$16kg/m^3 \sim 24kg/m^3$，在此范围内传热系数为$0.05W/(m \cdot K)$，如果密度再增大，则由于纤维直径增大就不能卷状形式供货了。最佳密度为$35kg/m^3$时导热系数可低至$0.036W/(m \cdot K)$，密度低于或高于$35kg/m^3$时导热系数会有微量的提高。设计时玻璃棉毡表面有各种覆面材料，加筋铝箔应是首选材料。

1. 热工计算实例

计算条件，某工程位于哈尔滨地区，外墙保温材料为玻璃棉，已知条件：$\rho_0 = 16kg/m^3$，$\lambda = 0.04W/(m \cdot K)$，$\delta = 100mm$，$t_i = 18℃$，$t_d = 14.5℃$，$t_e = -33℃$，$\Phi = 80\%$。

求墙体最小热阻值，玻璃棉选用厚度。

【解】
$$R_{min.o} = \frac{(t_i - t_e)}{\Delta t_w} \cdot R_i - (R_i + R_e) = \frac{(18+33)}{18-14.5} \times 0.11 - (0.11 + 0.04)$$
$$= 1.45 m^2 \cdot K/W$$
$$R_{min.w} = R_{min.o} \times 1.1 = 1.45 \times 1.1 = 1.6 m^2 \cdot K/W$$
$$R_w = \varepsilon_1 \varepsilon_2 R_{min.w} = 1.4 \times 1.0 \times 1.6 = 2.24 m^2 \cdot K/W$$
$$\delta_{min} = R_w \cdot \lambda = 2.24 \times 0.04 = 90 mm$$

式中 ρ_0——干密度（kg/m^3）；

$R_{min.o}$——满足Δt_w要求的热阻最小值（$m^2 \cdot K/W$）；

$R_{min.w}$——墙体热阻修正值（$m^2 \cdot K/W$）；

δ_{min}——最小厚度（mm）；

λ——材料的导热系数〔$W/(m \cdot K)$〕；

t_i——室内空气温度（℃）；

t_d——空气露点温度（℃）；

t_w——采暖室外计算温度；

Φ——空气湿度（%）。

$R_{min.o}$在连续供热时应增大40%，间歇供暖时应增大80%，此时玻璃面毡最小厚度应为126mm和162mm，可选用125mm和175mm。

2. 现场复合保温屋面板的构造与接缝

现场复合保温板在构造上可分"板布夹芯"与"板板夹芯"两类。

"板布夹芯"构造：先在檩条上满铺化纤编织布（以张紧的不锈钢丝支托）其上铺设玻璃棉毡后再盖以压型钢板屋面板，此作法虽造价更经济，但观感上较差。

"板板夹芯"构造：后者是在屋面檩条下覆设下层彩涂压型衬板，然后在檩条上方满铺玻璃棉毡，最后在玻璃棉毡上压覆单层压型钢板。其最大特点就是能遮挡住数量繁多的檩条及略显杂乱的檩条支撑杆件，而能获得良好的室内观感——简洁、整齐、明亮。

这类构造最大的问题，就是玻璃棉毡在檩条附近被紧紧地压缩，由现场观测可知，玻璃棉毡被压缩了90％以上，有资料指出，"保温棉在支座处被压缩到小于 3/14 英寸（5mm）"，根据国外资料从多孔状纤维材料的特性曲线中可知，玻璃棉密度由 $16kg/m^3$ 增大到 $160kg/m^3$ 时，其导热系数由 0.042W/（m·K）增大到 0.105W/（m·K），即密度增大了 10 倍，而导热系数仅增大了一倍，但热阻将会有数十倍的减低。故在此处出现热桥的可能性极大，在室内湿热的严寒和寒冷地区还可能发生冷凝。目前解决的方法是在此处加设一条硬质泡沫垫板，垫板厚度达到 40mm，其热阻将会大幅度回升（见7.9节的附图20）。这种方法可使热桥有所衰减，必要时再加上其他隔汽措施，可避免冷凝的发生。根据建筑物功能的需要，有时为减低营建费用，檩条底部的内衬板可取消，此时可在玻璃棉毡底部覆设不锈钢丝网，以使玻璃棉毡有可靠的支托（见7.9节中的附图21）。但应注意将玻璃棉毡严密的包覆，防止微小玻璃纤维的散逸。

屋脊接缝、檐沟接缝和山墙接缝与单层压型钢板屋面接缝是相似的，这里应注意保温棉毡不应在接缝出现"断点"，接缝处的任何地方尚须作适当的加强，用边角料玻璃棉毡进行密实的充填。任何转角都是热桥产生的地方，应引起高度重视，一旦出现"断点"导致出现热桥，后期进行补救是相当困难的。玻璃棉毡本身的接缝应密实，并采用加筋铝箔单面胶带密封（见7.9节的附图16～附图22）。

3. 现场复合保温墙面的构造

墙板一般均采用"板板夹芯"构造，首先将玻璃棉毡用双面胶带定位在檩条的外侧，然后覆设外层墙板将玻璃棉毡压紧，最后在墙檩的内侧覆设内层墙板。如果业主确定无须内层墙板，则应覆设不锈钢丝网以使玻璃棉毡得到很好的定位。玻璃棉毡在墙檩之间是悬挂的，为了避免长时间吊挂可能引起玻璃棉的塌陷，建议每 500mm 增加一根吊带（双面胶带），吊带设在玻璃棉毡的外侧，使玻璃棉毡与外层墙板紧密地贴合在一起（见7.9节的附图18）。

檐口接缝、墙基接缝、转角接缝、门窗接缝等等，保温玻璃棉毡均不应出现"断点"，这与屋面要求是相同的，墙板与门窗洞的接缝中极易出现玻璃棉毡的"断点"形成热桥，实际中此处经常出现严重的结露和结冰现象，见图 7-14。因此门窗洞口四周的檩条（窗檩）必须作好保温，防止热桥的出现。

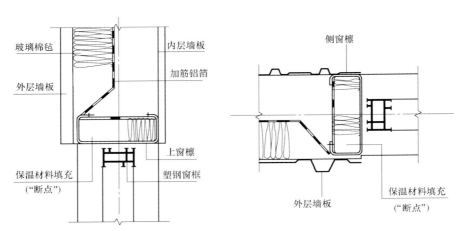

图 7-14　复合保温墙板与窗框接缝中出现"断点"（仅示出保温构造机理）

4. 直立锁边压型板现场复合屋面的构造

彩涂钢板的直立锁边压型板的现场复合屋面，构造层次复杂，适用于对保温、气密、隔声等综合性能要求较高的公共建筑和居住建筑。一般来说应根据项目的使用要求及下部支承条件来设计，其构造层次自下而上可为：①下部压型底板应与支撑结构的再分体系整合设计；②有吸声要求时应采用穿孔铝板，且其上方应有纤维材料；③除非干燥的不采暖地区，底板上方应设隔汽层，防止水汽进入隔热层使传热系数升高并发生结露；④如有防雨噪声的要求，可在隔汽层上方设置重质板材，如水泥纤维板等；

⑤岩棉保温隔热层，其厚度应根据热工要求确定；⑥防水层或防水垫层，当防水等级为一级时应铺设防水卷材，当防水等级为二级时可铺设防水透汽膜，选用加厚反射型更佳，为防水层或防水垫层应设置可靠的排水通道；⑦直立锁边彩涂钢板压型板及其连接件，连接件应与压型底板相连接，T形件底部应设绝热隔离垫，有防雷要求时此部分另设防雷连系件；⑧上部附属构件，包括加固件、太阳能设备支架、装饰或加强隔热型面板支架、防坠落装置等构件均通过波峰夹具与压型板做防水无损连接。典型构造可见7.9节的附图43、附图44。

7.6　彩涂夹芯板

目前国内常用的夹芯板，其芯材有三种。聚氨酯泡沫（PU）、膨胀聚苯乙烯（EPS）和岩棉纤维。EPS板或岩棉板是通过胶粘剂与内外层压型板紧密的粘合；岩棉纤维要求竖向布列（即纤维纵向与板垂直），其成型工艺复杂，这两种板材的截面俗称三层皮，所以胶合牢固是保证板材强度和刚度的重要手段。PU板是在两层板之间采用聚氨酯塑料进行发泡，泡沫本身就具有较强的粘合力，从而形成可靠的复合。夹芯板可用于屋面、外墙和冷库围护（冷库不可用岩棉），常用板宽有墙板1200（原料卷板1250），墙板1000（原料卷板1050），墙板950（原料卷板1000），屋面板1050（原料卷板1250），屋面板1000（原料卷板1200）等；厚度30～80mm（冷库可达150mm），板长9000mm，有定尺要求时也可达12～15m长。保温夹芯板材必须在专业工厂制作。芯材的材质必须符合相应标准。夹芯板的上层板厚度一般为0.5～0.6mm厚，下层板厚度多为0.5mm厚。根据使用经验与相关规范的规定，凡有防火要求的建筑不得采用EPS板（耐火等级四级除外）。

7.6.1　夹芯板的选型和构造

国内目前生产保温夹芯板的厂商比生产单层压型板的厂商要少。相对来说保温夹芯板比单层压型钢板的种类也要少一些。屋面板的面板多采用中波板（波高40mm左右），波距300mm左右，下层板多采用很小波高的低波板。墙面板一般双面均采用微波平板。

根据《建筑用金属面绝热夹芯板》GB/T 23932—2009和《建筑用金属面酚醛泡沫夹芯板》JC/T 2155—2012标准可知，夹芯板产品有五种：聚苯乙烯夹芯板、硬质聚氨酯夹芯板（PU板）、岩棉、矿渣棉夹芯板和玻璃棉夹芯板。常用有两种（PU板和岩棉板），PU板根据芯材和钢板厚度的不同其自重约10～15kg/m²，芯材密度不小于35kg/m³。岩棉板约15～25kg/m²，芯材密度不小于100kg/m³。

1. 夹芯板的选型

屋面夹芯板横向接缝有两种形式：其一为搭接，自攻钉为外露穿透型，这也是最常用的一种形式；其二是压盖型，属自攻钉隐藏型。接缝的特点和要求与单层压型钢板是相似的，此处不再赘述。图7-15中列举了某些国外的板型，可供参考。屋面保温夹芯板的纵向接缝，与单层压型钢板是相似的，也是采用搭接的形式，纵向接缝安装时须现场局部清除芯板，板支承长度一般不应小于50mm，因此结构设计在接缝处应设置附加檩条，采用T形钢或不等边角钢作附加檩条要比采用双檩方案经济得多。纵向接缝与单层压型钢板纵向接缝是相似的，其特性和要求也可以说是相同的。国外一种夹芯板暗钉纵向接缝的构造，可供借鉴7.9节中的附图29及图7-15。

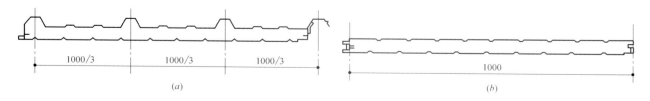

图7-15　夹芯板板型示例（一）

（a）聚氨酯夹芯屋面板PRP-1000，岩棉夹芯屋面板MRP-1000；

（b）聚氨酯夹芯墙面板PWP-1000，岩棉夹芯墙面板MWP-1000

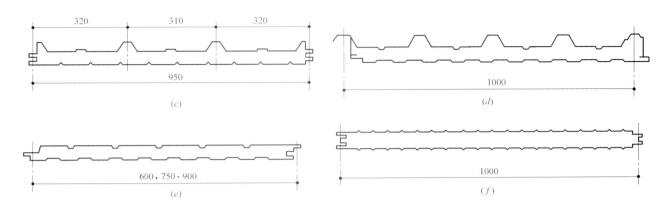

图 7-15　夹芯板板型示例（二）

（*c*）聚苯泡沫夹芯屋面板；（*d*）国外聚氨酯夹芯屋面板；（*e*）国外聚氨酯夹芯墙面板 DS-1 TYPE；

（*f*）国外岩棉夹芯墙面板 TV-1000

墙面夹芯板接缝构造亦有两种形式：其一为接缝对插型，自攻钉为穿透露明式（每块两个自攻钉），因自攻钉外露有碍观瞻，目前已很少使用；其二为隐藏型接缝，第一块板用自攻钉固定后，第二块板插入，将固定自攻钉遮挡。墙面板的布置方式有纵向和横向两种形式，当无窗洞时，纵向布板可墙板落地或矮墙上，其自重由基础梁或窗台承受。横向布板的自重将由刚架柱或墙架柱承受，此时无须墙梁，这两种布板方式的接缝的构造不尽相同（见 7.9 节的附图 27～附图 30）。7.9 节中的附图 31～附图 33 是国外资料提供的部分接缝构造作法，应用雨屏原理形成了空腔防水接缝，已用于国内某些建筑。横向布板的建筑外观更现代，甚至具有金属幕墙的效果。

近年来一些工程也按幕墙要求设计，采用了纯平板面的横向夹芯墙板，当墙面平整度得以保证时，也可得到较好的外观效果，并在造价上较铝板幕墙更为经济。这类墙板的技术难点是保证大面积薄的平钢板整体的平整度，必要时可约定按《金属与石材幕墙工程技术规范》JGJ 133 的技术要求供货和施工验收。

2. 夹芯板的构造

夹芯板与现场复合板比较，与檩条接触处不会出现热桥，施工工序简单，一次成型，在相同的厚度条件下其保温性能好。其缺点是，不能覆盖结构檩条和其支撑杆件，造价高，由于必须工厂制作不便运输，板长一般为 9000～12000mm，接缝较多。

1) 夹芯板接缝

屋面夹芯板出现漏水的反馈报道尚不多见，但产生结露的报道却时有发生，特别是在严寒地区，甚至出现冰挂的现象。夹芯板纵向接缝和横向接缝见图 7-16 和图 7-17，除正常作法外必须加强保温措施，必要时可采用聚氨酯现场发泡，使缝隙密封保温加强。

墙面保温夹芯墙板，自身的防水是有保证的，但墙板与窗框之间的接缝，出现漏水的报道时有发生（见 7.9 节的附图 34）。同时，可能出现热桥的地方应合理处理。

2) 夹芯板的热桥

夹芯板的热阻很高（50mm 厚聚氨酯泡沫热阻值高达 1.52m² · K/W），一旦出现热桥，会引起热量的散失，同时会使支撑体系出现结露，导致锈蚀速度的加快。保温夹芯板作为围护结构可能出现热桥的接缝部位如下：

（1）突出外墙体的构件（雨篷挑梁等）

传统建筑物"有门必有篷"，而采用保温夹芯板作围护结构在国内是习惯做法，国外则很少使用。消除挑梁的热桥效应是很困难的，国外寒冷地区建筑物设计，经常将突出的构件采用独立体系，这应是解决热桥的最好方法。

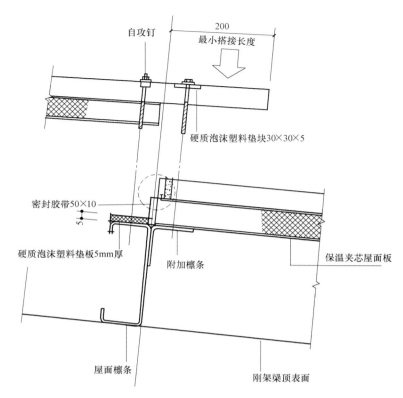

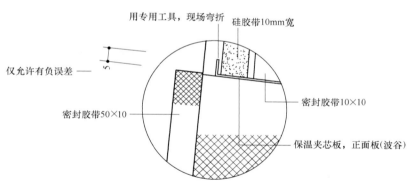

图 7-16 夹芯板纵向接缝的构造（抗毛细、空腔防水纵向接缝）

（2）墙体转角（见 7.9 节的附图 26）

转角处热流都是二度空间的，转角内表面温度大大低于平壁墙表面的温度。国外试验证明，200mm厚均质加气混凝土墙体，当内表面温度 68°F（20℃）时，内表面转点温度只有 48°F（9℃），局部过量的散热不可避免。保温夹芯墙板转角同样会出现这种情况。

（3）墙体与勒脚墙接缝（见 7.9 节的附图 35、附图 36）

这与转角是相似的，只是其温差稍小，保温加强亦是必要的。

（4）门窗洞口四周的接缝（见 7.9 节的附图 34）

门窗洞口四周的接缝是最易出现热桥的位置，除缝隙作好保温密封外，四周的墙檩，即窗檩应加强保温措施。

上述可能出现热桥的部位对保温夹芯板来说，对其传热损失会有一定的影响，但尚未有可靠的试验数据。由国外对传统的保温墙体的试验可知，热桥可能占墙体总传热损失的 22%，因此消除热桥对确保保温夹芯墙板的热工性能有重大意义。

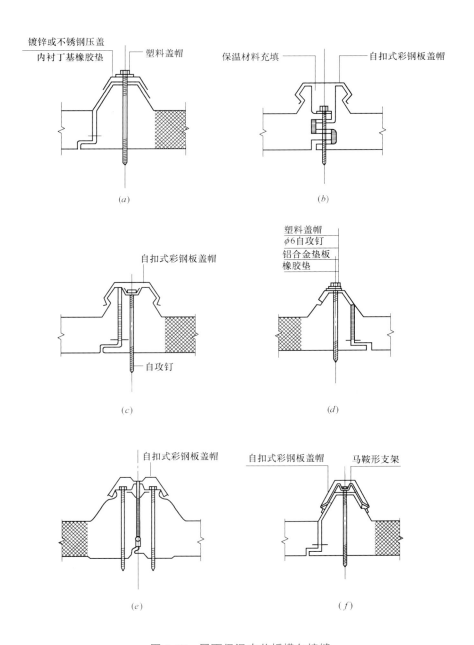

图 7-17　屋面保温夹芯板横向接缝

（a）自攻钉外露搭接；（b）自攻钉隐藏搭接；（c）自攻钉隐藏搭接；（d）国外自攻钉外露搭接；

（e）国外自攻钉隐藏对接；（f）国外自攻钉隐藏搭接

　　热桥除使热损失增大外，最烦人的就是会出现灰尘的集结，空气中的灰尘微粒与空气分子会出现互相碰撞的状态（布朗运动），热空气分子比冷空气分子运动得快些，使灰尘微粒向较冷的区域集结。这一点对判断热桥出现的位置是极有帮助的，实践中可见墙体转角和内衬板靠近檩条的位置都会出现灰色微尘集结的痕迹。

　　3）温度引起的破坏

　　当温差较大时（如室外严寒，室内采暖温偏高），夹芯板内外层钢板变形不一致，若由自攻钉紧固，钉头端随外层板反复相对运动，有可能失效，故在这种情况下最好采用压盖方式固定，使板上皮适度滑移，避免破坏。EPS夹芯板，由于粘结强度低，较大的温差还可导致一侧开胶剥离，此时，可通过提高粘结强度，控制泡沫密度，使变形在泡沫中被消纳，避免界面剥离。在以上两种情况下，还应控制板长，减小变形绝对值。

7.6.2 夹芯板的热工计算

夹芯板的热工性能取决于保温芯材的热工性能与厚度，芯材厚度应按《民用建筑热工设计规范》GB 50176—2016 计算确定。现以算例示例如下。

1. 算例一

某工程位于哈尔滨地区，屋面材料为 50mmPU 板，已知条件：$\lambda=0.024\text{W}/(\text{m}\cdot\text{K})$，$S_{24}=0.29\text{W}/(\text{m}^2\cdot\text{K})$，$t_i=18°$，$\Phi=80\%$，$t_w=-33℃$。设计依据：《民用建筑热工设计规范》GB 50176。

【解】 热惰性指标：$D=\dfrac{\delta}{\lambda}\cdot S_{24}=\dfrac{0.05}{0.033}\times0.36=0.60$

室外计算温度 $t_w=-33℃$

$$R_{\text{min.}0}=\frac{(t_i-t_e)}{\Delta t_r}\cdot R_i-(R_i+R_e)=\frac{(18+33)}{18-14.5}\times0.11-(0.11+0.04)$$
$$=1.45\text{m}^2\cdot\text{K/W}$$
$$R_{\text{min.r}}=R_{\text{min.o}}\times1.1=1.45\times1.1=1.6\text{m}^2\cdot\text{K/W}$$
$$R_r=\varepsilon_1\varepsilon_2 R_{\text{min.w}}=1.4\times1.0\times1.6=2.24\text{m}^2\cdot\text{K/W}$$
$$\delta_{\min}=R_r\cdot\lambda=2.24\times0.024=54\text{mm}$$

式中 ρ_0——干密度（kg/m^3）；

  $R_{\text{min.o}}$——满足 Δt_w 要求的热阻最小值（$\text{m}^2\cdot\text{K/W}$）；

  $R_{\text{min.r}}$——屋面热阻修正值（$\text{m}^2\cdot\text{K/W}$）；

  $\delta_{\min}$——最小厚度（mm）；

  λ——材料的导热系数〔$\text{W}/(\text{m}\cdot\text{K})$〕；

  t_i——室内空气温度（℃）；

  t_d——空气露点温度（℃）；

  t_e——采暖室外计算温度；

  Φ——空气湿度（%）。

根据规范，在连续供热时 $R_{\text{o.min}}$ 应提高 40%；在间歇供热时须提高 80%。所以板最小厚度应是 76mm 和 97mm，实际取值应是 80mm 和 100mm。假定室内相对湿度降低到 $\Phi=60\%$，则板厚取 40mm 和 50mm 就可满足热工要求。相对湿度是一个重要因素，湿度减低 25%，则板厚可减低 50%。可见室内湿度过大将须有更大的经济付出。

2. 算例二

依据德国有关规范，岩棉板的热工计算参数可见图 7-18。

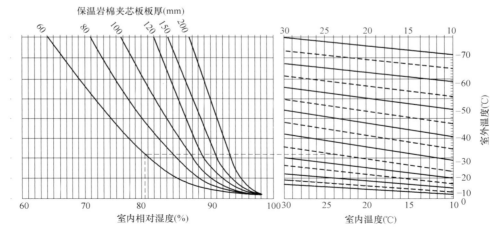

图 7-18 岩棉夹芯板热工计算图

利用该图解须具备下述已知条件：

（1）室内要求环境温度（℃）；

（2）假定初选板厚（mm）；

（3）室外空气计算温度（℃）；

（4）室内可能出现的最大相对湿度（%）。

【解】 已知室内温度 25℃，室外计算温度－25℃，板厚为 60mm，这时只有室内的相对湿度达到 79% 时，保温岩棉板才会出现结露。国外资料是这样描述的："只有当室内相对湿度和温度很高，而此时室外温度又很低的情况下，板材的内表面才会出现结露现象，事实上这种情况是极为罕见的。"

国内的供板商可根据国家有关标准，按本方法经归纳，提供这种实用、简便和可行的计算图表，这对产品的推广是极有帮助的。强度和热工是决定板厚选择的重要依据，严寒地区热工可能是板厚选择时主要依据。同时，实际应用时，对理论计算的结果，尚须留有一定的余量。

7.7 压型钢板围护结构的其他功能和设计要点

前面六节主要介绍了防水和保温，这是压型钢板围护结构的最重要的功能。其他应用功能要求也应在建筑设计中给出导则与措施。

7.7.1 隔热

在 7.3 节中对隔热的热工机理进行了简单地叙述。目前可行而合理的方案，除压型钢板的屋面面板应采用浅色的涂层，以增加对辐射热的反射效果外，还可以采用通风空气间层的构造。这在夏热冬冷和夏热冬暖地区可以有更好的隔热效果。7.9 节中的附图 23、附图 24 所示是压型钢板屋面隔热构造较为合理的方案。

防水透汽膜引进至我国后，已在一些较重要的以金属作为围护的民用建筑中应用，如奥运场馆工程等。压型钢板与防水透汽膜组合应用可综合提高围护结构的热工状态，其中包括改善屋面隔热。当铺装屋面时，防水透汽膜铺在单层压型钢板下方，并不影响连接件安设，可有以下作用：①防水透汽膜具有单向透汽性，下方纤维棉中所含水分可透过膜向上挥发出去，即透汽，上方遇有渗漏时可作为第二道防水屏障；②侧重隔热时，可选用覆有穿孔铝箔的防水透汽膜，可反射上方热量，并通过压型板波峰空间将热空气导出，采用直立缝板时，可用加长的 T 形件或龙骨，在板-膜之间形成 25～50mm 的空气层，一方面能满足有效反射的需要，另一方面可利用此空间排出热空气；③防风，压型板和玻璃棉铺装后，会有无数微小缝隙，产生微小气流，并发生热损失，防水透汽膜可有效防风，在美国非常重视这一功能。防水透汽膜的性能与应用可详见国标图《防水透汽膜建筑构造》07CJ09。防水透汽膜应用原理详见7.9 节的附图 45，可根据实际情况按原理设计构造。

7.7.2 屋面采光

压型钢板围护结构其横向跨度很大，此时仅依靠侧窗进行采光，很难满足室内光环境的要求，这时采用屋面采光井（带）是有效的解决方法。但应注意照度的均匀性和结露问题。有关构造见 7.9 节的附图 37～附图 42。

1. 采光均匀性

根据《建筑采光设计标准》GB/T 50033—2013，根据不同的照度要求，采光井一般取地面面积的 5%～7%。传统的建筑采光设计，曾对屋面采光特性作过大量的试验和实测，其结论是：屋面采光优于侧面采光，采光井（带）不宜过宽，均匀的布置对室内照度最有效。对压型钢板围护结构来说，此结论是完全可适用的。

2. 采光井（带）结露问题

采光井（带）不论采用何种材料何种构造，其热工性能与保温屋面比较尚有不少的差距。此处热交换剧烈，严寒和寒冷地区，在特定条件下容易发生结露。国内已有一些压型钢板屋面设采光板后因结露而拆除的先例。而由国外的一些同类构造可知其屋面上任何大小的采光井均有收集结露的水槽和排水孔，使结露形成微量的水能顺畅地排至室外（见 7.9 节的附图 37）。过长的采光带，甚至是从屋脊到屋檐一通到底的构造，对采光和结露的排除都是不利的。拱形和三角形是比较理想的截面形式（见 7.9 节的附图 41、附图 42）。

3. 采光井（带）的材料

聚酯玻璃钢瓦和聚碳酸酯板（亦称阳光板、普特板或 PC 板），是目前常用的材料。

聚酯玻璃钢可任意成形，与单层压型钢板配套使用，板厚 1.0～2.5mm，可根据荷载和檩距选用，建筑上使用的应是阻燃型，其含氧指数不小于 30，板面覆有抗老化有机薄膜，使用寿命可达 15 年。有关技术指标：密度 1490kg/m³、导热系数 0.158W/(m・K)、热膨胀系数 $2.7×10^{-5}$ cm/cm/℃、透光率 90%～55%（阻燃型透光率较低）、耐温极限 -50～130℃，其抗冲击性是钢化玻璃的 2～20 倍。

聚碳酸酯板是一种有机透光材料，强度高、隔热好、透光率高、耐冲击、阻燃、耐老化、重量轻、特别是其弯曲性能好。板材有实心板和双层空心夹层板两种形式，双层夹层板厚度 6～10mm，实心板板厚 2～8mm。透光率 82%、着色板 40%，耐温极限 -40～120℃，燃烧温度大于 600℃

选择上述材料时，应了解供应商提供的技术条件，以及厂商必须提供的备品和备件。

7.7.3　防火

压型钢板围护结构使用的两大主材，即钢板和保温材料（玻璃棉、岩棉和聚氨酯泡沫塑料）。钢板、玻璃棉和岩棉均属不燃烧体，阻燃型聚氨酯泡沫是高分子材料，当选用 B1 级时，属难燃烧体。

在《建筑设计防火规范》GB 50016 中，按厂、库房和民用建筑分类，分别提出了对不同耐火等级建筑的构件的耐火时间和燃烧性能的要求，其中耐火时间是指在一定的受火条件下构件失去承载能力的时间。当压型钢板围护构件非承重时，岩棉夹芯板为不燃材料，耐火时间与厚度正相关（如 100mm 厚为 0.8h）；压型板玻璃棉毡现场复合构造满足不燃体条件，但规范并未给出耐火时间，实际上，在厂、库房建筑中已大量采用，消防部门均予认可，而在民用建筑中，由于这种围护结构存在保温上的不连续性，本来就很少采用。泡沫夹心板，即使采用 B1 级的 EPS 或 PU 材料，仍仅属"难燃性"，更何况在火灾条件下还有毒烟气挥发，按规范，只能用于三级以下厂、库房和四级民用建筑，而三级库房防火分区在 1000m² 以下（按储存物品危险性有所不同）；对三级厂房的规模也有严格限制，一般已经不便组织生产，实际上目前很少采用；四级民用建筑，防火分区最大 600m²，允许层数为 2 层，也有较大局限性。

由于泡沫夹心板的绝热优势，冷库库体部分的围护仍在大量使用，但规范除要求芯材为 B1 级外，对冷库承重结构的水平和竖直方向的防火分隔有着严格要求，设计选用时应依据《冷库设计规范》GB 50072。

总之，当建筑的一部分或全部选用压型钢板围护结构并进行防火设计时，应根据建筑的类别、性质、耐火等级等条件，并考虑对抗震、减重、节能和外观的要求，合理地选用和设计，在满足规范的条件下，取得好的效果。

7.7.4　隔声

压型钢板围护结构"薄而轻"的特点，总的说来对隔声是不利的，特别是接缝多则对隔声更是百害而无一利。国内也有过以夹芯板为内外墙的半永久性建筑因隔音性能太差而专门进行改造的先例。

根据"质量定律"即单位面积的质量与隔声值成正比的经验公式计算可知，在频率为 1000 周时，压型钢板围护结构的隔声量仅是双面粉刷半砖墙的 60% 左右，因而仅按常规构造作法，压型钢板围护结构的隔声效果是远远达不到要求的。因此，当对建筑有隔声要求时，必须采取相应措施才能提高其隔声效果，这些措施具体包括：

（1）任何接缝必须密封；

（2）墙上尽量做到少开洞甚至不开洞；

（3）双层墙板间有足够宽度的空气间层，并在中间悬挂玻璃棉毡；

（4）两层墙体支撑体系尽量做到互不连接，即谓之"不连续原则"；

（5）两层墙板选择质量不同的压型钢板；

（6）压型钢板与墙檩之间应设柔性垫板或采用柔性接点；

如果两层墙体每层的表面密度为 10kg/m²（压型钢板 0.6mm 厚和檩条），空气间层大于 100mm，中间悬挂 50mm 厚玻璃棉毡，根据夹层隔离结构的经验公式计算，各频率平均隔声量为 44dB，如果再考虑压型钢板与墙檩之间的柔性连接和立筋的错位排列之构造措施，则隔声量接近或到达 50dB 是有可能的，这也就是说接近或是已达到隔声规范所规定的标准，这里再强调一下，即所有接缝必须严密，否则墙体的隔声值将大幅度降低（见 7.9 节的附图 25）。

上述侧重在理论探索方面，试验数据对实际应用可能是更可靠、更有把握的手段。当将压型钢板用于居住建筑墙体时，应特别注意其隔声的设计与构造。

7.7.5　砌体围护墙体

业主有时根据特定条件要求在同一建筑中屋面采用压型钢板，而墙体采用传统的砌体材料，这一做法在国外已引起较长时间的争论，即砌体墙是否能适应轻钢结构在风荷载作用下柱顶较大位移的变形要求，为此，在《门式刚架轻型房屋钢结构技术规范》GB 51022—2015 中已作出了相应的不同规定，即在风荷载或多遇地震标准作用下的单层门式刚架的柱顶位移值，以压型钢板作围护墙时，刚架结构的柱顶位移不应大于 $H/60$（H 为柱高）；而砌体墙时，严格限制为不应大于 $H/240$。

7.7.6　压型钢板的温度变形

钢材的线膨胀系数为 $12 \times 10^{-6}/℃$，温度变形量 Δl 可通过 $\Delta l = l \cdot \alpha \cdot \Delta t$ 求得，式中 l、α、Δt 分别为板长、线膨胀系数与温差，在围护结构设计中必须考虑构件的温度变形量，一般应考虑以下因素：

（1）如果上部的压型板与下部的钢结构在同一温度区，则相对变形为零；

（2）夏季因外部压型板直接受辐射会产生 20～30℃ 的温度增量；

（3）因保温隔热材料的隔离，外部压型板与内部钢结构会产生温差，当室内采暖或制冷时温差加大。

因此应在考虑地区气象和室内设计温度的条件下，综合以上因素，确定设计使用温差值。对于板长 12m 的单层压型钢板，当温差 40℃ 时，在无约束条件下沿板长（纵向）总延伸量为 3mm；当温差在极端条件下达到 80℃ 时，总延伸量将达到 6mm；沿横向，由于有波形的吸纳变形量可不考虑。

采用外露自攻钉穿透式固接方法的压型钢板，纵向每 1.5m 就一个固接点，亦可说是温度应变的"约束点"，虽然约束刚度不大但数量较多，能对板的变形起到一定的约束作用。因此，对 12m 长板来说其两侧累积的变形量要远远小于 3mm，实践中这种 12m 长甚至更长的压型钢板使用是非常普遍的，由于温度变形而引起漏水的案例尚为少见，也未发现在自攻钉处板材被撕裂的现象。但在使用较长的自攻钉（如 115mm 长）紧固屋面复合板时，因板纵向胀缩使钉端反复水平受力导致失效的案例也曾有发生，当压型钢板纵向刚度不大，板面有时会出现微凸或微凹的现象，这种微小的变形尚不会对压型钢板的功能产生影响。

225°咬合型和扣合型接缝，板与支架没有约束，可自由伸延。一块长 30m 的板其自由延伸量为 14.4mm，在 80℃ 温差时其延伸量接近 30mm，这种变形状态比较复杂，要靠约束、连接件变形、板变形来平衡，有可能会发生局部破坏，因此有时要刻意弱化或强化连接件在纵向的刚性，释放或约束所发生的变形，可具体分析后采取措施。另外，还应在屋脊和檐口的构造中应适当考虑消除或分散这种变形的措施。

某些 360°咬合型板材，在接缝处虽然板材与支架上的调节片有紧密的咬合，但调节片可在支架上滑动，因此可以允许板的延伸或收缩。理论上讲这种板不能做到无限长，有资料报道其长度不宜超过 60m，当然单坡长度超过 60m 的屋面尚属罕见。板材在支架上可自由滑移虽对减少板材附加变形与应力有好处，无疑是一个很大的优点，但亦会存在两个不利因素：其一，此条件下不可能再考虑压型钢板的"蒙皮效应"；其二，压型钢板对屋面檩条平面外的支撑作用也不复存在，这在结构设计时应当有所考虑。

由于耐久性和成型性能较好，近年来在大跨或空间形状复杂的屋面工程中较多采用直立缝的铝镁锰合金板而较少采用彩涂钢板，实际上两种材料各有优势：

（1）钢的弹性模量约为铝的三倍，意味着在同样厚度与截面条件下板构件的惯性矩大三倍，因此刚度较大；

（2）铝的热膨胀系数约为钢的二倍，因此热胀缩量也为二倍，有报道称，用铝镁锰板的大型屋面当温度变化幅度较大时连接件处会发出滑移的响声，而用钢板时情况会好许多；

（3）宝钢的镀铝锌彩涂钢板已取得 20 年的耐久性保证，加上合理的维保和处于较方便的维修部位，整体寿命已接近一般建筑主体结构的设计使用年限；

（4）直立缝板当采用铝合金倒 T 形连接件时，铝钢之间容易发生电化学反应，导致腐蚀，针对这个问题上海宝冶开发了在连接件 T 形头上覆一层塑料的隔离层的产品，可有效解决。

（5）近几年，直立锁边板在强风地区出现了一些屋面板掀起的质量现象，目前正在制定的强风地区标准，拟限制其使用范围。

目前多数进口的直立缝板加工设备可兼容钢、铝卷板加工，有些国产设备还暂时做不到。

7.8　压型钢板的材料选用和配件

压型钢板结构是通过固定支架、紧固件将压型钢板与支撑构件连接承受外部荷载的。对于压型钢板来说，彩涂钢卷板只是"半成品"，须经一系列的工序加工成最终产品——压型钢板。

7.8.1　压型钢板选用的一般规定

压型钢板的选用应符合《压型金属板工程应用技术规范》GB 50896—2013 的有关规定。

1. 压型钢板材料

1）压型钢板应符合现行国家标准《连续热镀锌钢板及钢带》GB/T 2518、《连续热镀铝锌合金镀层钢板及钢带》GB/T 14978、《彩色涂层钢板及钢带》GB/T 12754 和《建筑用压型钢板》GB/T 12755 的有关规定。压型钢板常用材料的化学成分与力学性能应符合《压型金属板工程应用技术规范》GB 50896 的有关规定。

2）压型钢板用钢材按屈服强度级别宜选用 250MPa 与 350MPa 的结构用钢。

3）屋面及墙面压型钢板，重要建筑宜采用彩色涂层钢板，一般建筑可采用热镀铝锌合金或热镀锌镀层钢板。压型钢板厚度应通过设计计算确定，外层板公称厚度重要建筑不应小于 0.6mm，一般建筑不宜小于 0.6mm，内层板公称厚度重要建筑不应小于 0.5mm，一般建筑不宜小于 0.5mm。

4）压型钢板板型展开宽度（基板宽度）宜符合 600mm、1000mm 或 1200mm 系列基本尺寸的要求。

2. 固定支架及紧固件

1）固定支架宜选用与压型金属板同材质材料制成。

2）压型钢板配套使用的钢质连接件和固定支架表面应进行镀层处理，镀层种类、镀层重量应使固定支架使用年限不低于压型钢板。

3）碳钢固定支架钢材牌号宜为 Q345，不锈钢固定支架材质宜为奥氏体不锈钢 316 型。

4）当围护系统有保温隔热要求时，压型钢板结构的金属类固定支架应配置绝热垫片。

5）当选用结构用紧固件、连接用紧固件时，各项性能指标应符合设计要求。

6）紧固件材质宜与被连接件材质相同，当材质不同时，应采取绝缘隔离措施。

7）碳钢材质的紧固件，表面应采用镀层。

8）当紧固件头部外露且使用环境腐蚀性等级在 C4 级及以上时，应采用不锈钢材质或具有更好耐腐蚀性材质的紧固件。

7.8.2 彩涂钢板的选择注意事项

彩色压型钢板是彩涂钢板经辊压冷弯，沿板宽方向形成连续波形或其他截面的成型钢板。在工程实践中，选择彩涂钢板应注意以下四个主要问题：

1. 基板的材质问题

基板的加工性能极为重要。强度高的钢材，其硬度高，延伸率低，在冷加工作业时其磨损和能耗都高于普通钢材。

压型钢板最大跨度主要是板本身的变形条件所控制，即板型刚度是主控因素，而材质强度是次要因素。提高材质强度减薄板厚，则压型板的刚度将会受到影响。

在强度、抗弯、硬度、冷加工、扣合、卷边和价格等诸多性能上进行比较，则普通板材除硬度和扣合性能外，其余均比高强板为优。故从我国的应用经验看，采用中等强度咬边构造的板型是较为合理的，通常使用条件下，不宜也不必要采用高强度（550MPa 或更高）板材。

2. 彩钢板的耐蚀性与寿命

这方面内容在第 8 章有较详细的叙述，在压型钢板围护结构的建筑设计中应按照使用条件与这些相关标准、资料的规定或经验，选定涂层、镀层的种类，明确提出设计规定或要求的使用周期年限（从施工到第一次大修）与使用中检查、维护的要求。有条件时可要求供货商提供使用年限的书面承诺保证书。

宝钢厂房是最早大面积应用彩涂板围护结构，其第一期建造的厂房近 100 万 m²，至今已有三十余年之久，锈蚀率仅 0.3%，已超出前述使用年限。宝钢本身作为一个实例表明，在沿海地区的工业环境中应用彩涂板是可行也是可靠的。

3. 切边保护问题

彩钢板在加工过程中，须经过剪裁切割、弯折加工等，而在运输安装过程中还可能产生划伤，这些切口与划伤暴露在大气中将是锈蚀的薄弱环节，虽然镀锌与镀铝锌有不同程度的切边保护功能（据国外试验资料表明，热镀锌和热镀锌铝合金镀层切边保护性能是一致的，而热镀铝锌合金镀层要比前者低三倍），但屋面板的这种切口与划伤仍预先采用锌加涂覆等措施为好。对其他外露的压型配件，行业中已普遍采用在边缘处 180°折回的方法，避免了因切口锈蚀造成的污染。

4. 彩钢板的性价比

彩涂压型钢板作为建筑材料，其造价较高，建筑师在设计选用压型钢板时，应有性价比的概念，在板型、材质、涂层性能等方面及保温板是工厂夹芯构造或现场复合构造等方面，都应按使用条件进行综合的比选，优选性价比较好的板型与板材，关于各类彩涂板的价格相对比较关系见第 5 章。

7.8.3 配件

彩色压型钢板的配件分为彩涂板配件和连接配件两种。

1. 彩涂板配件

彩涂板配件是指用彩涂钢板制成的配件，包括脊瓦、檐沟、封檐、雨水管、包角、压顶、洞口泛水件等线性配件。国内一般为折弯加工制作，存在尺度短、精度差、截面受工艺限制、材料浪费、标准化困难等问题；国外的一些供应商对细部进行标准化设计，在压型钢板围护结构定型的情况下将许多配件辊压成型，产品长尺、精致、挺拔，还可成型为一般折弯所达不到的功能型截面，甚至在线二次加工（如在线冲出溢水孔、通气孔、等距连接孔等），这些经验值得我们学习、效仿并创新。

2. 连接配件

压型钢板在安装时须要各种附件和配件，这些配件须与各种板型相匹配，一般配件市场上均可以购置，专用配件供板商将会提供。如果板型能标准化，则附件和配件亦可标准化，重要的是要重视对附件、配件品质与性能的要求，应要求按相应的标准（国标、行标、企标）供货，如自攻钉的进钻紧固性能、胶带的粘结、抗老化性能、支架的材质厚度等，切不可视这些配件为小事，否则会造成众多隐患。

工程中常用的配件见图 7-19。

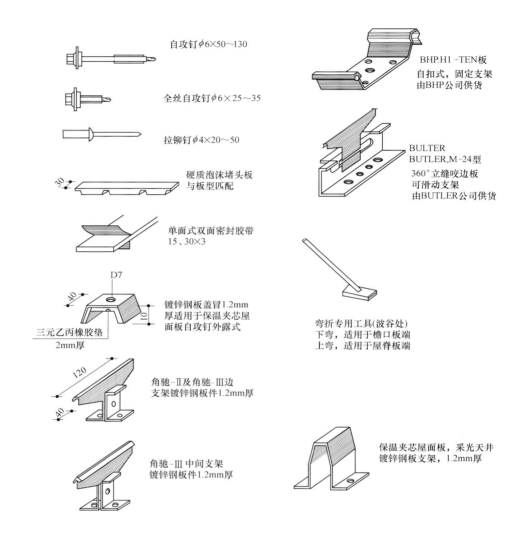

图 7-19　压型彩钢板附件

7.9　压型钢板围护结构的细部构造与附图

　　不同的各类板型，其与支承结构的连接构造、板与板间的连接构造、屋面板与排风器或风帽的连接构造以及墙板与门窗的连接构造等形成了压型钢板围护结构特有的系列细部构造，而应用经验表明围护结构使用中的许多问题均来源于此类细部构造未得到妥善处理，这一点应引起工程人员的重视。了解压型钢板围护结构综合性能与保护措施功能的机理，并能妥善作好细部构造的设计处理应是建筑师一项重要的基本功。本节除提出细部构造的设计要点外，还结合作者多年的设计经验，精心绘制了各种细部构造的附图 45 张，可供设计参考。

7.9.1　压型钢板围护结构细部构造设计要点

　　1）压型钢板围护结构应进行细部设计。细部设计应包括下列内容：

　　（1）屋面系统节点：屋脊、采光带、檐口、山墙、女儿墙、高低跨、天沟、檐沟；

　　（2）墙面系统节点：阴角、阳角、勒脚、门窗、采光带；

（3）出屋面节点：天窗、排烟窗、屋面检修走道、出屋面设备管道洞口、防雷设施、防坠落设施、挡雪设施、其他附加设施；

（4）出墙面节点：检修爬梯、出墙面设备管道洞口、雨棚、落水管；

（5）屋面、墙面的变形缝；

（6）屋面雨排系统：天沟、檐沟、雨落管、溢流管。

2）压型屋面板的出挑长度及伸出固定支架的悬挑长度应符合下列要求：

（1）屋面压型钢板应伸入天沟内或伸出檐口外；出挑长度应通过计算确定且不小于 120mm（图 7-20）；

（2）屋面压型钢板伸出固定支架的悬挑长度应通过计算确定。

3）压型钢板围护结构檐口构造应有相应封堵构件或封堵措施（图 7-21）。

4）屋脊节点构造应有相应封堵构件或封堵措施（图 7-22）。

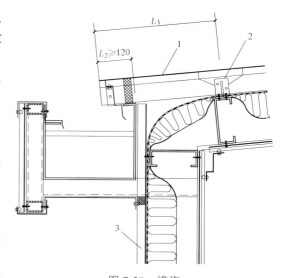

图 7-20　檐沟

L_1—悬挑长度；L_2—出挑长度；

1—屋面板；2—固定支架；3—墙面板

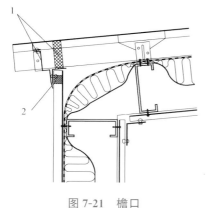

图 7-21　檐口

1—檐口封堵构件；2—墙面封堵构件

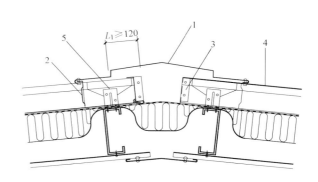

图 7-22　屋脊

L_1—悬挑长度；1—屋脊泛水板；2—屋脊挡水板；

3—屋脊堵头板；4—压型屋面板；5—固定支架

5）屋面泛水板立边有效宽度应不小于 250mm，并应有可靠连接（图 7-23）。

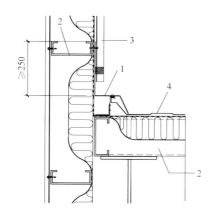
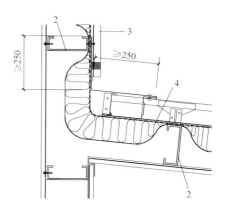

图 7-23　屋面与墙体立边泛水构造

1—立边泛水板；2—支承结构；3—墙面板；4—屋面板

6）压型钢板围护结构泛水板设计应符合下列规定：

（1）泛水板宜采用与屋面板、墙面板相同材质材料制作；

（2）泛水板与屋面板、墙面板及其他设施的连接应固定牢固、密封防水，并应采取措施适应屋面板、墙面板的伸缩变形；

（3）当设置泛水板时，下部应有硬质支撑；

（4）采用滑动式连接的屋面压型钢板，沿板型长度方向与墙面间的泛水板应为滑动式连接，并宜符合构造要求（图 7-24）。

7）压型钢板屋面与突出屋面设施相交处，应考虑屋面板断开、伸缩等构造处理。连接构造应设置泛水板，泛水板应有向上折弯部分，泛水板立边高度不得小于 250mm（图 7-25）。

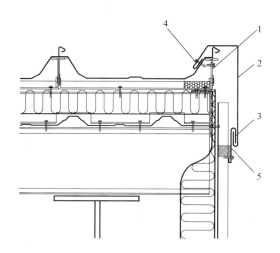

图 7-24　滑动连接构造

1—滑动支座；2—山墙封边板；3—滑动连接；
4—固定连接；5—山墙封边板支撑

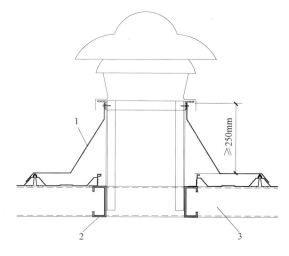

图 7-25　出屋面设施节点

1—泛水板；2—附加檩条；3—檩条

8）压型钢板围护结构，设计时应设置检修口、上人通道、检修通道及防坠落设施。对上人屋面，应在屋面上设置专用通道。

9）严寒和寒冷地区的屋面檐口部位应采取防冰雪融坠的安全措施。

7.9.2 压型钢板围护结构细部构造参考附图

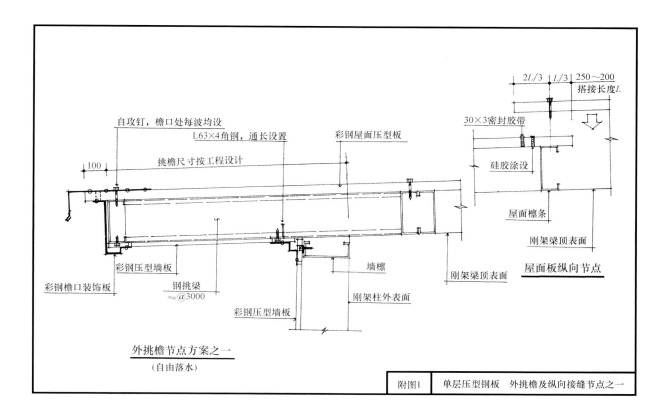

| 附图1 | 单层压型钢板 外挑檐及纵向接缝节点之一 |

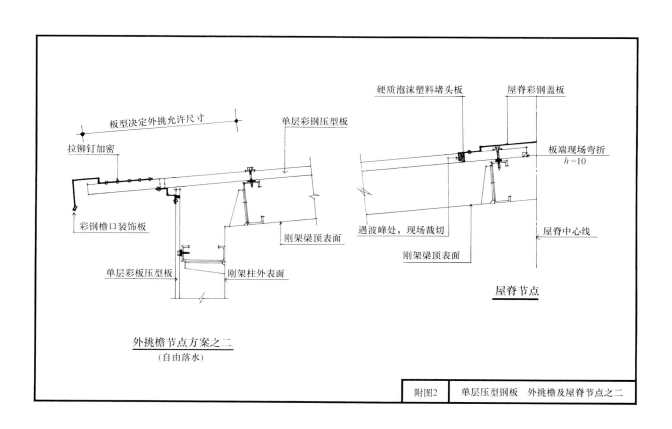

| 附图2 | 单层压型钢板 外挑檐及屋脊节点之二 |

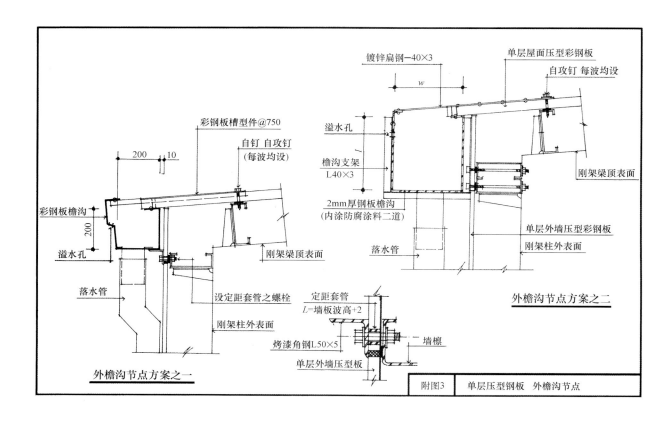

外檐沟节点方案之一

外檐沟节点方案之二

| 附图3 | 单层压型钢板 外檐沟节点 |

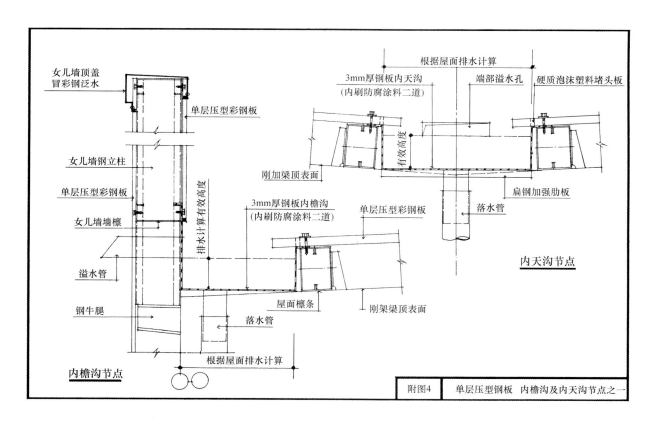

内檐沟节点

内天沟节点

| 附图4 | 单层压型钢板 内檐沟及内天沟节点之一 |

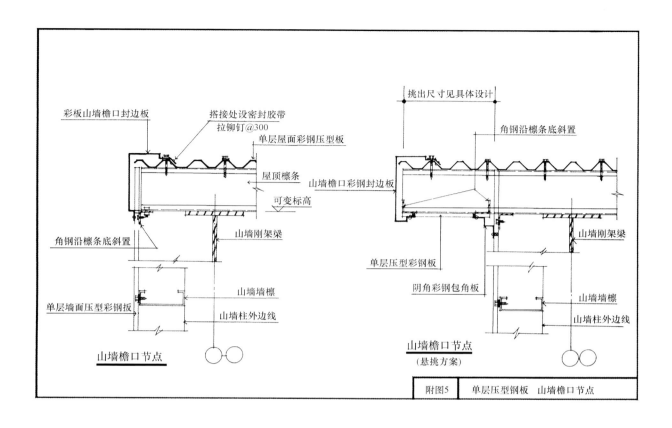

| 附图5 | 单层压型钢板　山墙檐口节点 |

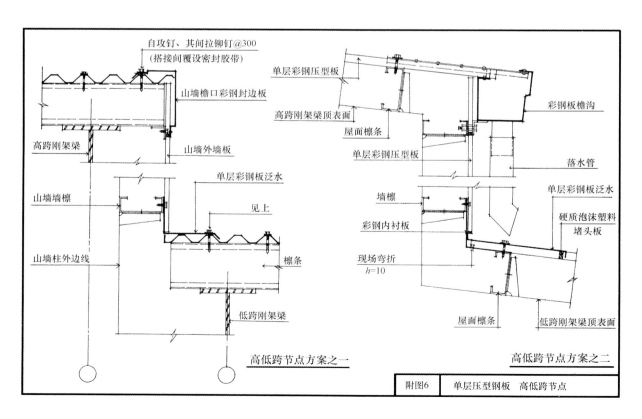

| 附图6 | 单层压型钢板　高低跨节点 |

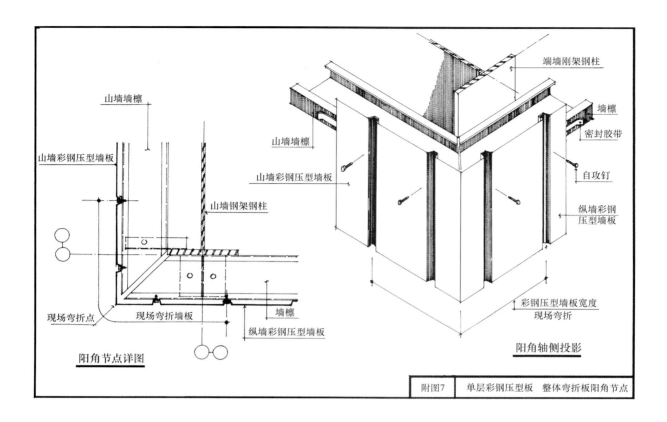

山墙墙檩

山墙彩钢压型墙板

山墙钢架钢柱

端墙刚架钢柱

墙檩

密封胶带

山墙墙檩

山墙彩钢压型墙板

自攻钉

纵墙彩钢压型墙板

现场弯折点

现场弯折墙板

墙檩

纵墙彩钢压型墙板

彩钢压型墙板宽度现场弯折

阳角节点详图

阳角轴侧投影

附图7	单层彩钢压型板 整体弯折板阳角节点

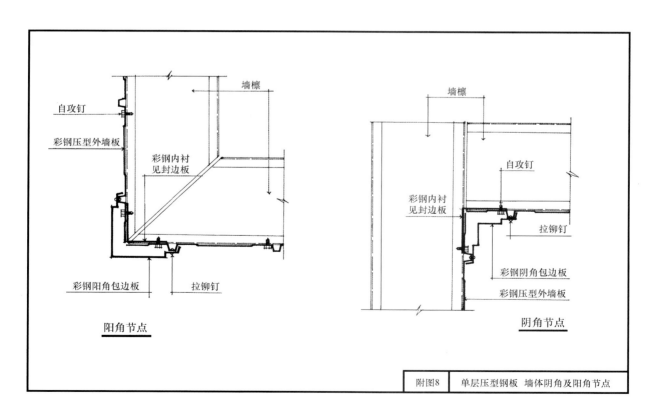

自攻钉

彩钢压型外墙板

墙檩

彩钢内衬见封边板

墙檩

自攻钉

彩钢内衬见封边板

拉铆钉

彩钢阳角包边板

拉铆钉

彩钢阴角包边板

彩钢压型外墙板

阳角节点

阴角节点

附图8	单层压型钢板 墙体阴角及阳角节点

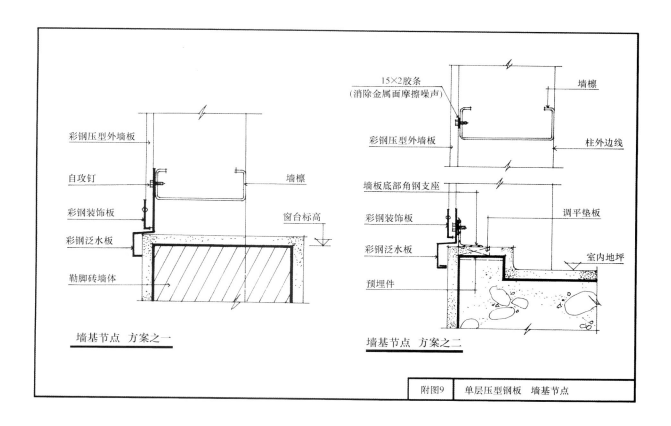

附图9 | 单层压型钢板 墙基节点

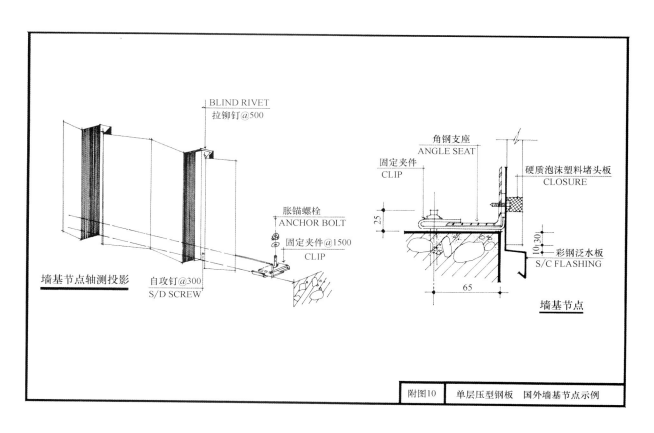

附图10 | 单层压型钢板 国外墙基节点示例

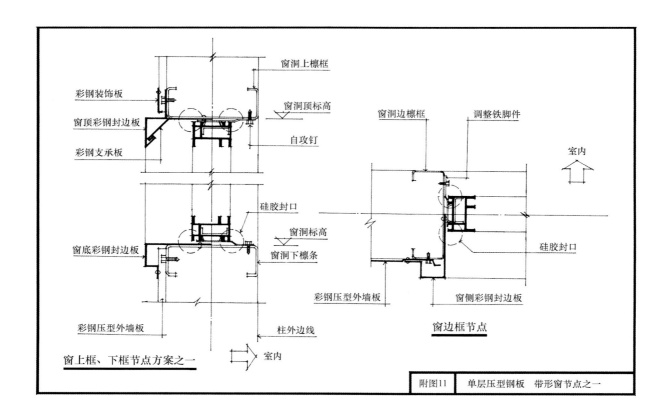

窗洞上檩框
彩钢装饰板
窗顶彩钢封边板
窗洞顶标高
彩钢支承板
自攻钉
窗洞边檩框
调整铁脚件
室内
硅胶封口
窗底彩钢封边板
窗洞标高
窗洞下檩条
硅胶封口
彩钢压型外墙板
窗侧彩钢封边板
窗边框节点
彩钢压型外墙板
柱外边线
窗上框、下框节点方案之一
室内

| 附图11 | 单层压型钢板 带形窗节点之一 |

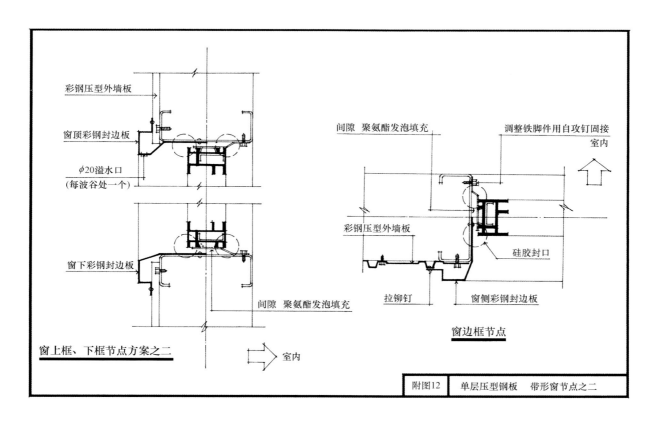

彩钢压型外墙板
窗顶彩钢封边板
间隙 聚氨酯发泡填充
调整铁脚件用自攻钉固接
室内
$\phi20$溢水口
(每波谷处一个)
彩钢压型外墙板
硅胶封口
窗下彩钢封边板
拉铆钉
窗侧彩钢封边板
间隙 聚氨酯发泡填充
窗边框节点
窗上框、下框节点方案之二
室内

| 附图12 | 单层压型钢板 带形窗节点之二 |

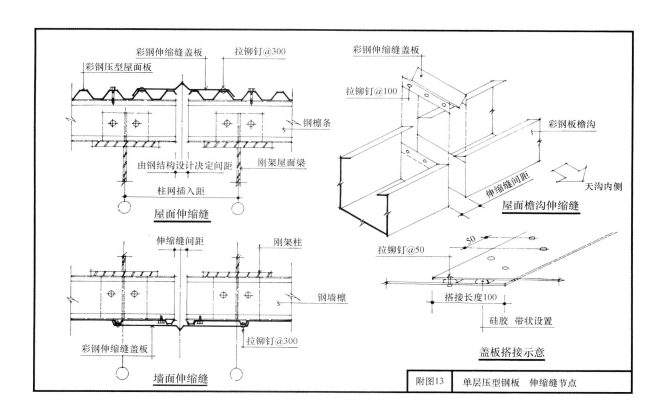

屋面伸缩缝

墙面伸缩缝

屋面檐沟伸缩缝

盖板搭接示意

附图13	单层压型钢板 伸缩缝节点

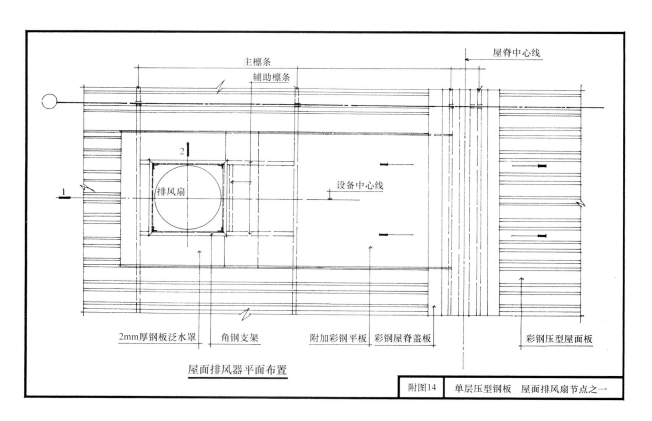

屋面排风器平面布置

附图14	单层压型钢板 屋面排风扇节点之一

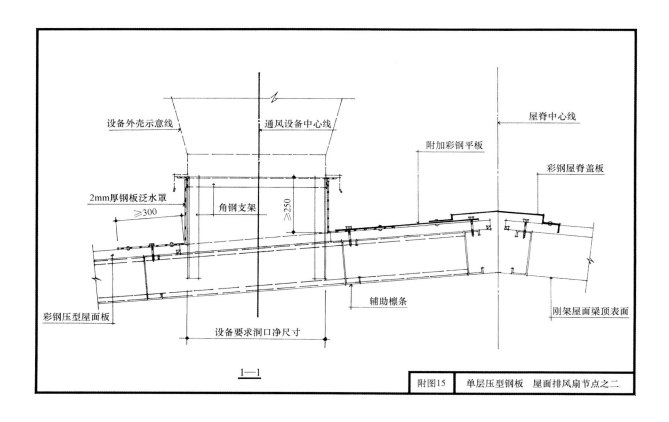

设备外壳示意线
通风设备中心线
屋脊中心线
附加彩钢平板
彩钢屋脊盖板
2mm厚钢板泛水罩
≥300
角钢支架
≥250
彩钢压型屋面板
辅助檩条
刚架屋面梁顶表面
设备要求洞口净尺寸

1—1

| 附图15 | 单层压型钢板 屋面排风扇节点之二 |

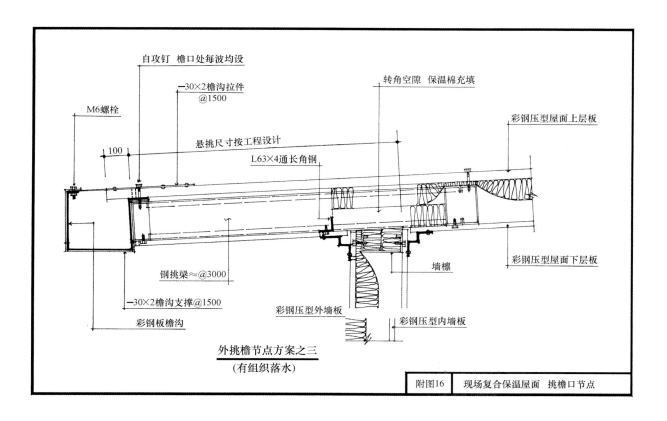

自攻钉 檐口处每波均设
转角空隙 保温棉充填
─30×2檐沟拉件 @1500
彩钢压型屋面上层板
M6螺栓
悬挑尺寸按工程设计
L63×4通长角钢
100
钢挑梁≈@3000
彩钢压型屋面下层板
墙檩
─30×2檐沟支撑@1500
彩钢压型外墙板
彩钢压型内墙板
彩钢板檐沟

外挑檐节点方案之三
(有组织落水)

| 附图16 | 现场复合保温屋面 挑檐口节点 |

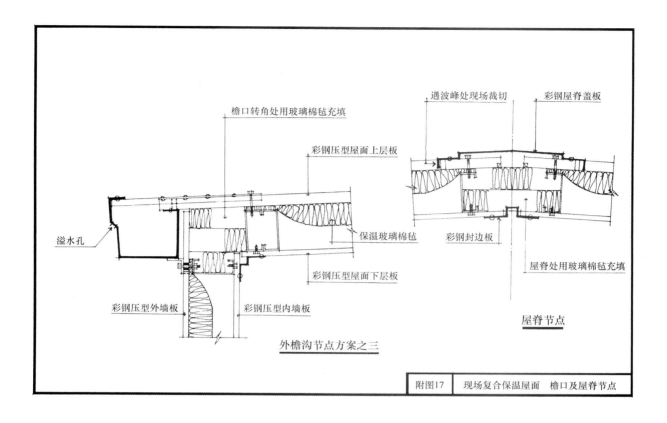

檐口转角处用玻璃棉毡充填

彩钢压型屋面上层板

保温玻璃棉毡

彩钢压型屋面下层板

溢水孔

彩钢压型外墙板

彩钢压型内墙板

外檐沟节点方案之三

遇波峰处现场裁切

彩钢屋脊盖板

彩钢封边板

屋脊处用玻璃棉毡充填

屋脊节点

附图17	现场复合保温屋面　檐口及屋脊节点

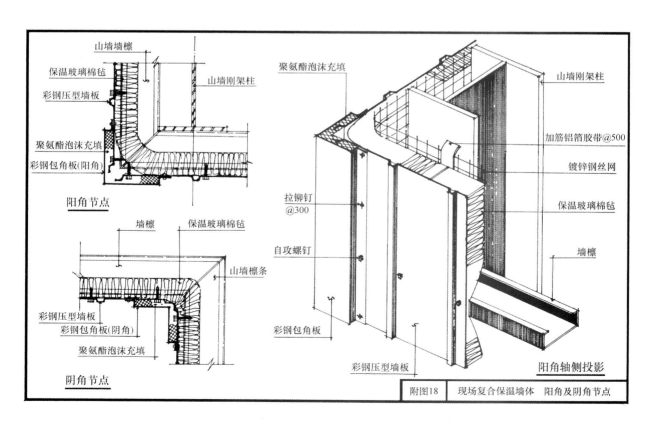

山墙墙檩

保温玻璃棉毡

彩钢压型墙板

山墙刚架柱

聚氨酯泡沫充填

彩钢包角板(阳角)

阳角节点

墙檩

保温玻璃棉毡

山墙檩条

彩钢压型墙板

彩钢包角板(阴角)

聚氨酯泡沫充填

阴角节点

聚氨酯泡沫充填

山墙刚架柱

加筋铝箔胶带@500

镀锌钢丝网

保温玻璃棉毡

墙檩

拉铆钉@300

自攻螺钉

彩钢包角板

彩钢压型墙板

阳角轴侧投影

附图18	现场复合保温墙体　阳角及阴角节点

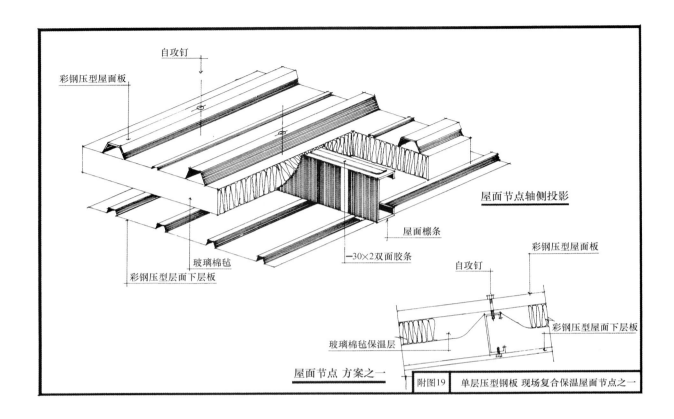

自攻钉

彩钢压型屋面板

屋面节点轴侧投影

屋面檩条

彩钢压型屋面板

自攻钉

玻璃棉毡

彩钢压型层面下层板

—30×2双面胶条

彩钢压型屋面下层板

玻璃棉毡保温层

屋面节点 方案之一

| 附图19 | 单层压型钢板 现场复合保温屋面节点之一 |

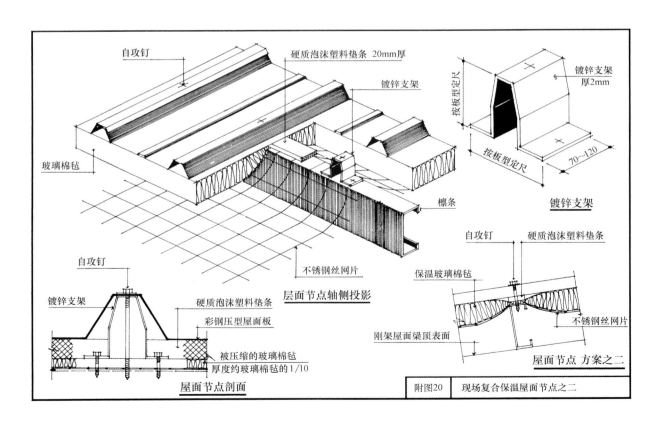

自攻钉

硬质泡沫塑料垫条 20mm厚

镀锌支架

镀锌支架 厚2mm

按板型定尺

按板型定尺

70~120

镀锌支架

玻璃棉毡

檩条

自攻钉

硬质泡沫塑料垫条

保温玻璃棉毡

不锈钢丝网片

层面节点轴侧投影

镀锌支架

硬质泡沫塑料垫条

彩钢压型屋面板

刚架屋面梁顶表面

不锈钢丝网片

被压缩的玻璃棉毡 厚度约玻璃棉毡的1/10

屋面节点 方案之二

屋面节点剖面

| 附图20 | 现场复合保温屋面节点之二 |

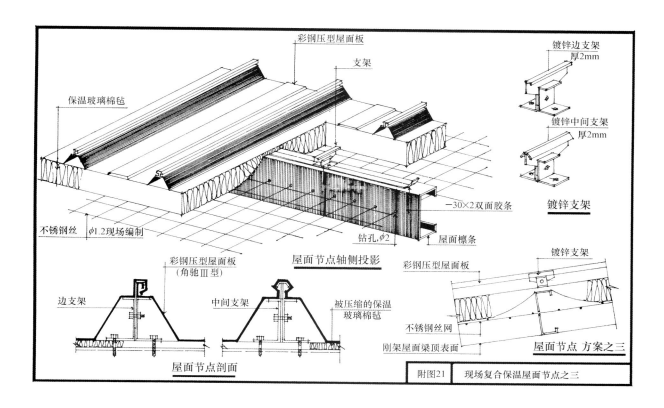

彩钢压型屋面板

镀锌边支架
厚2mm

支架

镀锌中间支架
厚2mm

保温玻璃棉毡

镀锌支架

不锈钢丝
φ1.2现场编制

—30×2双面胶条

钻孔,φ2

屋面檩条

彩钢压型屋面板
(角驰Ⅲ型)

屋面节点轴侧投影

彩钢压型屋面板

镀锌支架

边支架

中间支架

被压缩的保温
玻璃棉毡

不锈钢丝网

刚架屋面梁顶表面

屋面节点 方案之三

屋面节点剖面

| 附图21 | 现场复合保温屋面节点之三 |

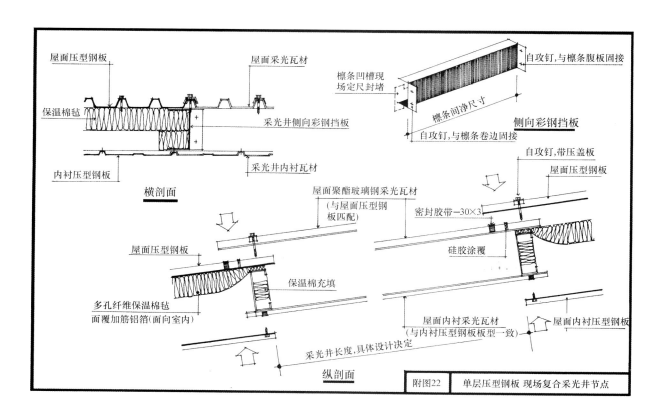

屋面压型钢板

屋面采光瓦材

自攻钉,与檩条腹板固接

檩条凹槽现
场定尺封堵

保温棉毡

采光井侧向彩钢挡板

檩条间净尺寸

侧向彩钢挡板

内衬压型钢板

采光井内衬瓦材

自攻钉,与檩条卷边固接

横剖面

屋面聚酯玻璃钢采光瓦材
(与屋面压型钢
板匹配)

自攻钉,带压盖板

屋面压型钢板

密封胶带—30×3

屋面压型钢板

硅胶涂覆

保温棉充填

多孔纤维保温棉毡
面覆加筋铝箔(面向室内)

屋面内衬采光瓦材
(与内衬压型钢板板型一致)

屋面内衬压型钢板

采光井长度,具体设计决定

纵剖面

| 附图22 | 单层压型钢板 现场复合采光井节点 |

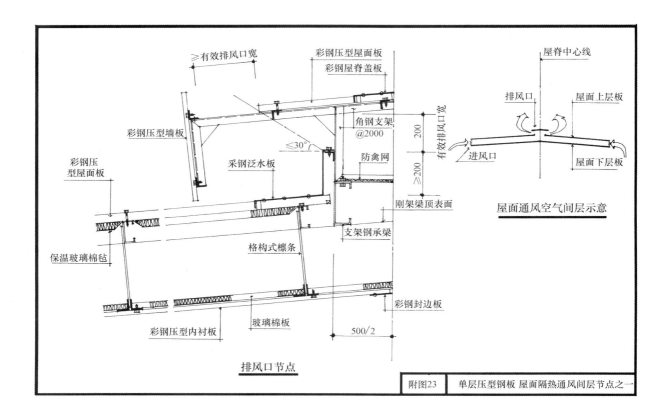

排风口节点

| 附图23 | 单层压型钢板 屋面隔热通风间层节点之一 |

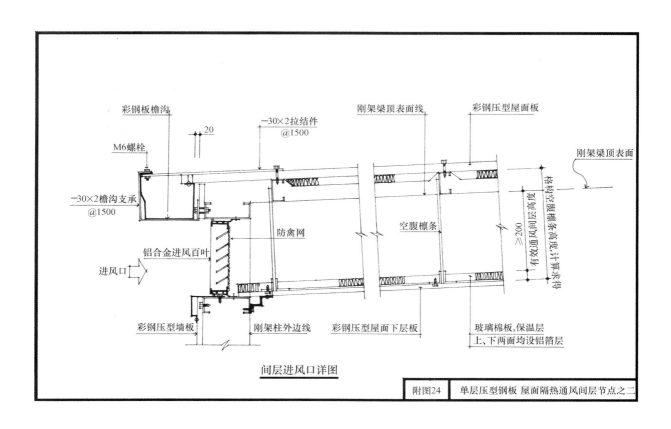

间层进风口详图

| 附图24 | 单层压型钢板 屋面隔热通风间层节点之二 |

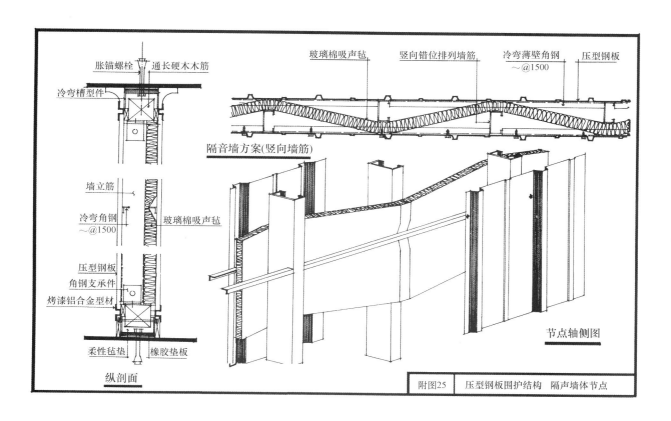

胀锚螺栓　通长硬木木筋

冷弯槽型件

玻璃棉吸声毡　竖向错位排列墙筋　冷弯薄壁角钢 ～@1500　压型钢板

隔音墙方案(竖向墙筋)

墙立筋

冷弯角钢 ～@1500　玻璃棉吸声毡

压型钢板
角钢支承件
烤漆铝合金型材

柔性毡垫　橡胶垫板

节点轴侧图

纵剖面

附图25	压型钢板围护结构　隔声墙体节点

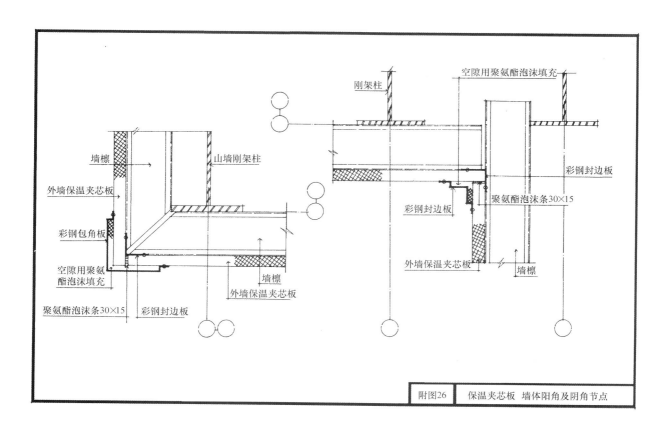

刚架柱　空隙用聚氨酯泡沫填充

墙檩

山墙刚架柱

外墙保温夹芯板

彩钢封边板

彩钢包角板

聚氨酯泡沫条30×15

空隙用聚氨酯泡沫填充

彩钢封边板

聚氨酯泡沫条30×15　彩钢封边板

外墙保温夹芯板

外墙保温夹芯板

墙檩

墙檩

附图26	保温夹芯板　墙体阳角及阴角节点

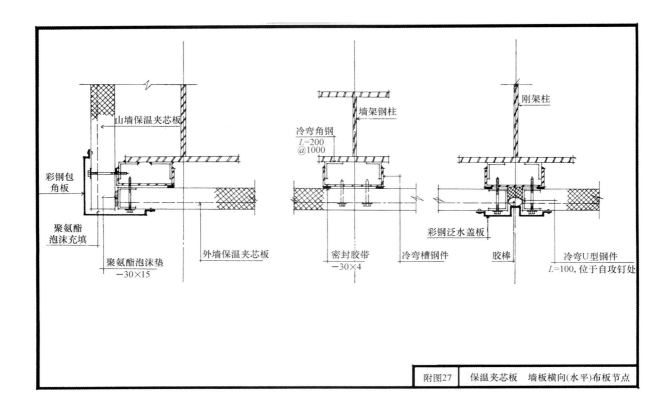

| 附图27 | 保温夹芯板　墙板横向(水平)布板节点 |

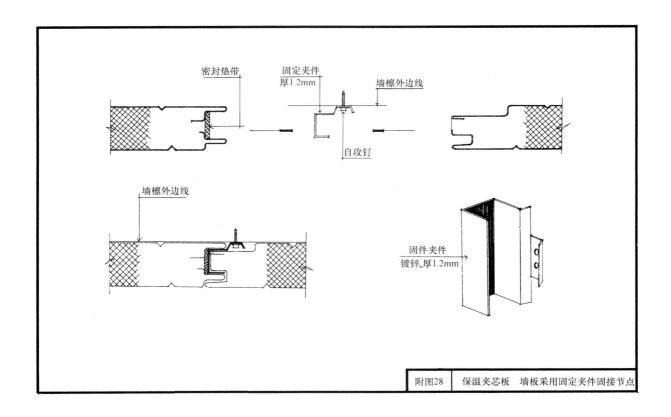

| 附图28 | 保温夹芯板　墙板采用固定夹件固接节点 |

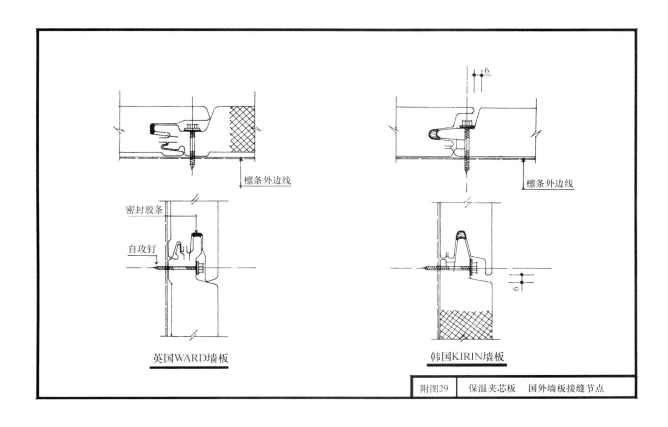

| 附图29 | 保温夹芯板　国外墙板接缝节点 |

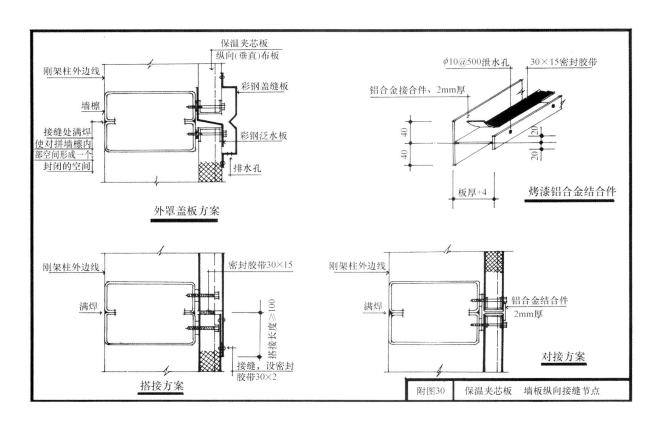

| 附图30 | 保温夹芯板　墙板纵向接缝节点 |

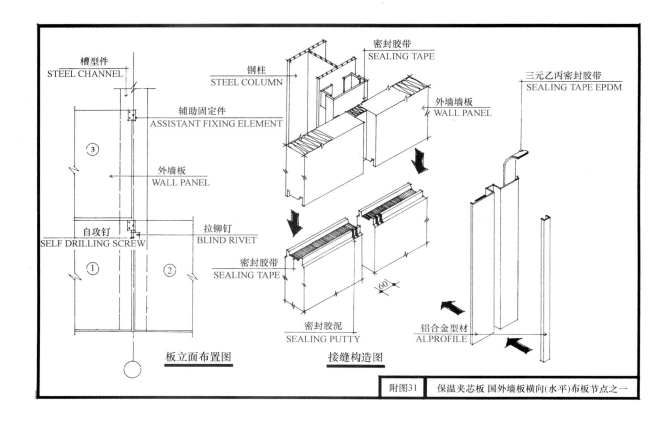

板立面布置图

接缝构造图

| 附图31 | 保温夹芯板 国外墙板横向(水平)布板节点之一 |

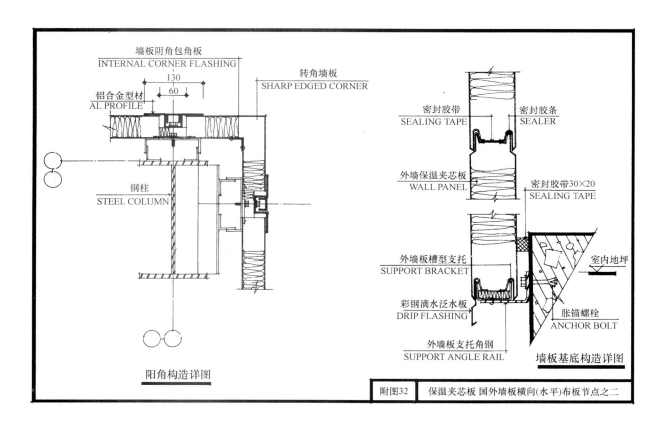

阳角构造详图

墙板基底构造详图

| 附图32 | 保温夹芯板 国外墙板横向(水平)布板节点之二 |

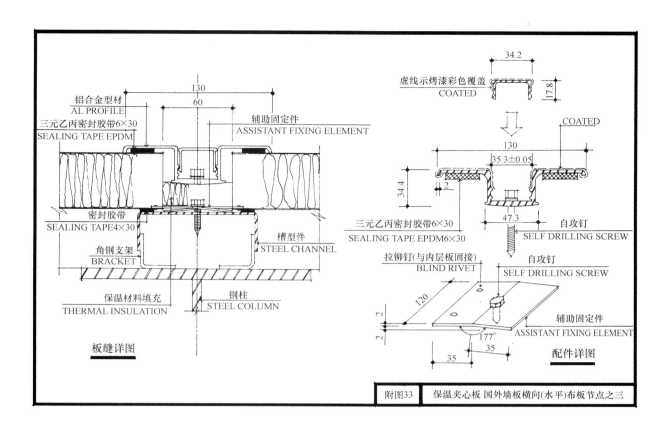

板缝详图

配件详图

| 附图33 | 保温夹心板 国外墙板横向(水平)布板节点之三 |

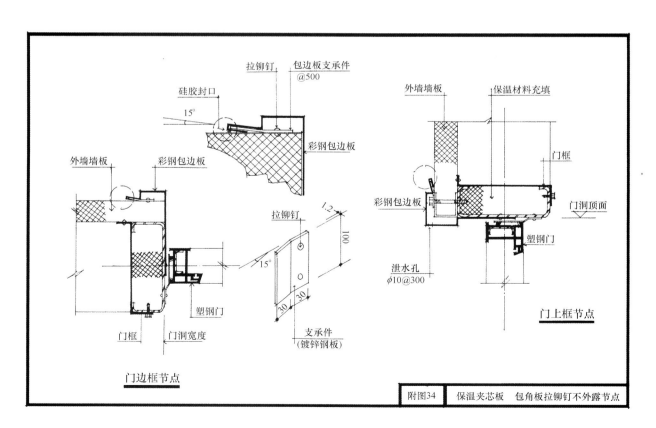

门边框节点

门上框节点

| 附图34 | 保温夹芯板 包角板拉铆钉不外露节点 |

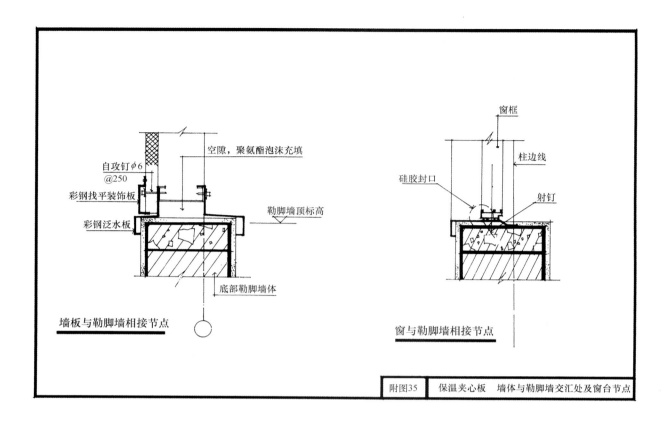

墙板与勒脚墙相接节点

窗与勒脚墙相接节点

| 附图35 | 保温夹心板　墙体与勒脚墙交汇处及窗台节点 |

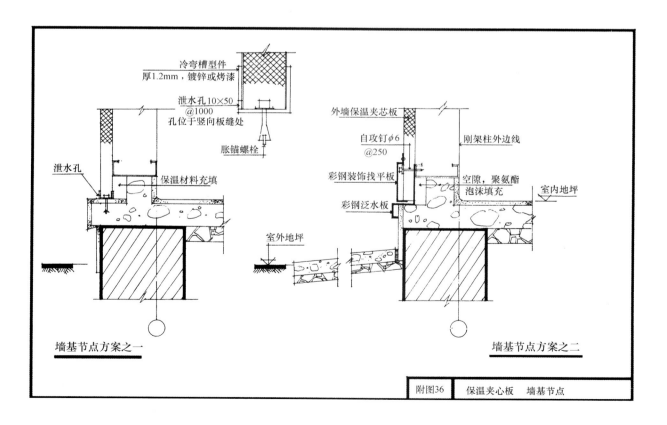

墙基节点方案之一

墙基节点方案之二

| 附图36 | 保温夹心板　墙基节点 |

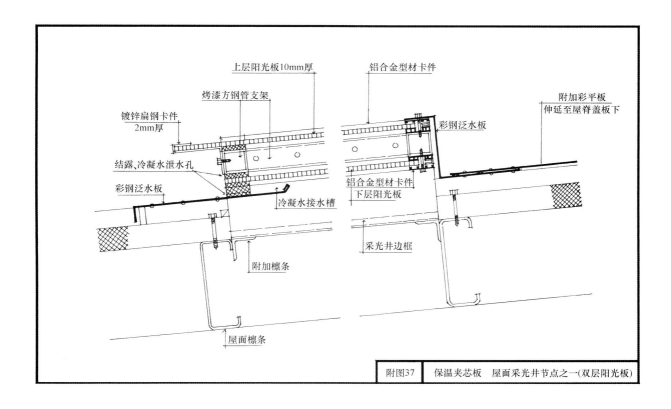

上层阳光板10mm厚

铝合金型材卡件

附加彩平板
伸延至屋脊盖板下

烤漆方钢管支架

镀锌扁钢卡件
2mm厚

彩钢泛水板

结露、冷凝水泄水孔

铝合金型材卡件
下层阳光板

彩钢泛水板

冷凝水接水槽

采光井边框

附加檩条

屋面檩条

附图37	保温夹芯板　屋面采光井节点之一(双层阳光板)

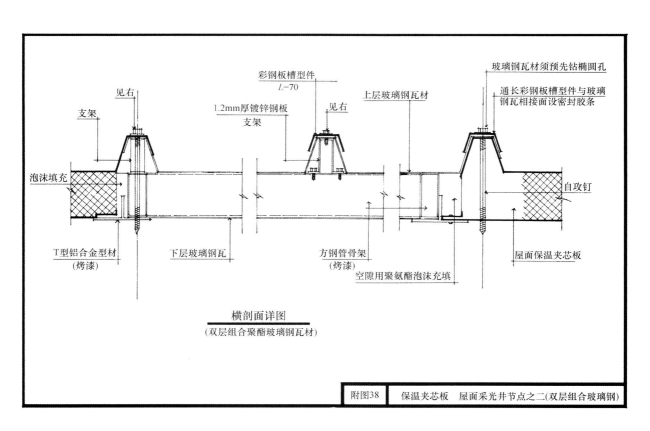

玻璃钢瓦材须预先钻椭圆孔

彩钢板槽型件
L=70

见右

上层玻璃钢瓦材

通长彩钢板槽型件与玻璃
钢瓦相接面设密封胶条

支架

1.2mm厚镀锌钢板
支架

见右

泡沫填充

自攻钉

T型铝合金型材
(烤漆)

下层玻璃钢瓦

方钢管骨架
(烤漆)

屋面保温夹芯板

空隙用聚氨酯泡沫充填

横剖面详图
(双层组合聚酯玻璃钢瓦材)

附图38	保温夹芯板　屋面采光井节点之二(双层组合玻璃钢)

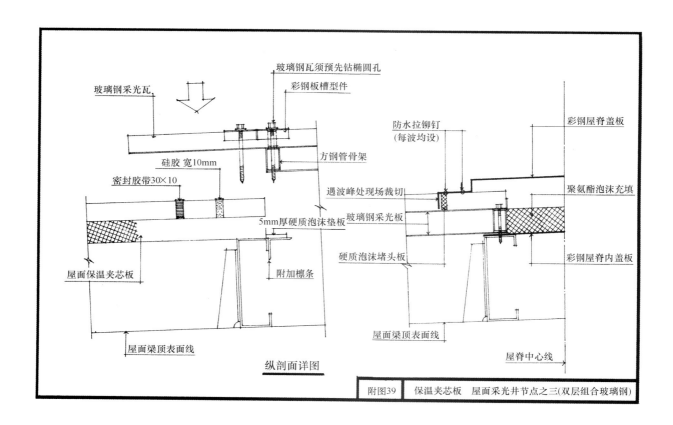

玻璃钢瓦须预先钻椭圆孔

彩钢板槽型件

玻璃钢采光瓦

方钢管骨架

硅胶 宽10mm

密封胶带30×10

5mm厚硬质泡沫垫板

屋面保温夹芯板

附加檩条

屋面梁顶表面线

防水拉铆钉
（每波均设）

彩钢屋脊盖板

遇波峰处现场裁切

聚氨酯泡沫充填

玻璃钢采光板

硬质泡沫堵头板

彩钢屋脊内盖板

屋面梁顶表面线

屋脊中心线

纵剖面详图

| 附图39 | 保温夹芯板　屋面采光井节点之三(双层组合玻璃钢) |

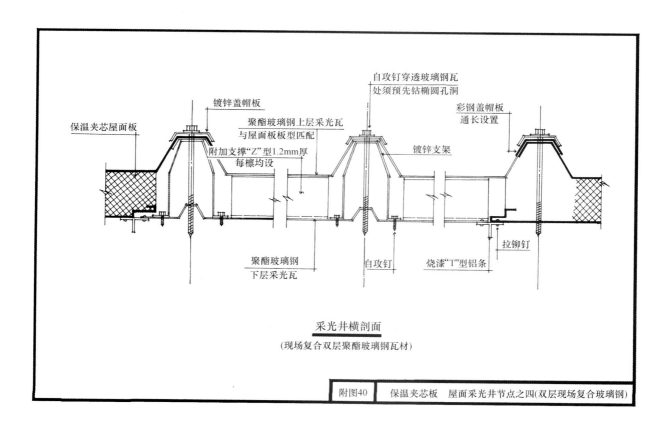

保温夹芯屋面板

镀锌盖帽板

聚酯玻璃钢上层采光瓦
与屋面板板型匹配

附加支撑"Z"型1.2mm厚
每檩均设

自攻钉穿透玻璃钢瓦
处须预先钻椭圆孔洞

彩钢盖帽板
通长设置

镀锌支架

聚酯玻璃钢
下层采光瓦

自攻钉

烧漆"T"型铝条

拉铆钉

采光井横剖面

(现场复合双层聚酯玻璃钢瓦材)

| 附图40 | 保温夹芯板　屋面采光井节点之四(双层现场复合玻璃钢) |

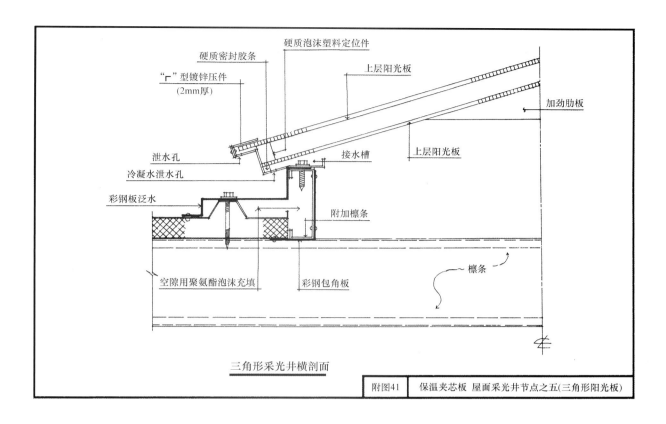

三角形采光井横剖面

| 附图41 | 保温夹芯板 屋面采光井节点之五(三角形阳光板) |

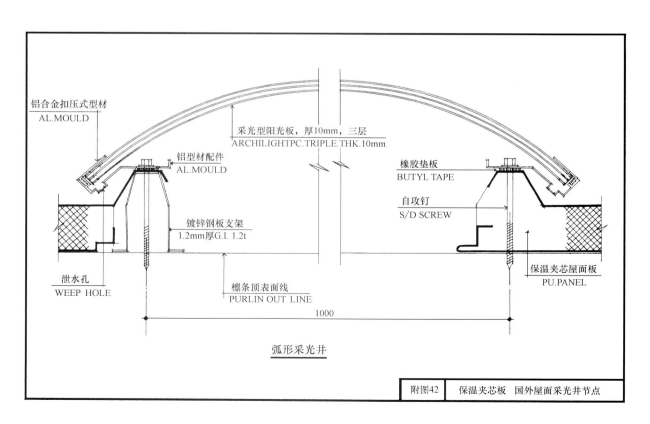

弧形采光井

| 附图42 | 保温夹芯板 国外屋面采光井节点 |

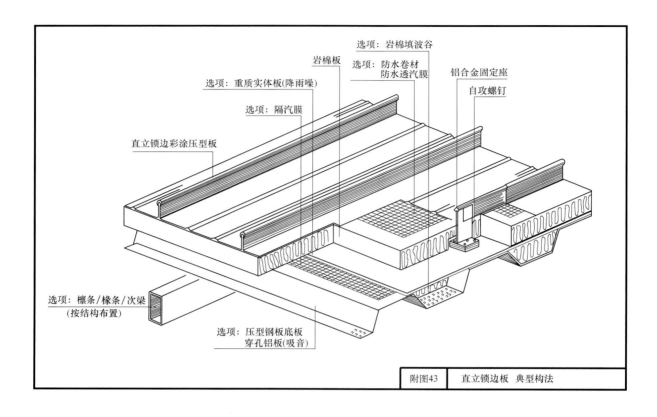

选项：岩棉填波谷
岩棉板
选项：防水卷材　防水透汽膜
铝合金固定座
自攻螺钉
选项：重质实体板(降雨噪)
选项：隔汽膜
直立锁边彩涂压型板
选项：檩条/橡条/次梁
（按结构布置）
选项：压型钢板底板　穿孔铝板(吸音)

| 附图43 | 直立锁边板　典型构法 |

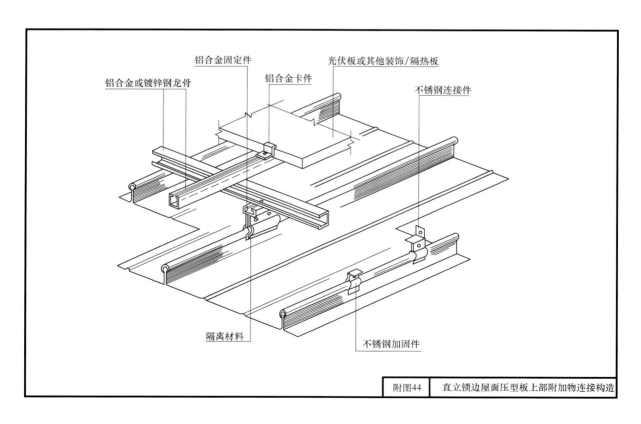

铝合金固定件
光伏板或其他装饰/隔热板
铝合金或镀锌钢龙骨
铝合金卡件
不锈钢连接件
隔离材料
不锈钢加固件

| 附图44 | 直立锁边屋面压型板上部附加物连接构造 |

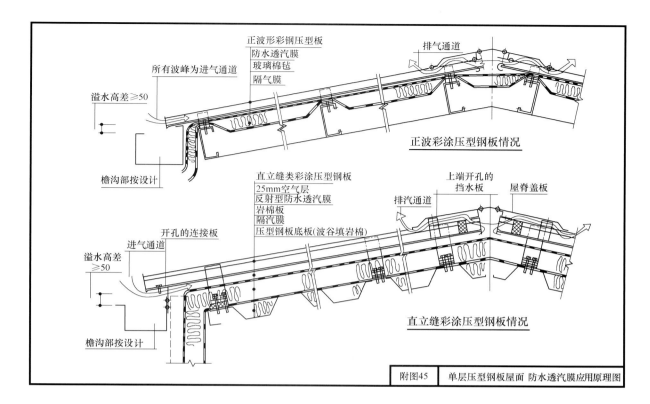

正波形彩钢压型板
防水透汽膜
玻璃棉毡
隔气膜

排气通道

所有波峰为进气通道

溢水高差≥50

正波彩涂压型钢板情况

檐沟部按设计

直立缝类彩涂压型钢板
25mm空气层
反射型防水透汽膜
岩棉板
隔汽膜
压型钢板底板(波谷填岩棉)

排汽通道

上端开孔的挡水板

屋脊盖板

开孔的连接板

进气通道

溢水高差≥50

直立缝彩涂压型钢板情况

檐沟部按设计

附图45	单层压型钢板屋面 防水透汽膜应用原理图

第 8 章 涂、镀层压型钢板的耐久性

耐锈蚀性差是钢材属性的重要特点之一。钢材的锈蚀会严重影响钢结构构件的安全性，并减少其使用寿命，特别对薄壁钢构件（包括压型钢板），其板件厚度仅 0.5～3.0mm，对锈蚀造成的安全性影响更为敏感。在工程设计时，应按使用环境条件与使用功能、安全性及寿命等要求，妥善合理地选用压型钢板的镀层、涂层构造，保证正常的使用寿命。

8.1 钢材腐蚀的机理与影响因素

8.1.1 钢材腐蚀的机理

按介质不同，对钢材的腐蚀作用可分为气态介质腐蚀、液态介质腐蚀与固态介质腐蚀三种状态。压型钢板作为建筑围护结构与楼盖支承结构，应主要考虑所处大气环境的气态介质侵蚀作用。

钢结构的大气腐蚀是金属处于表面水膜层下的电化学腐蚀过程。这种水膜实质上是电解质水膜，它是由于空气中较大的相对湿度和热桥作用，而在金属表面吸附凝聚并溶有空气中污染物而形成的。由于表面水膜很薄，氧气很容易达到阴极表面，氧的平衡电位较低，因此，电化学腐蚀的阴极是氧气极化作用过程，阳极是金属腐蚀过程。在大气中腐蚀的阳极过程随水膜变薄会受到较大阻碍，此时金属离子水化作用受阻，阳极易发生钝化。因而，在潮湿环境中，大气腐蚀速度主要由阴极过程控制；当气候干燥或金属表面水膜很薄时，金属腐蚀速率变慢，其腐蚀速度主要受阳极化过程控制。

8.1.2 钢材大气腐蚀的损伤形式

钢材大气腐蚀的主要破坏形式可分为均匀腐蚀和局部腐蚀两类，后者又可以分为点蚀、缝隙腐蚀与切边腐蚀。

1. 均匀腐蚀

均匀腐蚀是最常见的腐蚀形态，其特征是腐蚀分布于整个金属表面，并以相同的速度使金属整体厚度减小。在一般情况下，大气腐蚀多数表现为均匀腐蚀，其电化学过程特点是腐蚀源电极的阴、阳面积非常小，而无数微阴极与微阳极的位置是变幻不定的，不断交替和重复进行。均匀腐蚀发生在整个金属表面都处于水膜电解质活化状态，表面各部位持续有能量起伏变化，能量高的部位为阳极，能量低的部位为阴极，从而使整个金属表面发生腐蚀。均匀腐蚀会造成大量金属损失，但由于腐蚀速度均匀，可以较容易地进行预测和防护。

2. 点蚀

点蚀是局部性腐蚀状态，它可以形成大大小小的孔眼，但绝大多数情况下是相对较小的空隙。这种腐蚀破坏主要集中在某些活性点上，并向金属内部深处发展。从表面上看，点蚀互相隔离或靠得很近，并呈粗糙表面。点蚀是一种内部腐蚀形态，即使是很少的这类金属腐蚀也可能会引起设备或制品的严重损伤。

3. 缝隙腐蚀

缝隙腐蚀是因金属与金属、金属与非金属相连接或接触时表面间存在缝隙，而同时有腐蚀介质存在时发生的局部腐蚀形态。其发生部位多为：

1）金属与金属之间的连接处，如其焊接部位，螺纹连接部位等；

2）金属与非金属之间的连接处，金属与有机涂层、塑料、橡胶、木材、混凝土、石棉、织物连接部位等；

3）金属腐蚀产物和灰尘、沙粒、盐分等沉积物或附着物聚积在金属表面，造成聚积物与金属界面间的腐蚀现象。

具有缝隙是缝隙腐蚀发生的条件，一般发生缝隙腐蚀最敏感的缝隙宽度在 0.025～0.1mm 范围内。缝隙腐蚀的机理为腐蚀介质进入缝隙内，由于闭塞电极效应，缝隙内外腐蚀介质浓度不一致产生浓差极化，缝隙内部氧浓度低于外部而成为阳极区，在缝隙周围形成腐蚀。腐蚀产物是累积和腐蚀介质的继续侵入，又使得此处缝隙腐蚀进一步向纵深发展。当有氯离子存在于缝隙腐蚀介质中时，最容易产生缝隙腐蚀，如在海洋环境下氯离子含量丰富，此时的缝隙腐蚀危害更大。

4. 切边锈蚀

切边锈蚀是涂镀层钢板特有的一种锈蚀损伤形式，即涂镀板表面有镀层、涂层防护后，有效地提高了其防腐蚀性能，但作为围护板材使用时，需按设计裁切成为一定尺寸的单张板材，再与经压制成型为压型钢板，此时其 2 个（或 3 个、4 个）裁切边的切面即为无保护层的裸边。在使用过程中很易产生锈蚀，此即为切边锈蚀。同样，压型钢板上的螺栓连接钻孔处的孔边缘也为类似情况。此类锈蚀往往成为压型钢板的锈蚀源，在工程设计中，应注意采取相应的防护措施。当采用锌或锌铝作为镀层时，由于电位差的存在，切边附近的锌镀层会逐渐向裸钢边缘有一定的流动，并对其覆盖保护，此即镀锌层的切边效应。但这种保护是以减少自身为代价的，故对潮湿、多雨地区板的切边仍宜采取冷镀锌等措施防护。

8.1.3 影响钢材大气腐蚀的主要因素

影响金属大气腐蚀的主要因素是大气中的腐蚀性介质、环境大气的相对湿度及温度。

1. 大气中的腐蚀性介质

海洋大气中的盐粒子与工业大气中的硫化物、氨化物、碳化物等腐蚀性介质及其形成的酸雨等是金属在大气中的主要腐蚀源。二氧化硫（SO_2）吸附在钢材表面极易形成硫酸腐蚀，而且这种自催化式的反应会使金属受到持续性腐蚀。大气中腐蚀性介质含量的多少，对金属腐蚀的程度有很大影响。即使湿度很大，而为纯净大气时，对金属的腐蚀并不严重；但含有腐蚀性介质时，即使含量很低，如 0.01% 的 SO_2 也会明显加剧钢材的腐蚀程度，并使腐蚀速度有明显的突变（图 8-1）。

沿海地区的盐雾环境与含有氯化钠颗粒的尘埃是氯离子的主要来源，氯离子又有极强的吸湿性，也会对钢材有很强的腐蚀作用。同时有些尘埃本身虽然无腐蚀性，但它会吸附水汽与腐蚀性介质，冷凝后形成电解质溶液，附着于钢材表面而造成腐蚀。

2. 大气的相对湿度

大气中的侵蚀性介质，与吸附大气中水分后在钢材表面上形成的水膜，是造成钢材腐蚀的决定性因素，而水膜的形成则取决于大气的相对湿度。当湿度较大时，会逐渐形成吸附水膜，腐蚀作用也随之逐渐加强，当湿度达到某一特定的临界值时腐蚀速度会突然增加（图 8-2），故在评价钢材腐蚀环境类别时，均将大气相对湿度作为重要指标。钢材腐蚀的临界相对湿度可见表 8-1，一般取为 60%～75%。

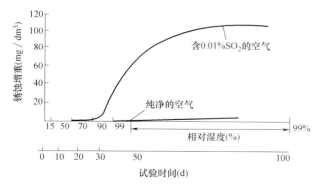

图 8-1　钢材在有、无 SO_2 杂质大气中腐蚀速度的比较

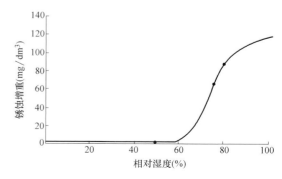

图 8-2　含 SO_2（0.01%）大气中钢材腐蚀速度与相对湿度的关系（试验时间 55d）

表面状态	临界湿度（%）	表面状态	临界湿度（%）
干净表面在干净的空气中	接近100	干净表面在含氧化硫0.01%的空气中	70
二氧化硫处理过的表面	80	在3%氯化钠溶液中浸泡过的表面	55

钢材腐蚀速度加剧的空气相对湿度临界值　　　　表 8-1

3. 温度

环境温度的变化影响着金属表面水汽的凝聚，也影响水膜中各种腐蚀气体和盐类的浓度以及水膜的电阻等。当相对湿度较低时，温度对大气的腐蚀影响较小；当相对湿度达到金属临界相对湿度时，温度的影响就十分明显。湿热带或雨季气温高，则腐蚀严重。温度的变化还会引起结露。比如，白天温度高，空气中相对湿度较低，夜晚和清晨温度下降后，大气的水分就会在金属表面结露，从而形成水膜并强化腐蚀作用。

8.1.4 大气环境的分类与金属腐蚀程度

1. 大气环境的分类

根据大气环境中腐蚀性介质情况，可大致将大气环境分为农村大气、城市大气、工业大气、海洋大气和重污染工业大气五大类。

1）农村大气。农村大气相对是最洁净的大气环境，空气中不含严重破坏环境的化学污染物，主要含有机物和无机物尘埃等，其腐蚀作用较轻微。

2）城市大气。城市大气中的侵蚀性介质主要是城市生活所造成的大气污染物，如汽车尾气、锅炉排放的二氧化硫等。实际上，很多大城市往往既是工业城市，又是海滨城市，所以，其大气环境的污染物的构成相当复杂。

3）工业大气。在现代工业化社会中，空气被化工、石油、冶金、炼焦、水泥等行业排放出大量的化学污染气体和物质所污染，其中含有大量的 SO_2、H_2S、CL_2 等物质，而其最具腐蚀性的是硫化物。它们易溶于水，形成的水膜成为强腐蚀介质，加速金属的腐蚀。随着大气相对湿度和温差的变化，这种腐蚀作用更强烈。

表 8-2 列出了不同大气组成对低碳钢（碳含量 0.17%）腐蚀速度的影响，可以看出，工业大气的腐蚀介质对户外钢结构的腐蚀性是很严重的。

空气组成	相对腐蚀量	空气组成	相对腐蚀量
洁净空气	100	洁净空气中加入5% H_2SO_4	135
洁净空气中加入5% SO_2	118	空气中加入5% H_2O 和 H_2SO_4	278

不同空气污染程度对钢结构的腐蚀　　　　表 8-2

4）海洋大气。海洋大气特点是空气湿度大，含盐分多，亦即同时具备了钢材腐蚀的决定性因素。试验表明，在低湿度中的碳钢腐蚀速度为 10.03g/（m^2·a），而在海洋大气中的腐蚀速率可达到 301.1 g/（m^2·a）这样高的腐蚀强度。当金属表面有细小盐粒子的沉降并吸收空气中的水分后即在金属表面形成液膜，引起腐蚀。在季节或昼夜气温变化达到露点时尤为明显。金属在潮湿海洋大气中的腐蚀与电解质溶液入侵的腐蚀几乎没有区别。而氯离子的渗透力很强，能穿透金属的钝化膜直达底材引起腐蚀，对于较小低膜厚的涂层钢板也能很容易穿透。所以，海洋大气对金属结构的腐蚀作用，比之内陆大气（包括乡村大气和城市大气），要严重得多。

离海岸距离越近，大气中海盐粒子越多，腐蚀性也越强。日本对于离海岸线距离和钢铁腐蚀速率间关系的研究表明，在距海岸线 200m 以内，钢材的腐蚀非常严重（表 8-3）。

5）重污染工业大气。冶金、化工等重污染工业区，其腐蚀性介质浓度更高，与较高湿度（如沿海）条件相结合，会形成腐蚀程度更严重的重污染工业大气环境。

钢材距海岸线远近的腐蚀速率   表8-3

离海岸线的距离(m)	腐蚀速率(mm·a⁻¹)	离海岸线的距离(m)	腐蚀速率(mm·a⁻¹)
45.72	0.958	1188.72	0.041
182.88	0.378	1852.00	0.005
365.76	0.056		

2. 金属在大气环境中的腐蚀程度

根据调查分析,各类大气对钢材的相对腐蚀程度(以最严重侵蚀性大气为100%)可参见表8-4。同时研究表明,不同的金属材料在耐腐蚀性能方面也有很大差异。其中钢材耐蚀性最差,而锌、铝、铜、镍等则具有良好的耐蚀性。在中等侵蚀介质环境中,锌与铝的腐蚀速度只及钢材的1/30~1/15。故压型钢板的镀层板都选择了锌、铝合金作为原板的保护镀层。不同金属材料在大气环境中的年腐蚀速度可参见表8-5。

各类大气对钢材的相对腐蚀程度   表8-4

大气分类	相对腐蚀程度(%)
农村大气	1~10
城市大气	30~35
海洋大气	38~52
工业大气	55~80
重污染工业大气	100

不同金属在大气环境中的年腐蚀速度   表8-5

金属名称	年腐蚀速度(μm/a)		
	农村大气	沿海大气	工业大气
铝	0.9~1.4	1.8~3.7	1.8
铜	1.9	3.2~4.0	3.8
镍	1.1	4~58	2.8
锌	1.0~3.4	3.8~19	2.4~15
钢	4~60	40~160	65~230

3. 苏联1985年《建筑结构防腐蚀规范》**СНиПU2-03-11-85**对钢与镀层耐锈蚀性能的规定见表8-6。

钢与镀层的耐锈蚀性   表8-6

介质对结构的腐蚀程度	耐腐蚀性				不防护或带耐久防护层结构使用的可能性		
	碳素钢		铝及镀铝、镀锌防护层		碳素钢承重结构	围护结构	
	平均侵蚀速度(mm/y)	腐蚀级别	平均侵蚀速度(mm/y)	腐蚀级别②		铝	镀锌、镀铝钢板 δ③≥8μ
无腐蚀性	≤0.01	10~6	≤0.0015	10~8	运输、存放①、安装时防护	无防护	无防护
弱腐蚀性	0.01~0.05	5~4	0.0015~0.05	7~6	镀锌、镀铝	无防护	油漆涂层
中等腐蚀性	0.05~0.5	4~3	0.05~0.02	6~5	镀锌、镀铝外加油漆涂层	电化学阳极防腐	在生产厂涂塑
强腐蚀性	>0.5	2~1	>0.02	4~1	气热喷锌或喷铝外加油漆涂层	电化学阳极防腐外加油漆涂层	不得应用

注:1.①使用阶段根据装饰要求涂漆;
2.②腐蚀级别,共分1~10十个级别;
3.③δ为镀锌、镀铝层厚度。

8.2 大气介质环境腐蚀作用的分类与标准

为了在建筑使用条件与大气环境（侵蚀性）条件下，合理选用钢材（包括各类镀层、涂层压型钢板）及其涂装防护措施，以及对钢构件的耐腐蚀寿命作出量化评估，首先应对钢材工作所处大气环境的侵蚀性做出科学的分级、分类规定。这方面英国、美国、澳大利亚、苏联以及国际标准化组织早就有了专门规定，我国也于 1995 年和 2003 年分别颁布了《大气环境腐蚀性分类》GB/T 15957 和《金属和合金的腐蚀 大气腐蚀性分类》GB/T 19292 等标准，后者内容为等效使用国际标准《金属和合金的腐蚀 大气腐蚀性 分类》ISO 9223 的规定。同时《涂料和清漆——防护涂层系统对钢结构的腐蚀性保护》ISO 12944 也对大气腐蚀性作了分级规定。我国除上述国标外，在建筑结构专业设计规范《工业建筑防腐蚀设计规范》GB 50046 与《冷弯薄壁型钢结构技术规范》GB 50018 等国家标准中也分别列出了"气态介质对建筑材料的腐蚀等级"与"外界条件对冷弯薄壁型钢结构的侵蚀作用分类"等规定。在涂镀压型钢板围护结构的设计与选材中，应以上述这些规定为参照依据。

8.2.1 我国现行国标中关于大气环境侵蚀性分类的相关规定

1.《大气环境腐蚀性分类》GB/T 15957

本标准适用于各类工程设计，标准中对四类大气环境——乡村大气、城市大气、工业大气和海洋大气，所对应的腐蚀等级、普碳钢的腐蚀速率及所含腐蚀气体类型、分类等均做出了规定，如表 8-7、表 8-8 所示。

大气腐蚀环境分类　　　　　　　　　　　　　　　　　　　　　　　　　　　　　　表 8-7

腐蚀		普碳钢腐蚀速率 $(mm \cdot a^{-1})$	腐蚀环境		
等级	名称		腐蚀气体类型	相对湿度（年平均）（%）	大气环境
Ⅰ	无腐蚀	<0.001	A	<60	乡村大气
Ⅱ	弱腐蚀	0.001～0.025	A	60～70	乡村大气
			B	<60	城市大气
Ⅲ	轻腐蚀	0.025～0.050	A	>75	乡村大气
			B	60～75	城市大气和工业大气
			C	<60	
Ⅳ	中等腐蚀	0.050～0.20	B	>75	城市大气、工业大气和海洋大气
			C	60～75	
			D	<60	
Ⅴ	较强腐蚀	0.20～1.00	C	>75	工业大气
			D	60～75	
Ⅵ	强腐蚀	1～5	D	>75	工业大气

注：表中腐蚀气体类型见表 8-8。

腐蚀性气体的分类　　　　　　　　　　　　　　　　　　　　　　　　　　　　　　表 8-8

气体类型	腐蚀性物质名称	腐蚀物质含量(mg/m³)	气体类型	腐蚀性物质名称	腐蚀物质含量(mg/m³)
A	二氧化碳	<2000	C	二氧化硫	10～200
	二氧化硫	<0.5		氟化氢	5～10
	氟化氢	<0.05		硫化氢	5～100
	硫化氢	<0.01		氮氧化物	5～25
	氮氧化物	<0.1		氯	1～5
	氯	<0.1		氯化氢	5～10
B	二氧化碳	>2000	D	二氧化硫	200～1000
	二氧化硫	0.5～10		氟化氢	10～100
	氟化氢	0.05～5		硫化氢	>100
	硫化氢	0.01～5		氮氧化物	25～100
	氮氧化物	0.1～5		氯	5～10
	氯	0.1～1		氯化氢	10～10
	氯化氢	0.05～5			

注：当大气中同时含有多种腐蚀气体时，腐蚀级别取最高的一种或几种为基准。

2. 《冷弯薄壁型钢结构技术规范》GB 50018

本标准规定了外界条件对冷弯薄壁型钢结构的侵蚀作用的分类（表8-9）。

外界条件对冷弯薄壁型钢结构的侵蚀作用分类　　　　表8-9

序号	地区	相对湿度(%)	对结构的侵蚀作用分类		
			室内（采暖房屋）	室内（非采暖房屋）	露天
1	农村、一般城市的商业区及住宅	干燥，<60	无侵蚀性	无侵蚀性	弱侵蚀性
2		普通，60～75	无侵蚀性	弱侵蚀性	中等侵蚀性
3		潮湿，>75	弱侵蚀性	弱侵蚀性	中等侵蚀性
4	工业区、沿海地区	干燥，<60	弱侵蚀性	中等侵蚀性	中等侵蚀性
5		普通，60～75	弱侵蚀性	中等侵蚀性	中等侵蚀性
6		潮湿，>75	中等侵蚀性	中等侵蚀性	中等侵蚀性

注：1. 表中的相对湿度系指当地的年平均相对湿度，对于恒温恒湿或有相对湿度指标的建筑物，则按室内相对湿度采用；
　　2. 一般城市的商业区及住宅区泛指无侵蚀性介质的地区，工业区是包括受侵蚀介质影响及散发轻微侵蚀性介质的地区。

3. 《工业建筑防腐蚀设计规范》GB 50046

本标准对常温下气态介质对建筑材料的腐蚀性等级做出了规定（表8-10）。

气态介质对建筑材料的腐蚀性等级　　　　表8-10

介质类别	介质名称	介质含量(mg/m³)	环境相对湿度(%)	钢筋混凝土、预应力混凝土	水泥砂浆、素混凝土	普通碳钢	烧结砖砌体	木	铝
Q1	氯	1.0～5.0	>75	强	弱	强	弱	弱	强
			60～75	中	弱	中	弱	微	中
			<60	弱	微	中	微	微	中
Q2		0.1～1.0	>75	中	微	中	微	微	中
			60～75	弱	微	中	微	微	中
			<60	微	微	弱	微	微	弱
Q3	氯化氢	1.00～10.00	>75	强	中	强	中	弱	强
			60～75	强	弱	强	弱	弱	强
			<60	中	微	中	微	微	中
Q4		0.05～1.00	>75	中	弱	强	弱	弱	强
			60～75	中	弱	中	微	微	中
			<60	弱	微	弱	微	微	弱
Q5	氮氧化物（折合二氧化氮）	5.0～25.0	>75	强	中	强	中	中	弱
			60～75	中	弱	中	弱	弱	弱
			<60	弱	微	中	微	微	微
Q6		0.1～5.0	>75	中	弱	中	弱	弱	弱
			60～75	弱	微	中	微	微	微
			<60	微	微	弱	微	微	微
Q7	硫化氢	5.00～100.00	>75	强	弱	强	弱	弱	弱
			60～75	中	微	中	微	微	弱
			<60	弱	微	中	微	微	微
Q8		0.01～5.00	>75	中	微	中	微	弱	弱
			60～75	弱	微	中	微	微	弱
			<60	微	微	弱	微	微	微

续表

介质类别	介质名称	介质含量（mg/m³）	环境相对湿度（%）	钢筋混凝土、预应力混凝土	水泥砂浆、素混凝土	普通碳钢	烧结砖砌体	木	铝
Q9	氟化氢	1~10	>75	中	弱	强	微	弱	中
			60~75	弱	微	中	微	微	中
			<60	微	微	中	微	微	弱
Q10	二氧化硫	10.0~200.0	>75	强	弱	强	弱	弱	强
			60~75	中	弱	中	弱	微	中
			<60	弱	微	中	微	微	弱
Q11		0.5~10.0	>75	中	微	中	微	微	中
			60~75	弱	微	中	微	微	弱
			<60	微	微	弱	微	微	微
Q12	硫酸酸雾	经常作用	>75	强	强	强	中	中	强
Q13		偶尔作用	>75	中	中	强	弱	弱	中
			≤75	弱	弱	中	弱	弱	弱
Q14	醋酸酸雾	经常作用	>75	强	中	强	中	中	弱
Q15		偶尔作用	>75	中	弱	强	弱	微	微
			≤75	弱	弱	中	微	微	弱
Q16	二氧化碳	>2000	>75	中	微	中	微	微	弱
			60~75	弱	微	弱	微	微	微
			<60	微	微	弱	微	微	微
Q17	氨	>20	>75	弱	微	中	微	弱	弱
			60~75	弱	微	中	微	微	微
			<60	微	微	弱	微	微	微
Q18	碱雾	偶尔作用		弱	弱	弱	中	中	中

4. 国标《金属和合金的腐蚀 大气腐蚀性 分类》GB/T 19292.1/ISO 9223

本推荐国标为针对金属腐蚀分类的专门标准，完全等效应用相同名称、内容的国际标准 ISO 9223，其内容包括潮湿时间分类、污染物等级分类、大气腐蚀等级、金属材料的腐蚀速率等，现分别摘要见表 8-11～表 8-15。本标准分类方法细致，综合确定的大气腐蚀等级与速率（表 8-15）可作为工程设计的依据标准。

表 8-11 按潮湿时间、污染物程度等划分出了大气介质对碳钢、锌、铝等的腐蚀性等级 C1～C5，表中所列级别数值 1～5 均略去字首字母"C"。

评估大气的腐蚀性等级分级 表 8-11

金属种类	潮湿时间（硫化物 / 氯化物）	τ_1			τ_2			τ_3			τ_4			τ_5		
		$S_0\sim S_1$	S_2	S_3	$S_0\sim S_1$	S_2	S_3	$S_0\sim S_1$	S_2	S_3	$S_0\sim S_1$	S_2	S_3	$S_0\sim S_1$	S_2	S_3
碳钢	$P_0\sim P_1$	1	1	1或2	1	2	3或4	2或3	3或4	4	3	4	5	3或4	5	5
	P_2	1	1	1或2	1或2	2或3	3或4	3或4	3或4	4或5	4	4	5	4或5	5	5
	P_3	1或2	1或2	2	2	3	4	4	4或5	5	5	5	5	5	5	5
锌或铜	$P_0\sim P_1$	1	1	1	1	1或2	3	3	3	3或4	3	4	5	3或4	5	5
	P_2	1	1	1或2	1或2	2	3	3或4	4	3或4	4	5	5	4或5	5	5
	P_3	1	1或2	2	2	3或4	3	3或4	4	4或5	5	5	5	5	5	5

续表

金属种类	潮湿时间 硫化物／氯化物	τ_1			τ_2			τ_3			τ_4			τ_5		
		$S_0\sim S_1$	S_2	S_3	$S_0\sim S_1$	S_2	S_3	$S_0\sim S_1$	S_2	S_3	$S_0\sim S_1$	S_2	S_3	$S_0\sim S_1$	S_2	S_3
铝	$P_0\sim P_1$	1	2	2	1	2或3	4	3	3或4	4	3	3或4	5	4	5	5
	P_2	1	2	2或3	1或2	3或4	4	3	4	4或5	3或4	5	5	4或5	5	5
	P_3	1	2或3	3	3或4	4	4	3或4	4或5	5	4或5	5	5	5	5	5

注：1. 腐蚀性用腐蚀性等级代号的数字部分（如1代表C1）；
　　2. 潮湿时间 τ 分类定义见表8-12；
　　3. 表中 $P_0\sim P_3$ 与 $S_0\sim S_3$ 分别为硫化合物污染物分类（表8-13）与氯化物盐类污染物分类（表8-14）；
　　4. 表中腐蚀性等级 1~5 分别表示 C1~C5 五个大气腐蚀性等级，详见表8-15。

潮湿时间分类　　　　　　　　　　　　　　　　表 8-12

等级	潮湿时间		举　　例
	h/a	（％）	
τ_1	$\tau\leqslant10$	$\tau\leqslant0.1$	有空气调节的内部微气候
τ_2	$10<\tau\leqslant250$	$0.1<\tau\leqslant3$	在潮湿气候中内部无空气调节的空间除外,无空气调节的内部微气候
τ_3	$250<\tau\leqslant2500$	$3<\tau\leqslant30$	在干冷气候或半温带气候的室外大气,在温带气候下适当通风的工作间
τ_4	$2500<\tau\leqslant5500$	$30<\tau\leqslant60$	在所有气候的室外大气中（除了干冷气候外）在潮湿条件下通风的工作间；在温带气候下不通风的工作间
τ_5	$\tau>5500$	$\tau>60$	部分潮湿气候；在潮湿气候中不通风的工作间

注：1. 一个指定地点的潮湿时间取决于开放型大气中温度和湿度的综合作用和地点等级，并且按每年小时或按占暴晒时间的比例（百分数）表达；
　　2. 潮湿时间的百分数值是经过四舍五入的，并且仅作为参考；
　　3. 由于遮蔽程度不同，没有包括所有情况；
　　4. 在氯离子沉积的海洋性气候中被遮蔽的表面实际上增加了潮湿时间，由于吸湿性盐的存在，因此被列在 τ_5 等级；
　　5. 没有空气调节的室内大气，当有水蒸气存在时，潮湿等级为 $\tau_3\sim\tau_5$；
　　6. 在 $\tau_1\sim\tau_2$ 潮湿时间的范围内，不洁净的表面腐蚀的可能性较高。

以二氧化硫为代表的含硫化合物污染物分类　　　　　　　　表 8-13

二氧化硫的沉积率 [mg/(m²·d)]	二氧化硫的浓度（μg/m³）	等级
$P_d\leqslant10$	$P_c\leqslant12$	P_0
$10<P_d\leqslant35$	$12<P_c\leqslant40$	P_1
$35<P_d\leqslant80$	$40<P_c\leqslant90$	P_2
$80<P_d\leqslant200$	$90<P_c\leqslant250$	P_3

注：1. 在 GB/T 19292.3 中规定了测定二氧化硫的方法；
　　2. 由沉淀法（P_d）和滴定法（P_c）确定的二氧化硫的值用于分类是等效的；用两种方法测量的值之间的关系可以近似表达为 $P_d=0.8P_c$；
　　3. 针对本部分，二氧化硫的沉淀率和浓度是经至少一年的连续测量计算得到的，并且表达为年平均值；短期测量的结果与长期的平均值有很大差别，这些结果只作为指导；
　　4. 在等级 P_0 中的二氧化硫的浓度被作为背景浓度并且对于腐蚀破坏是微不足道的；
　　5. 在等级 P_3 中的二氧化硫污染被认为是极限，超出本部分范围是典型的作业微环境气候；
　　6. 在遮蔽条件下，尤其是在室内空气，以二氧化硫为代表的污染物浓度与遮蔽程度呈反比关系减少。

以氯化物为代表的空气中盐类污染物分类　　　　　　　　表 8-14

氯化物的沉积率[mg/(m²·d)]	等　　级
$S\leqslant3$	S_0
$3<S\leqslant60$	S_1
$60<S\leqslant300$	S_2
$300<S\leqslant1500$	S_3

注：1. 空气中含盐量分析方法是 GB/T 19292.3 中的湿蚀法；
　　2. 用各种方法确定大气中含盐量的结果通常不可以直接比较或转化；
　　3. 在本标准中，氯化物的沉积率是年平均量；短期测量结果是变化无常的，并且受天气影响很大；
　　4. 在 S_0 级内的任何氯化物沉积率被认为只是背景浓度而且对腐蚀破坏是微乎其微的；
　　5. 氯化物污染的极限，如以海水飞溅或喷淋为代表是超出本标准范围的；
　　6. 空气中盐含量受风向、风速、当地地貌、暴晒地距海洋的距离等影响。

大气腐蚀等级与腐蚀速率 表 8-15

等级 腐蚀性	金属的腐蚀速率 r_c(暴晒第一年)				
	单位	碳钢	锌	铜	铝
C1 很低	g/(m²·a) μm/a	$r_c \leqslant 10$ $r_c \leqslant 1.3$	$r_c \leqslant 0.7$ $r_c \leqslant 0.1$	$r_c \leqslant 0.9$ $r_c \leqslant 0.1$	忽略 —
C2 低	g/(m²·a) μm/a	$10 < r_c \leqslant 200$ $1.3 < r_c \leqslant 25$	$0.7 < r_c \leqslant 5$ $0.1 < r_c \leqslant 0.7$	$0.9 < r_c \leqslant 5$ $0.1 < r_c \leqslant 0.6$	$r_c \leqslant 0.6$ —
C3 中等	g/(m²·a) μm/a	$200 < r_c \leqslant 400$ $25 < r_c \leqslant 50$	$5 < r_c \leqslant 15$ $0.7 < r_c \leqslant 2.1$	$5 < r_c \leqslant 12$ $0.6 < r_c \leqslant 1.3$	$0.6 < r_c \leqslant 2$ —
C4 高	g/(m²·a) μm/a	$400 < r_c \leqslant 650$ $50 < r_c \leqslant 80$	$15 < r_c \leqslant 30$ $2.1 < r_c \leqslant 4.2$	$12 < r_c \leqslant 25$ $1.3 < r_c \leqslant 2.8$	$2 < r_c \leqslant 5$ —
C5 很高	g/(m²·a) μm/a	$650 < r_c \leqslant 1500$ $80 < r_c \leqslant 200$	$30 < r_c \leqslant 60$ $4.2 < r_c \leqslant 8.4$	$25 < r_c \leqslant 50$ $2.8 < r_c \leqslant 5.6$	$5 < r_c \leqslant 10$ —

注：1. 分类标准是根据用于腐蚀性评估的标准试样腐蚀速率确定的（GB/T 19292.4）；

2. 以 g/(m²·a) 表达的腐蚀速率已被换算为 μm/a（进行四舍五入）并列于表中；

3. 材料的说明见 GB/T 19292.4；

4. 铝经受局部腐蚀，但在表中所列的腐蚀速率是按均匀腐蚀计算得到的；最大点蚀深度是潜在破坏性的最好指示，但这个特征不能在暴晒的第一年后就用于评估；

5. 超过上限等级 C5 的腐蚀速率表明环境条件已超出本标准范围。

8.2.2 国外有关环境侵蚀性分类的标准

1. 国际标准（ISO）"典型的腐蚀环境分类"（《钢结构防护涂料系统的防腐蚀保护》ISO 12944（2））见表 8-16。

ISO 12944（2）典型的腐蚀环境分类 表 8-16

腐蚀类别	单位面积上质量的损失（第一年暴露后）				温性气候下的典型环境（仅作参考）	
	低碳钢		锌		外部	内部
	质量损失 (g/m²)	厚度损失 (μm)	质量损失 (g/m²)	厚度损失 (μm)		
C1 很低	≤10	≤1.3	≤0.7	≤0.1		保温的建筑物内部，空气洁净，如办公室、商店、学校和宾馆
C2 低	10~200	1.3~25	0.7~5	0.1~0.7	大气污染较轻，大部分是乡村地带	未保温的地方，冷凝有可能发生，如库房、体育馆
C3 中	200~400	25~50	5~15	0.7~2.1	城市和工业大气，中等的二氧化碳污染，低盐度沿海区域	高温度和有些污染空气的生产场所，如食品加工厂、洗衣厂、酒厂、牛奶场等
C4 高	400~650	50~80	15~30	2.1~4.2	高盐度的工业区和沿海区域	化工厂、游泳池、海船和船厂等
C5I 很高(工业)	650~1500	80~200	30~60	4.2~8.4	高盐度和恶劣大气的工业区域	经常有冷凝和高湿的建筑和场所
C5M 很高(海洋)	650~1500	80~200	30~60	4.2~8.4	高盐度的沿海和近岸地带	经常处于高湿污染的建筑物或场所

注：有关 C5M 腐蚀环境，已经采用了 ISO 20340 来指导防护涂料系统的应用（参见 ISO 12944-5）及其耐久性（短期、中期和长期）

2. 苏联 1985 年《建筑结构防腐蚀规范》СНИП2-03-11-85 大气介质腐蚀程度分级

表 8-17 给出了按气体组别的大气介质对钢结构腐蚀度的分级。表 8-18 给出了相应的气体组别的分类。

按气体组别的大气介质对钢结构腐蚀度的分级　　表 8-17

室内湿度条件		介质对金属结构的腐蚀程度		
湿度区 按 CHИΠ Ⅱ-3-79	气体类别	按湿度区		按房内湿度条件
		露天	非采暖建筑及棚下	采暖建筑内
干燥条件 干燥地区	A	弱腐蚀性	无腐蚀性	无腐蚀性
	B	弱腐蚀性	弱腐蚀性	无腐蚀性
	C	中等腐蚀性	中等腐蚀性	弱腐蚀性
	D	强腐蚀性	中等腐蚀性	中等腐蚀性
标准条件 标准地区	A	弱腐蚀性	弱腐蚀性	无腐蚀性
	B	中等腐蚀性	中等腐蚀性	弱腐蚀性
	C	中等腐蚀性	中等腐蚀性	中等腐蚀性
	D	强腐蚀性	强腐蚀性	中等腐蚀性
湿或潮湿条件 潮湿地区	A	中等腐蚀性	中等腐蚀性	弱腐蚀性
	B	中等腐蚀性	中等腐蚀性	中等腐蚀性
	C	强腐蚀性	强腐蚀性	中等腐蚀性
	D	强腐蚀性	强腐蚀性	中等腐蚀性

注：1. 可能形成冷凝水的围护结构内表面及潮湿条件下的承重结构的腐蚀程度，按处于潮湿地区的非采暖建筑对待；

　　2. 评价介质对铝结构的腐蚀程度时，不考虑 A、B 组浓度的硫化物气体、硫化氢、氧化氮及氨气的影响；而处于潮湿地区非采暖建筑内，棚下及露天的铝结构应按受中等及弱腐蚀介质作用来设计；

　　3. 气体组别 A、B、C、D 可见表 8-18。

气体组别的分类　　表 8-18

气体名称	气体浓度（mg/L）			
	A	B	C	D
二氧化碳	≤2000	>2000	—	—
氨气	≤0.2	>0.2	—	—
二氧化硫	≤0.5	0.5～10	10～200	200～1000
硫化氢	≤0.01	0.01～5	5～100	100～2000
氧化氮	≤0.1	0.1～5	5～25	25～100
氯气	≤0.1	0.1～1	1～5	5～10
氯化氢	≤0.05	0.05～5	5～10	10～100
氟化氢	≤0.05	0.05～5	5～10	10～100
有机酸雾	≤0.5	0.5～10	10～200	200～1000

注：当空气中同时含有几种气体时，则按腐蚀性最强的一组确定空气的腐蚀程度。

8.3　钢材与压型钢板的防腐蚀要求和防护措施

8.3.1　钢材的防护措施与防腐涂层的组合配套

1. 涂料防护

涂料防护是一种价格适中、施工方便、效果良好并适用性强的防腐蚀方法，在钢结构的防腐蚀中应用最为广泛。涂料涂层能阻缓电化学反应，或阻止铁作为阳极参与电化学反应，因而能保护钢结构免遭腐蚀。当为轻级与中级腐蚀介质环境时，在采取长效涂装措施、保证涂装质量并正常使用维护条件下，涂料防腐可以保持 15 年以上的防护效果。

从防腐机理来划分，涂料可有以下三个类型：

1）物理屏蔽作用的防锈漆。例如铁红底漆、云母氧化铁底漆、铝粉漆、含微细玻璃薄片的油漆等。这类防锈漆有良好的屏蔽作用，能阻止水分等化学介质渗到钢铁表面，因而减缓电化学反应的速度，延长发生锈蚀的时间。这类防锈底漆配套以适当的中间漆和面漆，防锈期限通常是二、三年，最多也只有五年，但价格便宜。

2）钝化作用的防护漆。依靠化学钝化作用，使钢材表面生成一层钝化膜，如磷化膜或具有阻蚀性的络合物，这些在钢材表面形成的钝化膜或络合物的标准电极电位，较铁为正，从而能延缓钢材的腐蚀过程。这类防锈漆，主要有红丹漆、铅酸钙漆、含铬酸盐颜料的油漆等。其底漆配合性能较好的中间漆和面漆，通常可有 5 年左右的防护期，良好的配套可以到 8 年。

3）电化学防锈作用的油漆为富锌底漆。当防锈漆整层漆膜的电极电位比铁元素更负时，钢结构中的铁成分便变成阴极，从而受到电化学保护不会生锈。当锌粉含量大于 80％时，整层漆膜中的锌粉粒子便能相互接触，并与底层的钢材全部联通接触，于是富锌漆膜就等于电极电位 $-0.76V$ 的牺牲阳极覆盖在电极电位为 $-0.44V$ 的铁的表面，铁成为阴极而受到保护。溶剂基无机富锌漆加适当面漆配套的防腐寿命可达 15～20 年，水基无机富锌漆的防腐寿命更长，但施工难度很大，使用也受到限制。

2. 热浸镀锌和金属热喷涂防护

采用热浸镀锌或热喷涂锌（铝）防腐方法具有很好的防腐效果，即使在恶劣的腐蚀环境中，防腐蚀也可以达到 20～30 年，若再与涂料复合使用时，防腐寿命可达 50 年。而且维修时只需要对涂料部分进行维护，而不需要对金属涂层基底进行处理，是一种高性能的长效防腐措施，虽一次工程费用较高，但按使用全周期性价比评估，对重要构件仍较适用。

1）热浸镀锌。将钢构件全部浸入熔化的锌液中，其金属表面即会产生两层锌铁合金及盖上一层厚度均匀的纯锌层，足以隔绝钢材氧化的可能性。此种保护层可与钢结成一体，异常牢固，能承受一定冲击力而更具耐腐蚀性。经热浸镀锌处理后的钢构件，防锈期可长达 20 年或以上，同时无须经常保养和维修，一劳永逸，美观实用，安全可靠，是迄今最佳的防锈保护方法。目前，除镀锌外，还可热镀铝锌合金，其防腐性能更好。

2）热喷涂锌（铝）。金属热喷涂技术是在基材表面喷涂一定厚度的锌、铝或其合金形成致密的粒状叠合涂层，然后用有机涂料封闭，再涂装所需的装饰面漆。这种喷涂层外加封闭涂料的方式具有双重保护作用，适用于重度腐蚀环境下的钢结构，或需要特别加强防护防锈的重要承重构件。热喷涂工艺应符合现行国标《热喷涂 金属和其他无机覆盖层锌、铝及其合金》GB/T 9793—2010/ISO 2063：2005。热喷涂的总厚度应为 120～150μm，表面封闭涂层可以选用乙烯、聚氨酯、环氧树脂等。

金属热喷涂涂层主要用于要求 20～30 年保护寿命的重要钢结构构件，如露天使用的桥梁、电视塔等，为了使钢结构达到 20 年以上的寿命，喷锌涂层厚度不宜小于 150μm，而热喷涂镀锌铝合金时还可以明显提高防护效果，150μm 的厚度可以达到 35 年以上使用寿命。

3. 冷镀锌防护

冷镀锌是近年来在国内外积极应用的一种新的金属涂层长效防护方法。其防护原理及效果与热喷涂金属方法相同，但因为是冷作业施工，故具有非常优异的施工性能。综合而言，冷镀锌保护方法有以下显著特点：

1）防腐蚀性能优异。冷镀锌干膜中锌粉含量高达 96％，锌粉纯度 99.9％以上，锌粉粒度为 3～6μm，因而防腐蚀性能优异。从冷镀锌的防腐机理上分析，其一，具有电化学保护作用。在前期锌粉的腐蚀过程中，锌粉与钢铁基材组成源电极，锌为牺牲阳极，铁为阴极，电流由锌流向铁，钢铁便得到了阴极保护。其二，锌腐蚀沉积物屏蔽保护。在后期，冷镀锌在应用过程中不断腐蚀，锌粉间隙和钢铁表面沉积，腐蚀产物即碱式碳酸锌，俗称白锈，其结构致密，且不导电，是难溶的稳定化合物，能够阻挡和屏蔽腐蚀介质的侵蚀，起到防蚀效果，因此也可誉为冷镀锌的"自修复性"。根据国外的使用经验，在中等及较重等级侵蚀环境中（C3、C4 级），当干膜厚度分别大于 200 或 240μm 时，可以保证使用寿命大于 15 年。

2）施工性能优异。冷镀锌材料的成膜物质均为有机型树脂，如丙烯酸、聚苯乙烯、环氧等单组分包装。因此能在各种室内外作业条件下，方便进行各种形式的涂装施工，如刷滚涂、有气喷涂、无气喷涂，并能达到涂层厚度和结构的设计要求。同时由于冷镀锌系单组分材料，在涂装施工中无熟化期、混合使用期等限制。大多数冷镀锌材料触变性能良好，稍作搅拌即可涂装施工。

3）适用性广。冷镀锌可以单独成为防腐涂层，作为"底面合一"的防腐涂层。同时，可作为重防腐涂料涂装配套良好的底层，与环氧类及聚氨酯、丙烯酸、氟碳等类重防腐涂料配套成复合涂层使用，其使用寿命为两者的使用寿命之和的 1.8～2.4 倍；此外，还可用于热浸镀锌、热（电弧）喷锌镀层的修补、加厚。其防锈性能好、附着力优异、操作施工方便。

4）环保性能优异。冷镀锌成分内不含 Pb、Cr、Hg 等重金属。同时测试证明，绝大多数冷镀锌的溶剂和稀释剂内不含苯、甲苯、二甲苯等毒性大的有机溶剂。同时，由于冷镀锌固体分含量高达 78%，一次无气喷涂可获得较高的膜厚，减少了有机溶剂的挥发量，可以降低干燥时能耗。当用冷镀锌替代热浸镀锌时，也可减少三废、降低能耗、提高环境保护的社会效益。

4. 钢材防腐蚀涂层配套

为满足长效防腐的要求，钢材在表面除锈处理后，应采取组合的配套涂层防护。组合配套涂层按《工业建筑防腐蚀设计规范》GB 50046—2008 的规定，一般由各具功能的底涂层、中间涂层与面涂层组成。在气态或固态粉尘介质作用下，常用防腐涂层的配套可按表 8-19 采用。当涂层用于室外时，涂层总厚度宜增加 20～40μm。

钢材防腐涂层配套　　表 8-19

基层材料	除锈等级	底层 涂料名称	遍数	厚度(μm)	中间层 涂料名称	遍数	厚度(μm)	面层 涂料名称	遍数	厚度(μm)	涂层总厚度(μm)	强腐蚀	中腐蚀	弱腐蚀
钢材	Sa2 或 St3	醇酸底涂料	2	60	—	—		醇酸面涂料	2	60	120	—	—	2~5
									3	100	160	—	2~5	5~10
		与面层同品种的底涂料或环氧铁红底涂料	2	60	—	—		氯化橡胶、高氯化聚乙烯、氯磺化聚乙烯等面涂料	2	60	120	—	—	2~5
			2	60					3	100	160	—	2~5	5~10
			3	100					3	100	200	2~5	5~10	10~15
			2	60	环氧云铁中间涂料	1	70		2	70	200	2~5	5~10	10~15
			2	60	环氧云铁中间涂料	1	80		3	100	240	5~10	10~15	>15
	Sa 2 ½	环氧铁红底涂料	2	60	环氧云铁中间涂料	1	70	环氧、聚氨酯、丙烯酸环氧、丙烯酸聚氨酯等面涂料	2	70	200	2~5	5~10	10~15
			2	60		1	80		3	100	240	5~10	10~15	>15
			2	60		2	120		3	100	280	10~15	>15	>15
			2	60		1	70	环氧、聚氨酯、丙烯酸环氧、丙烯酸聚氨酯等厚膜型面涂料	2	150	280	10~15	>15	>15
			2	60	—	—		环氧、聚氨酯等玻璃鳞片面涂料	3	260	320	>15	>15	>15
								乙烯基酯玻璃鳞片面涂料	2					

续表

基层材料	除锈等级	涂层构造									涂层总厚度(μm)	使用年限(a)		
		底层			中间层			面层				强腐蚀	中腐蚀	弱腐蚀
		涂料名称	遍数	厚度(μm)	涂料名称	遍数	厚度(μm)	涂料名称	遍数	厚度(μm)				
钢材	Sa2或St3	聚氯乙烯萤丹底涂料	3	100	—	—	—	聚氯乙烯萤丹面涂料	2	60	160	5~10	10~15	>15
	Sa2½		3	100					3	100	200	10~15	>15	>15
			2	80				聚氯乙烯含氟萤丹面涂料	2	60	140	5~10	10~15	>15
			3	110					2	60	170	10~15	>15	>15
			3	100					3	100	200	>15	>15	>15
	Sa2½	富锌底涂料	见表注	70	环氧云铁中间涂料	1	60	环氧、聚氨酯、丙烯酸环氧、丙烯酸聚氨酯等面涂料	2	70	200	5~10	10~15	>15
				70		1	70		3	100	240	10~15	>15	>15
				70		2	110		3	100	280	>15	>15	>15
				70		1	60	环氧、聚氨酯、丙烯酸环氧、丙烯酸聚氨酯等厚膜型面涂料	2	150	280	>15	>15	>15
	Sa3(用于铝层) Sa2½(用于锌层)	喷涂锌、铝及其合金的金属覆盖层120μm,其上再涂环氧密封底涂料20μm			环氧云铁中间涂料	1	40	环氧、聚氨酯、丙烯酸环氧、丙烯酸聚氨酯等面涂料	2	60	240	10~15	>15	>15
									3	100	280	>15	>15	>15
								环氧、聚氨酯、丙烯酸环氧、丙烯酸聚氨酯等厚膜型面涂料	1	100	280	>15	>15	>15

注：1. 涂层厚度系指干膜的厚度；
　　2. 富锌底涂料的遍数与品种有关；当采用正硅酸乙酯富锌底涂料、硅酸锂富锌底涂料、硅酸钾富锌底涂料时,宜为1遍；当采用环氧富锌底涂料、聚氨酯富锌底涂料、硅酸钠富锌底涂料、冷涂锌底涂料时,宜为2遍。

8.3.2 压型钢板的涂镀层防护措施与防护性能

建筑用压型钢板分围护系统（屋面、墙面）用板与楼盖（钢-混凝土组楼盖）用板两大类。前者由镀锌或铝层基板上再加彩色涂层形成的彩涂板制成,故有镀层与涂层的双重保护；后者专用于室内,故由镀锌板制成,其防护层为镀锌层。

1. 镀层基板的类别与防护性能

1）在常温下腐蚀的形态主要是化学腐蚀和电化学腐蚀。化学腐蚀是指金属基材表面与非电解质直接发生化学作用而引起的伤损；电化学腐蚀是指金属基材表面与离子导电的电解质发生电化学反应而引起的伤损,其腐蚀过程至少含有一个阳极和一个阴极反应。电化学腐蚀是最常见的腐蚀,金属在大气、土壤及海水中的腐蚀均属于此类腐蚀。镀层的防腐蚀机理：一是形成致密的保护膜,阻止腐蚀介质与原板钢铁表面接触；二是锌的阴极保护作用,也是最主要的防锈作用。即使锌层上出现局部划伤或镀锌板切边的钢板裸露部分,其周边的锌也会形成阳极游离出来加以覆盖保护,此即镀锌板的切边效应。

2）镀层板的类别与适用范围见表8-20。

镀层的类别和使用范围　　　　　　　　表8-20

品　　种	特点与适用范围
热镀锌板	为热镀纯锌的薄板,耐蚀性优良,在建筑上已有广泛的应用。也是用作彩涂板基板的主要品种,或直接用作楼承压型板的厚板。可以进行一般成型、冲压、深冲压等各种级别的加工
热镀铝锌板	板的镀层成分大致为55%铝、1.5%硅,其余为锌。特点是优良耐大气腐蚀性,是镀锌板的2~6倍。它具有铝板的耐高温腐蚀性,表面光滑、外观良好,但镀层的成型及焊接性稍差。适用于制作建筑外围护板,可以进行一般成型、机械咬合等多种级别的加工

续表

品　　种	特点与适用范围
热镀锌铝板	板的镀层成分是 5%铝、0.1%混合稀土元素,其余是锌。特点是镀层成型性很好,耐大气腐蚀性是热镀锌板的 2~3 倍,并有良好的涂敷性和焊接性能。与热镀铝锌钢板相比,锌花小,很少裸露状态使用。也可用于压型板的基板
含镁镀层板	锌铝镁镀层钢板是指在现有的热镀锌镀层中添加了一定量的 Al、Mg 或在热镀铝锌镀层中添加一定量的 Mg 元素的镀层钢板,具有高耐蚀性和切边保护性能的特点。实验结果表明:一定范围内的 Al、Mg 含量增加会提高耐蚀性几倍到十几倍。镀层加 Mg 之后的另一大优点是钢板的切边耐蚀性提高,含 Mg 的 Zn 基腐蚀产物会覆盖在切口表面,从而切口形成保护。按含镁量不同,可分为低、中、高三类含镁镀层板
电镀锌板	镀层纯净度高,因而同样厚度下的镀层耐腐蚀性优于热镀锌产品。但是,要获得厚的电镀锌镀层的难度很大(耗电大、成本高、技术难度大),作为建筑彩涂基板很少应用

3) 镀层板作为彩涂板的基板时,可为镀锌板(代号 Z)、镀铝锌板(代号 AL)和镀锌铝板(代号 ZA),实际常用前两种,而镀层板作为楼盖压型板时,只采用镀锌板。各类镀层板的镀层(锌、铝锌、锌铝)均应采用热浸镀工艺制作,其质量、性能均应符合相应国家标准《连续热镀锌钢板及钢带》GB/T 2518、《连续热镀铝锌合金镀层钢板及钢带》GB/T 14978 的规定。锌层自身也会腐蚀。锌在一般大气环境中的腐蚀物是碱式碳酸锌,对锌层有一定的保护作用。但在含硫的工业大气环境中,锌和硫会生成溶于水的硫酸锌,而易被雨水带走造成锌层腐蚀加快。所以锌层的腐蚀与该地区大气相对湿度、温度、降雨量、大气中含硫量、含盐量以及暴露时间等诸因素有关。设计选用镀锌(铝)板时,应根据使用条件,要求板材的镀锌(铝)层的厚度,不少于表 8-21 的规定。

不同侵蚀环境中镀层板的镀层重量　　　　　　　　　　　　　　　表 8-21

基板类型	公称镀层重量(上面/下面 g/m²)		
	使用环境的腐蚀性		
	低	中	高
热镀锌基板	90/90	125/125	140/140
热镀锌铁合金基板	60/60	75/75	90/90
热镀铝锌合金基板	50/50	60/60	75/75
热镀锌铝合金基板	65/65	90/90	110/110

2. 彩涂板的类别与防护性能

1) 在镀层基板上以专门的涂覆工艺,涂覆彩色涂层(底漆、面漆和背面漆),即成彩涂板,而彩涂层与镀层的组合防护作用是压型钢板防腐蚀耐久性的基本保证。有机涂层是一种隔离性物质,它将镀层基板与腐蚀介质隔离开来,达到防腐的目的。涂层构造可按使用要求为正面两层,反面一层,或正反面各两层。

2) 彩涂层的类别的涂料可分为底漆、面漆和背面漆三大类。

目前,宝钢采用的涂层结构有 2/1、2/2、2/1M。其中,2/1、2/1M 要求背面能发泡、粘结。

(1) 通常彩涂板涂层的种类是以正面面漆命名,一般有聚酯(PE)、硅改性聚酯(SMP)、高耐久性聚酯(HDP)、聚偏二氟乙烯(PVDF)、丙烯酸、PVC 等品种,其性能特性如表 8-22 所示。

面漆树脂品种的特性　　　　　　　　　　　　　　　　　　表 8-22

树脂类别	硬度	折弯	耐腐蚀性	耐候性	成本	膜厚(μm)
聚酯	优	良	良	良	优	20
丙烯酸树脂	良	可	良	良	优	20
硅改性聚酯	良	良	良	优	良	20
PVC 溶胶	可	优	优	良	可	200
PVDF 树脂	良	优	优	优	劣	25
高耐久性聚酯	良	优	良	劣	良	20

（2）底漆根据成膜树脂不同分为聚酯底漆、聚氨酯底漆、环氧底漆等，根据用户的不同需要可选择不同的底漆。常用的是环氧底漆和聚氨酯底漆，配以锌铬黄、锶铬黄等防锈颜料加工制造而成。

（3）背面漆一般对耐候性和耐腐蚀性要求不高，在2/2涂层结构时，通常使用聚酯涂层，也有个别特殊需求的，可以协商选择不同背面漆。

3）根据对涂层的耐腐蚀性和加工要求，通过涂层的结构控制涂层的厚度或背面的加工（粘结等）性能。2/1背面可涂一层底漆或只涂一层背面漆，主要用于夹心板，要求涂层有良好的粘结发泡性能。2/2采用底漆加背面漆两涂层，一般不要求发泡性能，作为单板使用。2/1M一般涂3μm的底漆和6μm的背漆，可代替2/1或2/1M，要求背面能发泡。宝钢彩涂产品可分成2/2、2/1、1/1、3/2等，＊/＊分别代表正面及背面的涂层次数，宝钢不同背面涂层结构的性能比较如表3-2所示。3/2涂层性能在订货时根据用途协商确定。

按照国标《彩色涂层钢板及钢带》GB/T 12754的规定，彩钢板正面涂层的面漆（底漆由厂家匹配选定）涂复厚度应不小于20μm（为初涂层与精涂层之和），反面涂层一层时应不小于5μm，二层时应不小于12μm。2016年宝钢新推出了厚涂层系列彩涂板产品，具有更高的耐蚀性，耐盐雾试验指标可达3000～4000h，其品种有：厚底漆氟碳涂层板（三涂层）、三涂层氟碳涂层板（上表面涂层厚度达35～40μm）、超厚氟碳彩涂板（上表面涂层总厚度达35～40μm，下表面达35～40μm）、厚涂聚氨酯彩涂板、厚底漆聚酯彩涂板（底漆厚度加厚5～25μm，达25～45μm）等。

4）涂层的耐久性通常以耐中性盐雾试验和紫外线加速老化试验进行评价，根据国标《彩色涂层钢板及钢带》GB/T 12754的规定，上述两项试验限值指标应符合表8-23与表8-24的规定。

涂层（面漆）耐中性盐雾试验指标 表8-23

涂层面漆种类	耐中性盐雾试验时间 不小于(h)
聚酯	480
硅改性聚酯	600
高耐久性聚酯	720
聚偏二氟乙烯	960

涂层（面漆）紫外线加速老化试验指标 表8-24

涂层面漆种类	紫外线加速老化试验时间 不小于(h)	
	UVA-340	UVB-313
聚酯	600	400
硅改性聚酯	720	480
高耐久性聚酯	960	600
聚偏二氟乙烯	1800	1000

8.3.3 相关规范标准对压型钢板的防腐蚀设防要求

根据《工业建筑防腐蚀设计规范》GB 50046、《压型金属板工程应用技术规范》GB 50896、《钢结构防腐蚀涂装技术规程》CECS 343、《彩色涂层钢板及钢带》GB/T 12754等规范与标准的规定，压型钢板屋面的布置与构造应符合以下防腐蚀要求：

1）金属屋面宜选用彩涂钢板。在有装饰性要求并无氯化氢气体及碱性粉尘作用的微腐蚀环境中，亦可采用镀铝锌板。在有侵蚀性粉尘作用并长期相对湿度大于60%的环境中，压型钢板屋面的坡度不应小于5%。

2）腐蚀环境中屋面压型钢板的厚度不应小于0.6mm，并宜选用咬边构造的板型，其连接宜采用紧固件不外露的隐藏式连接。当为中等腐蚀环境时，墙面压型钢板的连接也应采用不外露的隐藏式连接。

3）门、窗包角板应采用长尺板以减少接缝，过水处的接缝应连接紧密并以防水密封胶嵌缝；中等腐蚀环境中板缝搭接处的外露切边宜以冷镀锌涂覆保护。

4）屋面排水宜避免内落水构造和防止因排水不畅而引起的渗漏；屋（墙）面板的连接构造应防止因热桥而产生渗水、滴水。

5）压型板屋面形式应简单，宜采用有组织排水。生产过程中散发腐蚀性粉尘较多的建筑物，不宜设女儿墙。

6）在满足承载性能的条件下，宜避免选用多波的板型。

7）板的切边端不应直接搁置于宜积水或潮湿的支承处，中等腐蚀环境中板的切边端应以冷镀锌加以保护，板的连接均宜采用隐藏式连接。

8）彩涂压型板的加工、运输与安装应有专门的施工措施，严禁刻痕、擦伤等板面的损伤。

9）采用压型板时，不得与不相容的材料相接触，以防止电化学腐蚀，当不可避免时应采取绝缘隔离措施。

10）当使用环境腐蚀等级为表 8-7 的 Ⅰ、Ⅱ 级或 Ⅲ 级或 Ⅳ 级时，镀层板的镀层重量应分别不小于表 8-21 中腐蚀环境为低、中、高的规定限值。

8.4　压型钢板的耐久性

8.4.1　压型钢板耐久性的评价方法

1）彩涂压型钢板的耐久性不仅与镀层、涂层的性能、厚度有关，也和使用环境的介质腐蚀程度与大气相对湿度有密切关系，准确评价彩涂板的使用寿命既是使用者最关注的要求，也是一件困难的工作。ISO 12944 将涂料系统的耐久性定义为施工结束后到第一次维护要求的时间，并特别指出：耐久性应当被理解为一个技术术语，而不是一个法定期限，不构成任何担保。近年来一些彩板企业实行向业主承诺使用年限保证的做法，若经双方约定并列入合同则应视为是一种具有法定效力的担保。目前，宝钢对其彩涂板产品已可做出耐久性年限的承诺保证。

2）有涂镀层保护的彩涂压型钢板，其耐久性（使用寿命）评价，应以其原板不致因锈蚀而受到损伤为原则，故理论上其使用寿命应按涂层寿命与镀层寿命相叠加来计算，而实际工程中仍按彩涂层失效的期限来评估。

（1）彩色涂层的使用寿命（装饰性寿命）。按照 ISO 相关标准的规定，涂层的使用寿命可定义为从开始使用到需要大修维护的期限，其表征为较大面积（或较多局部面积）的涂层起层、脱斑等，这一寿命并不影响压型钢板使用的安全性。

（2）镀层的使用寿命（结构性寿命）。当镀层板（镀锌板或镀铝锌板）直接加工成压型钢板使用时，镀层的失效意味着镀层下原板会因腐蚀的直接作用而受到损伤，减薄板厚，削弱截面并降低承载力。故镀层的使用寿命可定义为结构性寿命，即从开始使用到镀层的腐蚀以致失效的期限。

8.4.2　镀锌层的耐久性

1. 镀锌层耐久年限的量化评估

目前对镀锌层的耐久年限量化评估，一般是按锌层厚度与使用环境的锌层腐蚀速率由下式计算：

$$n = \frac{t_2}{t_v} \times 0.9 \tag{8-1}$$

式中　n——使用寿命（a）；

t_2——镀锌层厚度（μm），当需进行重量与厚度换算时可按表 8-25 查用；

t_v——镀锌层的年腐蚀速率 [g/(m²·a)]。

锌层重量和厚度换算计算　　　　　　　　　　　　　　　　　表 8-25

锌层代号（双面镀层重量）(g/m²)	100	120	140	180	200	275	350	450
锌层计算重量(kg/m²)	0.15	0.183	0.197	0.244	0.285	0.381	0.458	0.565
相当锌层厚度(mm)	0.021	0.026	0.028	0.034	0.040	0.054	0.064	0.080

2. 镀锌层的腐蚀速率

为了评估镀锌层的耐久性，国内外都通过挂板试验与人工老化试验等手段量测锌层年腐蚀速率这一基本参数，以下分别摘要列出此类数据供参考。由于数据的来源不同，故数值上会有一定差别。

1）《色漆和清漆防护漆体系对钢结构的腐蚀防护-环境分类》ISO 12944-2 提出的关于锌一年暴露后的腐蚀速率见表 8-26。

锌的腐蚀速率（第一年暴露后单位面积上的损失） 表 8-26

腐蚀等级 类别	C1（很低）	C2（低）	C3（中）	C4（高）	C5-I（工业，很高）	C5-M（海洋，很高）
质量损失（g/m²）	≤0.7	0.7~5	5~15	15~30	30~60	30~60
厚度损失（μm）	≤0.1	0.1~0.7	0.7~2.1	2.1~4.2	4.2~8.4	4.2~8.4

2）部分调查资料提出的我国 1986~1989 年部分城市大气暴晒后锌层腐蚀速率见表 8-27。

我国部分城市锌的年腐蚀速率 表 8-27

暴晒地点	青岛	成都	广州	舟山	北京	武汉	鞍山
腐蚀速率[g/(m²·a)]	9.29~14.28	7.71~11.04	6.57~7.8	4.29~7.80	2.8~5.19	2.9~5.08	4.03~6.39

3）苏联对部分钢铁、电力厂房屋面、墙面镀锌板锌层腐蚀速度的调查数据（冶金工厂与电站厂房）见表 8-28。

工业厂房环境锌的腐蚀速度 表 8-28

项目编号	厂房名称	围护结构种类	使用期（a）	最大含量（mg/m³）	锌的腐蚀速度（μm/a）
1	转炉厂房[1]	屋面	1.5	2	5.3
2	同上	墙	1.5	2	2.6
3	平炉厂房，炉跨[2]	屋面	14	3	3.6
4	同上，原料场	屋面	14	2	3.6
5	同上	屋面	6	2	4.2
6	均热炉厂房[2]	屋面	12	0.3	3.3
7	轧板车间厂房[1]	屋面	1.5	0.3	2.7
8	同上	墙	1.5	0.3	0.9
9	轧板车间厂房	墙	8	0.2	0.8
10	烧煤热电站锅炉厂房	墙	6	5	2.5
11	烧重油热电站锅炉厂房	墙	2.5	15	6.2
12	同上	墙	1.5	15	6.3

注：1. [1] 试件实物试验；
2. [2] 按张镀锌的瓦垄屋面。

冶金厂各车间积尘的主要成分是铁的氧化物（赤铁矿 Fe_2O_3、磁铁矿 Fe_3O_4）和方解石 $CaCO_3$。轧板和转炉车间结构积尘以磁铁矿为主。烧煤热电站锅炉厂房内有少量煤粉沉积。放热量较大的厂房内采用不保温屋面和墙时，冷天在内表面上出现冷凝液。

除表 8-28 中 11、12 为中等腐蚀性外，其他车间的外部介质腐蚀作用程度是弱腐蚀性。所调查厂房内部介质腐蚀作用程度介于无腐蚀到中等腐蚀。下列两种情况是最不利的：水蒸气冷凝水与 SO_2 含量高（35mg/m³）的空气介质的共同作用；水蒸气冷凝水与对锌而言是活性阴极的大量磁铁矿积尘的共同作用。

3. 镀锌层的耐久年限

1）国外部分彩涂板厂家提供的中国部分城市镀锌层耐久年限如表 8-29 所示，数据可供参考。

2）苏联 1985 年《建筑结构防腐蚀规范》对钢结构防护层做法及相应预期耐久性的规定见表 8-30。

中国部分城市的镀锌层腐蚀速度与耐久年限　表 8-29

城市	降雨量 (mm/a)	盐分含量 [mg/(m²·d)]	SO₂含量 (μm/m³)	相对湿度 (%)	环境温度 (℃)	环境场所	腐蚀速率 (μm/a)	耐久年限(a) 当镀锌层为 Z-120	Z-180	Z-275
上海	1100	15	43	79.0	17.4	大气中	1.2	7.1	10.6	16.2
						遮雨区	0.9	11.1	17.2	26.7
沈阳	721.9	5	61	63	7.8	大气中	1.3	6.5	9.8	14.9
						遮雨区	0.7	13.3	20.4	31.6
无锡	1079	10	59	76	15.6	大气中	2.4	3.9	5.7	8.7
						遮雨区	1.4	6.5	10.6	16.1
厦门	1682	30	24	77	20.8	大气中	1.3	6.5	9.8	1.5
						遮雨区	1.3	7.5	11.7	18.5
广州	1638	10	77	79	21.8	大气中	1.8	4.7	7	10.8
						遮雨区	1.1	8.6	13.3	20.8
兰州	328	3	89	60	8.9	大气中	1.6	5.3	8	12.2
						遮雨区	0.8	11.7	17.1	26.8
乌鲁木齐	195	1	146	57	7.3	大气中	2.8	3	4.6	7
						遮雨区	1.2	7	10.5	16.1
哈尔滨	462	3	42	65	3.5	大气中	1.1	7.6	11.2	17.4
						遮雨区	0.7	15.4 (12)	23.9 (18.3)	37.5 (27.4)
蚌埠	1128	3	15	72	15.2	大气中	1.0	8.7	13	20.9
						遮雨区	0.7	18.4 (12)	29 (18.3)	46.1 (27.4)

注：1. Z-120、Z-180、Z-275 镀锌板的锌层厚度（双面）分别为 17μm、25.6μm、38.4μm。

2. 表中少部分耐久年限数据经推算可能有误，（　）内值为修正后的年限值。

铝及镀锌钢承重结构及围护结构的防腐要求　表 8-30

介质腐蚀性	金属结构防腐方法			
	承重结构		围护结构	
	碳素钢、低合金钢		铝	带Ⅰ级涂层镀锌钢材
1	2		3	4
无腐蚀性	涂Ⅰ组油漆(结构大于50a,涂层不大于5a)		不防护(＞50a)	室内一侧不防腐,保温层一侧用沥青或油漆防腐(50a)
弱腐蚀性	a. 热镀锌 $h=60\sim100$ μm(25a),热镀铝 $h\geqslant50$ μm(50a); b. 热喷锌 $h=120\sim180$ μm 或热喷铝 $h=200\sim250$ μm(40a); c. Ⅰ、Ⅱ、Ⅲ、Ⅳ组油漆涂料(2～4a); d. 绝缘涂层(地下深埋结构)(40a)		同上	a-XB-221 有机粉末涂料(室内结构)或在成型及涂漆线上涂以Ⅰ及Ⅲ组油漆(与保温材料相接一侧允许用沥青防腐)(20a); 涂Ⅱ或Ⅲ组油漆涂料(室内结构可每隔8～10a涂1次)(15a)
中等腐蚀性	a. 热镀铝 $h\geqslant50$ μm(15a),热镀锌 $h=60\sim100$ μm 再涂Ⅱ或Ⅲ组油漆(15a); b. 热喷锌或铝 $h=120\sim150$ μm,再涂Ⅱ或Ⅲ及Ⅳ组油漆(25a); c. 热喷锌或铝 $h=120\sim150$ μm 再涂Ⅱ、Ⅲ、Ⅳ组油漆(25a); d. 涂Ⅱ、Ⅲ、Ⅳ组油漆涂料(2～5a); e. 绝缘涂层与电化学防护(埋在土中结构)(20a); f. 以耐化学腐蚀非金属材料做护面(20a); g. 电化学防腐(在液态介质中或深埋在土中)(50a)		a. 电化学阳极防腐 $t=15\sim20$ μm(15a); b. 不防护(20a); c. 化学氧化后再涂Ⅱ或Ⅲ组油漆涂料(10a); d. 涂第Ⅳ组油漆涂料(5a); e. 同上,但以Ⅱ-057打底层(8a)	不采用

注：钢和铝结构防腐蚀保护所用油漆（底漆、磁漆、清漆）的组别如下：

Ⅰ组：苯二甲酸漆、丙苯树脂、环氧聚酯、醇酸苯乙烯胶、油漆、油沥青材料、醇酸尿烷、硝化纤维素材料；

Ⅱ组：酚甲醛清漆、氯化橡胶、过滤乙烯胶和氯乙烯聚合物材料、聚乙烯醇缩丁醛材料、聚丙烯酸酯、丙烯硅酮树脂材料、岩粉乙烯材料；

Ⅲ组：环氧树脂材料、有机硅材料、过滤乙烯材料和氯乙烯聚合物、盐粉乙烯材料、聚苯乙烯材料、聚氨酯材料、酚甲醛材料；

Ⅳ组：过氯乙烯和氯乙烯聚合物、环氧树脂材料。

8.4.3　彩色涂层（面漆）的耐久性

涂层耐久性通常用使用寿命的长短进行衡量。涂层耐久性与涂料种类、涂层厚度、使用环境的腐蚀性等因素有密切的关系。大气暴露试验是评价涂层耐久性比较可靠的方法，但是大气暴露试验存在试验时间长、实验成本高、管理难度大等问题，因此主要用于基础研究和科研开发。实际应用中耐久性的检验仍采用人工老化试验方法来对耐久性进行评价，其中较为常见的是耐中性盐雾试验和紫外灯加速老化试验。前者主要评价涂层耐氯离子腐蚀的能力，后者主要评价涂层耐光（特别是紫外线）老化的能力。此外，彩涂板可能会用于酸雨、潮湿等特殊环境，此时还应选择相应的人工老化试验进行评价。需要注意的是由于人工老化试验无法完全模仿实际使用环境，因此准确确定人工老化试验结果和实际使用寿命之间的对应关系仍是非常困难的。

压型钢板的彩色涂层（面漆）与普通钢结构防护面漆在材料组分、涂装方法与基层条件等方面均有不同。虽然涂层厚度较小（不小于 $20\mu m$）但却有良好的大气环境耐腐蚀效果。其使用的耐久性与涂层（面漆）种类、使用环境湿度、腐蚀程度及连接构造（有无外露固件）等因素有关。由于国内外尚无针对彩色涂层使用寿命的量化评估方法与标准，故原则上可依据盐雾试验、老化试验等数据及工程经验参照普通涂料进行定性的分类、比较与判定，具体年限也可由供货厂家提出承诺使用最低年限来保证。

2006 年颁布的国标《彩色涂层钢板与钢带》GB/T 12754 对各类涂层的耐盐雾试验时限做出了规定（表 8-23）；在附录中提出了可参照的使用寿命等级年限（表 8-31）。而国标《压型金属板工程应用技术规程》GB 50896—2013 在附录中规定了可参照的各类涂层相对使用寿命年限，见表 8-32。

彩涂板的使用寿命　　　　　　　　　　　　　　表 8-31

使用寿命	使用寿命等级	使用时间(a)
短	L1	≤5
中	L2	>5～10
较长	L3	>10～15
长	L4	>15～20
很长	L5	>20

热镀锌钢板表面有机涂层相对使用寿命　　　　　　　　　　　　　　表 8-32

表面涂层	年限(a)		
	典型外部环境条件		
	高	中	低
聚酯	10	10	15
硅改性聚酯	10	10	15
聚偏二氟乙烯(PVF2/PVDF)	10	15	15
带聚偏二氟乙烯多道涂层系统(75μm)	20	20	20

8.4.4　宝钢对彩涂板耐久性提出使用寿命承诺书

宝钢多年来以追求产品高品质为目标，在彩涂板产品的质量保证与新产品开发方面一直雄踞全国首位。在用户中享有良好的信誉，正是凭着这种实力与自信，在国内首家对高耐久性聚酯 HDP 彩涂板卷产品与聚偏氯乙烯彩涂板卷产品提出使用寿命承诺书（见 4.6 节）。在正常使用条件下，对前者与后者的使用期保证年限分别为 15a 和 20a，此承诺书具有法律效力。

第 9 章 压型钢板的结构设计

压型钢板在建筑钢结构工程中的应用非常广泛，主要作为屋面、墙面围护板材，也用作钢结构楼盖板的底板，兼有模板与组合承重的功能。压型钢板用于屋面、墙面或楼盖时，均应保证其可靠承载、安全使用的重要功能，工程应用中应选用结构用牌号的基板并进行专业的结构设计与计算。

9.1 材料与选用

9.1.1 建筑用涂镀钢板性能指标

压型钢板所用建筑用涂镀钢板可分为镀层板（镀层为锌或铝锌）和彩色涂层钢板。镀层压型钢板大多用作楼盖板，也有用作屋面；彩色涂层压型钢板一般用作屋面、墙面等围护结构。

1. 镀层板

镀层板应采用现行国家标准《连续热镀锌钢板及钢带》GB/T 2518—2008 和《连续热镀铝锌合金镀层钢板及钢带》GB/T 14978—2008 中的结构钢板，其力学性能应分别符合表 9-1、表 9-2 的要求；其化学成分（熔炼分析）应符合表 9-3 的要求。不锈钢镀层板应该采用《不锈钢冷轧钢板和钢带》GB/T 3280—2015 和《建筑屋面和幕墙用不锈钢冷轧钢板和钢带》GB/T 34200—2017。

国标 GB/T 2518 结构级钢板钢带的力学性能　　　　　　　　　　　　　　表 9-1

级别	屈服强度 $R_{P0.2}$（N/mm²） 不小于	抗拉强度 R_m（N/mm²） 不小于	断后伸长率 A_{80mm} （%）不小于
220	220	300	20
250	250	330	19
280	280	360	18
320	320	390	17
350	350	420	16
550	550	560	

注：1. 无明显屈服时采用 $R_{P0.2}$，否则取 R_{eH}；

　　2. 试样为 GB/T 328 中的 P6 试样，试样方向为纵向；

　　3. 除 S550GD+Z 和 S550GD+ZF 外，其他牌号的抗拉强度可要求 140MPa 的范围值；

　　4. 当产品公称厚度大于 0.5mm，但不大于 0.7mm 时，断后伸长率允许下降 2%；当公称厚度不大于 0.5mm 时，断后伸长率允许下降 4%。

国标 GB/T 14978 结构级钢板钢带的力学性能　　　　　　　　　　　　　　表 9-2

级别	屈服强度 $R_{P0.2}$（N/mm²） 不小于	抗拉强度 R_m（N/mm²） 不小于	断后伸长率 A_{80mm} （%）不小于
250	250	330	19
280	280	360	18
300	300	380	17
320	320	390	17
350	350	420	16
550	550	560	—

注：1. 试样为 GB/T 328 中的 P6 试样，试样方向为纵向；

　　2. 当屈服现象无明显时采用 $R_{P0.2}$，否则取 R_{eH}；

　　3. 当产品公称厚度大于 0.5mm，但不大于 0.7mm 时，断后伸长率允许下降 2%；当公称厚度不大于 0.5mm 时，断后伸长率允许下降 4%。

国标 GB/T 2518 和 GB/T 14978 结构级钢板钢带的化学成分（熔炼分析）　　表 9-3

性能级别	化学成分（熔炼分析）（质量分数）（%）不大于				
	C	Si	Mn	P	S
结构级	0.20	060	1.70	0.10	0.045

2. 彩色涂层钢板

彩色涂层钢板的产品符合现行国家标准《彩色涂层钢板及钢带》GB/T 12754—2006 要求。建筑用的彩色涂层钢板应采用经过热镀镀层的结构级基板，不应采用电镀基板。

建筑用彩涂板力学性能应符合表 9-4 的要求。表中彩涂板的牌号由彩涂代号、基板特征代号和基板类型代号三个部分组成，其中基板特征代号和基板类型代号之间用加号"＋"连接。

1）彩涂代号用"涂"字汉语拼音的第一字母"T"表示；

2）基板特征代号：结构钢由四部分组成，第一部分为字母"S"代表结构钢；第二部分为 3 位数字，代表规定的最小屈服强度（单位为 MPa），即 250、280、300、320、350、550；第三部分为字母"G"代表热处理；第四部分为字母"D"，代表热镀；

3）基板类型代号："Z"代表热镀锌基板、"ZF"代表热镀锌铁合金基板、"AZ"代表热镀铝锌合金基板、"ZA"代表热镀锌铝合金基板。

国标 GB/T 12754 彩涂板的力学性能　　表 9-4

牌号	屈服点 $R_{P0.2}$(MPa) 不小于	抗拉强度 R_m(MPa) 不小于	伸长率（L_0＝80mm，b＝20mm）（%）不小于 公称厚度(mm)	
			≤0.7	＞0.7
TS250GD＋Z(ZF、AZ、ZA)	250	330	17	19
TS280GD＋Z(ZF、AZ、ZA)	280	360	16	18
TS300GD＋AZ	300	380	16	18
TS320GD＋Z(ZF、AZ、ZA)	320	390	15	17
TS350GD＋Z(ZF、AZ、ZA)	350	420	14	16
TS550GD＋Z(ZF、AZ、ZA)	550	560	—	—

注：1. 拉伸试验试样的方向为纵向（沿轧制方向）；
　　2. 当屈服现象不明显时采用 $R_{P0.2}$，否则采用 R_{eH}。

从表 9-1、表 9-2 和表 9-4 比较可得，镀层板和彩涂钢板的基板结构级相同时，力学性能中的屈服强度和抗拉强度要求完全一致；当板厚不大于 0.7mm 时，断后伸长率有所降低。

9.1.2　压型钢板材料的选用注意事项

1）压型钢板的牌号、材质、性能与技术条件应符合现行国家标准《建筑用压型钢板》GB/T 12755—2008、《彩色涂层钢板及钢带》GB/T 12754—2006、《连续热镀锌钢板及钢带》GB/T 2518—2008 和《连续热镀铝锌合金镀层钢板及钢带》GB/T 14978—2008 的规定。不锈钢压型钢板应符合《建筑用不锈钢压型板》（2018 即将颁布）、《不锈钢冷轧钢板和钢带》GB/T 3280—2015 和《建筑屋面和幕墙用不锈钢冷轧钢板和钢带》GB/T 34200—2017 等标准的相关规定。

2）选用压型钢板时，结构工程师应与建筑师协调配合，按满足建筑防水、保温、耐久性与结构承重等整体功能要求进行选用。屋面板型应根据当地的积雪厚度、暴雨强度、风荷载及屋面形状等选择板型。

3）压型钢板的钢基板宜选用 250 级结构钢和 350 级结构钢。由于压型钢板设计选用时，通常是由板的刚度而不是由钢材强度所控制，同时考虑板材强度高时，其加工成型性能较差，故仅当有技术经济依据时，可选用 550 级等高强度级的结构钢。

4）用于屋面板的钢基板厚度不宜小于 0.6mm；用于墙面板的钢基板厚度不宜小于 0.5mm；组合楼

板不宜采用钢板表面无压痕的光面开口型压型钢板，且基板净厚度不应小于 0.75mm。作为永久模板使用的压型钢板基板的净厚度不宜小于 0.5mm。基板厚度（含涂镀层厚度）的允许负偏差应满足《建筑用压型钢板》GB/T 12755—2008 附录 B 的规定。不锈钢板的厚度不应小于 0.4mm。

5）扣合式屋面压型钢板，因扣紧度要求需采用强度较高的 550 级钢，但其抗风揭性能较差，故不宜用于风揭作用较大的屋面。对此类屋面应进行抗风揭验算。

6）在力学性能相同或接近的条件下，宜优先选用覆盖率（成型后有效宽度与原板宽度之比）较大的板型。

9.2 压型钢板的设计荷载

压型钢板主要作为建筑物的围护结构——墙面和屋面，也作为组合楼板的底板广泛应用。根据应用的部位不同，所需承受的荷载也有所不同。压型钢板的荷载与其组合的计算应参照《建筑结构荷载规范》GB 50009—2012、《门式刚架轻型房屋钢结构技术规范》GB 51022—2015、《建筑抗震设计规范》GB 50011—2011（2016 年版）、《组合楼板设计与施工规程》CECS 273—2010、《压型金属板工程应用技术规范》GB 50896—2013、《组合结构设计规范》JGJ 138—2016 等进行。

由于压型钢板作用荷载类型较少，满荷载概率相对较高，计算时应注意各类荷载及其参数组合的合理性和正确性。

9.2.1 压型钢板的荷载

压型钢板所受的荷载分为永久荷载和可变荷载。永久荷载为自重等，可变荷载包括屋面活荷载、雪荷载、积灰荷载、风荷载和施工活荷载等。

1. 压型钢板自重

有保温构造时应含保温芯材、托板等重量。

2. 雪荷载

1）基本雪压应采用《建筑结构荷载规范》GB 50009—2012 规定的方法确定的 50 年重现期的雪压；对雪荷载敏感的结构，应采用 100 年重现期的雪压。

2）当设计屋面板时，积雪荷载标准值可乘以不均匀分布系数，按《建筑结构荷载规范》GB 50009—2012 中 7.2.1 条，根据不同屋面形式积雪不均匀分布的最不利情况采用。屋面积雪分布系数应根据不同类别的屋面形式，按表 9-5 采用。

屋面积雪分布系数   表 9-5

项次	类别	屋面形式及积雪分布系数 μ_r	备注
1	单跨单坡屋面	<table><tr><td>α</td><td>≤25°</td><td>30°</td><td>35°</td><td>40°</td><td>45°</td><td>50°</td><td>55°</td><td>≥60°</td></tr><tr><td>μ_r</td><td>1.0</td><td>0.85</td><td>0.7</td><td>0.55</td><td>0.4</td><td>0.25</td><td>0.1</td><td>0</td></tr></table>	—
2	单跨双坡屋面	均匀分布的情况 μ_r 不均匀分布的情况 $0.75\mu_r$ $1.25\mu_r$	μ_r 按第 1 项规定采用

项次	类 别	屋面形式及积雪分布系数 μ_r	备注
3	拱形屋面	均匀分布的情况　μ_r 不均匀分布的情况 $0.5\mu_{r,m}$　$\mu_{r,m}$ $l_e/4$　$l_e/4$　$l_e/4$　$l_e/4$ l_e $\mu_r = l/(8f)$ $(0.4 \leqslant \mu_r \leqslant 1.0)$　$60°$　f l $\mu_{r,m} = 0.2 + 10\,f/l\ (\mu_{r,m} \leqslant 2.0)$	—
4	带天窗的坡屋面	均匀分布的情况　1.0 不均匀分布的情况　1.1　0.8　1.1 α	—
5	带天窗有挡 风板的屋面	均匀分布的情况　1.0 不均匀分布的情况　1.0　1.4　0.8　1.4　1.0 α	—
6	多跨单坡屋面 （锯齿形屋面）	均匀分布的情况　1.0 不均匀分布的情况1　0.6　1.4　0.6　1.4　0.6　1.4 $l/2$　$l/2$ 不均匀分布的情况2　2.0　2.0　2.0 μ_r　μ_r　μ_r $l/2$　$l/2$ α l　l	μ_r按第1项规定采用

续表

项次	类 别	屋面形式及积雪分布系数 μ_r	备注
7	双跨双坡或拱形屋面	均匀分布的情况　1.0 不均匀分布的情况1　μ_r　1.4　μ_r 不均匀分布的情况2　μ_r　2.0　μ_r　α　f　l　l	μ_r按第 1 或 3 项规定采用
8	高低屋面	情况1：1.0　$\mu_{r,m}$　1.0　　1.0　$\mu_{r,m}$ 情况2：1.0　2.0　1.0　　1.0　2.0 a　h　b_1　b_2　b_1　$b_2 < a$ $a = 2h\,(4\mathrm{m} < a < 8\mathrm{m})$ $\mu_{r,m} = (b_1 + b_2)/2h\,(2.0 \leqslant \mu_{r,m} \leqslant 4.0)$	—
9	有女儿墙及其他突起物的屋面	$\mu_{r,m}$　μ_r　$\mu_{r,m}$　a　a　h $a = 2h$ $\mu_{r,m} = 1.5h/s_0\,(1.0 \leqslant \mu_{r,m} \leqslant 2.0)$	—
10	大跨度屋面 $(l > 100\mathrm{m})$	$0.8\mu_r$　$1.2\mu_r$　$0.8\mu_r$ $l/4$　$l/2$　$l/4$ l	1. 还应同时考虑第 2 项、第 3 项的积雪分布； 2. μ_r按第 1 或 3 项规定采用

注：1. 第 2 项单跨双坡屋面仅当 $20° \leqslant \alpha \leqslant 30°$ 时，可采用不均匀分布情况；

2. 第 4、5 项只适用于坡度 $\alpha \leqslant 25°$ 的一般工业厂房屋面；

3. 第 7 项双跨双坡或拱形屋面，当 $\alpha \leqslant 25°$ 或 $f/l \leqslant 0.1$ 时，只采用均匀分布情况；

4. 多跨屋面的积雪分布系数，可参照第 7 项的规定采用。

3）压型钢板拱壳可分别按积雪全跨均匀分布、不均匀分布和半跨均匀分布的三种情况采用。

4）对于门式刚架轻型房屋钢结构屋面，雪荷载应按照《门式刚架轻型房屋钢结构技术规范》GB 51022—2015 的规定。

（1）基本雪压按现行国家规范《建筑结构荷载规范》GB 50009—2012 规定的 100 年重现期的雪压确定。

（2）屋面积雪分布系数应根据不同类别的屋面形式，按表 9-5 采用。但对于双跨双坡屋面，当屋面坡度不大于 1/20 时，内屋面可不考虑表中第 7 项规定的不均匀分布的情况，即表中的雪分布系数 1.4 及 2.0 均按 1.0 考虑。

（3）对于存在高低屋面及相邻房屋屋面高低满足 $(h_r - h_b)/h_b > 0.2$ 时，应按下列规定考虑雪的堆积和滑移：

① 高低屋面应考虑低跨屋面雪堆积分布（图 9-1）。

② 当相邻房屋的间距 $s < 6m$ 时，应考虑低屋面雪堆积分布（图 9-2）。

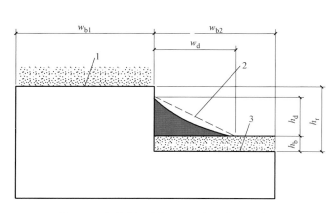

图 9-1　高低屋面低屋面雪堆积分布示意图
1—高屋面；2—积雪区；3—低屋面

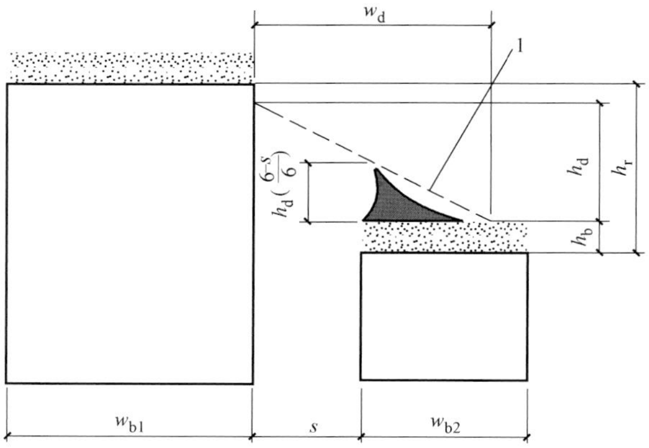

图 9-2　相邻房屋低屋面雪堆积分布示意图
1—积雪区

③ 当高屋面坡度 $\theta > 10°$ 且未采取防止雪下滑的措施时，应考虑高屋面的雪漂移，积雪高度应增加 40%，但最大取 $h_r - h_b$；当相邻房屋的间距大于 h_r 或 6m 时，不考虑高屋面的雪漂移（图 9-3）。

④ 当屋面突出物的水平长度大于 4.5m 时，应考虑屋面雪堆积分布（图 9-4）。

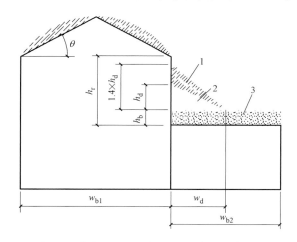

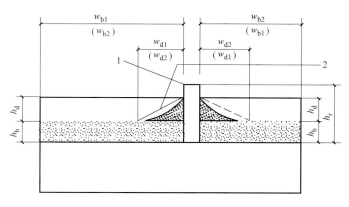

图 9-3　高屋面雪漂移低屋面雪堆积分布示意
1—漂移积雪；2—积雪区；3—屋面雪载

图 9-4　屋面有突出物雪堆积分布示意
1—屋面突出物；2—积雪区

⑤ 积雪堆积高度 h_d 应取式（9-1）和式（9-2）计算高度的较大值：

$$h_d = 0.416 \sqrt[3]{w_{b1}} \sqrt[4]{s_o + 0.479} - 0.457 \leqslant h_r - h_b \tag{9-1}$$

$$h_d = 0.208 \sqrt[3]{w_{b2}} \sqrt[4]{s_o + 0.479} - 0.457 \leqslant h_r - h_b \qquad (9\text{-}2)$$

式中　h_d——积雪堆积高度（m）；

h_r——高低屋面的高差（m）；

h_b——按屋面基本雪压确定的雪荷载高度（m），$h_b = \dfrac{100S_o}{\rho}$；

ρ——积雪平均密度（kg/m³）。

⑥ 积雪堆积长度 w_d 应按下列规定确定：

$$当\ h_d \leqslant h_r - h_b\ 时, w_d = 4h_d \qquad (9\text{-}3)$$

$$当\ h_d > h_r - h_b\ 时, w_d = 4h_d^2 / (h_r - h_b) \leqslant 8(h_r - h_b) \qquad (9\text{-}4)$$

⑦ 堆积雪荷载的最高点荷载值 $S_{max} = h_d \times \rho$。$\rho$ 为积雪的平均密度。东北及新疆北部地区取 180kg/m³；华北及西北地区取 160kg/m³，其中青海取 150kg/m³；淮河、秦岭以南地区一般取 180 kg/m³，其中江西、浙江取 230kg/m³。

（4）屋面板按积雪不均匀分布的最不利情况采用。

3. 屋面活荷载

当采用压型钢板轻型屋面时，屋面竖向活荷载的标准值（按水平投影面积计算）应取 0.5kN/m²。

4. 屋面积灰荷载

当设计屋面板时，积灰荷载标准值可乘以下列规定的增大系数：在高低跨处两倍于屋面高差但不大于 6.0m 的分布宽度内取 2.0；在天沟处不大于 3.0m 的分布宽度内取 1.4。

5. 风荷载

设计人员一般会进行压型钢板风荷载正压力的计算，有可能忽略负风压的验算。根据以往发生过的质量事故来看，压型钢板的破坏大多由于负风压产生，所以，设计人员一定要进行压型钢板的负风压计算。

1）通常按《建筑结构荷载规范》GB 50009 计算。

2）在验算压型钢板围护结构及连接的强度时，可按下列规定采用局部风压体型系数计算。

（1）外表面：

正压区：按《建筑结构荷载规范》GB 50009—2012 第 7.3.1 条采用；

负压区：对墙面取 −1.0；对墙角边取 −1.8；对屋面局部部位（周边和屋面坡度大于 10° 的屋脊部位）取 −2.2；对檐口、雨篷、遮阳板等突出构件取 −2.0。

（2）内表面：

对封闭式建筑物，按外表面风压的正负情况取 −0.2 或 0.2。对墙角边和屋面局部部位的作用宽度为房屋宽度的 0.1 或房屋平均高度的 0.4 两者的较小值，但不小于 1.5m。

3）门式刚架的压型钢板可按以下规定取值：

当门式刚架屋面坡度角 $\alpha \leqslant 10°$，屋面平均高度不大于 18m 且房屋高宽比、跨高比不大于 1 时，其风荷载的计算可按《门式刚架轻型房屋钢结构技术规范》GB 51022—2015 第 4.2 节计算。此时基本风压值仍按《建筑结构荷载规范》GB 50009—2012 取值，但应乘以修正系数 1.5 采用。

6. 施工荷载

1）屋面压型钢板

（1）在设计屋面板时，施工或检修集中荷载应取 1.0kN，并应在最不利位置处进行验算。

（2）当施工荷载超过上述第（1）条的荷载时，应按实际情况验算，或采用加垫板、支撑等临时设施承受。

（3）当计算挑檐、雨篷承载力时，应沿板宽每个 1.0m 取一个集中荷载，在验算挑檐、雨篷倾覆时，应沿板宽每隔 2.5～3.0m 取一个集中荷载。

2）楼面压型钢板

当采用压型钢板的组合楼板时，尚应进行压型钢板的强度与变形验算。考虑施工活荷载不宜小于 $1.0kN/m^2$。仅作模板使用的压型钢板上的荷载，除自重外，尚应计入湿混凝土楼板重和可能出现的施工荷载。如施工中采取了必要的措施，可不考虑浇筑混凝土的冲击力，挠度计算时可不计施工荷载。

9.2.2 荷载组合

压型钢板设计需要进行承载力和正常使用状态计算，分别采用相应的荷载组合。荷载组合应注意考虑负风压的不利影响。

1）承载力验算：对压型钢板一般采用由可变荷载效应控制的基本组合。

$$1.2 \times 永久荷载 + 1.4 \times 主要可变荷载 + \sum_{i=2}^{n} 1.4 \times 某个可变荷载 \times 相应的组合值系数$$

2）正常使用状态：计算压型钢板变形采用荷载标准值。

$$永久荷载 + 主要可变荷载 + \sum_{i=2}^{n} 某个可变荷载 \times 相应的组合值系数$$

3）压型钢板的荷载可考虑以下各项及其最不利工况组合，对敞开（半敞开）建筑或负风压较大部位的压型板，应考虑负风压作用的不利组合。

4）荷载组合的注意事项：

（1）屋面活荷载不与雪荷载同时组合；

（2）地震荷载不与风荷载同时考虑；

（3）积灰荷载应与雪荷载或不上人的屋面均布活荷载两者中的较大值同时考虑。

9.3 屋面和墙面压型钢板的结构设计

9.3.1 设计一般规定

1. 设计依据

目前，用于压型钢板设计的常用规范有国家标准、行业标准和协会标准。设计人员一般按国家标准的规定进行设计，结构设计主要依据以下标准：

（1）《建筑结构荷载规范》GB 50009—2012

（2）《冷弯薄壁型钢结构技术规范》GB 50018—2002

（3）《钢结构设计标准》GB 50017—2017

（4）《门式刚架轻型房屋钢结构技术规范》GB 51022—2015

（5）《压型金属板工程应用技术规范》GB 50896—2013

（6）《组合楼板设计与施工规范》CECS 273—2010

（7）《拱形波纹钢屋盖结构技术规程》CECS 167：2004

（8）《组合结构设计规范》JGJ 138—2016

（9）《不锈钢结构技术规程》CECS 410：2015

2. 设计指标

压型钢板应按《冷弯薄壁型钢结构技术规范》GB 50018 规定的极限状态设计方法与公式及构造要求等进行设计与计算。结构设计中采用的主要指标如下：

1）压型钢板的强度

压型钢板可选用 250、350 结构级钢板，建议在设计时，压型钢板材料钢材与连接的强度设计值参考《冷弯薄壁型钢结构技术规范》GB 50018 中的 Q235 钢（对应 250 结构级钢）、Q345 钢（对应 350 结构级钢）的有关数据，Q235 钢和 Q345 钢强度设计值和物理性能按表 9-6、表 9-7 选用；压型钢板的抗力分项系数采用 $\gamma_R = 1.165$，其与国标中 Q234 钢、Q345 钢相对应。其他结构级钢材可以参考使用。

钢材强度设计值（N/mm²）　　　　　　　　　　表 9-6

钢材牌号	抗拉抗压和抗弯 f	抗剪 f_v	端面承压（刨平顶紧）f_{ce}
Q235	205	120	310
Q345	300	175	400

钢材的物理能指标　　　　　　　　　　表 9-7

弹性模量 E （N/mm²）	剪变模量 G （N/mm²）	线膨胀系数 α （以每℃计）	质量密度 ρ （kg/m³）
206×10^3	79×10^3	12×10^{-6}	7850

2）压型钢板的挠度

现行的国家标准《冷弯薄壁型钢结构技术规范》GB 50018、《压型金属板工程应用技术规范》GB 50896—2013 和《门式刚架轻型房屋钢结构技术规范》GB 51022—2015 对压型钢板挠度有所不同。三本规范各有其应用范围，设计人员可根据建筑特点自行确定选用。

（1）《冷弯薄壁型钢结构技术规范》GB 50018

按照《冷弯薄壁型钢结构技术规范》GB 50018（目前正在修订之中）的规定：压型钢板的挠度（按荷载标准值计算）与跨度之比不宜超过下列限值：

屋面板：1/200（屋面坡度＜1/20）；
　　　　1/250（屋面坡度≥1/20）；
墙板：1/150；
楼板：1/200。

（2）《压型金属板工程应用技术规范》GB 50896—2013

按照《压型金属板工程应用技术规范》GB 50896—2013 的规定：压型钢板的挠度与跨度比应符合且不宜超过以下限值：

屋面板：1/150；
墙板：1/100。

（3）《门式刚架轻型房屋钢结构技术规范》GB 51022—2015

按照《门式刚架轻型房屋钢结构技术规范》GB 51022—2015 的规定：压型钢板的挠度与跨度比不应大于以下限值：

屋面板：1/150；
墙板：1/100。

3. 一般规定

1）压型钢板应按承载力极限状态和正常使用极限状态进行设计。

2）当按承载力极限状态设计压型钢板时，应考虑荷载效应的基本组合或荷载效应的偶然组合，并应采用荷载设计值和强度设计值进行计算。当按正常使用极限状态设计压型钢板时，应考虑荷载效应的标准组合，并应采用荷载标准值和变形限值进行计算。当设计计算时，相应取值应符合现行国家标准《建筑结构荷载规范》GB 50009—2012 的有关规定。

3）压型钢板屋面系统宜经抗风揭试验验证系统的整体抗风揭能力。

4）压型钢板屋面、墙面边部和角部区域，应根据设计计算加密支撑结构及连接。

5）压型钢板屋面、墙面的连接及紧固件选择应通过设计计算确定。

6）压型金属穿孔板不宜作为受力构件使用。

7）压型钢板的强度设计值应符合表 9-8 的规定。

钢材的强度设计值（N/mm²）　　　　　　　　　　表 9-8

钢板强度级别（MPa）	抗拉、抗压和抗弯 f	抗剪 f_v	端面承压（磨平顶紧）f_{ce}
250	215	125	270
350	300	175	345

当按厂家提供的承载力选用表、选用压型板截面时，其安全性的设计责任仍需由结构工程师承担，故设计人应对选用表的可靠性进行确认后再进行选用。

9.3.2 压型钢板的截面特性计算

1. 有效宽厚比

压型钢板为薄壁截面，由于局部稳定的要求，其承载能力需按有效截面计算，截面内各受压板件的有效宽厚比按以下规定采用：

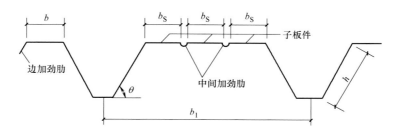

图 9-5 压型钢板截面板件图

1）压型钢板（图 9-5）受压翼缘的有效宽厚比应按下列规定采用：

对两纵边均与腹板相连，或一纵边与腹板相连、另一纵边与符合第 3）条要求的中间加劲肋相连的受压翼缘，可按加劲板件由第 4）条确定其有效宽厚比。

对有一纵边与符合第 3）条要求的边加劲肋相连的受压翼缘，可按部分加劲板件由第 4）条确定其有效宽厚比。

2）压型钢板腹板的有效宽厚比应按第 4）条规定采用。

3）压型钢板受压翼缘的纵向加劲肋应符合下列规定：

边加劲肋：

$$I_{es} \geqslant 1.83 t^4 \sqrt{\left(\frac{b}{t}\right)^2 - \frac{27100}{f_y}}$$ （9-5）

且 $$I_{es} \geqslant 9 t^4$$

中间加劲肋：

$$I_{is} \geqslant 3.66 t^4 \sqrt{\left(\frac{b}{t}\right)^2 - \frac{27100}{f_y}}$$ （9-6）

且 $$I_{is} \geqslant 18 t^4$$

式中 I_{es}——边加劲肋截面对平行与被加劲板件截面之重心轴的惯性矩；

I_{is}——中间加劲肋截面对平行与被加劲板件截面之重心轴的惯性矩；

b_s——子板件的宽度；

b——边加劲板件的宽度；

t——板件的厚度。

4）加劲板件、部分加劲板件和非加劲板件的有效宽厚比应按下列公式计算：

当 $\frac{b}{t} \leqslant 18\alpha\rho$ 时：

$$\frac{b_e}{t} = \frac{b_c}{t}$$ （9-7）

当 $18\alpha\rho < \frac{b}{t} < 38\alpha\rho$ 时：

$$\frac{b_e}{t} = \left[\sqrt{\frac{21.8\alpha\rho}{\frac{b}{t}}} - 0.1\right] \frac{b_c}{t}$$ （9-8）

当 $\dfrac{b}{t} \geqslant 38\alpha\rho$ 时：

$$\dfrac{b_e}{t} = \dfrac{25\alpha\rho}{\dfrac{b}{t}}\dfrac{b_c}{t} \tag{9-9}$$

式中 b——板件宽度；

   t——板件厚度；

   b_e——板件有效宽度；

   α——计算系数，$\alpha = 1.15 - 0.15\psi$，当 $\psi < 0$ 时，取 $\alpha = 1.15$；

   ψ—— 压应力分布不均匀系数，$\psi = \dfrac{\sigma_{\min}}{\sigma_{\max}}$；

   $\sigma_{\min}$——受压板件边缘的最大压应力（N/mm²），取正值；

   $\sigma_{\max}$—— 受压板件另一边缘的压应力（N/mm²），以压应力为正，拉应力为负值；

   b_c——板件受压区宽度，当 $\psi \geqslant 0$ 时，$b_c = b_e$；当 $\psi < 0$ 时，$b_c = \dfrac{b}{1-\psi}$；

   ρ——计算系数，$\rho = \sqrt{\dfrac{205 k_1 k}{\sigma_1}}$，其中，$\sigma_1$ 为板件最大压力按构件毛截面计算确定；

   k——板件受压稳定系数，按第 9.3.2 节的规定确定；

   k_1——板组约束系数，按第 9.3.2 节的规定采用；若不计相邻板件的约束作用，可取 1。

2. 板件受压稳定系数 k 受压板件的板组约束系数 k_1 计算

1）受压板件的稳定系数 k

（1）加劲板件

当 $1 \geqslant \psi > 0$（图 9-6a）时：

$$k = 7.8 - 8.15\psi + 4.35\psi^2 \tag{9-10}$$

当 $0 \geqslant \psi > -1$（图 9-6b）时：

$$k = 7.8 - 6.29\psi + 9.78\psi^2 \tag{9-11}$$

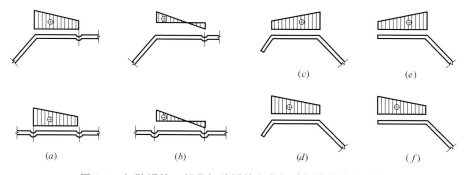

图 9-6 加劲板件、部分加劲板件和非加劲板件的应力分布

（2）部分加劲板件

最大压应力作用在支承边（图 9-6c），当 $\psi \geqslant -1$ 时：

$$k = 5.89 - 11.59\psi + 6.68\psi^2 \tag{9-12}$$

最大压应力作用于部分加劲边（图 9-6d），当 $\psi \geqslant -1$ 时：

$$k = 1.15 - 0.22\psi + 0.045\psi^2 \tag{9-13}$$

（3）非加劲板件

最大压应力作用于支承边（图 9-6e），当 $1 \geqslant \psi > 0$ 时：

$$k = 1.70 - 3.025\psi + 1.75\psi^2 \tag{9-14}$$

当 $0 \geqslant \psi > -0.4$ 时：

$$k=1.70-1.75\psi+55\psi^2 \tag{9-15}$$

当 $-0.4\geqslant\psi>-1$ 时：

$$k=6.07-9.51\psi+8.33\psi^2 \tag{9-16}$$

最大压应力作用于自由边（图 9-6f），当 $\psi\geqslant-1$ 时：

$$k=0.567-0.213\psi+0.071\psi^2 \tag{9-17}$$

当 $\psi<-1$ 时，式（9-10）～（9-17）中的 k 值按 $\psi=-1$ 的值采用。

2）受压板件的板组约束系数 k_1

（1）当 $\xi\leqslant1.1$ 时：

$$k_1=\frac{1}{\sqrt{\xi}} \tag{9-18}$$

（2）当 $\xi>1.1$ 时：

$$k_1=0.11+\frac{0.93}{(\xi-0.05)^2} \tag{9-19}$$

$$\xi=\frac{c}{b}\sqrt{\frac{k}{k_c}} \tag{9-20}$$

式中　b——板件宽度；

　　　　c——与计算板件邻接的板件宽度，如果计算板件两边均有邻接板件时，即计算板件为加劲板件时，取正压力较大一边板件的宽度；

　　　　k——板件受压稳定系数，按 9.3.2 节的规定确定；

　　　　k_c——邻接板件受压稳定系数，按 9.3.2 节的规定确定。

（3）当 $k_1>k_1'$ 时，$k_1=k_1'$，k_1' 为 k_1 的上限值。对于加劲板件 $k_1'=1.7$，对于部分加劲板件 $k_1'=2.4$，对于非加劲板件 $k_1'=3.0$。

（4）当计算板件只有一边有邻接板件，即计算板件为非加劲板件或部分加劲板件，且邻接板件受拉时，取 $k=k_1'$。

3）有效宽度

当受压板件的宽厚比大于 9.3.1 节有效宽厚比中第 4）条规定的有效宽厚比时，受压板件的有效截面应自截面的受压部分按图 9-7 所示位置扣除其超出（即图中不带斜线部分）来确定，截面的受拉部分全部有效。

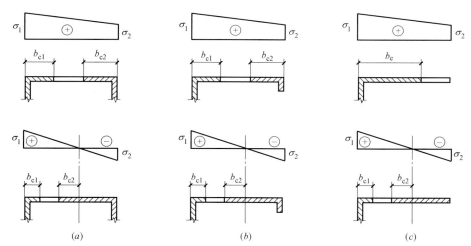

图 9-7　受压板件的有效截面

（a）加劲板件；（b）部分加劲板件；（c）非加劲板件

（1）对于加劲板，b_{e1} 和 b_{e2} 按以下公式计算：

当 $\psi\geqslant0$ 时：

$$b_{e1}=\frac{2b_e}{5-\psi},b_{e2}=b_e-b_{e1} \tag{9-21}$$

当 $\psi<0$ 时：

$$b_{e1}=0.4b_e,b_{e2}=0.6b_e \tag{9-22}$$

（2）对于部分加劲板及非加劲板件，b_{e1} 和 b_{e2} 按以下公式计算：

$$b_{e1}=0.4b_e,b_{e2}=0.6b_e \tag{9-23}$$

（3）以上式中 b_e 按 9.3.2 节有效宽厚比中第 4）条确定。

9.3.3　压型钢板有效截面强度与挠度的计算

1）压型钢板截面强度的计算应按其有效截面进行。对上、下翼缘不对称的截面，应分别验算其正弯曲及负弯曲的强度；所有强度验算中，荷载作用及材料强度均采用设计值（验算负风压时，不计入压型钢板自重）。压型钢板挠度的验算应按全截面组成的截面特性进行。

2）压型钢板一般以其轧制成型并安装应用的一个板段为一个构件，按整块板或一个波距的有效截面，计算其荷载与内力并验算其强度与挠度。单跨支承板按简支板计算，常用的多跨支承板均可简化为三跨连续板计算。

3）设计经验表明，在强度及挠度的验算中，大多由挠度限值（即容许挠度）控制。验算时一般采用承载力表达式，分别对所验算板型按强度及挠度条件计算其容许跨度。

4）压型钢板的强度与挠度计算均先假定截面尺寸后再进行计算校核，其强度计算按以下公式进行。

（1）抗弯强度：

有效截面最大弯曲应力：

$$\sigma=\frac{M}{W_{ef}}<f \tag{9-24}$$

式中　M——计算采用的压型钢板所承受的弯矩；

　　　W_{ef}——压型钢板有效截面的截面模量；

　　　f——压型钢板的抗弯强度。

（2）压型钢板腹板的剪应力：

当 $h/t<100$ 时：

$$\tau\leqslant\tau_{cr} \tag{9-25}$$

$$\tau\leqslant f_v \tag{9-26}$$

当 $h/t\geqslant100$ 时：

$$\tau\leqslant\tau_{cr} \tag{9-27}$$

式中　τ——腹板的平均剪应力（N/mm²）；

　　　τ_{cr}——腹板的剪切屈服临界剪应力；当 $h/t<100$ 时，$\tau_{cr}=\dfrac{8550}{(h/t)}$；当 $h/t\geqslant100$ 时，$\tau_{cr}=\dfrac{855000}{(h/t)^2}$；

　　　h/t——腹板的高厚比（图 9-5）。

（3）压型钢板支座处的腹板，应按下式验算其局部受压承载力：

$$R\leqslant R_w \tag{9-28}$$

$$R_w=\alpha t^2\sqrt{fE}(0.5+\sqrt{0.02l_c/t})[2.4+(\theta/90)^2] \tag{9-29}$$

式中　R——支座反力；

　　　R_w——一块腹板的局部受压承载力设计值；

　　　α——系数，中间支座取 $\alpha=0.12$，端支座取 $\alpha=0.06$；

　　　t——板件厚度；

　　　l_c——支座的支承长度，$10\text{mm}<l_c<200\text{mm}$，端支座可取 $l_c=10\text{mm}$；

　　　θ——腹板倾角（$45°\leqslant\theta\leqslant90°$）。

（4）压型钢板同时承受弯矩 M 和支座反力 R 的截面，应满足下列要求：

$$M/M_u \leqslant 1.0 \tag{9-30}$$

$$R/R_w \leqslant 1.0 \tag{9-31}$$

$$M/M_u + R/R_w \leqslant 1.25 \tag{9-32}$$

式中　M_u——截面的弯曲承载力设计值，$M_u = W_e f$。

（5）压型钢板同时承受弯矩 M 和剪力 V 的截面，应满足下列要求：

$$\left(\frac{M}{M_u}\right)^2 + \left(\frac{V}{V_u}\right)^2 \leqslant 1 \tag{9-33}$$

式中　V_u——腹板的抗剪承载力设计值，$V_u = (ht \cdot \sin\theta)\tau_{cr}$，$\tau_{cr}$ 按式（9-25）或式（9-27）计算。

（6）在压型钢板的一个波距上作用集中荷载 F 时，可按下式将集中荷载 F 折算成沿板宽方向的均布线荷载 q_{re}，并将按 q_{re} 进行单波波距或整块板有效截面的弯矩计算。

$$q_{re} = \eta \frac{F}{b_1} \tag{9-34}$$

式中　q_{re}——折算的均布线荷载；

　　　F——集中荷载；

　　　η——折算系数，由试验确定；无试验依据时，可取 $\eta = 0.5$；

　　　b_1——压型钢板的一个波距。

5）均布荷载作用下压型钢板构件的挠度应满足下式的要求。

$$\upsilon \leqslant [\upsilon] \tag{9-35}$$

压型钢板在不同支承条件下的挠度可按下式计算：

悬臂板端：
$$\upsilon = \frac{q_k l^4}{8EI} \tag{9-36}$$

简支板跨中：
$$\upsilon = \frac{5q_k l^4}{384EI} \tag{9-37}$$

连续板跨中：
$$\upsilon = \frac{2.7q_k l^4}{384EI} \tag{9-38}$$

式中　υ——压型钢板的挠度；

　　　$[\upsilon]$——压型钢板的允许挠度，可按 9.1.3 节选用；

　　　q_k——板上均布荷载标准值；

E、I、l——压型钢板的弹性模量、全截面惯性矩和跨度。

9.3.4　金属屋面系统抗风揭性能及检测方法

近几年压型金属板屋面系统设计中最为重要的是抗风问题，风荷载作用在建筑屋面、墙面上时，压力分布不均匀，在角隅、檐口、边棱处和附属结构部位（如阳台、雨棚等外挑构件），局部风压会超过屋面、墙面承受的平均风压。因此设计屋面、墙面边部和角部区域及悬挑部位时，需要特别注意。

一般情况下，金属压型板屋面的风荷载按照现行的国家标准《建筑结构荷载规范》GB 50009 等的相关规定取值进行设计。对于个别特殊的建筑，建筑的风荷载需要通过风洞试验来确定。风洞试验结果与模拟计算分析相结合，可以为屋面系统抗风荷载安全设计提供可靠的依据。在风荷载大的地区，为加强压型金属板系统的抗风揭能力，建筑物的建筑造型变化处（如屋脊、檐口、山墙转角等）、开口部位周边、屋面边区角区以及开敞建筑的压型金属板系统应采取加密固定点或增加其他固定措施等方式，以达到系统整体抗风能力。

压型钢板屋面系统设计中的整体抗风揭能力可根据抗风揭试验系统验证。目前我国现行规范暂无抗风揭相关内容，《钢结构施工验收规范》GB 50205 的送审稿中已经增加了试验方法，可供实际工程使用。

金属屋面系统抗风揭性能检测采用实验室模拟静态、动态压力加载法。金属屋面系统抗风揭性能检测应选取金属屋面中具有代表性的典型部位进行检测，被检测屋面系统中的材料、构件加工、安装施工质量等应与实际工程情况一致，并应符合设计和相应技术标准的要求。

《钢结构施工验收规范》GB 50205 送审稿中的相关规定如下：

1）金属屋面系统抗风性能检测应符合的规定

（1）金属屋面系统应包括金属屋面板、底板、支座、保温层、檩条、支架、紧固件等。

（2）对于强（台）风地区（基本风压不小于 0.5kN/m²）的金属屋面和设计要求进行动态风载检测的建筑金属屋面应采用动态风载检测。

（3）金属屋面系统抗风揭性能检测应选取金属屋面中具有代表性的典型部位进行检测，被检测屋面系统中的材料、构件加工、安装施工质量等应与实际工程情况一致，并应符合设计和相应技术标准的要求。

（4）金属屋面典型部位的风荷载标准值 w_s 应由设计单位给出，检测单位应根据设计单位给出的风荷载标准值 w_s 进行检测。

2）金属屋面静态压力抗风揭检测

金属屋面静态压力抗风揭检测方法是常用的，一般检测装置由测试平台、风源供给系统、压力容器、测量系统及试件系统组成。在此介绍一种金属屋面静态压力抗风揭检测方法供读者参考。测试平台的尺寸应为：长度 $L \geqslant 7320$mm，宽度 $B \geqslant 3660$mm，高度 $H \geqslant 1200$mm，检测装置的构成如图 9-8 所示。

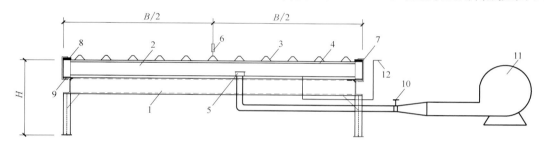

图 9-8　抗风揭性能检测装置示意图

1—测试平台；2—压力容器；3—试件系统；4—檩条；5—进风口挡板；6—位移计；7—固定夹具；8—木方；
9—密封环垫；10—压力控制装置；11—供风设备；12—压力计

检测装置应满足构件设计受力条件及支撑方式的要求，测试平台结构应具有足够的强度、刚度和整体稳定性能。

压力测量系统最大允许误差应不大于示值的 $\pm 1\%$ 且不大于 0.1kPa；位移测量系统最大允许测量误差应不大于满量程的 0.25%；使用前应经过校准。

检测步骤应符合以下规定：

（1）从 0 开始，以 0.07kPa/s 加载速度加压到 0.7kPa；

（2）加载至规定压力等级并保持该压力时间 60s，检查试件是否出现破坏或失效；

（3）排除空气卸压回到零位，检查试件是否出现破坏或失效；

（4）重复上述步骤，以每级 0.7kPa 逐级递增作为下一个压力等级，每个压力等级应保持该压力60s，然后排除空气卸压回到零位，再次检查试件是否出现破坏或失效；

（5）重复测试程序直到试件出现破坏或失效，停止试验并记录破坏前一级压力值。

以下情况之一为应判定为试件的破坏或失效，破坏或失效的前一级压力值应为抗风揭压力值 w_u：

（1）试件不能保持整体完整，板面出现破裂、裂开、裂纹、断裂以及鉴定固定件的脱落；

（2）板面撕裂或掀起及板面连接破坏；

（3）固定部位出现脱落、分离或松动；

（4）固定件出现断裂、分离或破坏；

（5）试件出现影响使用功能的破坏或失效（如影响使用功能的永久变形等）；

（6）设计规定的其他破坏或失效。

检测结果的合格判定应符合下列要求：

$$K = w_u / w_s \geqslant 2.0 \tag{9-39}$$

式中　K——抗风揭系数；

　　　w_s——风荷载标准值；

　　　w_u——抗风揭压力值。

3）金属屋面动态压力抗风揭检测

动态风荷载检测装置应由试验箱体、风压提供装置、控制设备及测量装置组成（图9-9），试验箱体不小于$3.5m \times 7.0m$，应能承受至少20kPa的压差。

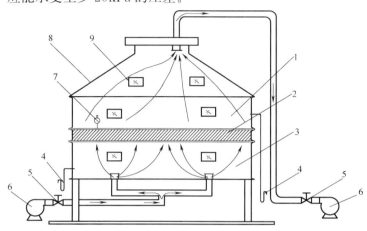

图 9-9　动态风载检测装置示意图

1—上部压力箱；2—试件及安装框架；3—下部压力箱；4—压力测量装置；5—压力控制装置；
6—供风设备；7—位移测量装置；8—集流罩；9—观察窗

差压传感器精度应达到示值的1%，测量响应速度应满足波动加压测量的要求；位移计的精度应达到满量程的0.25%。动态风荷载检测应取1.4倍风荷载标准值（$w_d = 1.4 w_s$）。

检测步骤应符合下列规定：

（1）对试件下部压力箱施加稳定正压，同时向上部压力箱施加波动的负压；待下部箱体压力稳定，且上部箱体波动压力达到对应值后，开始记录波动次数；

（2）波动负压范围应为负压最大值乘以其对应阶段的比例系数，波动负压范围和波动次数应符合表9-9的规定；波动压力差周期为（10±2）s，如图9-10所示。

波动加压顺序　　　　　　　　　　　　　　　　　　　　　表9-9

	加压顺序	1	2	3	4	5	6	7	8
第一阶段	加压比例(w_d%)	0～12.5	0～25.0	0～37.5	0～50.0	12.5～25.0	12.5～37.5	12.5～50.0	25.0～50.0
	循环次数	400	700	200	50	400	400	25	25
第二阶段	加压顺序	1	2	3	4	5	6	7	8
	加压比例(w_d%)	0	0～31.2	0～46.9	0～62.5	0	15.6～46.9	15.6～62.5	31.2～62.5
	循环次数	0	500	150	50	0	350	25	25
第三阶段	加压顺序	1	2	3	4	5	6	7	8
	加压比例(w_d%)	0	0～37.5	0～56.2	0～75.0	0	18.8～56.2	18.8～75.0	37.5～75.0
	循环次数	0	250	150	50	0	300	25	25
第四阶段	加压顺序	1	2	3	4	5	6	7	8
	加压比例(w_d%)	0	0～43.8	0～65.6	0～87.5	0	21.9～65.6	21.9～87.5	43.8～87.5
	循环次数	0	250	100	50	0	50	25	25
第五阶段	加压顺序	1	2	3	4	5	6	7	8
	加压比例(w_d%)	0	0～50.0	0～75.0	0～100.0	0	0	25.0～100.0	50.0～100.0

动态风荷载检测一个周期次数为 5000 次，检测应不小于一个周期。以下情况之一应判定为试件的破坏或失效：

（1）试件与安装框架的连接部分发生松动和脱离；

（2）面板与支承体系的连接发生失效；

（3）试件面板产生裂纹和分离；

（4）其他部件发生断裂、分离以及任何贯穿性开口；

（5）设计规定的其他破坏或失效。

检测结果的合格判定应符合下列要求：

（1）动态风荷载检测结束，试件未失效；

（2）继续进行静态风荷载检测至其破坏失效，满足式（9-40）要求。

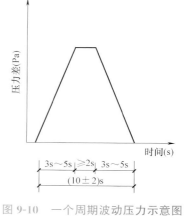

图 9-10 一个周期波动压力示意图

$$K = w_u / w_s \geq 1.6 \qquad (9\text{-}40)$$

式中 K——抗风揭系数；

w_s——风荷载标准值；

w_u——抗风揭压力值。

9.3.5 墙面压型钢板计算实例

墙板压型钢板的种类很多，比较常用的板型见 9.6 节。在此选用 YX10-150-900 覆盖率高、比较经济的板型作为实例计算。

1. 计算条件

已知墙面板 YX10-150-900，基板厚度为 0.6mm，材料采用宝钢生产的彩色镀锌钢板，其牌号为 TS250GD+Z。由于基板的材料强度与国标中 Q235 钢相对应，故钢材设计指标按《冷弯薄壁型钢结构技术规程》GB 50018 中 Q235 钢材选用，屈服强度为 $f_y = 235\text{N/mm}^2$，强度设计值为 $f = 205\text{N/mm}^2$，弹性模量 $E = 206000\text{N/mm}^2$。板的截面形状如图 9-11 所示。

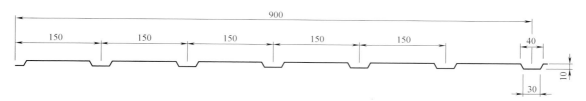

图 9-11 墙面压型钢板的截面

按三跨连续支承计算当墙板跨度为 1.5m 时，YX10-150-900 型压型钢板的最大承载力，即压型钢板所能承受的受压最大均布荷载。

2. 计算压型钢板的截面特性

根据 9.3.2 节中的规定，考虑到 YX10-150-900 板型中单波重复形成的特点，取一个波距 150mm 作为计算单元。各板元尺寸、倾角、弧段等尺寸已标注在图 9-12 中，由于上、下翼缘宽度不等，且其宽厚比分别为 183 和 50，应分别按正弯曲和负弯曲时板有效截面特性。翼缘和腹板均按加劲板件考虑。

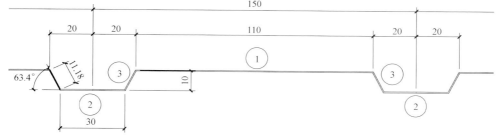

图 9-12 计算单元（取一个波距）

1）板的截面特性

板单元计算详见表 9-10。

板元基本性能计算 表 9-10

板件号	板件宽度 b_i（mm）	板件中心至①形心轴距离 y_i（mm）	$b_i y_i$	$b_i y_i^2$	板元对自身平行于翼板的形心轴惯性矩 I_i（mm⁴）
①	110	—	—	—	—
②	30	10	300	3000	—
③	$2 \times 11.18 = 22.36$	5	111.8	559.0	$2 \times 0.6 \times 11.18 \times (11.18^2 \times \sin^2 63.4° + 0.6^2 \times \cos^2 63.4°)/12 = 111.8$
Σ	162.36		411.8	3559.0	111.8

板的重心距①板件中心的距离：$y_c = \dfrac{\sum b_i y_i}{\sum b_i} = \dfrac{411.8}{162.36} = 2.54 \text{mm}$

板重心距离②板件中心距离为：$y_{cmax} = 10 - 2.54 = 7.46 \text{mm}$

毛截面惯性矩：

$$I = \sum_1^3 I_i + \left(\sum_2^3 b_i y_i^2 - y_c^2 \sum_1^3 b_i \right)t = 111.8 + (3559 - 2.54^2 \times 162.36) \times 0.6 = 1620.5 \text{mm}^4$$

2）正弯曲时板的有效截面特性

由于板件①、②两纵边均与腹板相连，符合加劲板件的条件，可按加劲板件计算受压翼缘的有效宽度，压型钢板腹板的有效宽厚比按加劲板件计算。

先假设板在弯矩作用下全截面有效，在正弯矩作用下，上翼缘板件①均匀受压，下翼缘板件②均匀受拉，由于板的重心距偏向上翼缘，所以下翼缘板件②先达到设计强度，$\sigma = -205 \text{N/mm}^2$，则上翼缘板件①的压应力及腹板③板件受压边最大压应力，$\sigma_{max} = \dfrac{2.54}{7.46} \times 205 = 69.80 \text{N/mm}^2$，腹板③板件另一边的应力，$\sigma_{min} = -205 \text{N/mm}^2$，受压板件考虑板组约束的有效宽厚比计算。

对受拉板件，板件②按全截面有效计算。对受压板件，板件①、③需计算截面有效宽度。

（1）板件①有效宽度计算

板件①为均匀受压的加劲板件。

压应力分布不均匀系数：$\psi = \dfrac{\sigma_{min}}{\sigma_{max}} = 1$

受压稳定系数 k，按公式（9-10）计算：

$$k = 7.8 - 8.15\psi + 4.35\psi^2 = 7.8 - 8.15 \times 1 + 4.35 \times 1^2 = 4.0$$

邻接板件（腹板）的受压稳定系数 k_c，按照公式（9-11）计算：

$$\psi = \dfrac{-205}{69.80} = -2.94 < -1, \text{取 } \psi = -1$$

$$k_c = 7.8 - 6.29\psi + 9.78\psi^2 = 7.8 - 6.29 \times (-1) + 9.78 \times (-1)^2 = 23.87$$

对于上翼缘板件①，板件宽度 $b = 110 \text{mm}$，邻接板件宽度 $c = 11.18 \text{mm}$。

ξ 按照公式（9-20）计算得：

$$\xi = \dfrac{c}{b}\sqrt{\dfrac{k}{k_c}} = \dfrac{11.18}{110}\sqrt{\dfrac{4.0}{23.87}} = 0.042 < 1.1$$

k_1 按照公式（9-18）计算得：

$$k_1 = 1/\sqrt{\xi} = 1/\sqrt{0.042} = 4.903 > k' = 1.7, \text{取 } k_1 = 1.7$$

板件①最大压应力：$\sigma_1 = 69.80 \text{N/mm}^2$

计算系数：$\rho = \sqrt{\dfrac{205 k_1 k}{\sigma_1}} = \sqrt{\dfrac{205 \times 1.7 \times 4.0}{69.80}} = 4.469$

由压应力分布不均匀系数：$\psi=1>0$，

故计算系数 $\alpha=1.15-0.15\times\psi=1.15-0.15\times1=1.0$。

由于 $\psi>0$，故板件受压宽度：$b_c=b=110\text{mm}$。

又由于 $b/t=110/0.6=183.3>38\alpha\rho=38\times1.0\times4.469=169.82$，则按公式（9-9）计算得：

$$b_e/t=\frac{25\alpha\rho b_c}{\dfrac{b}{t}}\cdot\frac{1}{t}=\frac{25\times1\times4.469}{\dfrac{110}{0.6}}\times\frac{110}{0.6}=111.725$$

即板件①有效宽度：$b_e=111.725t=67.034\text{mm}$。

由公式（9-21）计算得：

$$b_{e1}=\frac{2b_e}{5-\psi}=\frac{2\times67.034}{5-1}=33.517\text{mm}$$

$$b_{e2}=b_e-b_{e1}=67.034-33.517=33.517\text{mm}$$

板件①有效宽度分布见图 9-10。

（2）腹板板件③有效宽度计算

腹板板件③为加劲板件，由上述计算知板件③稳定系数 $k=23.87$，邻接板件稳定系数 $k_c=4.0$。板组约束系数 k_1 计算。其中腹板 $b=11.18\text{mm}$，$c=110\text{mm}$。

ξ 计算得：$\xi=\dfrac{c}{b}\sqrt{\dfrac{k}{k_c}}=\dfrac{110}{11.18}\sqrt{\dfrac{23.87}{4.0}}=24.04>1.1$

k_1 计算得：$k_1=0.11+\dfrac{0.93}{(\xi-0.05)^2}=0.11+\dfrac{0.93}{(24.04-0.05)^2}=0.112$，

板件③最大压应力：$\sigma_1=69.80\text{N/mm}^2$

计算系数：$\rho=\sqrt{\dfrac{205k_1k}{\sigma_1}}=\sqrt{\dfrac{205\times0.112\times23.87}{69.80}}=2.802$

由压应力分布不均匀系数：$\psi=\dfrac{-205}{69.80}=-2.94<-1$，故取 $\psi=-1<0$，所以 $\alpha=1.15$。

故板件受压宽度：$b_c=\dfrac{b}{1-\psi}=\dfrac{11.18}{1-(-2.94)}=2.84\text{mm}$，

由于 $b/t=11.18/0.6=18.6<18\alpha\rho=18\times1.15\times2.802=58.00$，即腹板板件③受压区全部有效，所以板件③受拉全截面有效。即在正弯矩作用下，计算截面板件②、③全部有效，板件①部分有效，见图 9-10。计算所得的正弯曲的有效截面见图 9-13。

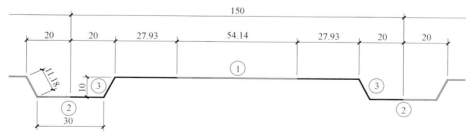

图 9-13 正弯曲的有效截面

考虑受压板件的有效宽厚比以后板的截面特性见表 9-11。

正弯曲板元基本性能计算

表 9-11

板件号	板件宽度 b_i(mm)	板件中心至①形心轴距离 y_i(mm)	b_iy_i	$b_iy_i^2$	板元对自身平行于翼板的形心轴惯性矩 I_i(mm⁴)
①	$2\times33.517=67.034$	—	—	—	—
②	30	10	300	3000	—
③	$2\times11.18=22.36$	5	111.8	559.0	$2\times0.6\times11.18\times(11.18^2\times\sin^2 63.4°+0.6^2\times\cos^2 63.4°)/12=111.8$
Σ	119.394		411.8	3559.0	111.8

板的重心距①板件中心的距离：$y_c = \dfrac{\sum b_i y_i}{\sum b_i} = \dfrac{411.8}{119.394} = 3.45\text{mm}$

板重心距离②板件中心距离为：$y_{cmax} = 10 - 3.45 = 6.55\text{mm}$

正弯曲状态下，当下翼缘达到设计强度时的惯性矩和截面模量：

$$I_{ef} = \sum_2^3 I_i + \left(\sum_2^3 b_i y_i^2 - y_c^2 \sum_1^3 b_i\right)t = 111.8 + (3559 - 3.45^2 \times 119.394) \times 0.6 = 1395.0\text{mm}^4$$

$$W_{efmin} = \frac{I_{ef}}{y_{cmax} + t/2} = \frac{1395.0}{6.55 + 0.6/2} = 203.72\text{mm}^3$$

3）负弯曲时板的有效截面特性

假设在负弯矩作用下板全截面有效。在负弯矩作用下，上翼缘板件①均匀受拉，下翼缘板件②均匀受压，由于板的重心距偏向上翼缘，所以下翼缘板件②受压先达到设计强度，$\sigma = 205\text{N/mm}^2$，则下翼缘板件②压应力及腹板板件③受压边最大压应力，$\sigma_{max} = 205\text{N/mm}^2$，板件③另一边的拉应力，$\sigma_{min} = -\dfrac{2.54}{7.46} \times 205 = -69.80\text{N/mm}^2$。

对受拉板件，板件①按全截面有效计算。对受压板件，板件②、③计算截面有效宽度。

（1）下翼缘板件②有效宽度计算

板件②为均匀受压的加劲板件，压应力分布不均匀系数：$\psi = \dfrac{\sigma_{min}}{\sigma_{max}} = 1 \leqslant 1.0$

受压稳定系数 k：

$$k = 7.8 - 8.15\psi + 4.35\psi^2 = 7.8 - 8.15 \times 1 + 4.35 \times 1^2 = 4.0$$

邻接板件（腹板）的受压稳定系数 k_c：

$$\psi = \frac{-69.80}{205} = -0.34 > -1，\text{取}\ \psi = -0.34$$

$$k_c = 7.8 - 6.29\psi + 9.78\psi^2 = 7.8 - 6.29 \times (-0.34) + 9.78 \times (-0.34)^2 = 11.07$$

对于下翼缘，板件宽度为 $b = 30\text{mm}$，其相邻板件宽度为 $c = 11.18\text{mm}$。

ξ 计算得：

$$\xi = \frac{c}{b}\sqrt{\frac{k}{k_c}} = \frac{11.18}{30}\sqrt{\frac{4.0}{11.07}} = 0.224 < 1.1$$

k_1 计算得：

$$k_1 = 1/\sqrt{\xi} = 1/\sqrt{0.224} = 2.11 > k' = 1.7，\text{故取}\ k_1 = 1.7$$

$$\sigma_1 = 205\text{N/mm}^2$$

计算系数：$\rho = \sqrt{\dfrac{205 k_1 k}{\sigma_1}} = \sqrt{\dfrac{205 \times 1.7 \times 4.0}{205}} = 2.608$

由于 $\psi = 1 > 0$，故 $\alpha = 1.15 - 0.15 \times \psi = 1.15 - 0.15 \times 1 = 1.0$，且 $b_c = b = 30\text{mm}$

得：$b/t = 30/0.6 = 50 < 18\alpha\rho = 18 \times 1.0 \times 2.608 = 56.94$

下翼缘板件②的有效截面：

$$\frac{b_e}{t} = \left(\frac{21.8\alpha\rho}{b/t} - 0.1\right)\frac{b_c}{t} = \left(\sqrt{\frac{21.8 \times 1.0 \times 2.608}{30/0.5}} - 0.1\right)\frac{30}{0.6} = 48.32$$

即下翼缘板件②的有效截面宽度为：$b_e = 48.32 \times 0.6 = 28.99\text{mm}$

（2）板件③有效宽度计算

板件③为加劲板件，由上述计算知，稳定系数 $k = 11.07$，邻接板件稳定系数 $k_c = 4.0$，其中腹板 $b = 11.18\text{mm}$，$c = 30\text{mm}$（相邻板件②为压应力）。

板组约束系数 k_1 计算得：

$$k_1 = 0.11 + \frac{0.93}{(\xi - 0.05)^2} = 0.11 + \frac{0.93}{(4.464 - 0.05)^2} = 0.158$$

ξ 计算得：

$$\xi = \frac{c}{b}\sqrt{\frac{k}{k_c}} = \frac{30}{11.18}\sqrt{\frac{11.07}{4.0}} = 4.464 > 1.1$$

$$\sigma_1 = 205 \text{N/mm}^2$$

计算系数：$\rho = \sqrt{\frac{205 k_1 k}{\sigma_1}} = \sqrt{\frac{205 \times 0.158 \times 11.07}{205}} = 1.322$

由于 $\psi = \dfrac{-69.80}{205} = -0.34 < 0$ 时，故取 $\alpha = 1.15$。

受压区宽度：$b_c = \dfrac{b}{1 - \psi} = \dfrac{11.18}{1 - (-0.34)} = 8.34 \text{mm}$

$$b/t = 11.18/0.6 = 18.6 < 18\alpha\rho = 18 \times 1.15 \times 1.322 = 27.365$$

所以腹板板件③受压区全部有效，即在负弯矩作用下，计算截面板件①、③全部有效，板件②部分有效，见图9-14。

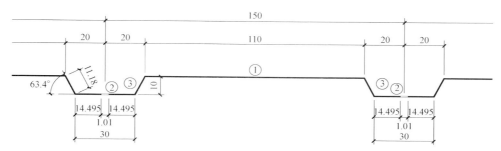

图 9-14　负弯曲的有效截面

考虑受压板件的有效宽厚比以后，板的截面特性见表9-12。

负弯曲板元基本性能计算

表 9-12

板件号	板件宽度 b_i(mm)	板件中心至①形心轴距离 y_i(mm)	$b_i y_i$	$b_i y_i^2$	板元对自身平行于翼板的形心轴惯性矩 I_i(mm⁴)
①	110	—	—	—	—
②	28.99	10	289.9	2899	—
③	$2 \times 11.18 = 22.36$	5	111.8	559.0	$2 \times 0.6 \times 11.18 \times (11.18^2 \times \sin^2 63.4° + 0.6^2 \times \cos^2 63.4°)/12 = 111.8$
Σ	161.35		401.7	3458.0	111.8

板的重心距①板件中心的距离：$y_c = \dfrac{\sum b_i y_i}{\sum b_i} = \dfrac{401.7}{161.35} = 2.49 \text{mm}$

板重心距离②板件中心距离为：$y_{cmax} = 10 - 2.54 = 7.46 \text{mm}$

负弯曲状态下，当下翼缘受压达到设计强度时的惯性矩和截面模量：

$$I_{ef} = \sum_2^3 I_i + \left(\sum_2^3 b_i y_i^2 - y_c^2 \sum_1^3 b_i\right) t = 111.8 + (3458.0 - 2.49^2 \times 161.35) \times 0.6 = 1586.4 \text{mm}^4$$

$$W_{efmin} = \frac{I_{ef}}{y_{cmax} + t/2} = \frac{1586.4}{7.51 + 0.6/2} = 203.1 \text{mm}^3$$

4）整板的截面特性

由上面一个波距150mm板宽计算分析，YX10-150-900压型钢板的一块整板（6个波）的截面特性见表9-13。根据《冷弯薄壁型钢结构技术规范》GB 50018 中的规定，变形按毛截面进行计算，故用于刚度计算时采用全截面惯性矩。

	$I(mm^4)$（用于刚度计算）	$I_{ef}(mm^4)$	$W_{efmin}(mm^3)$
正弯曲	$1620.5 \times 6 = 9723.0$	$1395.5 \times 6 = 8373.0$	$203.7 \times 6 = 1222.2$
负弯曲		$1586.4 \times 6 = 9518.4$	$203.1 \times 6 = 1218.6$

3. 承载力验算

由于压型钢板承载力是以板面所承受的面荷载计算，是以每米板宽来表示，故需将板的截面转化为每米板宽的特性，YX10-150-900 压型钢板的每米宽板截面的特性见表 9-14。

	$I(mm^4)$（用于刚度计算）	$I_{ef}(mm^4)$	$W_{efmin}(mm^3)$
正弯曲	$9723.0/0.9 = 10803.3$	$8373.0/0.9 = 9303.3$	$1222.2/0.9 = 1358.0$
负弯曲		$9518.4/0.9 = 10576.0$	$1218.6/0.9 = 1354.0$

按连续多跨支承的 YX10-150-900 型压型钢板，基板厚度为 0.6mm，跨度为 1.5m，按强度及挠度等条件分别求其最大承载力。

1）正弯曲（边跨跨中正弯矩）起控制作用时可以承受的最大均布荷载 q_{u1}

最大正弯矩为：$M_u = 0.08 q_{u1} l^2 = W_{ef} f_o$

由公式（9-24）转化为：$q_{u1} \leqslant \dfrac{W_{ef} f_o}{0.08 L^2} = \dfrac{1358 \times 205}{0.08 \times 1.5^2 \times 10^6} = 1.55 \text{kN/m}^2$

2）负弯曲时（边跨支座弯矩）起控制作用时可以承受的最大荷载 q_{u2}

最大负弯矩为：$M_u = 0.010 q_{u2} l^2 = W_{ef} f$

由公式（9-24）转化为：$q_{u2} \leqslant \dfrac{W_{ef} f}{0.10 L^2} = \dfrac{1354.0 \times 205}{0.10 \times 1.5^2 \times 10^6} = 1.23 \text{kN/m}^2$

3）按允许挠度（边跨跨中相对挠度限值）控制时的最大承载力 q_k（标准值）

连续板跨中最大挠度按照公式（9-38）计算，挠度容许值按照国标选用：

$$v/l = \frac{2.7 q_k l^3}{384 EI} \leqslant \frac{l}{150}$$

即：$q_k = \dfrac{1}{150} \dfrac{384 EI}{2.7 l^3} = \dfrac{1}{150} \times \dfrac{384 \times 206000 \times 10803.3}{2.7 \times 1.5^3 \times 10^9} = 0.62 \text{kN/m}^2$

4）中间支座同时承受弯弯矩 M 和支座反力 R 的截面承载力 q_{u3} 计算

压型钢板支座处腹板的局部受压承载力 R_w，按照公式（9-29）计算，板在中间支座处的支撑长度 $l_c = 60mm$，$\alpha = 0.12$，$\theta = 63.4°$，则一块腹板的受压承载力为：

$$R_w = \alpha t^2 \sqrt{fE}(0.5 + \sqrt{0.02 l_c/t})[2.4 + (\theta/90)^2]$$
$$= 0.12 \times 0.6^2 \times \sqrt{205 \times 206000} \times (0.5 + \sqrt{0.02 \times 60/0.6}) \times [2.4 + (63.4/90)^2]$$
$$= 1556 \text{N}$$

则每米宽度内压型钢板腹板的受压承载力：$R_w = 1.556 \times 2/0.15 = 20.7 \text{kN}$

截面的弯曲承载力设计值：$M_u = f W_{ef}$

根据公式（9-32）：$M/M_u + R/R_w \leqslant 1.25$

即
$$\frac{0.10 q_{u3} l^2}{W_{ef} f} + \frac{1.1 q_{u3} l}{R_w} \leqslant 1.25$$

所以：$q_{u3} \leqslant \dfrac{1.25}{\dfrac{0.10 l^2}{W_{ef} f} + \dfrac{1.1 l}{R_w}} = \dfrac{1.25}{\dfrac{0.10 \times 1.5^2 \times 10^6}{1354.0 \times 205} + \dfrac{1.1 \times 1500}{20.7 \times 10^3}} = 1.40 \text{kN/m}^2$

5）中间支座同时承受弯矩 M 和剪力 V 的截面最大承载力 q_{u4} 验算

腹板宽厚比为 $h_w/t = 11.18/0.6 = 18.6 < 100$，抗剪强度验算，容许剪应力为：

$$\tau_{cr}=\frac{8550}{h_w/t}=\frac{8550}{11.18/0.6}=458\gg f_v=125\mathrm{N/mm^2}\,,\text{取}\ \tau_{cr}=f_v=125\mathrm{N/mm^2}$$

一个波距内腹板抗剪承载力设计值：$V=11.18\times0.6+2\times125\times\sin63.4°=1.5\mathrm{kN}$，则每米宽度内压型钢板腹板的抗剪承载力设计值：$V_u=1.50/0.15=10.0\mathrm{kN}$。

根据公式（9-33）：$\left(\dfrac{M}{M_u}\right)^2+\left(\dfrac{V}{V_u}\right)^2\leqslant1.0$，即 $\left(\dfrac{0.10q_{u4}l^2}{W_{ef}f}\right)^2+\left(\dfrac{0.6q_{u4}l}{V_u}\right)^2\leqslant1.0$

所以：$q_{u4}\leqslant\sqrt{\dfrac{1.0}{\left(\dfrac{0.1l^2}{W_{ef}f}\right)^2+\left(\dfrac{0.6l}{V_u}\right)^2}}=\sqrt{\dfrac{1.0}{\left(\dfrac{0.1\times1500^2}{1354\times205}\right)^2+\left(\dfrac{0.6\times1.5}{10.0}\right)^2}}=1.22\mathrm{kN/m^2}$

上述计算表明，YX10-150-900 型压型钢板支撑跨度为 1.5m 时的最大承载力由挠度控制，板面最大均布受压荷载为 0.62kN/m²。

4. YX10-150-900 型压型钢板 （板厚 0.6mm） 允许跨度

根据上述计算的 YX10-150-900 压型钢板的有效截面特性，计算 0.6mm 厚度 YX10-150-900 压型钢板在不同支承条件、荷载条件下的允许跨度，见表 9-15。

YX10-150-900 压型钢板（板厚 0.6mm）允许跨度（m）　　　　　　　　表 9-15

支承条件	荷载(kN/m²)			
	0.5	1.0	1.5	2.0
简支	1.31*/2.10	1.04*/2.29	0.91*/1.21	0.82*/1.05
连续（两跨）	1.78*/2.29	1.41*/1.60	1.23*/1.29	1.11*/1.12
连续（三跨）	1.61*/2.35	1.28*/1.79	1.12*/1.36	1.01*/1.17

注：墙面板挠度按 $l/150$ 考虑，带 * 者为挠度起控制作用的跨度。

9.3.6 屋面压型钢板计算实例

屋面板采用中、高波板板型，考虑防水功能，工程多采用咬边构造的压型钢板。在此选用 YX51-380-760 咬边板作为实例计算。

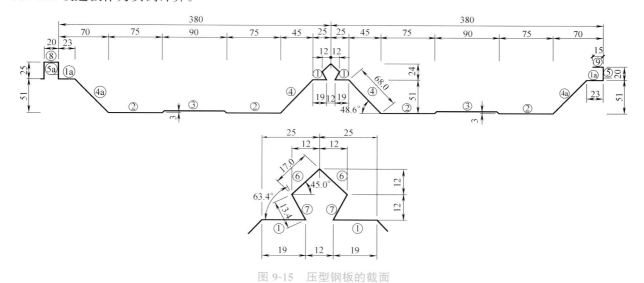

图 9-15 压型钢板的截面

1. 计算条件

已知 YX51-380-760（角驰Ⅲ）型压型钢板，基板厚度为 0.6mm，材料采用宝钢生产的彩色镀锌钢板，其牌号为 TS250GD＋Z。由于基板的材料强度与国标中 Q235 钢相对应，故钢材设计指标按《冷弯薄壁型钢结构技术规程》GB 50018 中 Q235 钢材选用，其屈服强度为 $f_y=235\mathrm{N/mm^2}$，强度设计值为 $f=205\mathrm{N/mm^2}$，弹性模量 $E=206000\mathrm{N/mm^2}$。板的截面形状如图 9-15 所示。

按三跨连续支承计算，当墙板跨度为 1.5m 时，YX51-380-760 型压型钢板的最大承载力，即压型钢板所能承受的受压最大均布荷载。

2. 计算压型钢板的截面特性

根据 9.3.2 节中的规定，考虑到 YX51-380-760 板型特点，计算整块板的有效截面。按板型截面尺寸，计算所得的各板单元尺寸、倾角等尺寸均已注明在图 9-12 中，由于上、下翼缘宽度不等，应分别按正弯曲和负弯曲时计算板有效截面特性。计算时弧角均按折角简化计算。

1）板的截面特性

板单元基本性能计算详见表 9-16。

板元基本性能计算   表 9-16

板件号	板件宽度 b_i(mm)	板件中心至①形心轴距离 y_i(mm)	$b_i y_i$	$b_i y_i^2$	板元对自身平行于翼板的形心轴惯性矩 I_i(mm^4)
1	2×19＝38	—	—	—	—
1a	2×23＝46	—	—	—	—
2	4×75＝300	51	15300	780300	—
3	2×90＝180	48	8640	414720	—
4	2×68.0＝136.0	25.5	3468	88434	2×0.6×68×(68^2×sin^{2}48.6°+0.6^2×cos^{2}48.6°)/12＝17693.1
4a	2×68.0＝136.0	25.5	3468	88434	2×0.6×68×(68^2×sin^{2}48.6°+0.6^2×cos^{2}48.6°)/12＝17693.1
5	20	−10	−200	2000	1×0.6×20^3/12＝400.0
5a	25	−12.5	−312.5	3906.2	1×0.6×25^3/12＝781.2
6	2×17＝34	−18	−612	11016	2×0.6×17×(17^2×sin^{2}45°+0.6^2×cos^{2}45°)/12＝246.0
7	2×13.4＝26.8	−6	−160.8	964.8	2×0.6×13.4×(13.4^2×sin^{2}63.4°+0.6^2×cos^{2}63.4°)/12＝192.5
8	20	−25	−500	12500	—
9	15	−20	−300	6000	—
Σ	976.8	—	28790.7	1408275.0	37005.9

板的重心距①板件中心的距离：$y_{cmax}=y_c=\dfrac{\sum b_i y_i}{\sum b_i}=\dfrac{28790.7}{976.8}=29.5$mm

板重心距离②板件中心距离为：$y_{cmin}=51-29.5=21.5$mm

毛截面惯性矩：

$$I_{ef}=\sum_1^9 I_i+\left(\sum_1^9 b_i y_i^2-y_c^2\sum_1^9 b_i\right)t$$

$$=37005.9+(1408275.0-29.5^2\times976.8)\times0.6=3.72\times10^5 \text{mm}^4$$

2）正弯曲时板的有效截面特性

由于板件①、①a、②两纵边均与腹板相连，符合加劲板件的条件，可按加劲板件计算受压翼缘的有效宽度，压型钢板腹板④的有效宽厚比按加劲板件计算。

（1）先假设板在弯距作用下全截面有效，在正弯矩作用下，上翼缘板件①、①a 受压，下翼缘板件②均匀受拉，由于板的重心距偏向下翼缘，所以上翼缘板件①、①a 先达到设计强度，$\sigma=205\text{N/mm}^2$，板件①、①a 均匀受压，其压应力为 $\sigma=205\text{N/mm}^2$，则腹板板件④受拉边最大拉应力，$\sigma_{min}=\dfrac{21.5}{29.5}\times(-205)=-149.4\text{N/mm}^2$，腹板板件④另一边的压应力，$\sigma_{max}=205\text{N/mm}^2$。

对受拉板件①、①a，按全截面有效计算，对受压板件②，需计算截面有效宽度。板件⑤～⑦宽度较小，均按受压板件①的加劲考虑，其面积按全部有效考虑。

上翼缘板件①按带有中间加劲肋的板件计算，下面首先验算加劲肋是否满足构造要求：

板件⑥、⑦按中间加劲肋考虑，按式（9-6）计算，板件⑥、⑦的惯性矩近似按垂直于被加劲板件的平行四边形计算：

$$I_{is}=12^3\times0.6/\sin63.4°/12+12^3\times0.6/\sin45.0°/12=218.8\text{mm}^4>3.66t^4\sqrt{\left(\frac{b}{t}\right)^2-\frac{27100}{f_y}}=3.66\times$$

$$0.6^4\times\sqrt{\left(\frac{19}{0.6}\right)^2-\frac{27100}{235}}=14.17\text{mm}^4，且\ I_{is}>18t^4=18\times0.6^4=2.33\text{mm}^4$$

板件⑤按边加劲肋考虑，按（9-5）计算：

$$I_{es}=0.6\times20^3/12=400\text{mm}^4>1.83t^4\sqrt{\left(\frac{b}{t}\right)^2-\frac{27100}{f_y}}$$

$$=1.83\times0.6^4\times\sqrt{\left(\frac{23}{0.6}\right)^2-\frac{27100}{235}}=8.43\text{mm}^4，且\ I_{es}>9t^4=9\times0.6^4=1.166\text{mm}^4$$

板件5a按中间加劲肋考虑，按式（9-6）计算：

$$I_{is}=0.6\times25^3/12=781.25\text{mm}^4>3.66t^4\sqrt{\left(\frac{b}{t}\right)^2-\frac{27100}{f_y}}$$

$$=3.66\times0.6^4\times\sqrt{\left(\frac{23}{0.6}\right)^2-\frac{27100}{235}}=8.43\text{mm}^4，且\ I_{is}>18t^4=18\times0.6^4=2.333\text{mm}^4$$

即加劲肋板件⑤、5a、⑥、⑦满足构造要求，板件①、1a可按加劲板件确定其有效宽厚比。

（2）上翼缘板件①有效宽度计算，板件①为均匀受压的加劲板件。

压应力分布不均匀系数：$\psi=\dfrac{\sigma_{\min}}{\sigma_{\max}}=1$

受压稳定系数k，按公式（9-10）计算：

$$k=7.8-8.15\psi+4.35\psi^2=7.8-8.15\times1+4.35\times1^2=4.0$$

邻接板件（板件④腹板）的受压稳定系数k_c，按照公式（9-11）计算：

$$\psi=\frac{-149.4}{205}=-0.729$$

$$k_c=7.8-6.29\psi+9.78\psi^2=7.8-6.29\times(-0.729)+9.78\times(-0.729)^2=17.583$$

对于上翼缘板件①，板件宽度$b=19\text{mm}$，邻接板件宽度$c=68.0\text{mm}$。

ξ计算得：$\xi=\dfrac{c}{b}\sqrt{\dfrac{k}{k_c}}=\dfrac{68.0}{19}\sqrt{\dfrac{4.0}{17.583}}=1.707>1.1$

k_1计算得：$k_1=0.11+\dfrac{0.93}{(\xi-0.05)^2}=0.45<k'=1.7$

板件①最大压应力：$\sigma_1=205\text{N/mm}^2$

计算系数：$\rho=\sqrt{\dfrac{205k_1k}{\sigma_1}}=\sqrt{\dfrac{205\times0.45\times4.0}{205}}=1.34$

由于$\psi=1>0$，$\alpha=1.15-0.15\times\psi=1.15-0.15\times1=1.0$，故板件受压宽度：$b_c=b=19\text{mm}$。

$$18\alpha\rho=18\times1.0\times1.34=24.12<b/t=19/0.6=31.67<38\alpha\rho=38\times1.0\times1.34=50.92$$

根据公式（9-8）计算板件有效宽度：

$$\frac{b_e}{t}=\left(\sqrt{\frac{21.8\alpha\rho}{b/t}}-0.1\right)\frac{b_c}{t}=\left(\sqrt{\frac{21.8\times1.0\times1.34}{19/0.6}}-0.1\right)\frac{19}{0.6}=27.25$$

即上翼缘板件①有效宽度为：$b_e=27.25\times0.6=16.36\text{mm}$

（3）上翼缘板件1a有效宽度计算，板件1a为均匀受压的加劲板件。

压应力分布不均匀系数：$\psi=\dfrac{\sigma_{\min}}{\sigma_{\max}}=1$

受压稳定系数k，按公式（9-10）计算：

$$k = 7.8 - 8.15\psi + 4.35\psi^2 = 7.8 - 8.15 \times 1 + 4.35 \times 1^2 = 4.0$$

邻接板件（板件④腹板）的受压稳定系数 k_c，按照公式（9-11）计算：

$$\psi = \frac{-149.4}{205} = -0.729$$

$$k_c = 7.8 - 6.29\psi + 9.78\psi^2 = 7.8 - 6.29 \times (-0.729) + 9.78 \times (-0.729)^2 = 17.583$$

对于上翼缘板件 1a，板件宽度 $b = 23\text{mm}$，邻接板件宽度 $c = 68.0\text{mm}$

ξ 计算得：$\xi = \dfrac{c}{b}\sqrt{\dfrac{k}{k_c}} = \dfrac{68.0}{23}\sqrt{\dfrac{4.0}{17.583}} = 1.41 > 1.1$

k_1 计算得：$k_1 = 0.11 + \dfrac{0.93}{(\xi - 0.05)^2} = 0.613 < k' = 1.7$

板件 1a 最大压应力：$\sigma_1 = 205\text{N/mm}^2$

计算系数：$\rho = \sqrt{\dfrac{205 k_1 k}{\sigma_1}} = \sqrt{\dfrac{205 \times 0.613 \times 4.0}{205}} = 1.566$

由于 $\psi = 1 > 0$，$\alpha = 1.15 - 0.15 \times \psi = 1.15 - 0.15 \times 1 = 1.0$，故板件受压宽度：$b_c = b = 23\text{mm}$。

$18\alpha\rho = 18 \times 1.0 \times 1.566 = 28.19 < b/t = 23/0.6 = 38.33 < 38\alpha\rho = 38 \times 1.0 \times 1.566 = 77.46$

根据公式（9-8）计算板件有效宽度：

$$\frac{b_e}{t} = \left(\sqrt{\frac{21.8\alpha\rho}{b/t}} - 0.1\right)\frac{b_c}{t} = \left(\sqrt{\frac{21.8 \times 1.0 \times 1.566}{23/0.6}} - 0.1\right)\frac{23}{0.6} = 30.305$$

即上翼缘板件 1a 有效宽度为：$b_e = 27.4 \times 0.6 = 16.44\text{mm}$

（4）腹板板件④有效宽度计算：板件④为加劲板件，由上述计算知板件④稳定系数 $k = 17.583$，邻接板件稳定系数 $k_c = 4.0$，其中腹板宽度 $b = 68.0\text{mm}$，相邻板件①宽度 $c = 19\text{mm}$。

ξ 计算得：$\xi = \dfrac{c}{b}\sqrt{\dfrac{k}{k_c}} = \dfrac{19}{68.0}\sqrt{\dfrac{17.583}{4.0}} = 0.586 < 1.1$

k_1 计算得：$k_1 = 1/\sqrt{\xi} = 1/\sqrt{0.586} = 1.306 < k' = 1.7$

板件④最大压应力：$\sigma_1 = 205\text{N/mm}^2$

计算系数：$\rho = \sqrt{\dfrac{205 k_1 k}{\sigma_1}} = \sqrt{\dfrac{205 \times 1.306 \times 17.583}{205}} = 4.793$

由压应力分布不均匀系数：$\psi = \dfrac{-149.4}{205} = -0.729 < 0$，故 $\alpha = 1.15$

故板件受压宽度：$b_c = \dfrac{b}{1 - \psi} = \dfrac{68}{1 - (-0.729)} = 39.3\text{mm}$

$18\alpha\rho = 18 \times 1.15 \times 4.793 = 99.22 < b/t = 68.0/0.6 = 113.33 < 38\alpha\rho = 38 \times 1.15 \times 4.793 = 209.45$

板件④有效宽度，按照公式（9-8）计算：

$$\frac{b_e}{t} = \left(\sqrt{\frac{21.8\alpha\rho}{b/t}} - 0.1\right)\frac{b_c}{t} = \left(\sqrt{\frac{21.8 \times 1.15 \times 4.793}{68.0/0.6}} - 0.1\right)\frac{39.3}{0.6} = 60.89$$

$$b_e = 60.89 \times 0.6 = 36.534\text{mm}$$

由 $\psi = \dfrac{-149.4}{205} = -0.729 < 0$，

$$b_{e1} = 0.4 b_e = 0.4 \times 36.534 = 14.61\text{mm}$$

$$b_{e2} = 0.6 b_e = 0.6 \times 36.534 = 21.92\text{mm}$$

（5）腹板板件 4a 有效宽度计算：板件 4a 为加劲板件，由上述计算知板件 4a 稳定系数 $k = 17.583$，邻接板件稳定系数 $k_c = 4.0$，板组约束系数 k_1 计算。其中腹板宽度 $b = 68.0\text{mm}$，相邻板件 1a 宽度 $c = 23\text{mm}$。

ξ 计算得：$\xi = \dfrac{c}{b}\sqrt{\dfrac{k}{k_c}} = \dfrac{23}{68.0}\sqrt{\dfrac{17.583}{4.0}} = 0.709 < 1.1$

k_1 计算得：$k_1 = 1/\sqrt{\xi} = 1/\sqrt{0.709} = 1.188 < k' = 1.7$

板件④最大压应力：$\sigma_1 = 205 \text{N/mm}^2$

计算系数：$\rho = \sqrt{\dfrac{205 k_1 k}{\sigma_1}} = \sqrt{\dfrac{205 \times 1.188 \times 17.583}{205}} = 4.57$

由压应力分布不均匀系数：$\psi = \dfrac{-149.4}{205} = -0.729 < 0$，故 $\alpha = 1.15$

故板件受压宽度：$b_c = \dfrac{b}{1-\psi} = \dfrac{68}{1-(-0.729)} = 39.3 \text{mm}$

$18\alpha\rho = 18 \times 1.15 \times 4.57 = 94.599 < b/t = 68.0/0.6 = 113.33 < 38\alpha\rho = 38 \times 1.15 \times 4.57 = 199.71$

板件④有效宽度，按照公式（9-8）计算：

$$\frac{b_e}{t} = \left(\sqrt{\frac{21.8\alpha\rho}{b/t}} - 0.1\right)\frac{b_c}{t} = \left(\sqrt{\frac{21.8 \times 1.15 \times 4.57}{68.0/0.6}} - 0.1\right)\frac{39.3}{0.6} = 59.306$$

$b_e = 59.306 \times 0.6 = 35.58 \text{mm}$

由 $\psi = \dfrac{-149.4}{205} = -0.729 < 0$，

$$b_{e1} = 0.4 b_e = 0.4 \times 35.58 = 14.23 \text{mm}$$
$$b_{e2} = 0.6 b_e = 0.6 \times 35.58 = 21.35 \text{mm}$$

板件②、③受拉全部位于受拉区，全部有效，即在正弯矩作用下，计算截面板件①、①a、④、④a 部分有效，其他板件全部有效。计算所得的正弯曲的有效截面见图 9-16。

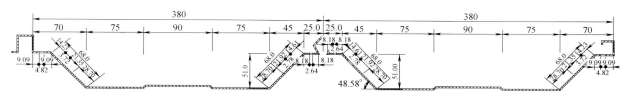

图 9-16　上翼缘及腹板有效受压截面示意图

3）正弯曲时板的有效截面特性

考虑受压板件的有效宽厚比以后，板的截面特性见表 9-17。

考虑受压板件的有效宽厚比板的截面特性计算　　　　　表 9-17

板件号	板件宽度 b_i(mm)	板件中心至①形心轴距离 y_i(mm)	$b_i y_i$	$b_i y_i^2$	板元对自身平行于翼板的形心轴惯性矩 I_i(mm⁴)
1	$2 \times 16.36 = 32.72$	—	—	—	—
1a	$2 \times 18.18 = 36.36$	—	—	—	—
2	$4 \times 75 = 300$	51	15300	780300	—
3	$2 \times 90 = 180$	48	8640	414720	—
4	$2 \times 14.61 = 29.22$ $2 \times 50.62 = 101.24$	5.48 32.01	160.13 3240.69	877.49 103734.56	$2 \times 0.6 \times 14.61 \times (14.61^2 \times \sin^2 48.6° + 0.6^2 \times \cos^2 48.6°)/12 = 175.7$ $2 \times 0.6 \times 50.62 \times (50.62^2 \times \sin^2 48.6° + 0.6^2 \times \cos^2 48.6°)/12 = 7299.0$
4a	$2 \times 14.23 = 28.46$ $2 \times 50.05 = 100.1$	5.34 32.22	151.98 3225.22	811.55 103916.65	$2 \times 0.6 \times 14.23 \times (14.23^2 \times \sin^2 48.6° + 0.6^2 \times \cos^2 48.6°)/12 = 162.3$ $2 \times 0.6 \times 50.05 \times (50.05^2 \times \sin^2 48.6° + 0.6^2 \times \cos^2 48.6°)/12 = 7055.2$
5	20	-10	-200	2000	$1 \times 0.6 \times 20^3/12 = 400.0$
5a	25	-12.5	-312.5	3906.2	$1 \times 0.6 \times 25^3/12 = 781.2$
6	$2 \times 17 = 34$	-18	-612	11016	$2 \times 0.6 \times 17 \times (17^2 \times \sin^2 45° + 0.6^2 \times \cos^2 45°)/12 = 246.0$

板件号	板件宽度 b_i(mm)	板件中心至①形心轴距离 y_i(mm)	$b_i y_i$	$b_i y_i^2$	板元对自身平行于翼板的形心轴惯性矩 I_i(mm⁴)
7	$2 \times 13.4 = 26.8$	-6	-160.8	964.8	$2 \times 0.6 \times 13.4 \times (13.4^2 \times \sin^2 45° + 0.6^2 \times \cos^2 45°)/12 = 192.5$
8	20	-25	-500	12500	—
9	15	-20	-300	6000	—
Σ	948.9	—	28632.7	1440747.3	16312.0

板的重心距①板件中心的距离：$y_c = \dfrac{\sum b_i y_i}{\sum b_i} = \dfrac{28632.7}{948.9} = 30.2\text{mm}$，即 $y_{cmax} = 30.2\text{mm}$。

板重心距离②板件中心距离为：$y_{cmin} = 50 - 30.2 = 20.8\text{mm}$

正弯曲状态下，当下翼缘达到设计强度时的惯性矩和截面模量：

$$I_{ef} = \sum_1^9 I_i + \left(\sum_1^9 b_i y_i^2 - y_c^2 \sum_1^7 b_i \right) t$$

$$= 16312.0 + (1440747 - 30.2^2 \times 948.9) \times 0.6 = 3.61 \times 10^5 \text{mm}^4$$

$$W_{efmin} = \frac{I_{ef}}{y_c + t/2} = \frac{3.61 \times 10^5}{30.2 + 0.3} = 11836\text{mm}^3$$

4）负弯曲时板的有效截面特性

假设在负弯矩作用下板全截面有效，受压板件考虑板组约束的有效宽厚比。在负弯矩作用下，上翼缘板件①、1a 均匀受拉，下翼缘板件②、③均匀受压，由于板的重心距偏向下翼缘，所以上翼缘板件①、1a 及腹板板件④的受拉边先达到设计强度，$\sigma = -205\text{N/mm}^2$，则下翼缘板件②压应力及腹板板件④受压边最大压应力，$\sigma_{min} = \dfrac{21.5}{29.5} \times (-205) = -149.4\text{N/mm}^2$。

对受拉板件，上翼缘板件①、1a 及其加劲肋⑤～⑦全部位于受拉区，按全截面有效计算；对受压板件，板件②、③、④计算截面有效宽度。

（1）下翼缘板件②、③有效宽度计算：板件②、③为均匀受压的加劲板件，②、③按一块板考虑。

压应力分布不均匀系数：$\psi = \dfrac{\sigma_{min}}{\sigma_{max}} = 1 \leqslant 1.0$

受压稳定系数 k，按照公式（9-10）计算：

$$k = 7.8 - 8.15\psi + 4.35\psi^2 = 7.8 - 8.15 \times 1 + 4.35 \times 1^2 = 4.0$$

邻接板件（腹板）的稳定系数 k_c，按照公式（9-11）计算：

$$\psi = \frac{-149.4}{205} = -0.729 > -1$$

$$k_c = 7.8 - 6.29\psi + 9.78\psi^2 = 7.8 - 6.29 \times (-0.729) + 9.78 \times (-0.729)^2 = 17.583$$

对于下翼缘，板件宽度为 $b = 240\text{mm}$，其相邻板件宽度为 $c = 68.0\text{mm}$。

ξ 计算得：

$$\xi = \frac{c}{b}\sqrt{\frac{k}{k_c}} = \frac{68.0}{240}\sqrt{\frac{4.0}{17.583}} = 0.135 < 1.1$$

k_1 计算得：

$$k_1 = 1/\sqrt{\xi} = 1/\sqrt{0.135} = 2.72 > k' = 1.7, \text{取} k_1 = 1.7$$

$$\sigma_1 = 149.4\text{N/mm}^2$$

计算系数：$\rho = \sqrt{\dfrac{205 k_1 k}{\sigma_1}} = \sqrt{\dfrac{205 \times 1.7 \times 4.0}{149.4}} = 3.05$

由 $\psi = 1 > 0$，得 $\alpha = 1.15 - 0.15 \times \psi = 1.15 - 0.15 \times 1 = 1.0$，且受压宽度 $b_c = b = 240\text{mm}$。

$$b/t = 240/0.6 = 400 > 38\alpha\rho = 38 \times 1.0 \times 3.05 = 115.9$$

下翼缘板件②、③的有效截面宽度，按照由公式（9-9）计算得：

$$b_e = \frac{25\alpha\rho}{b/t}b_c = \frac{25\times1.0\times3.05}{240/0.6}\times240 = 45.75\text{mm}$$

（2）腹板板件④有效宽度计算：腹板板件④为加劲板件，稳定系数 $k=17.583$，邻接板件（下翼缘）稳定系数 $k_c=4.0$，板组约束系数 k_1 计算，其中腹板计算板件宽度 $b=68.0\text{mm}$，相邻板件宽度 $c=240\text{mm}$。

ξ 计算：

$$\xi = \frac{c}{b}\sqrt{\frac{k}{k_c}} = \frac{240}{68}\sqrt{\frac{17.583}{4.0}} = 7.40 > 1.1$$

k_1 计算得：

$$k_1 = 0.11 + \frac{0.93}{(\xi-0.05)^2} = 0.11 + \frac{0.93}{(7.40-0.05)^2} = 0.127 < k' = 1.7$$

对于腹板，$\sigma_1 = 149.4\text{N/mm}^2$

计算系数：$\rho = \sqrt{\frac{205k_1k}{\sigma_1}} = \sqrt{\frac{205\times0.127\times17.583}{149.4}} = 1.75$

由 $\psi = \frac{-149.4}{205} = -0.729 > -1$，则 $\alpha=1.15$，板件受压区长度 $b_c = \frac{b}{1-\psi} = 39.3\text{mm}$。

$$b/t = 68.0/0.6 = 113.3 > 38\alpha\rho = 38\times1.15\times1.75 = 76.48$$

腹板板件④的有效受压宽度为：

$$b_e = \frac{25\alpha\rho}{b/t}b_c = \frac{25\times1.15\times1.75}{68.0/0.6}\times39.3 = 17.45\text{mm}$$

$$b_{e1} = 0.4b_e = 0.4\times17.45 = 6.98\text{mm}$$

$$b_{e2} = 0.6b_e = 0.6\times17.45 = 10.47\text{mm}$$

即在负弯矩作用下，上翼缘板件①、①a 及其加劲肋⑤～⑦全部有效；对受压板件，板件②、③、④截面部分有效，详见图 9-17。考虑受压板件的有效宽厚比后，板的截面特性见表 9-18。

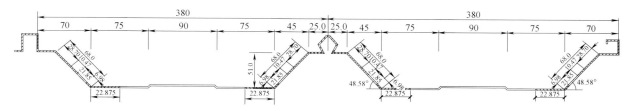

图 9-17　负弯矩作用下截面腹板及下翼缘有效受压截面示意图

考虑受压板件的有效宽厚比板的截面特性计算　　　　　　　　　　　表 9-18

板件号	板件宽度 b_i(mm)	板件中心至①形心轴距离 y_i(mm)	b_iy_i	$b_iy_i^2$	板元对自身平行于翼板的形心轴惯性矩 I_i(mm⁴)
1	$2\times19=38$	—	—	—	—
1a	$2\times23=46$	—	—	—	—
2/3	$2\times45.75=91.50$	51	15300	780300	—
4/4a	$4\times39.17=166.64$ $4\times6.89=34.56$	14.68 48.36	2301.63 1350.77	33810.93 65350.23	$4\times0.6\times39.17\times(39.17^2\times\sin^2 48.6°+0.6^2\times\cos^2 48.6°)/12=6764.2$ $4\times0.6\times6.89\times(6.89^2\times\sin^2 48.6°+0.6^2\times\cos^2 48.6°)/12=38.5$
5	20	-10	-200	2000	$1\times0.6\times20^3/12=400.0$
5a	25	-12.5	-312.5	3906.2	$1\times0.6\times25^3/12=781.2$
6	$2\times17=34$	-18	-612	11016	$2\times0.6\times17\times(17^2\times\sin^2 45°+0.6^2\times\cos^2 45°)/12=246.0$

续表

板件号	板件宽度 b_i(mm)	板件中心至①形心轴距离 y_i(mm)	$b_i y_i$	$b_i y_i^2$	板元对自身平行于翼板的形心轴惯性矩 I_i(mm⁴)
7	$2 \times 13.4 = 26.8$	-6	-160.8	964.8	$2 \times 0.6 \times 13.4 \times (13.4^2 \times \sin^2 45° + 0.6^2 \times \cos^2 45°)/12 = 192.5$
8	20	-25	-500	12500	—
9	15	-20	-300	6000	—
Σ	500.9	—	6233.6	373539.7	8422.4

板的重心距①板件中心的距离：$y_c = \dfrac{\sum b_i y_i}{\sum b_i} = \dfrac{6233.6}{500.9} = 12.4$mm

板重心距离②板件中心距离为：$y_{cmax} = 51 - 12.4 = 38.6$mm

负弯曲状态下，当下翼缘受压达到设计强度时的惯性矩和截面模量：

$$I_{ef} = \sum_1^9 I_i + \left(\sum_1^9 b_i y_i^2 - y_c^2 \sum_1^7 b_i \right)t$$

$$= 8422.4 + (373539.7 - 12.4^2 \times 500.9) \times 0.6 = 1.86 \times 10^5 \text{mm}^4$$

$$W_{efmin} = \frac{I_{ef}}{y_{cmax} + t/2} = \frac{1.86 \times 10^5}{38.6 + 0.6/2} = 4.78 \times 10^3 \text{mm}^3$$

5）整板的截面特性

综合上面计算分析结果，YX51-380-760 压型钢板的一块整板的截面特性见表 9-19。根据《冷弯薄壁型钢结构技术规范》GB 50018 中的规定，变形按毛截面进行计算，故用于刚度计算时采用毛截面惯性矩。

YX51-380-760 压型钢板的截面特性　　　　　表 9-19

	I(mm⁴/m)（用于刚度计算）	I_{ef}(mm⁴/m)	W_{efmin}(mm³/m)
正弯曲	3.72×10^5	3.61×10^5	1.18×10^4
负弯曲		1.86×10^5	4.78×10^3

3. 承载力验算

由于压型钢板承载力是以板面所承受的面荷载计算，是以每米板宽来表示，故需将板的截面转化为每米板宽的特性，YX51-380-760 压型钢板的每米宽板截面的特性见表 9-20。

YX51-380-760 压型钢板每米板宽的截面特性　　　　　表 9-20

	I(mm⁴)（用于刚度计算）	I_{ef}(mm⁴)	W_{efmin}(mm³)
正弯曲	$3.72 \times 10^5/0.76 = 4.89 \times 10^5$	$3.61 \times 10^5/0.76 = 4.75 \times 10^5$	$1.18 \times 10^4/0.76 = 1.55 \times 10^4$
负弯曲		$1.86 \times 10^5/0.76 = 2.45 \times 10^5$	$4.78 \times 10^3/0.76 = 6.29 \times 10^3$

按三续多跨支承的 YX51-380-760 型屋面压型钢板，跨度为 1.5m，屋面坡度 1/20，基板厚度为 0.6mm，跨度为 1.5m，按强度及挠度等条件分别求其最大承载力。

1）正弯曲（边跨跨中正弯矩）起控制作用时可以承受的最大均布荷载 q_{u1}

最大正弯矩为：$M_u = 0.08q_{u1}l^2 = W_{ef}f_o$

由公式（9-24）转化为：$q_{u1} \leqslant \dfrac{W_{ef}f_o}{0.08L^2} = \dfrac{1.55 \times 10^4 \times 205}{0.08 \times 1.5^2 \times 10^6} = 17.6$kN/m²

2）负弯曲（边跨支座弯矩）起控制作用时可以承受的最大荷载 q_{u2}

最大负弯矩为：$M_u = 0.10q_{u2}l^2 = W_{ef}f$

由公式（9-24）转化为：$q_{u2} \leqslant \dfrac{W_{ef}f}{0.10L^2} = \dfrac{6.97 \times 10^3 \times 149.4}{0.10 \times 1.5^2 \times 10^6} = 4.62$kN/m²

3）按允许挠度（边跨跨中相对挠度限值）控制时的最大承载力 q_k（标准值）

连续板跨中最大挠度按照公式（9-38）计算，挠度容许值按照国标选用：

$$v/l = \frac{2.7q_k l^3}{384EI} \leqslant \frac{1}{150}$$

$$q_k = \frac{1}{150}\frac{384EI}{2.7l^3} = \frac{1}{150} \times \frac{384 \times 206000 \times 4.89 \times 10^5}{2.7 \times 1.5^3 \times 10^9} = 28.30 \text{kN/m}^2$$

4）中间支座同时承受弯弯矩 M 和支座反力 R 的截面承载力 q_{u3} 计算

压型钢板支座处腹板的局部受压承载力 R_w，按照公式（9-29）计算。板在中间支座处的支撑长度 $l_c = 60\text{mm}$，$\alpha = 0.12$，$\theta = 48.6°$，则一块腹板的受压承载力为：

$$R_w = \alpha t^2 \sqrt{fE}(0.5 + \sqrt{0.02l_c/t})[2.4 + (\theta/90)^2]$$
$$= 0.12 \times 0.6^2 \sqrt{205 \times 206000} \times (0.5 + \sqrt{0.02 \times 60/0.6}) \times [2.4 + (48.6/90)^2]$$
$$= 1446\text{N}$$

则每米宽度内压型钢板腹板的受压承载力：$R_w = 1.446 \times 4/0.76 = 7.6\text{kN}$

截面的弯曲承载力设计值：$M_u = fW_{ef}$

根据公式（9-32）：$M/M_u + R/R_w \leqslant 1.25$

$$\frac{0.10q_{u3}l^2}{W_{ef}f} + \frac{1.1q_{u3}l}{R_w} \leqslant 1.25$$

$$q_{u3} \leqslant \frac{1.25}{\frac{0.10l^2}{W_{ef}f} + \frac{1.1l}{R_w}} = \frac{1.25}{\frac{0.10 \times 1.5^2 \times 10^6}{6.97 \times 10^3 \times 149.4} + \frac{1.1 \times 1500}{7.6 \times 10^3}} = 2.88\text{kN/m}^2$$

5）中间支座同时承受弯矩 M 和剪力 V 的截面最大承载力 q_{u4} 验算

（1）腹板宽厚比 $h_w/t = 68/0.6 = 113.3 > 100$，抗剪强度验算，容许剪应力为：

$$\tau_{cr} \leqslant \frac{855000}{(h_w/t)^2} = \frac{855000}{(68/0.6)^2} = 66.6\text{N/mm}^2$$

一个波距腹板抗剪承载力：$V = 68 \times 0.6 \times \sin 48.6° \times 4 \times 66.6 = 8.15\text{kN}$

则每米宽度内压型钢板腹板的抗剪承载力：$V_u = 8.15/0.76 = 10.73\text{kN}$

（2）根据公式（9-33）：$\left(\frac{M}{M_u}\right)^2 + \left(\frac{V}{V_u}\right)^2 \leqslant 1.0$，即 $\left(\frac{0.10q_{u4}l^2}{W_{ef}f}\right)^2 + \left(\frac{0.6q_{u4}l}{V_u}\right)^2 \leqslant 1.0$，

$$q_{1u} \leqslant \sqrt{\frac{1.0}{\left(\frac{0.1l^2}{W_{ef}f}\right)^2 + \left(\frac{0.6l}{V_u}\right)^2}} = \sqrt{\frac{1.0}{\left(\frac{0.1 \times 1500^2}{6.97 \times 10^3 \times 149.4}\right)^2 + \left(\frac{0.6 \times 1.5}{10.0}\right)^2}} = 4.31\text{kN/m}^2$$

上述表计算表明，YX51-380-760 型压型钢板支撑跨度为 1.5m 时的最大承载力由支座同时承受弯矩和支座反力截面的折算应力控制，为 2.88kN/m²。

4. YX51-380-760 型压型钢板（板厚 0.6mm）的允许跨度

根据上述计算 0.6mm 厚度 YX51-380-760 压型钢板在不同支承条件与荷载条件下的容许跨度可见表 9-21。

YX51-380-760 压型钢板（板厚 0.6mm）的允许跨度（m）　　　　　　表 9-21

支承条件	荷载（kN/m²）			
	0.5	1.0	1.5	2.0
简支	3.95	3.14	2.61	2.49
连续（两跨）	4.96	3.14	2.28	2.00
连续（三跨）	4.82	3.53	2.72	2.25

9.4　压型拱板的结构设计

压型拱板是用于屋面的一种压型钢板类型，属于承重与围护功能为一体的薄壁轻型钢结构。由于具

有自重轻、造价较低、造型简单大方等优点，在我国发展较快。但还由于压型钢板的厚度相对其他承重结构很薄，在雪、风荷载不对称作用时，容易产生整体失稳；施工缺陷也易造成工程事故；因此，设计时，应充分了解这些特点及其适用安全性，必须合理设计，精心施工。

9.4.1 一般规定

1）压型拱板屋面建筑的设计、施工和验收可采用我国工程建设标准协会标准《拱形波纹钢屋盖结构技术规程》CECS 167：2004。

2）拱板屋面结构适用于跨度不大于 30m、不直接承受动力作用的封闭式建筑。

3）压型拱板不适用于有强烈腐蚀、相对湿度长期较高和高温等环境，避免承重结构环境侵蚀的安全隐患，保证建筑安全适用。

4）压型拱板的彩涂板应符合现行国家标准《彩色涂层钢板及钢带》GB/T 12754—2006 的要求。建筑用的彩色涂层钢板应采用经过热镀的结构级基板，不应采用电镀基板。彩涂板力学性能应符合表 9-3 的要求。压型拱板的彩涂板应按承重结构的要求具有抗拉强度、屈服强度、伸长率、冷弯试验等的合格保证。

5）压型拱板的基板厚度（不含涂层厚度）不得小于 0.8mm。基板厚度的供货负公差不得大于 3%，并在设计时考虑负偏差的影响。

9.4.2 结构设计基本规定

1）拱形波纹钢屋盖结构设计时，结构重要性系数 γ_0 应根据结构的安全等级、设计使用年限并考虑工程经验确定。一般工业与民用建筑拱形波纹钢屋盖结构的安全等级可取为二级。当结构设计使用年限不多于 5 年时，结构重要性系数 γ_0 不应小于 0.95；当结构设计使用年限多于 10 年时，不应小于 1.0。

2）按正常使用极限状态计算拱形波纹钢屋盖结构下部支承结构的变形时，应考虑荷载效应的标准组合，采用荷载标准值、组合值和变形限值进行计算。下部支承结构的变形除应满足相应结构设计标准的规定外，屋盖支座处的水平相对位移不得大于 100mm。

3）拱形波纹钢屋盖结构可不进行抗震计算，但与下部结构的连接及其下部支承结构的设计应按现行国家标准《建筑抗震设计规范》GB 50011 的规定进行。

4）拱形波纹钢屋盖结构可不设温度缝，且不考虑温度作用。当拱形波纹钢屋盖结构的拱脚不直接落地时，下部支承结构及连接角钢应按现行国家有关标准的规定设置温度缝，必要时应考虑温度作用。

5）设计拱形波纹钢屋盖结构时，可不考虑与下部支承结构协同工作，屋盖结构单独计算。设计下部支承结构时，可将屋盖结构对支承结构的作用力作为外荷载考虑。

6）拱形波纹钢屋盖结构的矢跨比宜取 0.2~0.25，也可根据建筑功能要求和荷载状况取 0.1~0.5。

7）拱形波纹钢屋盖结构纵向长度与跨度的比值不宜过小。当跨度不大于 24m 时比值不宜小于 0.5，当跨度大于 24m 时比值不宜小于 0.8。

8）当山墙采用直形槽板或其他形式的压型钢板作为围护结构且与屋盖结构有可靠连接时，可考虑屋盖结构对山墙的支承作用。当山墙采用墙架等结构形式时，不应考虑屋盖结构的支承作用。

9）当拱形波纹钢屋盖结构用于空旷地带时，应按照向性国家有关标准规定设置避雷装置。

10）连接用自攻螺钉、螺栓和锚栓应经计算确定，产品符合国家有关标准。

9.4.3 设计指标

拱形波纹屋盖一般采用彩色涂层钢板，彩色涂层压型拱板的强度设计值可按《拱形波纹钢屋盖结构技术规程》CECS 167：2004 的规定采用，强度设计值按表 9-22 选用。物理性能按表 9-6 选用。

9.4.4 设计荷载

1）拱形波纹钢屋盖结构上作用的荷载应考虑恒荷载、风荷载、活荷载、雪荷载、积灰荷载、施工荷载及其他荷载。各种荷载类型应按表 9-23 的规定采用。

彩涂板的强度设计值（N/mm²）　　　　　　　　　　　表 9-22

牌号	抗拉 、抗压和抗弯　f	抗剪 f_v
TS250	210	120
TS280	235	135
TS300	255	145
TS320	270	155
TS350	295	170

各种荷载类型的适用范围　　　　　　　　　　　表 9-23

荷载类型	荷载分布形式	适用范围
1		屋盖自重、保温层荷载、施工荷载等
2		吊顶荷载、活荷载、积灰荷载、三跨以上连跨结构中间跨屋盖的全跨分布雪荷载等
3		单跨结构的全跨分布雪荷载
4		连跨结构中、边跨屋盖的全跨分布雪荷载
5		连跨结构中，边跨屋盖的全跨非均布雪荷载
6		三跨以上连跨结构中，中间跨屋盖的全跨非均布雪荷载
7		连跨结构、有女儿墙或有较大挑檐的单跨结构的半跨分布雪荷载
8		无女儿墙且挑檐较小的单跨结构的半跨分布雪荷载

2）屋盖自重和悬挂荷载的标准值应按实际情况取值。

3）屋盖吊顶的吊点应沿屋盖跨度方向对称布置，间距不应大于 2m，此时可将吊顶悬挂荷载折算为均布荷载考虑。研究表明，当沿跨度方向均匀对称分布的吊点间距不大于 2m 时，将吊顶荷载简化成均布荷载所带来的误差很小。

4）对压型拱板结构的基本雪压比一般屋面板提高 10％考虑，应按下列公式计算：

$$S_k = 1.1\mu_r S_0 \tag{9-41}$$

式中　S_k——雪荷载标准值（kN/m^2）；

S_0——基本雪压（kN/m^2），按《建筑结构荷载规范》GB 50009—2012 的规定采用；

μ_r——屋面积雪分布系数，按《建筑结构荷载规范》GB 50009—2012 的规定采用。

5）对有女儿墙或较大挑檐的单跨屋盖，其屋面积雪分布系数应按连跨屋盖采用。

6）屋面均布活荷载标准值可按投影面积计算，取 $0.3kN/m^2$。

9.4.5　结构计算

1. 计算模型

1）在设计屋面压型拱板结构时，可以采用经典算法或有限元法，按拱结构模型进行线弹性分析。当采用直梁单元有限元法时，单元数量应保证相邻梁单元的切线夹角小于 5°。

2）拱形波纹钢屋盖结构对下部结构的作用力，可采用拱模型按线弹性分析方法计算。

3）考虑屋盖支撑作用的山墙板可采用简支梁模型，按《冷弯薄壁型钢结构技术规范》GB 50018—2002 的有关规定进行计算。当山墙板的承载力或变形不能满足设计要求时，应采用墙架结构或其他结构形式。

4）拱形波纹钢屋盖结构设计时，应考虑小波纹对结构刚度的影响，按照等效截面特性进行计算。对于常用的矩形（YJ3011）和梯形（YT6118）两种槽形截面的拱形波纹钢屋盖结构，截面形式见图 9-18和图 9-19，其等效截面特性可按表 9-24 和表 9-25 的经验公式计算。

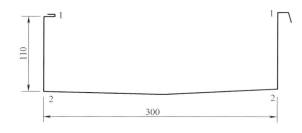

图 9-18　YJ3011 矩形波纹板截面形式

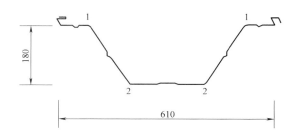

图 9-19　YT6118 矩形波纹板截面形式

YJ3011 拱形波纹板屋盖结构等效截面特性　　　　表 9-24

板厚（mm）	A_{eq}（cm²）	I_{eq}（cm⁴）	$W_{eq}^{(1)}$（cm³）	$W_{eq}^{(2)}$（cm³）
0.8	$2.4764+0.14734r-0.00179r^2$	$60.68807+2.64452r-0.03607r^2$	$8.19225+0.37417r-0.00749r^2$	$10.00449+0.40023r-0.00145r^2$
0.9	$2.85387+0.19519r-0.00249r^2$	$70.79445+3.21631r-0.03679r^2$	$9.82775+0.40017r-0.00672r^2$	$11.33902+0.55181r-0.00163r^2$
1.0	$3.48511+0.21613r-0.00218r^2$	$83.43775+3.61434r-0.03024r^2$	$11.92385+0.38327r-0.00481r^2$	$12.97903+0.69044r$
1.1	$3.80873+0.29297r-0.00374r^2$	$88.45267+5.34056r-0.06855r^2$	$13.228333+0.49589r-0.00731r^2$	$12.3685+1.21533r-0.0109r^2$
1.2	$4.20758+0.37243r-0.00552r^2$	$95.22149+7.09513r-0.11142r^2$	$14.86424+0.5822r-0.00923r^2$	$11.17039+1.89924r-0.02771r^2$
1.3	$5.55946+0.35368r-0.00479r^2$	$124.87838+6.42439r-0.09176r^2$	$17.9959+0.51334r-0.00725r^2$	$16.6607+1.87232r-0.02585r^2$

注：1. YJ3011 型屋盖结构系指长 300mm、宽 110mm 的矩形槽单元板（图 9-18）组成的拱形波纹钢屋盖结构；

　　2. r 为结构曲率半径（m），$r\leqslant 22m$；

　　3. W_{eq} 的上标（1）、（2）表示截面上的位置。

YT6118 拱形波纹板屋盖结构等效截面特性

表 9-25

板厚 (mm)	A_{eq} (cm²)	I_{eq} (cm⁴)	$W_{eq}^{(1)}$ (cm³)	$W_{eq}^{(2)}$ (cm³)
0.8	$4.78691+0.1053r-0.00165r^2$	$230.17091+2.24766r-0.01161r^2$	$44.19424+0.1056r-0.00004r^2$	$17.97331+0.23426r-0.00104r^2$
0.9	$5.57247+0.12741r-0.00209r^2$	$260.53245+3.15803r-0.01838r^2$	$50.43601+0.13739r+0.00052r^2$	$20.25874+0.3322r-0.00176r^2$
1.0	$6.63293+0.12453r-0.0017r^2$	$292.1986+4.32975r-0.02593r^2$	$57.11766+0.23626r-0.000642r^2$	$22.59558+0.4483r-0.00227r^2$
1.1	$7.49639+0.14713r-0.00214r^2$	$314.76837+6.95589r-0.0809r^2$	$62.83055+0.42034r-0.00453r^2$	$23.99512+0.72659r-0.00798r^2$
1.2	$8.5457+0.15614r-0.00223r^2$	$342.88375+9.42483r-0.13479r^2$	$69.37162+0.59666r-0.00848r^2$	$25.78311+1.00009r-0.01393r^2$
1.3	$9.69881+0.14729r-0.00192r^2$	$395.09972+9.17798r-0.12344r^2$	$76.55037+0.58709r-0.00786r^2$	$30.26998+0.99467r-0.0131r^2$
1.4	$10.73505+0.15285r-0.00199r^2$	$444.76097+9.36914r-0.12586r^2$	$83.61112+0.60076r-0.00804r^2$	$34.59059+1.02676r-0.01352r^2$
1.5	$11.78111+0.15821r-0.00206r^2$	$494.65496+9.56067r-0.12821r^2$	$90.68071+0.6147r-0.00820r^2$	$38.96427+1.05785r-0.01392r^2$

注: 1. YT6118 型屋盖结构系指长 610mm,宽 180mm 的矩形槽单元板(图 9-19)组成的拱形波纹钢屋盖结构;

2. r 为结构曲率半径(m),$r \leqslant 22m$;

3. W_{eq} 的上标(1)、(2)表示截面上的位置。

2. 结构简化计算方法

1)沿屋盖纵向取单位宽度结构按拱结构模型进行计算。构件上各截面的承载力应符合下式要求:

$$\frac{N_1}{A_{eq}} + \frac{M_n}{W_{eq}} < f \tag{9-42}$$

式中 A_{eq}、W_{eq}——分别为单位宽度屋盖结构的等效截面面积、等效截面模量,按 9.4.5 节的规定取值;

N_1、M_n——分别为所考虑荷载工况下截面的一阶轴力、相应的二阶弯矩组合设计值,按 9.4.5 节的规定采用;

f——钢材的抗拉、抗压和抗弯强度设计值。

2)拱形波纹钢屋盖结构截面中的一阶轴力和二阶弯矩组合设计值可按下列公式计算:

$$N_1 = \sum N_{1i} \tag{9-43}$$

$$M_n = \sum \beta_i M_{1i} \tag{9-44}$$

式中 N_{1i}——所考虑荷载工况中,第 i 类荷载设计值产生的单位宽度结构截面的一阶轴力;

M_{1i}——所考虑荷载工况中,第 i 类荷载设计值产生的单位宽度结构截面的一阶弯矩;

β_i——所考虑荷载工况中,与第 i 类荷载设计值相对应的弯矩放大系数。

弯矩放大系数可按下列规定取值:

(1)在风荷载作用下,取 $\beta = 1$;

(2)在其他荷载作用下,按下列公式计算:

$$\beta_i = \frac{1}{1 - \dfrac{\gamma_i q_i}{q_{cri}}} \tag{9-45}$$

$$q_{cri} = k_i \frac{E I_{eq}}{r^3} \tag{9-46}$$

式中 q_i——所考虑荷载工况中,第 i 类荷载设计值;

γ_i——所考虑荷载工况中,第 i 类荷载的弯矩调整系数,可按表 9-26 的规定取用;

q_{cri}——所考虑荷载工况中,第 i 类荷载作用下屋盖结构的弹性临界荷载;

r——屋面压型拱板结构的曲率半径;

k_i——所考虑荷载工况中,第 i 类荷载的临界荷载系数,可按表 9-27 的规定取用;

E、I_{eq}——分别为材料的弹性模量、单位宽度屋盖结构的等效截面惯性矩。

拱形波纹板屋盖结构弯矩调整系数 γ   表 9-26

荷载类型	矢跨比	0	1	2	3	4	5	6	7	8	9
1	0.10	—	—	—	—	—	0.4273	0.4255	0.4237	0.4216	0.4195
	0.20	0.4171	0.4147	0.4121	0.4094	0.4065	0.4035	0.4004	0.3971	0.3936	0.3901
	0.30	0.3863	0.3825	0.3785	0.3743	0.3701	0.3656	0.3611	0.3564	0.3515	0.3466
	0.40	0.3414	0.3362	0.3308	0.3252	0.3195	0.3137	—	—	—	—
2	0.10	—	—	—	—	—	0.4250	0.4240	0.4228	0.4215	0.4201
	0.20	0.4184	0.4167	0.4147	0.4126	0.4104	0.4080	0.4055	0.4027	0.3999	0.3969
	0.30	0.3937	0.3903	0.3868	0.3832	0.3794	0.3754	0.3713	0.3670	0.3626	0.3580
	0.40	0.3533	0.3484	0.3433	0.3381	0.3328	0.3272	—	—	—	—
3	0.10	—	—	—	—	—	0.4250	0.4240	0.4228	0.4215	0.4201
	0.20	0.4184	0.4167	0.4147	0.4126	0.4089	0.4060	0.4031	0.4001	0.3971	0.3941
	0.30	0.3910	0.3879	0.3847	0.3815	0.3783	0.3750	0.3717	0.3683	0.3649	0.3615
	0.40	0.3580	0.3545	0.3509	0.3473	0.3437	0.3400	—	—	—	—
4	0.10	—	—	—	—	—	0.4250	0.4240	0.4228	0.4215	0.4201
	0.20	0.4184	0.4167	0.4147	0.4126	0.4382	0.4553	0.4715	0.4870	0.5018	0.5158
	0.30	0.5290	0.5414	0.5531	0.5640	0.5742	0.5835	0.5922	0.6000	0.6071	0.6134
	0.40	0.6190	0.6238	0.6278	0.6310	0.6335	0.6353	—	—	—	—
5	0.10	—	—	—	—	—	0.6938	0.6981	0.7022	0.7063	0.7102
	0.20	0.7141	0.7178	0.7215	0.7251	0.7285	0.7319	0.7352	0.7384	0.7415	0.7445
	0.30	0.7474	0.7502	0.7529	0.7555	0.7581	0.7605	0.7628	0.7651	0.7672	0.7693
	0.40	0.7712	0.7731	0.7748	0.7765	0.7781	0.7795	—	—	—	—
6	0.10	—	—	—	—	—	0.5042	0.4822	0.4614	0.4419	0.4237
	0.20	0.4067	0.3911	0.3767	0.3635	0.3517	0.3411	0.3318	0.3238	0.3171	0.3116
	0.30	0.3074	0.3045	0.3028	0.3024	0.3033	0.3055	0.3089	0.3137	0.3197	0.3269
	0.40	0.3355	0.3453	0.3564	0.3688	0.3824	0.3973	—	—	—	—
7	0.10	—	—	—	—	—	0.5467	0.5475	0.5486	0.5500	0.5517
	0.20	0.5538	0.5562	0.5589	0.5619	0.5652	0.5689	0.5728	0.5771	0.5817	0.5867
	0.30	0.5919	0.5975	0.6034	0.6096	0.6161	0.6229	0.6301	0.6376	0.6454	0.6535
	0.40	0.6619	0.6707	0.6798	0.6892	0.6989	0.7089	—	—	—	—
8	0.10	—	—	—	—	—	0.5467	0.5475	0.5486	0.5500	0.5517
	0.20	0.5538	0.5562	0.5589	0.5619	0.5613	0.5689	0.5762	0.5832	0.5899	0.5964
	0.30	0.6026	0.6085	0.6141	0.6194	0.6244	0.6291	0.6336	0.6378	0.6417	0.6453
	0.40	0.6486	0.6516	0.6543	0.6568	0.6590	0.6609	—	—	—	—

注：1. 本表的弯矩调整系数适用于铰支承拱形波纹钢屋盖结构；
　　2. 本表表头栏中，0～9 为矢跨比的小数点后第二位数字。

拱形波纹板屋盖结构临界荷载系数 k_i 表 9-27

荷载类型	矢跨比	0	1	2	3	4	5	6	7	8	9
1	0.10	—	—	—	—	—	28.5789	25.3250	22.5732	20.2391	18.2513
	0.20	16.5493	15.0826	13.8092	12.6959	11.7139	10.8412	10.0601	9.3567	8.7199	8.1412
	0.30	7.6136	7.1316	6.6906	6.2863	5.9151	5.5732	5.2571	4.9635	4.6892	4.4313
	0.40	4.1878	3.9575	3.7407	3.5399	3.3598	3.2086	—	—	—	—

续表

荷载类型	矢跨比	0	1	2	3	4	5	6	7	8	9
2	0.10	—	—	—	—	—	29.5239	26.3120	23.5750	21.2402	19.2447
	0.20	17.5339	16.0608	14.7854	13.6741	12.6984	11.8348	11.0643	10.3712	9.7429	9.1698
	0.30	8.6441	8.1598	7.7126	7.2987	6.9156	6.5609	6.2327	5.9290	5.6480	5.3875
	0.40	5.1454	4.9191	4.7059	4.5031	4.3079	4.1175	—	—	—	—
3	0.10	—	—	—	—	—	29.5239	26.3120	23.5750	21.2402	19.2447
	0.20	17.5339	16.0608	14.7854	13.6741	12.7107	11.8695	11.1298	10.4748	9.8909	9.3667
	0.30	8.8932	8.4629	8.0697	7.7087	7.3757	7.0674	6.7808	6.5132	6.2622	6.0255
	0.40	5.8008	5.5859	5.3785	5.1767	4.9783	4.7817	—	—	—	—
4	0.10	—	—	—	—	—	29.5239	26.3120	23.5750	21.2402	19.2447
	0.20	17.5339	16.0608	14.7854	13.6741	12.7398	11.8884	11.1321	10.4561	9.8486	9.2998
	0.30	8.8021	8.3491	7.9355	7.5566	7.2084	6.8871	6.5890	6.3109	6.0496	5.8023
	0.40	5.5669	5.3417	5.1265	4.9224	4.7324	4.5621	—	—	—	—
5	0.10	—	—	—	—	—	25.6339	23.5482	21.7167	20.1162	18.7227
	0.20	17.5118	16.4595	15.5428	14.7398	14.0306	13.3971	12.8236	12.2970	11.8065	11.3440
	0.30	10.9036	10.4820	10.0778	9.917	9.3256	8.9822	8.6651	8.3774	8.1216	7.8984
	0.40	7.7063	7.5405	7.3918	7.2456	7.0810	6.8693	—	—	—	—
6	0.10	—	—	—	—	—	28.9738	26.5855	24.4818	22.6302	20.9996
	0.20	19.5604	18.2856	17.1501	16.1314	15.2095	14.3670	13.5892	12.8640	12.1818	11.5355
	0.30	10.9199	10.3324	9.7716	9.2380	8.7327	8.2578	7.8156	7.4080	7.0361	6.6995
	0.40	6.3959	6.1199	5.8629	5.6119	5.3480	5.0489	—	—	—	—
7	0.10	—	—	—	—	—	31.8520	28.4857	25.6461	23.2456	21.2094
	0.20	19.4746	17.9883	16.7068	15.5943	14.6215	13.7649	13.0057	12.3291	11.7233	11.1791
	0.30	10.6890	10.2471	9.8481	9.4877	9.1617	8.8662	8.5975	8.3518	8.1260	7.9169
	0.40	7.7224	7.5414	7.3740	7.2228	7.0972	6.9922	—	—	—	—
8	0.10	—	—	—	—	—	31.8520	28.4857	25.6461	23.2456	21.2094
	0.20	19.4746	17.9883	16.7068	15.5943	14.5265	13.7162	13.0329	12.4563	11.9679	11.5513
	0.30	11.1916	10.8761	10.5937	10.3352	10.0933	9.8622	9.6381	9.4189	9.2044	8.9958
	0.40	8.7962	8.6104	8.4449	8.3077	8.2087	8.1592	—	—	—	—

注：1. 本表的临界荷载系数适用于铰支承拱形波纹钢屋盖结构；

2. 本表表头栏中，0～9 为矢跨比的小数点后第二位数字。

9.4.6 构造要求

1）拱形波纹钢屋盖结构的单元板可采用矩形和梯形两种槽形截面。常用的两种板型见图 9-18 和图 9-19。

2）拱形波纹钢屋盖结构拱脚处的连接构造应传力简捷、明确、安全可靠、易于防护和维修，可采用铰接连接方式（图 9-20）。当有可靠依据时，也可采用其他连接方式。

3）拱脚与连接角钢的连接件数量应经计算确定，但矩形槽单元板每端不应少于 2 个，梯形槽单元板每端应少于 4 个。采用自攻螺钉（螺栓）时，其间距和端距不应小于其直径的 4 倍。

4）当屋盖与混凝土边梁连接时，混凝土边梁中预埋钢板的厚度应由计算确定，且不得小于 10mm，预埋钢板的中心间距不得大于 900mm。

5）与拱脚相连的连接角钢可由钢板弯折而成，钢板厚度不应小于 4mm，与屋盖相连边的尺寸应满足拱脚处螺钉（螺栓）布置的构造要求。角钢两肢与水平面间的夹角应根据屋盖矢跨比确定。

6）山墙直形槽板与屋盖结构的连接可根据山墙槽板截面形状采用相应的连接构造，见图 9-21。

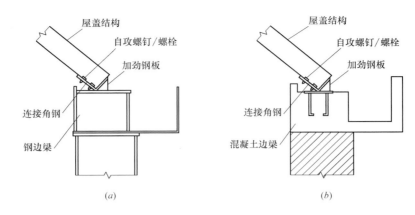

图 9-20　拱脚铰接节点

（a）屋盖与钢边梁连接；（b）屋盖与混凝土边梁连接

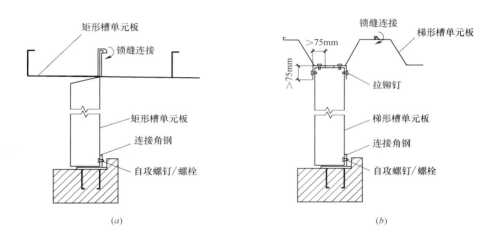

图 9-21　山墙槽板连接构造

（a）矩形槽单元山墙板与屋盖的连接；（b）梯形槽单元山墙板与屋盖的连接

7）屋盖因通风和采光需要开孔时，孔洞宜分散布置在结构跨度中部的下翼缘处。当屋盖跨度不大于 24m 时，每条单元板上的开孔面积不应大于单元板表面积的 5%，且屋盖孔洞面积之和不宜大于建筑面积的 3%。当开孔面积较大或在跨度大于 24m 的屋盖上开孔时，应核算结构的承载力并在孔边采取加强措施。

9.5　楼盖压型钢板的结构设计

楼盖压型钢板常用于高层建筑钢结构的楼面体系，此类楼板一般分为组合楼板和非组合楼板。组合楼板是指压型钢板不仅作为混凝土楼板的永久性模板，而且作为楼板的下部受力钢筋参与楼板的受力计算，与混凝土一起共同工作形成组合楼板（图 9-22）。非组合楼板是指压型钢板仅作为混凝土楼板的永久性模板，而不考虑压型钢板与混凝土的共同作用。

9.5.1　压型钢板的材料与类型

1. 楼盖压型钢板的材料

用于楼盖的压型钢板应采用镀锌层钢板，不应采用热镀铝锌板或彩涂板，其镀层厚度应满足在使用期间不致锈损的要求。用以制作镀层板（基板）的薄钢板或钢带即压型钢板的原板，应采用冷轧或热轧板或钢带，其尺寸外形及允许偏差应符合《冷轧钢板和钢带的尺寸、外形重量及允许偏差》GB/T

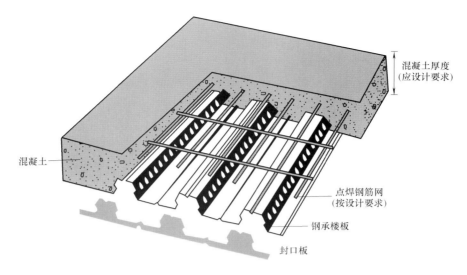

图 9-22　组合楼板构造示意

708—2006 与《热轧钢板和钢带的尺寸、外形、重量及允许偏差》GB/T 709—2006 的规定。采用热镀锌基板时，其材质、性能应符合《连续热镀锌钢板及钢带》GB/T 2518—2008 中结构级钢板的技术要求。楼盖压型钢板的选材应符合以下技术要求：

1）基板钢材按屈服强度级别（MPa）宜选用 250 级与 350 级结构级钢，其强度设计值等计算指标可分别参照《冷弯薄壁型钢结构技术规范》GB 50018 规定的 Q235、Q345 钢材取值。除有技术经济依据外，压型钢板基板钢材不宜采用更高强度的钢材。

2）工程中用于楼盖压型钢板的公称厚度不宜小于 0.8mm，用于组合板的压型钢板净厚度（不包括镀锌层或饰面层厚度）不应小于 0.75mm，仅作永久模板的压型钢板厚度不宜小于 0.5mm。

3）压型钢板基板的镀层应采用热浸镀方法，镀层重量应按需方要求作为供货条件予以保证，并在订货合同中注明。

2. 楼盖压型钢板的常见板型（表 9-28）

楼盖压型钢板的常见板型　　　　　　　　　　　　　　表 9-28

规格型号	板型简图	展开宽度（mm）	覆盖宽度（mm）	厚度
YL51-240-720		1000	720	0.8
				1.0
				1.2
YL50-200-600		1000	600	0.8
				1.0
				1.2
YL54-555		1000	555	0.8
				1.0
				1.2

续表

规格型号	板型简图	展开宽度（mm）	覆盖宽度（mm）	厚度
YL53-600		1000	600	0.8
				1.0
				1.2
YL66-720		1250	720	0.6
				0.8
				1.0
YL65-170-510	YX65-170-510钢楼承板断面图	1000	510	0.75
				1.0
				1.2
YL76-305-915		1250	915	0.8
				1.0
				1.2
YX51-155-620		1087	620	0.8
				1.0
				1.2
YX65-220-660		1000	660	0.75
				1.0
				1.2

在组合楼板和非组合楼板中，根据压型钢板所起作用的不同，压型钢板的板型和构造也有所差别。

1）对于非组合楼板，可以采用不带有纵向波槽、压痕的压型钢板作为模板使用，同时也不需要采用防火涂料对压型钢板进行防护。现在，常用的钢筋桁架楼承板的压型钢板属于非组合楼板。

2）在组合楼板中，由于使用阶段的压型钢板起到受拉钢筋作用，因此必须保证压型钢板与混凝土之间能够有可靠的连接，能够传递压型钢板与混凝土叠合面之间的纵向剪力，才能保证两者能够共同工作。因此在组合楼板中，压型钢板的板型一般可带有纵向波槽、压痕或采取在压型钢板上焊接横向钢筋等措施。且无论是否组合楼板均应在压型钢板端部设置螺柱头焊钉、短槽钢等端部抗剪连接件。

9.5.2　楼盖压型钢板施工阶段的设计

1. 施工阶段的荷载

在施工阶段则应验算在施工荷载作用下压型钢板的承载能力和变形。施工阶段压型钢板的计算简图可根据实际支撑跨数及跨度尺寸确定。

施工阶段应考虑的荷载有：

1）永久荷载：包括压型钢板、钢筋和湿混凝土的自重。当压型钢板跨中挠度 ω 大于 20mm 时，确定混凝土自重应考虑挠曲效应，即计算时在全跨增加混凝土厚度 0.7ω，或增设临时支撑。

2）可变荷载：包括施工荷载和附加荷载。当有过量冲击、混凝土堆放、管线和泵的荷载时，应增加附加荷载，一般取 $1.0\sim1.5kN/m^2$。

2. 施工阶段的承载能力计算

在施工阶段，压型钢板作为浇筑混凝土的模板，应采用弹性方法计算，其承载能力按照 9.3 节进行计算。压型钢板强边（顺肋）方向的正、负弯矩和挠度应按单向板计算，弱边方向不计算。

3. 变形

施工阶段的压型钢板应进行变形验算，变形验算时的荷载均应采用标准值，其变形按弹性方法计算，压型钢板按有效截面惯性矩 I_{ae} 计算。在施工荷载下压型钢板的挠度不应超过 $l_0/180$ 及 20mm 中较小值，其中 l_0 为板的净跨。当不能满足时，应采取加临时支撑等措施减小施工阶段压型钢板的变形。

9.5.3　楼盖压型钢板使用阶段设计

组合楼板在使用阶段的结构设计应按照《组合结构设计规范》JGJ 138—2016 的有关规定进行。在混凝土硬化以后，应验算使用阶段的正截面受弯承载力、纵向剪切粘结承载力、斜截面受剪承载力和受冲剪承载力，以及正常使用极限状态下裂缝、挠度、舒适度等。

1）组合楼板总厚度 h 不应小于 90mm，压型钢板肋顶部以上混凝土厚度 h_c 不应小于 50mm。

2）组合楼板设计规定：

（1）在使用阶段，组合楼板中的压型钢板肋顶以上混凝土厚度 h_c 为 50～100mm 时，组合楼板可沿强边（顺肋）方向按单向板计算。

（2）当组合楼板中的压型钢板肋顶以上混凝土厚度大于 100mm 时，板的承载力应按下列规定计算：

① 当 $\lambda_e<0.5$ 时，按强边方向单向板进行计算；

② 当 $\lambda_e>2.0$ 时，按弱边方向单向板进行计算；

③ 当 $0.5\leqslant\lambda_e\leqslant2.0$ 时，应按按正交异性双向板进行计算；

④ 有效边长比 λ_e 应按下列公式计算：

$$\lambda_e=l_x/(\mu l_y) \tag{9-47}$$

式中　μ——板的受力异向性系数，$\mu=\left(\dfrac{I_x}{I_y}\right)^{1/4}$；

I_x——组合楼板强边（顺肋）计算宽度的截面惯性矩；

I_y——组合楼板弱边（垂直肋）方向计算宽度的截面惯性矩，只考虑压型钢板肋顶以上混凝土的厚度；

l_x、l_y——组合楼板强边、弱边方向的跨度。

（3）在局部集中荷载作用下，组合楼板应对作用力较大处进行单独验算，其有效工作宽度（图9-23）应按下列公式计算：

① 抗弯计算时：

简支板：
$$b_e=b_w+2l_p(1-l_p/l) \tag{9-48}$$

连续板：
$$b_e=b_w+4l_p(1-l_p/l)/3 \tag{9-49}$$

② 抗剪计算时：

$$b_e=b_w+l_p(1-l_p/l) \tag{9-50}$$

③ b_w 按下式计算：

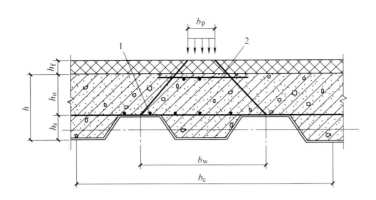

图 9-23 局部荷载分布有效宽度

1—承受局部集中荷载钢筋；2—局部承压附加钢筋

$$b_w = b_p + 2(h_c + h_f) \tag{9-51}$$

式中：l——组合楼板跨度；

$\quad\quad l_p$——荷载作用点到组合楼板支座的较近距离；

$\quad\quad b_e$——局部荷载在组合楼板中的有效工作宽度；

$\quad\quad b_w$——集中荷载在组合楼板中的工作宽度；

$\quad\quad b_p$——局部荷载宽度；

$\quad\quad h_c$——压型钢板肋以上的混凝土厚度；

$\quad\quad h_f$——地面饰面层厚度。

3）在局部集中荷载作用下的受冲切承载力应符合现行国家规范《混凝土结构设计规范》GB 50010—2010 的有关规定，混凝土板的有效高度可取组合楼板肋以上混凝土厚度。

4）组合楼板承载力计算：

（1）计算假定。组合楼板受弯计算时认为压型钢板全部屈服，并以压型钢板截面重心为合力点。当配有受拉钢筋时，则受拉合力点为钢筋和压型钢板截面的重心。图 9-24 是以开口型压型钢板组合楼板的示意，同样适合于所有楼盖压型钢板类型。

（2）组合楼板截面在正弯矩作用下，正截面受弯承载力计算按现行国家规范《混凝土结构设计规范》GB 50010—2010 的有关规定进行。当 $x > h_c$ 时，其混凝土受压区高度应小于压型钢板肋以上混凝土厚度，表明压型钢板肋以上混凝土受压面积不够，建议重新选择其他板型的压型钢板。

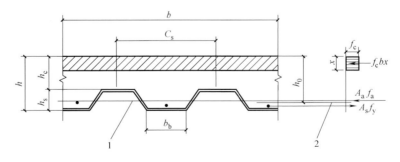

图 9-24 组合楼板的受弯计算简图

1—压型钢板重心轴；2—钢材合力点

（3）组合楼板截面在负弯矩作用下，可不考虑压型钢板受压，将组合楼板截面简化成等效 T 形截面，其正截面承载力应符合下列公式的规定（图 9-25）：

$$M \leqslant f_c b_{min}\left(h_0' - \frac{x}{2}\right) \tag{9-52}$$

$$f_c bx = A_s f_y \tag{9-53}$$

$$b_{\min} = \frac{b}{c_s} b_b \tag{9-54}$$

式中 M——计算宽度内组合楼板的负弯矩设计值;

h_0'——负弯矩区截面有效高度;

$b_{\min}$——计算宽度内组合楼板换算腹板宽度;

b——组合楼板计算宽度;

c_s——压型钢板板肋中心线间距;

b_b——压型钢板单个波槽的最小宽度。

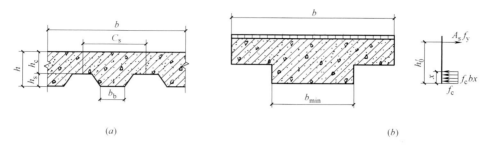

图 9-25 简化的 T 形截面

(a) 简化前组合楼板截面;(b) 简化后组合楼板截面

(4) 组合楼板斜截面受剪承载力应符合下式规定:

$$V = 0.7 f_t b_{\min} h_0 \tag{9-55}$$

式中 V——组合楼板最大剪力设计值;

f_t——混凝土抗拉强度设计值。

(5) 组合楼板中压型钢板与混凝土间的纵向剪切粘结承载力应符合下式规定:

$$V = m \frac{A_a h_0}{1.25a} + k f_t b h_0 \tag{9-56}$$

式中 V——组合楼板最大剪力设计值;

f_t——混凝土抗拉强度设计值;

a——剪跨,均布荷载作用时取 $a = l_n/4$;

l_n——板净跨度,连续板可取反弯点之间的距离;

A_a——计算宽度内组合楼板截面压型钢板面积;

m、k——剪切粘结系数,按《组合结构设计规范》JGJ 138—2016 附录 A 取值。

5) 组合楼板的最大挠度,应按荷载效应的准永久组合,并考虑荷载长期作用的影响进行计算,不应超过计算跨度的 1/200。组合楼板在准永久荷载作用下的截面抗弯刚度和组合楼板长期荷载作用下的截面抗弯刚度可分别按《组合结构设计规范》JGJ 138—2016 的规定计算。

组合板负弯矩区的最大裂缝宽度验算,可忽略压型钢板的作用,按现行国家标准《混凝土结构设计规范》GB 50010—2010 的规定计算。

6) 组合楼盖应进行舒适度验算,舒适度验算可采用动力时程分析方法,也可采用《组合结构设计规范》JGJ 138—2016 附录 B 的方法;组合板的自振频率 f,计算值不宜小于 3Hz 且不宜大于 9Hz。

9.5.4 压型钢板组合楼板的抗火设计

非组合楼板的压型钢板不考虑防火保护,组合楼板因压型钢板参与共同工作,必须考虑防火保护。该楼板的耐火极限主要取决于压型钢板上混凝土的厚度,同时也与分布钢筋、压型钢板、荷载大小、边界条件等因素有关,混凝土厚度越厚,楼板整体的耐火极限就越长。

1) 无防火保护的压型钢板组合楼板,应满足耐火隔热性最小楼板厚度的要求,应符合表 9-29 的规定。

耐压型钢板组合楼板最小隔热厚度　　　　　　　　　表 9-29

压型钢板类型	最小楼板计算厚度	隔热极限（h）			
		0.5	1.0	1.5	2.0
开口型压型钢板	压型钢板肋以上厚度	60	70	80	90
其他类型压型钢板	组合楼板的板总厚度	90	90	110	125

2）当压型钢板组合楼板中的压型钢板除用作混凝土楼板的永久性模板外、还充当板底受拉钢筋参与结构受力时，组合楼板应按下列规定进行耐火验算与抗火设计。

（1）组合楼板不允许发生大挠度变形时，在温升关系符合国家现行标准规定的标准火灾作用下，组合楼板的耐火时间 t_d 应按式（9-57）进行计算。当组合楼板的耐火时间 t_d 大于或等于组合楼板的设计耐火极限 t_m 时，组合楼板可不进行防火保护。

$$t_d = 114.06 - 26.8 \frac{M}{f_t W} \qquad (9-57)$$

式中　t_d——无防火保护的组合楼板的耐火时间（min）；

　　　M——火灾下单位宽度组合楼板内的最大正弯矩设计值（N·mm）；

　　　f_t——常温下混凝土的抗拉强度设计值（N/mm²）；

　　　W——常温下素混凝土板的截面模量（mm³）。

（2）组合楼板允许发生大挠度变形时，组合楼板的耐火验算可考虑组合楼板的薄膜效应。当火灾下组合楼板考虑薄膜效应时的承载力不小于火灾下组合楼板的荷载设计值时，组合楼板可不进行防火保护。

3）当组合楼板不满足耐火要求时，应对组合楼板进行防火保护，或者在组合楼板内增配足够的钢筋，将压型钢板改为只作模板使用。

4）组合楼板混凝土楼板内部温度自迎火面算起，不同深度处的温度见表 9-30。

组合楼板中混凝土内部温度分布　　　　　　　　　表 9-30

混凝土内部深度	耐火极限 1.5h 时温度分布	
	普通混凝土	轻骨混凝土
（mm）	（℃）	（℃）
10	790	720
20	650	580
30	540	460
40	430	360
50	370	280
60	310	230
70	260	170
80	220	130
90	180	100
100	160	80

注：表中数据引自于《建筑钢结构防火技术规范》GB 51249—2017。

5）普通钢结构在高温下的屈服强度和弹性模量随温度升高而降低，当温度超过 300℃后，已无明显的屈服台阶和屈服平台，超过 400℃后钢材强度和弹性模量开始急剧下降，当温度达到 600℃后，钢材基本丧失承载力。我国结构钢高温下的屈服强度折减系数 η_{sT} 见表 9-31。

6）高温下混凝土的力学性能：混凝土在 400℃以内变化不大；当温度超过 400℃后，降低幅度明显较大，当温度超过 900℃后，抗压强度不到常温下的十分之一。温度超过 700℃后，混凝土和钢材的强度降低很多，一般不再考虑。高温下混凝土的抗压强度折减系数（R_c）见表 9-32。

高温下普通钢结构的名义屈服强度降低系数 η_{sT} 表 9-31

温度(℃)	20	100	150	200	250	300	350	400	450	500
屈服强度降低系数 η	1.00	1.00	1.00	1.00	1.00	1.00	0.977	0.914	0.821	0.707
温度(℃)	550	600	650	700	750	800	850	900	950	1000
屈服强度降低系数 η	0.581	0.453	0.331	0.226	0.145	0.100	0.075	0.050	0.025	0.000

注：表中数据根据《建筑钢结构防火技术规范》GB 51249—2017 相关公式计算。

高温下混凝土的抗压强度折减系数 R_c 表 9-32

温度(℃)	强度折减系数	
	普通混凝土	轻质混凝土
20	1.0	1.00
100	1.0	1.00
200	0.95	1.00
300	0.85	1.00
400	0.75	0.88
500	0.60	0.76
600	0.45	0.64
700	0.30	0.52
800	0.15	0.40
900	0.08	0.28
1000	0.04	0.16
1100	0.01	0.04
1200	0.00	0.00

注：表中数据引自于《建筑钢结构防火技术规范》GB 51249—2017。

7）根据压型钢板与混凝土在不同耐火极限条件下的强度折减，可以计算组合楼板在不同耐火极限下的跨中正弯矩承载力和支座负弯矩承载力。当组合楼板跨中的最终正弯矩抵抗矩与支座最终负弯矩抵抗矩之和大于楼板在简支条件下所承受的最不利荷载作用下的弯矩时，可以认为压型钢板组合楼板的承载力满足抗火设计的要求。组合楼板耐火承载力极限状态的最不利荷载作用效应组合设计值，按下式确定：

$$S_m = \gamma_{OT}(\gamma_G S_{GK} + S_{TK} + \phi_f S_{QK}) \tag{9-58}$$

式中　S_m——荷载作用效应组合的设计值；

　　　S_{GK}——按永久荷载标准值计算的荷载效应值；

　　　S_{TK}——按火灾下结构的温度标准值计算的作用效应值；

　　　S_{QK}——按楼面活荷载标准值计算的荷载效应值；

　　　γ_{OT}——结构重要性系数；对于耐火等级为一级的建筑，$\gamma_{OT}=1.1$；对于其他建筑，$\gamma_{OT}=1.0$；

　　　γ_G——永久荷载的分项系数，一般可取 $\gamma_G=1.0$；当永久荷载有利时，取 $\gamma_G=0.9$；

　　　ϕ_f——楼面或屋面活荷载的准永久值系数，应按现行国家标准《建筑结构荷载规范》GB 50009 的规定取值。

9.5.5　楼盖压型钢板的构造要求

1）组合板用的压型钢板应采用镀锌钢板，镀锌量应根据腐蚀环境选择，其镀锌层厚度尚应满足在使用期间不致锈损的要求，一般可选择两面镀锌量为 $275g/m^2$ 的基板。

2）浇筑混凝土的波槽平均宽度不应小于 50mm。当在槽内设置栓钉连接件时，压型钢板总高（包括压痕）不应大于 80mm。

3）组合楼板的总厚度不应小于 90mm；压型钢板顶面以上的混凝土厚度不应小于 50mm。

4）锚固件要求：组合板端部应设置栓钉锚固件。栓钉应设置在端支座的压型钢板凹肋处，穿透压型钢板并将栓钉、钢板均焊牢于钢梁上。

5）组合楼板支承于钢梁上时，其支承长度对边梁不应小于 75mm；对中间梁，当压型钢板不连续时不应小于 50mm；当压型钢板连续时不应小于 75mm。

6）组合楼板支承于混凝土梁上时，应在混凝土梁上设置预埋件，预埋件设计应符合现行国家标准《混凝土结构设计规范》GB 50010 的规定，不得采用膨胀螺栓固定预埋件。组合楼板在混凝土梁上的支承长度，对边梁不应小于 100mm；对中间梁，当压型钢板不连续时不应小于 75mm；当压型钢板连续时不应小于 100mm。组合楼板支承于砌体墙上时，应在砌体墙上设混凝土圈。

9.5.6 楼面压型钢板计算实例

随着楼面压型钢板的发展，工程常采用闭口型压型钢板作为组合楼板。现选用 YX66-240-720 压型钢板（图 9-26 是压型钢板的截面尺寸）作为实例计算。在此仅验算压型钢板施工阶段的承载力以及组合楼板的耐火性能。

1. 计算条件

已知连续多跨支承的压型钢板—混凝土组合板，板跨度为 2.5m，压型钢板采用 YX66-240-720，基板厚度为 1.0mm，材料采用宝钢生产的 250 级镀锌结构钢，基板的材料强度按《冷弯薄壁型钢结构技术规程》GB 50018 中 Q235 钢材选用，其屈服强度为 $f_y = 235N/mm^2$，强度设计值为 $f = 205N/mm^2$，弹性模量 $E = 206000N/mm^2$。板的截面形状如图 9-26 所示。压型钢板上混凝土厚度 $h_c = 110mm$，楼板上层温度钢筋采用 Φ6@150mm，钢筋强度设计值 $f_s = 210N/mm^2$，混凝土强度等级 C25，$f_c = 11.9N/mm^2$，建筑面层厚度 50mm，施工活荷载 $1.0kN/m^2$，使用阶段活荷载 $2.0kN/m^2$，板底无防火涂料。

验算压型钢板施工阶段的承载力，校核组合楼板是否满足 1.5h 的耐火极限要求。

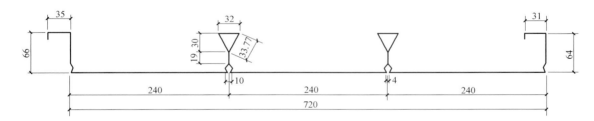

图 9-26 压型钢板的截面

2. 计算压型钢板的截面特性

根据 9.3.2 节的规定，考虑到 YX66-240-720 板型中单波形成的特点，取一个波距 240mm 作为计算单元。各板元尺寸、倾角等尺寸已标注在图 9-27 中，由于上、下翼缘宽度不等，且其宽厚比分别为 32 和 236，应分别按正弯曲和负弯曲时板有效截面特性计算。翼缘和腹板均按加劲板件考虑。

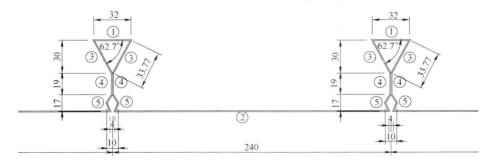

图 9-27 计算单元

1）板的截面特性

板单元计算详见表 9-33。

板元基本性能计算　　　　　　　　　　　　　　　　　表 9-33

板件号	板件宽度 b_i(mm)	板件中心至①形心轴距离 y_i(mm)	$b_i y_i$	$b_i y_i^2$	板元对自身平行于翼板的形心轴惯性矩 I_i(mm⁴)
1	32	—	—	—	—
2	236	66	15576	1028016	—
3	$2\times33.77=67.54$	15	1013.1	15196.5	$2\times1.0\times33.77\times(33.77^2\times\sin^2 62.7°$ $+1.0^2\times\cos^2 62.7°)/12=5069.6$
4	$2\times19=38$	39.5	1501	59289.5	$2\times1\times19^3/12=1143.2$
5	$2\times17=34$	57.5	1955.0	112412.5	$2\times1\times17^3/12=818.8$ （简化为直线段近似计算）
Σ	407.54	—	20045.1	1214914.5	7031.6

板的重心距①板件中心的距离：

$$y_c=\frac{\sum b_i y_i}{\sum b_i}=\frac{20045.1}{407.54}=49.2\text{mm}，\quad y_{cmax}=49.2\text{mm}$$

板重心距离②板件中心距离为：

$$y_{cmin}=66-49.2=16.8\text{mm}$$

毛截面惯性矩：

$$I=\sum_2^5 I_i+\left(\sum_2^5 b_i y_i^2-y_c^2\sum_1^5 b_i\right)t$$

$$=7031.6+(1214914.5-49.2^2\times407.54)\times1.0=2.35\times10^5\text{mm}^4$$

2）正弯曲时板的有效截面特性

先假设板在弯矩作用下全截面有效，受压板件考虑板组约束的有效宽厚比。在正弯矩作用下，上翼缘板件①均匀受压，下翼缘板件②均匀受拉，由于板的重心距偏向下翼缘，所以上翼缘板件①先达到设计强度，$\sigma=205\text{N/mm}^2$，则腹板板件⑤受拉边最大拉应力，$\sigma_{min}=\frac{16.8}{49.2}\times(-205)=-70.0\text{N/mm}^2$，腹板另一边板件③的压应力，$\sigma_{max}=205\text{N/mm}^2$。

对于受拉板件②、⑤，按全截面有效计算；对受压板件板件①、③、④，需计算截面有效宽度，有效宽度按《冷弯薄壁型钢结构技术规范》GB 50018 利用公式计算。

（1）上翼缘板件①有效宽度计算（板件①为均匀受压的加劲板件）

压应力分布不均匀系数：$\psi=\frac{\sigma_{min}}{\sigma_{max}}=1$

受压稳定系数 k 计算：

$$k=7.8-8.15\psi+4.35\psi^2=7.8-8.15\times1+4.35\times1^2=4.0$$

邻接板件（板件③腹板）稳定系数 k_c 计算：

对于板件③，$\sigma_{min}=\frac{49.2-30}{49.2}\times205=80.0\text{N/mm}^2$，$\sigma_{max}=205\text{N/mm}^2$

板件③压应力分布不均匀系数：$\psi=\frac{80.0}{205}=0.39$

$$k_c=7.8-8.15\psi+4.35\psi^2=7.8-8.15\times0.39+4.35\times0.39^2=5.28$$

对于上翼缘板件①，板件宽度 $b=32\text{mm}$，邻接板件宽度 $c=33.77\text{mm}$。

ξ 计算得：

$$\xi=\frac{c}{b}\sqrt{\frac{k}{k_c}}=\frac{33.77}{32}\sqrt{\frac{4.0}{5.28}}=0.919<1.1$$

k_1 计算得：

$$k_1=1/\sqrt{\xi}=1/\sqrt{0.919}=1.04<k'=1.7$$

板件①最大压应力：$\sigma_1=205\text{N/mm}^2$

计算系数：$\rho=\sqrt{\dfrac{205k_1k}{\sigma_1}}=\sqrt{\dfrac{205\times1.04\times4.0}{205}}=2.04$

由压应力分布不均匀系数：$\psi=1.0>0$，故板件受压宽度：$b_c=b=32\text{mm}$。

故计算系数：$\alpha=1.15-0.15\times\psi=1.15-0.15\times1=1.0$

有效宽度计算：

$$b/t=32/1.0=32<18\alpha\rho=18\times1.0\times2.04=36.72$$

所以板件①全部有效。

（2）腹板板件③有效宽度计算

腹板板件③为加劲板件，由上述计算知：板件③稳定系数 $k=5.28$，邻接板件稳定系数 $k_c=4.0$。

板组约束系数 k_1 计算：腹板板件③宽度 $b=33.77\text{mm}$，邻接板件①宽度 $c=32\text{mm}$。

ξ 计算得：$\xi=\dfrac{c}{b}\sqrt{\dfrac{k}{k_c}}=\dfrac{32}{33.77}\sqrt{\dfrac{5.28}{4.0}}=1.09<1.1$

k_1 计算得：$k_1=1/\sqrt{\xi}=1/\sqrt{1.09}=0.96<k'=1.7$

板件③最大压应力：$\sigma_1=205\text{N/mm}^2$

计算系数：$\rho=\sqrt{\dfrac{205k_1k}{\sigma_1}}=\sqrt{\dfrac{205\times0.96\times5.30}{205}}=2.26$

由压应力分布不均匀系数：$\psi=\dfrac{\sigma_{\min}}{\sigma_{\max}}=\dfrac{80.0}{205}=0.39>0$，故 $\alpha=1.15-0.15\times\psi=1.15-0.15\times0.39=$

1.092，$b_c=b=33.77\text{mm}$。

$$b/t=33.77/1.0=33.77<18\alpha\rho=18\times1.092\times2.25=44.2$$

故板件③全部有效。

（3）腹板板件④有效宽度计算

对于腹板板件④：$\sigma_{\min}=\dfrac{49.2-49}{49.2}\times205\approx0\text{N/mm}^2$，$\sigma_{\max}=80.0\text{N/mm}^2$

压应力分布不均匀系数：$\psi=0$

受压稳定系数 k 计算：

$$k=7.8-6.29\psi+9.78\psi^2=7.8-6.29\times0+9.78\times0^2=7.8$$

邻接板件（板件③）稳定系数 $k_c=5.28$，板件宽度 $b=19\text{mm}$，邻接板件宽度 $c=33.77\text{mm}$。

ξ 计算得：$\xi=\dfrac{c}{b}\sqrt{\dfrac{k}{k_c}}=\dfrac{33.77}{19}\sqrt{\dfrac{7.8}{5.28}}=2.16>1.1$

k_1 计算得：$k_1=0.11+\dfrac{0.93}{(\xi-0.05)^2}=0.11+\dfrac{0.93}{(2.16-0.05)^2}=0.319$

对于腹板板件④最大压应力：$\sigma_1=80.0\text{N/mm}^2$

计算系数：$\rho=\sqrt{\dfrac{205k_1k}{\sigma_1}}=\sqrt{\dfrac{205\times0.319\times7.8}{79.7}}=2.53$

由压应力分布不均匀系数：$\psi=0$，则 $\alpha=1.15$。

故腹板板件受压宽度：$b_c=\dfrac{b}{1-\psi}=\dfrac{19}{1-0}=19\text{mm}$

$$b/t=19/1.0=19<18\alpha\rho=18\times1.15\times2.53=52.37$$

所以腹板板件④全部有效。

综上计算，在正弯矩作用下，截面板件全部有效。即正弯曲时板的有效截面特性同毛截面，板元计算见表9-33。

板的重心距①板件中心的距离：

$$y_c = 49.2\text{mm}, \quad y_{cmax} = 49.2\text{mm}$$

板重心距离②板件中心距离为：

$$y_{cmin} = 66 - 49.2 = 16.8\text{mm}$$

正弯曲状态下，当下翼缘达到设计强度时的惯性矩和截面模量：

$$I_{ef} = 2.35 \times 10^5 \text{mm}^4$$

$$W_{efmin} = \frac{I_{ef}}{y_c + t/2} = \frac{2.35 \times 10^5}{41.2 + 1.0/2} = 4.7 \times 10^3 \text{mm}^3$$

3）负弯曲时板的有效截面特性

假设在负弯矩作用下板全截面有效，受压板件考虑板组约束的有效宽厚比。在负弯矩作用下，上翼缘板件①均匀受拉，下翼缘板件②均匀受压，由于板的重心距偏向下翼缘，所以上翼缘板件①先达到设计强度，$\sigma = -205\text{N/mm}^2$，则下翼缘板件②压应力及腹板板件⑤受压边最大压应力，$\sigma_{min} = \frac{16.8}{49.2} \times (-205) = -70.0\text{N/mm}^2$，腹板另一边板件⑤的应力，$\sigma_{min} = \frac{16.8-17}{16.8} \times (-205) = -0.83\text{N/mm}^2$。

对受拉板件，板件①、③、④按全截面有效计算。对受压板件，板件②、⑤需计算截面有效宽度。

（1）下翼缘板件②有效宽度计算（板件②为均匀受压的加劲板件）

压应力分布不均匀系数：$\psi = \frac{\sigma_{min}}{\sigma_{max}} = 1$

受压稳定系数 k 计算：

$$k = 7.8 - 8.15\psi + 4.35\psi^2 = 7.8 - 8.15 \times 1 + 4.35 \times 1^2 = 4.0$$

邻接板件⑤（腹板）稳定系数 k_c 计算：

其压应力分布不均匀系数：$\psi = \frac{-0.83}{70.0} = -0.012 > -1$

$$k_c = 7.8 - 6.29\psi + 9.78\psi^2 = 7.8 - 6.29 \times (-0.012) + 4.35 \times (-0.012)^2 = 7.88$$

对于下翼缘板件②，板件宽度为 $b = 230\text{mm}$，其相邻板件宽度为 $c = 17\text{mm}$。

ξ 计算得：

$$\xi = \frac{c}{b}\sqrt{\frac{k}{k_c}} = \frac{17}{230}\sqrt{\frac{4.0}{7.88}} = 0.051 < 1.1$$

k_1 计算得：

$$k_1 = 1/\sqrt{\xi} = 1/\sqrt{0.051} = 4.41 > k' = 1.7, \quad 取 k_1 = 1.7。$$

下翼缘板件②有效宽度的计算：$\sigma_1 = 70.0\text{N/mm}^2$

计算系数：$\rho = \sqrt{\frac{205k_1k}{\sigma_1}} = \sqrt{\frac{205 \times 1.7 \times 4.0}{70.0}} = 4.46$

由压应力分布不均匀系数：$\psi = 1 > 0$，得 $\alpha = 1.15 - 0.15 \times \psi = 1.15 - 0.15 \times 1 = 1.0$。

$$b_c = b = 236\text{mm}$$

$$b/t = 236/1.0 = 236 > 38\alpha\rho = 38 \times 1.0 \times 4.46 = 169.5$$

计算有效宽度得：$b_e = \frac{25\alpha\rho}{b/t}b_c = \frac{25 \times 1.0 \times 4.46}{236/1.0} \times 236 = 111.5\text{mm}$

（2）板件⑤有效宽度计算

板件⑤为加劲板件，由上述计算知：板件⑤稳定系数 $k = 7.27$，邻接板件②稳定系数 $k_c = 4.0$。

板组约束系数 k_1 计算：板件⑤宽度 $b = 17\text{mm}$，相邻板件②宽度 $c = 236\text{mm}$。

ξ 计算得：$\xi = \frac{c}{b}\sqrt{\frac{k}{k_c}} = \frac{236}{15}\sqrt{\frac{7.88}{4.0}} = 19.48 > 1.1$

k_1 计算得：

$$k_1=0.11+\frac{0.93}{(\xi-0.05)^2}=0.11+\frac{0.93}{(19.48-0.05)^2}=0.113<k'=1.7$$

对于板件⑤，最大压应力：$\sigma_1=70.0\text{N/mm}^2$

计算系数：$\rho=\sqrt{\dfrac{205k_1k}{\sigma_1}}=\sqrt{\dfrac{205\times0.113\times7.88}{70.0}}=1.61$

由压应力分布不均匀系数：$\psi=\dfrac{-0.83}{70.0}=-0.83<0$，得 $\alpha=1.15$。$b_c=\dfrac{b}{1-\psi}=\dfrac{b}{1-(-0.012)}=16.8\text{mm}$

$$b/t=17/1=17<18\alpha\rho=18\times1.15\times1.61=33.33$$

所以板件⑤全部有效。

综上所述，负弯矩作用下，受压板件的有效截面见图9-28。考虑受压板件的有效宽厚比以后板的截面特性见表9-34。

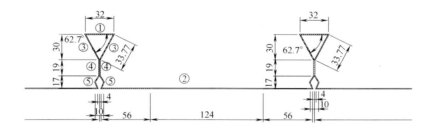

图 9-28　负弯曲时板的有效截面

负弯曲板元基本性能计算　　　　　　　　　　　　　　　　　　　　表 9-34

板件号	板件宽度 b_i(mm)	板件中心至①形心轴距离 y_i(mm)	b_iy_i	$b_iy_i^2$	板元对自身平行于翼板的形心轴惯性矩 I_i(mm⁴)
1	32	—	—	—	
2	112	66	7392	487872	—
3	$2\times33.77=67.54$	15	1013.1	15196.5	$2\times1.0\times33.77\times(33.77^2\times\sin^262.7°$ $+1.0^2\times\cos^262.7°)/12=5069.6$
4	$2\times19=38$	39.5	1501	59289.5	$2\times1\times19^3/12=1143.2$
5	$2\times17=34$	57.5	1955	112412.5	$2\times1\times17^3/12=818.83$ （简化为直线段近似计算）
Σ	283.54	—	11861.1	674770.5	7031.63

板的重心距板件①中心的距离：

$$y_c=\frac{\sum b_iy_i}{\sum b_i}=\frac{11861.1}{283.54}=41.8\text{mm},\quad y_{cmax}=41.8\text{mm}$$

板重心距离板件②中心距离为：

$$y_{cmin}=66-41.8=24.2\text{mm}$$

负弯曲状态下，当下翼缘达到设计强度时的惯性矩和截面模量：

$$I_{ef}=\sum_1^5 I_i+(\sum_2^5 b_iy_i^2-y_c^2\sum_1^5 b_i)t$$

$$=7031.63+(674770.5-41.8^2\times283.54)\times1.0=1.86\times10^5\text{mm}^4$$

$$W_{efmin}=\frac{I_{ef}}{y_c+t/2}=\frac{1.86\times10^5}{41.8+1.0/2}=4.4\times10^3\text{mm}^3$$

4）整板的截面特性

综上一个波距240mm板宽计算分析，YX66-240-720压型钢板的一块整板（3个波）的截面特性见表9-35。根据《冷弯薄壁型钢结构技术规范》GB 50018中的规定，变形按毛截面进行计算，故用于刚度计算时采用毛截面惯性矩。

YX66-240-760压型钢板的截面特性 表 9-35

	I(mm^4)（用于刚度计算）	I_{ef}(mm^4)	W_{efmin}(mm^3)
正弯曲	$2.35 \times 10^5 \times 3 = 7.05 \times 10^5$	$2.35 \times 10^5 \times 3 = 7.05 \times 10^5$	$4.7 \times 10^3 \times 3 = 1.41 \times 10^4$
负弯曲		$1.86 \times 10^5 \times 3 = 5.58 \times 10^5$	$4.4 \times 10^3 \times 3 = 1.32 \times 10^4$

3. 施工阶段承载力验算

由于压型钢板承载力是以板面所承受的面荷载计算，是以每米板宽来表示，故需将板的截面转化为每米板宽的特性，YX66-240-720压型钢板的每米宽板截面的特性见表9-36。

一块 YX66-240-720 压型钢板的截面特性 表 9-36

	I（用于刚度计算）	I_{ef}(mm^4/m)	W_{efmin}(mm^3/m)
正弯曲	$7.05 \times 10^5 / 0.72 = 9.79 \times 10^5$	$7.05 \times 10^5 / 0.72 = 9.79 \times 10^5$	$14.1 \times 10^3 / 0.72 = 1.96 \times 10^4$
负弯曲		$5.58 \times 10^5 / 0.72 = 7.75 \times 10^5$	$1.32 \times 10^4 / 0.72 = 1.83 \times 10^4$

施工阶段压型钢板作为混凝土浇筑时的模板，承受的荷载主要包括压型钢板的自重、湿混凝土的自重及施工活荷载。施工活荷载在一般情况下可按等效均布荷载采用，一般取不小于1.0kN/m^2。当压型钢板跨中挠度（ω）大于20mm时，确定混凝土自重应考虑挠曲效应，在全跨增加混凝土厚度0.7ω，或增设临时支撑。

施工阶段压型钢板每米板宽承受的荷载有：

永久荷载（包括压型钢板、钢筋和混凝土的自重恒荷载）：25kN/m$^3 \times 0.11$m$=2.75$kN/m；

施工活荷载：1.0kN/m^2；

荷载设计值为：$q = 1.2 \times 2.75 + 1.4 \times 1.0 = 5.35$ kN/m^2。

4. 验算压型钢板

1）正弯曲（边跨跨中正弯矩）起控制作用时可以承受的最大均布荷载q_{u1}

最大正弯矩为：$M_u = 0.08 q_{u1} l^2 = W_{ef} f_o$

转化为：$q_{u1} \leqslant \dfrac{W_{ef} f_o}{0.08 L^2} = \dfrac{1.96 \times 10^4 \times 205}{0.08 \times 2.5^2 \times 10^6} = 8.03$kN/m^2

2）负弯曲（边跨支座弯矩）起控制作用时可以承受的最大荷载q_{u2}

最大负弯矩为：$M_u = 0.10 q_{u2} l^2 = W_{ef} f$

转化为：$q_{u2} \leqslant \dfrac{W_{ef} f}{0.10 L^2} = \dfrac{1.83 \times 10^4 \times 205}{0.10 \times 2500^2} = 6.0$kN/m^2

3）按允许挠度（边跨跨中相对挠度限值）控制时的最大承载力q_k（标准值）

连续板跨中最大挠度按照公式（9-38）计算，挠度容许值按照国标选用：

$$\upsilon / l = \frac{2.7 q_{1k} l^3}{384 E I_{ef}} \leqslant \frac{1}{200}$$

$$q_k = \frac{1}{200} \frac{384 E I}{2.7 l^3} = \frac{1}{200} \times \frac{384 \times 206000 \times 9.79 \times 10^5}{2.7 \times 2.5^3 \times 10^9} = 9.17 \text{kN/m}^2$$

由于$\dfrac{1}{200} = 12.5$mm< 20mm，此时计算不必考虑挠曲效应。

4）中间支座同时承受弯弯矩M和支座反力R的截面承载力q_{u3}

压型钢板支座处腹板的局部受压承载力R_w，按照公式（9-29）计算。板在中间支座处的支撑长度

$l_c = 100\text{mm}$，$\alpha = 0.12$，$\theta = 90°$，则压型钢板一块腹板支座处的局部受压承载力为：

按板在支座处的支撑长度 $l_c = 100t$，即 100mm，一块腹板的受压承载力为：

$$R_w = \alpha t^2 \sqrt{fE}(0.5 + \sqrt{0.02 l_c/t})[2.4 + (\theta/90)^2]$$
$$= 0.12 \times 1^2 \sqrt{205 \times 206000} \times (0.5 + \sqrt{0.02 \times 100/1}) \times [2.4 + (90/90)^2]$$
$$= 5.075\text{kN}$$

则每米宽度内压型钢板腹板的抗剪承载力：$R_w = 5.075 \times 2/0.24 = 42.29\text{kN}$

截面的弯曲承载力设计值：$M_u = fW_{ef}$

$$M/M_u + R/R_w \leqslant 1.25$$

即：
$$\frac{0.10 q_{u3} l^2}{W_{ef} f} + \frac{1.1 q_{u3} l}{R_w} \leqslant 1.25$$

所以：
$$q_{u3} \leqslant \frac{1.25}{\dfrac{0.10 l^2}{W_{ef} f} + \dfrac{1.1 l}{R_w}} = \frac{1.25}{\dfrac{0.10 \times 2500^2}{1.83 \times 10^4 \times 205} + \dfrac{1.1 \times 2500}{42.29 \times 10^3}} = 5.48\text{kN/m}^2$$

5）中间支座同时承受弯矩 M 和剪力 V 的截面最大承载力 q_{u4}

压型钢板腹板宽厚比为：$h_w/t = 66/1.0 = 66 < 100$，容许剪应力为：

$$\tau_{cr} \leqslant \frac{8550}{h_w/t} = \frac{8550}{66/1.0} = 129.5 > f_v = 125\text{N/mm}^2，取 \tau_{cr} = f_v = 125\text{N/mm}^2。$$

一个波距内腹板抗剪承载力设计值：

$$V = 66 \times 1.0 \times \sin90° \times 2 \times 125 = 16.5 \times 10^3\text{N} = 16.5\text{kN}$$

则每米宽度内压型钢板腹板的抗剪承载力设计值：

$$V_u = 16.5/0.24 = 68.75\text{kN}$$

$$\left(\frac{M}{M_u}\right)^2 + \left(\frac{V}{V_u}\right)^2 \leqslant 1.0，即 \left(\frac{0.10 q_{u4} l^2}{W_{ef} f}\right)^2 + \left(\frac{0.6 q_{u4} l}{V_u}\right)^2 \leqslant 1.0$$

所以：
$$q_{u4} \leqslant \sqrt{\frac{1.0}{\left(\dfrac{0.1 l^2}{W_{ef} f}\right)^2 + \left(\dfrac{0.6 l}{V_u}\right)^2}} = \sqrt{\frac{1.0}{\left(\dfrac{0.1 \times 2500^2}{1.83 \times 10^4 \times 205}\right)^2 + \left(\dfrac{0.6 \times 2.5 \times 10^3}{68.75 \times 10^3}\right)^2}} = 5.95\text{kN/m}^2$$

上述计算表明，跨度为 2.5m 时，YX66-240-720 压型钢板在施工阶段的最大承载力由支座同时承受弯矩和支座反力截面的折算应力控制，为 5.48kN/m²（设计值）。

压型钢板的最大承载力为 5.48kN/m²，大于施工阶段的荷载 5.35kN/m²，故压型钢板在施工阶段不必设置临时支撑。

5. YX66-240-760 型压型钢板（板厚 1.0mm）允许跨度

根据上述计算的 YX66-240-760 压型钢板的有效截面特性，计算 1.0mm 厚度 YX66-240-760 压型钢板在不同支承条件、荷载条件下的允许跨度，见表 9-37。

YX66-240-760 压型钢板（板厚 1.0mm）允许跨度（m）　　　　表 9-37

支承条件	荷载(kN/m²)			
	2.5	3.5	4.5	5.5
简支	3.25/3.58	2.90/3.03	2.67/2.67	2.50/2.41
连续（两跨）	4.24/3.45	3.79/2.92	3.49/2.58	3.22/2.33
连续（三跨）	3.85/3.87	3.44/3.20	2.77/2.88	2.96/2.47

6. YX66-240-760 型压型钢板使用阶段承载力验算

使用阶段：C25 混凝土，$f_c = 11.9\text{N/mm}^2$，活荷载 2.0kN/m^2（按简支板计算）。

每米板宽承受的均布荷载设计值，按照两种组合情况，选其中较大值：

$$q = \max[1.2 \times (25 \times 0.11 + 20 \times 0.05) + 1.4 \times 2.0, 1.35 \times (25 \times 0.11 + 20 \times 0.05) + 1.4 \times 0.9 \times 2.0]$$
$$= \max(7.3, 7.58) = 7.58\text{kN/m}$$

$$M=\frac{1}{8}ql^2=\frac{1}{8}\times7.58\times2.5^2=5.92\text{kN}\cdot\text{m}$$

$$V=\frac{1}{2}ql=\frac{1}{2}\times7.58\times2.5=9.475\text{kN}$$

压型钢板波距内的面积：$A_{ss}=399.54\text{mm}^2$

$x=\dfrac{fA_{ss}}{f_c b}=\dfrac{205\times399.54}{11.9\times240}=28.68\text{mm}<h_c=110-66=44\text{mm}$，即中和轴在混凝土截面内。

组合楼板截面有效高度：$h_o=110-16.8=103.2\text{mm}$

$$\xi_b=\frac{\beta_1}{1+\dfrac{f_a}{E_a\varepsilon_u}}=\frac{0.8}{1+\dfrac{215}{2.06\times10^5\times0.0033}}=0.608$$

$$\xi_b h_o=0.608\times(120-16.8)=62.7\text{mm}$$

$$M=f_c bx\left(h_o-\frac{x}{2}\right)=11.9\times1000\times28.68\times(93.2-28.68/2)=26.9\text{kN}\cdot\text{m}>5.92\text{kN}\cdot\text{m}$$

正截面承载能力满足要求。

计算宽度内组合楼板换算腹板宽度：

$$b_{min}=\frac{b}{c_s}b_b=\frac{1000}{240}\times(240-32)=867\text{mm}$$

$$V\leqslant0.7\times f_t b_{min}h_o=0.7\times1.27\times867\times103.2=79.5\text{kN}>9.475\text{kN}$$

斜截面抗剪承载能力满足要求。

7. YX66-240-760 型压型钢板组合楼板抗火验算

1）设计荷载

恒荷载标准值：$25\times0.12+2.0=5.0\text{kN/m}^2$

活荷载标准值：2.5kN/m^2

2）压型钢板与混凝土的最终温度和相对强度折减系数（表 9-38）。

压型钢板与混凝土的最终温度和相对强度折减系数　　　　表 9-38

压型钢板单元	钢板面积 A_s(mm²)	重心位置 d_f(mm)	曝火深度 d_p(mm)	最终温度 t(℃)	R_s
1	—	0	—	—	—
2	—	7.5	—	—	—
3	20	20	20	650	0.33
4	20.2	30	30	540	0.54
5	22.5	40	40	430	0.75
6	22.5	50	50	370	0.87
7	20.2	59.5	59.5	310	0.91
8	32	64	64	285	1.00

3）跨中组合楼板正弯矩折减抵抗力矩（M^+）

每米板宽压型钢板可以承受的总拉力：$T_1=\sum(A_s\times R_s\times f_{yd})/0.24=93.47\text{kN/m}$

拉力中心位置：$h=\sum(A_s\times R_s\times d_f)/\sum(A_s\times R_s)=50.3\text{mm}$

混凝土受压区高度：$a=T_1/f_c b=93470/(11.9\times1000)=7.85\text{mm}$

混凝土强度折减系数：$R_c=1.0$，即混凝土强度不折减。

组合楼板正弯矩折减抵抗力矩：

$$M^+=T\times(h_c-h-a/2)=93.47\times(0.11-0.053-0.00785/2)=4.96\text{kN}\cdot\text{m}$$

4）支座处楼板负弯矩钢筋折减抵抗力矩（M^-）

楼板上层温度钢筋采用 Φ6@150mm，即支座负弯矩钢筋 $A_s'=188\text{mm}^2$，钢筋的保护层厚度 $a_s=$

20mm，钢筋强度设计值 $f_s=210N/mm^2$。

负弯矩钢筋的曝火深度：$d_f=h_c-a_s-d/2=110-20-6/2=87mm$

负弯矩钢筋最终温度 $T<300℃$，$R_s=1.0$。

负弯矩钢筋可以承受的总拉力：$T_2=\sum(A'_s\times R_s\times f_{ys})=188\times1\times210=39.48kN/m$

楼板支座处负弯矩压力区混凝土的最终温度和相对强度折减系数见表 9-39。

楼板支座处负弯矩压力区混凝土的最终温度和相对强度折减系数   表 9-39

混凝土单元	单元厚度 （mm）	单元面积 A_c （mm²）	曝火深度 d_p （mm）	最终温度 t （℃）	R_c	$C_n=f_cA_cR_c$ （kN/m）	C_nd_p （kN）
1	10	2400	0	912	0.00	0	
2	10	2400	10～20	790	0.17	4.855	72.825
3	10	2400	20～30	650	0.38	10.852	271.3
4	10	2400	30～40	540	0.54	15.422	539.77
5	10	2400	40～50	430	0.71	4.1	912.46
						51.407	

楼板支座处负弯矩压力区的混凝土受压区高度 a'：

$$a'=40+(T_2-4.855-10.852-15.422)/20.277\times10=44.1mm$$

混凝土受压区的压力合力中心至板底的距离：$\sum(C_n\times d_p)/T_2=25.3mm$

支座处楼板负弯矩钢筋折减抵抗力矩：$M^-=39.48\times(110-29.5-20)=2.55kN\cdot m$

$$M^++M^-=4.96+2.55=7.51kN\cdot m>M_u=\frac{1}{8}ql^2=\frac{1}{8}\times7.58\times2.5^2=5.92kN\cdot m$$

验算结果满足承载力要求，不必添置耐火钢筋。

第 10 章　压型钢板的加工、安装与质量检验

10.1　彩板围护结构的深化设计

彩板围护结构的深化设计有两种作法：一种是由设计院完成，另一种是由制作安装单位完成。由于建筑施工专业化分工逐渐深入，目前该项工作大多数由制作和安装厂家完成。

排板图，也就是板材的加工详图。主体板材和异形件（包角板、封边板、泛水板等）均须在加工压型前进行准确的下料和弯折成型，每张板或每个包角板零件的加工都须有精确尺寸的图纸，这是保证压型板屋面、墙面或楼板正确加工成型，准确就位安装与覆盖的重要环节。

10.1.1　深化设计要点

"尺寸要详尽、计算要准确"。这是排板图的基本设计要求，否则会给工程的施工带来许多困难或造成已加工板材的报废。

1）房屋建筑图纸和钢结构的图纸是排板图设计的重要的依据之一，特别是门、窗、洞口等位置尺寸以及与板材接触的结构体系（屋面檩条和墙檩），也就是指对钢结构中的次结构应有深入地了解，有时为了使构造更为合理，可能要作某些变更，但必须与原设计人员进行沟通、协调，任何变更须在设计人员认可的条件下方可实施。

2）合理地使用板材，采取套裁等方式，创造最大的覆盖面积，使剩余边料量降低到最低。

3）主体板材的长度要精确无误，过长的板材不但浪费材料，且会增加现场的剪裁工作量。

4）异形件截面展开宽度，应是彩钢卷板宽度的整数倍。如假定 1000mm 宽的卷板，则异形件截面展开宽度应是 125、250、330、500mm 等。这样就不会出现过多的边角料。

5）现场复合保温构造中，要考虑玻璃棉毡等可压缩材料在支座处的压缩量，在支座处仍保留原毡的厚度，在设计异形件时应考虑这个余量，否则这些异形件的安装将会十分困难。比如玻璃丝棉的压缩量约 90%，所以在支座处仍保留原毡 10% 的厚度余量。

6）板材数量的统计中应考虑一定的余量。主体板材中最长者多留 1～2 块即可；玻璃棉毡的余量约 7%～10%（无托网）和 3%～5%（有托网）；有时零星的边角板需现场制作，每种颜色的原平板应留数平方米以作备用。

10.1.2　屋面板排板设计

1. 屋面板长度和纵向的排板设计

屋面板长度设计前，应首先确定每坡屋面的首末檩条与定位轴线间的尺寸关系，从而确定屋面板的起点、终点与首末檩条的尺寸关系，首末檩条间距加上这两个尺寸即为板的总长度。根据板的力学性能和连接件的力学性能确定最大檩条间距，按此间距将首末檩条间距划分成设计檩距。

应根据选用彩板屋面板的供应情况、运输条件、现场制作还是工厂制作等因素，确定每一坡屋面板由一块或几块组成。首、末屋面板的长度为数个檩距加搭接长度再加首（末）点的构造尺寸。中部板长为数个檩距加搭接尺寸。

2. 屋面板横向的排板设计

屋面板的板材有效覆盖宽度为屋面板排板的基本模数，屋面板的排板设计即是屋面总宽度与基本板宽的尺寸协调。

屋面总宽度的确定：屋面总宽度应为建筑物的首、末柱轴线间的距离加屋面在首末柱处伸出的构造

尺寸（该尺寸应在排板前按构造详图确定）。

鉴于现行的彩色钢板屋面板宽度尺寸大多数与柱距的尺寸不相协调，故屋面的总宽度往往不是屋面板的倍数关系，因此合理排列屋面板是很重要的。确定好屋面板的排板方式后，应在图纸上标出排板起始线，供板材安装时使用。正确的排板起始线设计可以简化施工，并可得到理想的视觉效果。

当屋面上设有采光屋面板时，采光屋面板的宽度尺寸应与彩板屋面板的宽度尺寸相协调。这对于采光屋面板嵌固在彩板屋面中间的布置方式尤为重要。

处理好首、末屋面板的构造关系，可简化屋面的构造处理。一般应使首末屋面板的边部标志尺寸到首末柱的尺寸相同，则山墙檐口的构造可做成一样。

在首、末屋面板的处理时，不要忽略了屋面板的标志尺寸以外的板材宽度，以正确处理好山墙处屋面的构造关系。

当屋面采用采光板时，排板处理时应将采光瓦尽量布置在两柱轴线中间，当排板有困难时也可有规律地布置在偏离中间的位置。此时正确确定排板起始线有着重要作用。

10.1.3　墙板的排板设计

彩色钢板墙面板排板设计比屋面板排板设计复杂，这是墙面上孔洞多、规格不同、高度不一及墙面的建筑艺术效果的限制所造成的。

1. 墙面板的长度及排板设计

1）竖向布置墙板

彩板墙面的长度有以下四种：

（1）有从檐口处的封闭标高到地上的起始高度；

（2）从檐口处的封闭标高到洞口上表面的高度；

（3）洞口下表面到洞口上表面高度；

（4）洞口下表面到地的起始高度。

因此，确定板长以前必须确定檐口处、窗口处、门口处和其他洞口处的标高和构造做法，并以此布置墙面檩条位置，从而计算出墙面板的长度。一般情况下，由于美观效果，彩板墙面板在竖向布置时不宜做搭接布置。当墙面高度较大时，才考虑用搭接的方法，这时的墙板长度应加上搭接长度。

山墙的檐口为斜面时，板材长度应计算到每块板的斜面最高点。

为了墙面板铺设在门窗两边的收边效果对称美观，深化设计时可以从两个洞口的中间部位向两边对称排板布置，这样的排板设计加工板材时会比较繁琐，最边上的两块板的宽度尺寸会有不同数据，如果整块板加工后再裁剪会不美观、有毛刺，可以选择搭配更加合适的波形用移动设备进口处的靠山的位置来完成不同宽度要求的压型钢板，当然事先要计算好压型前的原板宽度，分条后得到合适板条进压型机成型得到。

2）横向布置墙板

横向布置墙板多用于彩板夹芯板，有时也采用单层压型板。这种方法是以板的宽度为模数做竖向布置的。设计时，大于板宽的孔洞，宜尽量将空洞的上、下边沿与板的横向接缝相协调，以免造成构造复杂。

横向布置墙面的长度：应根据建筑立面效果，一般横向布置墙板多在柱的中轴线上划分开，首、末柱间的板长应为柱距尺寸加首、末柱的轴线外伸的构造尺寸，中间柱处的墙板长度应短于柱距尺寸（小于柱距尺寸值根据板缝连接构造确定，一般在 10～20mm 之间，留出横铺板的堵头和竖向分割收边板的宽度尺寸，竖向分割收边板做到与两边横铺版对称），另加柱轴线至洞口边部的板长尺寸等。斜面山墙处的板长，应视斜率而变化。

2. 墙面的立面设计

当竖向布置墙板时，宜采用带形窗，这种划分可以简化洞口处的构造，有利防雨水。

当采用独立窗时，对压型板墙面，其独立窗的两侧边构造较复杂，施工易出现漏雨水现象，应在板材排列时，尽量采用对称法排列使两边的收边板对称美观，选好排板起始线，以使板的排列与洞口尺寸相协调。平面夹芯板对洞口无特殊要求。

在横向布置墙板时，要解决好板的竖向排列与各洞口高度的协调问题。带形或独立式窗的布置均不存在问题，采用平面夹芯板墙面，其排板灵活性较大。

10.1.4　屋面的温度胀缩对板长设计的影响

彩色钢板建筑围护板材在冬季和夏季或昼夜温差作用下会产生较大的胀缩变形。

对于单层压型钢板板材，其宽度胀缩对每块板而言变形很小，且由波浪变形吸收。屋面板的长度较长，变形的应力由连接件来承受，当长度过长时，需使用滑动支座调整板的变形，因此，在使用中无突出问题。

对于夹芯板，特别是平板夹芯板，在内外钢板所处温差较大时，其内外钢板的伸长（或缩短）不同，致使工厂复合的夹芯板上拱或下挠。在连接件的约束下，钢板与夹芯板芯材产生较大的剪切应力，当剪应力大于钢板与芯材的粘结抗剪强度时，会在粘结较弱的部位产生褶皱，呈条形凸起。但这时的夹芯板并未完全丧失承载能力。实验和实践说明，在一般情况下平板夹芯板的长度不宜大于 9m。上表面为波形的夹芯板时，因板面自身刚度较大，所以可适当放长到 12m。

10.1.5　特殊形状屋面排板设计

由于建筑用地、使用功能和建筑艺术处理等原因，使屋顶平面出现不规则的多边形、扇形、圆形、椭圆形等。而彩色钢板屋面板一般为规则的等宽的平面板或曲面板，这给屋面板的排列造成困难。一般采用合理划分屋脊线、增加排水天沟和合理分段的方法来解决，如图 10-1 所示。

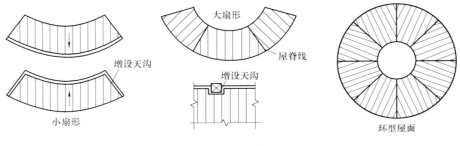

图 10-1　特殊形状屋面

10.1.6　加工明细表

在完成彩板围护结构的排板设计之后，应做出彩板屋面板和墙面板的加工明细表，以免出现加工错误。由于加工明细表交代不全或不清楚而经常产生的错误有如下六种：

1）单层彩色压型板使用色彩错误；有时灰白彩色钢板外表面与浅灰色内表面色彩近似，故而将背面当正面加工。

2）将彩色钢板的板型的正面与反面搞混，而造成板材加工面相反。

3）一般彩板卷的外表面为正面，而个别情况下钢卷的背面向外，易出现识别错误而加工出错。

4）不同彩板生产厂家生产的产品色彩虽近似但有色差，混用时出现错误。

5）用于生产单层压型板的彩色钢板，混用于生产夹芯板，由于背面的涂层生产工艺不同会出现夹芯板粘结不良等。

6）产生尺寸、数量、板型等错误。

为避免以上错误，应做好板材加工明细表，并对明细表进行三级审核后方可加工。明细表应注明加工板材的型号、彩板厚度、长度、彩板生产的厂家、正面色彩类别、板型的使用正面与反面。采用夹芯板时应注明芯材种类、厚度、夹芯板的正面与反面的色彩。

对加工需要斜裁的钢板时应注明斜裁的方向，当套裁时要给出套裁图。

10.2　压型钢板的加工与检验

镀锌钢板及彩涂钢板必须根据其用途进行一定的加工，如剪切、弯曲或成形等，成为建筑所需的屋面板、墙板、楼面板及各种零配件。加工时，由于镀锌钢板的表面镀锌层覆盖，及彩涂钢板镀锌和有机涂膜覆盖，与冷轧钢板或热轧钢板等的加工相比，很多方面需要特别注意。

10.2.1 加工种类与检验

1. 剪切加工

镀锌钢板及彩涂钢板要进行剪切、下料、穿孔和切边等的剪断加工，影响剪断加工的因素有：材料的机械性能、刀具的形状及间隙、材料的支撑条件、工具面的摩擦及润滑、加工速度和温度。

剪切加工中特别要注意以下三点：

1）尽量使切断面的毛边短小

当切断面的毛边大时，重叠已加工的钢板，或在其他板面上滑动的过程中，会将其他板面刮伤，或者使涂膜脱落，这样会造成外观不良或耐久性差等问题。

如果用电动圆锯或切割研磨机等进行加工的话，毛边容易增大，因此有必要在切割后除去毛边。板材在工厂加工成型时，尽量为压型机配置同板型的成型剪用来切割断面，可以使切割面非常整齐光滑。

2）消除剪断时的切屑和金属粉

使用板料切断机、电动圆锯、切割研磨机和成型剪等工具时，切屑以及金属粉等会附着在钢板面上，如果不将这些东西消除掉就把钢板堆放起来的话，钢板表面会出现伤痕，或成为外观不良或因空气潮湿生锈的原因。因此需要迅速消除切屑和金属粉。

3）润滑油的选择

使用一般的刀具来进行剪断加工时，随着剪断次数的增加，刀刃也会受到磨损。使用磨损的刀具剪断钢板的话，就会使切割面变得粗糙，并且加大毛边，严重时甚至会造成龟裂。为了减轻刀具的磨损，延长使用寿命，需要使用润滑油。

剪切镀层钢板时，也同样可以使用通常剪切冷轧钢板和热轧钢板时所使用的润滑剂。但在彩涂板的剪切时，不能使用会使涂膜发生膨胀、溶化和变色的润滑剂。

2. 弯曲及辊压成形

在钢板弯曲加工方面，大致可分为曲率较小、成尖锐形的弯折式弯曲加工，以及曲率较大、成圆筒形的圆形弯曲加工。弯曲方法，一般有型板弯曲（使用压力机或弯板机）、折叠弯曲（使用切线弯板机）、辊压弯曲（使用辊压成形机）等。

1）弯曲加工

弯曲加工前，钢板通常呈直线状，经过这些弯曲加工，钢板全部成为带有小曲率的圆筒状的弯曲形状。钢板的弯曲，外侧发生延伸，内侧发生压缩。经过加工后所造成的钢板的翘曲、弯曲部内部的变形、板厚的变化以及弹性变形恢复情况，大致与冷轧钢板的弯曲加工后的以上各个方面呈现相同的倾向。但是由于镀层钢板或彩涂钢板的表面存在镀层以及有机被覆层，因此在进行加工时，必须注意以下五点：

（1）要去掉冲模、冲床、上压板和弯曲盘等的伤痕、污染与锈斑

这些工具经过长期使用或者使用方法不适当，如果与钢板相接触的表面上附着锈斑和尘埃时，就会对钢板表面造成伤痕或在涂膜上留下刮痕，造成外观不良以及耐久性的下降。在冲模的肩部等处，有时发生冲模与板面滑动的现象，因而在板面上留下擦痕和刮痕。冷轧钢板和热轧钢板经过加工后，多数都会进行涂漆，轻度的擦痕就会被涂膜遮盖，能弥补外观的不良。但是镀层钢板一般是不再进行涂漆就使用的，因此特别需要注意不要留下伤痕。

（2）弯曲部外侧的细小裂纹

由于钢板经过弯曲加工后，在弯曲的外侧会有所延伸，因此拉力作用于表面的镀锌层以及涂膜等上面，造成细小的裂纹。对于热镀锌钢板、彩涂钢板，在相关国内外标准中有不使弯曲外侧表面出现镀层和涂膜的剥离，以及不使材料发生龟裂及断裂的弯曲内侧间距的规定。如果加工条件特别苛刻，要选择柔韧性较好的涂料，或者使加工部位的曲率半径尽量大。

（3）冲床与冲模的间隙

在进行彩色涂层钢板的弯曲加工时，在设定冲床和冲模的间隙时需要考虑涂层的厚度（因为在国内彩涂产品的公称厚度不包括涂层厚度）。

（4）低温时的加工

彩涂钢板的涂层是有机材料，在低温下会变脆，因此建议在10℃以上进行加工，否则涂层有发生裂痕、破碎及剥离等的可能，如果希望在低温环境下加工时，要采取相应措施提高加工环境温度。

（5）润滑油的选择

与10.2.1加工种类和检验中，1. 中的第3）条要求相同。

2）圆形弯曲加工

这里指曲率半径比较大的圆状的加工。一般的热镀锌钢板及彩涂钢板的基板使用低碳钢，在彩涂生产过程中会提高材料的屈服强度并产生加速时效现象。在这种状态下进行圆筒加工的话，就会在圆筒的纵向上产生条状的折痕，无法加工成漂亮的圆筒。如果用户有这方面的要求，请在订货前告知钢厂，厂家可根据实际加工情况进行材料的推荐。但是，由于材料本身的特性，经过几个月后，因自然时效屈服点也会上升而产生折痕问题，因此钢板出厂后需尽可能及时加工。

3）辊压成形

辊压成形是将被加工的材料连续通过几组串行排列的成形辊轮，从平板一直加工到所需要的断面形状的塑性加工方法。在加工形态上，可以说是属于弯曲加工。

与辊压成形法有关的材料机械性能是屈服强度、加工硬化指数、杨氏模量等。一般来说，强度低的材料容易招致板形不良，而屈服延伸比较大的材料，因为屈服应变集中在弯曲部位而有容易发生小隆起的倾向，所以必须慎重地选择原材料的材质。

在断面形状上，肋条与肋条之间的间距大，或者平坦部分宽度大时，都容易发生小隆起，因此长尺寸成型用的原料，成型断面形状，轮辊的配列、辊轮驱动方式以及剪断机的设置等，应考虑所生产状况的各种条件并对钢种的力学性能性质进行研究。在订购钢材前，和生产厂进行研究。在进行以镀层钢板与彩涂钢板为原料的辊轧成形加工时，特别要注意以下的三点：

（1）关于成形轧辊的伤痕、污染和锈斑、弯曲加工部分的细小裂纹、低温时的加工等，与弯曲加工时的各项相同。关于润滑油请参照剪切加工项目。

（2）成型辊的材质及表面：辊轮表面特别是与钢板强烈接触的部分长期使用之后，会逐渐磨损。如果辊轮等的材质属于软质的话，就会磨损成细小的擦伤状的痕迹。这样的表面状态对于镀锌钢板，特别是彩涂钢板的表面，容易带来擦伤，是一种极其不理想的状态。为防止出现这样的情况，希望用硬质材料来制造辊轮，如在辊面上镀以硬质铬，也是一种有效的方法。

（3）彩涂钢板的保护膜：为防止钢板表面发生伤痕时，可以预先在板的表面贴上PE或PVC等保护膜。通常在辊压成形时贴着这种保护膜，也可以进行成形加工完成后贴上。这在屋顶和墙壁等处施工时，可以有效地防止施工过程中的碰伤，这种保护膜在施工后可以简单地撕掉。注意此保护膜在施工完成后短期内必须去除；在仓储长时间的话，也应去除，否则时间过长会很难去除，就是撕去后也会在彩涂板表面留下胶黏的痕迹，影响美观和质量。

3. 冲压加工

1）在采购需进行冲压加工的钢板时，钢厂可以按照客户的需求，进行满足冲压加工的精度、表面精整、强度级别的最合适材料的研发，确定钢板成分、热处理条件、镀层控制等的质量管理，提供最合适的钢板。此外，还要关注材料的时效问题。

2）用镀层钢板和彩涂钢板等进行冲压加工时，根据最终用途可用以下三种方法选择材料。

（1）不必对镀层钢板进行后涂漆，原样进行冲压加工。

（2）以镀锌钢板为基板，冲压加工之后，进行涂漆，制成成品。

（3）用彩涂钢板等进行冲压加工，制成成品。

由于材料的不同，冲压加工的方法和应注意的地方也有所不同。但其共同之处是在制造金属模具之前，对形状、尺寸、质量标准、目的和用途等，要与钢厂协商，选定适当的材料。

3）各种材料各自需要注意的事项如下：

（1）表面的伤痕、污染：特别是对于彩涂钢板的冲压加工，需将金属模具的表面弄得平滑，视情况也可以贴保护膜。

（2）润滑剂：彩涂钢板冲压采用乳状润滑剂。

（3）涂层的选择：特别是彩涂钢板时，经过冲压加工后，虽然能够完成形状，但在棱角及卷边部分等处的涂膜上，有时会出现裂纹，对质量产生影响，因此涂层的选择也是重要因素，希望事先与钢厂联系。

4. 分条加工

镀锌钢卷，除了原宽度加工使用之外，还有很多场合是根据要加工的制品的需要进行分条加工使用。例如，雨水槽、天花板横梁、百叶窗板等。

在进行分条加工时，必须特别注意的是发生弯曲的问题。钢卷即使看上去是笔直的，但也有的稍微有些弧形（横弯）。分条钢卷产生弯曲的原因是各种各样的，其中之一是由于分条之前钢卷的形状不良而引起的。例如在延伸倾向较大的钢卷中央进行分条的话，那一部分的长度就要比较长，分条钢卷因而发生弧形。即使分条钢卷自身没有弧形的问题，进行辊压成形时，产品也有时会发生弧形。

5. 对彩涂钢板、 热镀锌钢板加工前和使用中应注意事项

1）热镀锌钢板

热镀锌钢板用于建筑物的屋面板、墙板、楼承板、冷弯组合梁柱材料、通风道，以及各种机器和机械的构件材料时，不经涂装直接使用的也不少。但是，为保护基板材料免受腐蚀，或增加色彩的还需要涂装。并不是任何涂料都可以，而必须要适合基底材料，而且要按照使用目的，选择适合的涂料和涂漆方法，不适当的涂漆会造成涂膜的破裂、剥落、隆起，以及材料生锈等问题，因此请注意以下各事项。

（1）预处理

为了使涂料和镀层表面充分紧密结合，需要先对镀层表面进行化学处理，或是与此相类似的处理，以提高涂漆后的附着力。例如：镀锌层是表面活性度高的金属，长时间与涂料中的树脂反应的话，会使涂层的附着力下降，为此，需要使锌的表面钝化。又如在粘有汗水、指纹或油等的情况进行涂漆时，会在涂漆后产生缺陷。因此在进行预处理时，要注意以下各点。

① 为了完全除去表面的污迹、附着物和油等，请用适当的方法进行脱脂。

② 化学处理，一般有钝化和磷化两种，根据用途进行选择。一般来说，磷化膜在涂层的附着性和耐蚀性方面较为优越。但在成形性方面则钝化膜较佳。

③ 化学处理之后，要充分进行干燥，并在干燥的状态下，进行涂漆。

（2）涂料的选择

对镀层钢板进行涂漆时，用途不同所要求的性能也要有所差异。按涂料的性能来说，各种涂料的性能各有所长，只能根据在质量上比较重视那种特性为依据来加以评价，进行选择。要特别关注耐蚀性、耐候性、加工性、表面硬度和耐污染性五种性能要求。

（3）涂膜的补修

暴露在户外大气中使用的涂镀钢板，要准确判断重新涂漆的时间。基板上的锌消失的话，就会生锈。生锈之后才重新涂漆，就已为时过晚。如果曾经涂漆过的板大部分表面都被白色粉状的东西（粉化现象）覆盖，变成灰色时，就是重新涂漆的适当时期。重新涂漆应尽量在湿度低的干燥期内进行。

2）彩涂钢板

彩涂钢板是在镀锌钢板上面涂上有机涂料，并进行烘烤所制成。比普通的镀锌钢板更具有耐久性，且更美观。

不过，彩涂钢板的涂层是 $15\sim50\mu m$ 的有机涂膜，在户外长期使用时，难免要呈现涂膜劣化、开裂。另外涂层虽然具有某一程度的硬度，但只是用硬铅笔芯（HB-2H）能划出痕迹的程度而已，所以绝对不能轻视。

在使用彩涂钢板上，特别需要注意的地方如下。

（1）颜色不均匀

彩涂钢板的颜色不均匀有种种情况。在生产阶段，有时能在一张钢板或一卷钢卷上看到颜色不均匀的现象。这种情况，有时是由于观看钢板时的角度和钢板形状不同，似乎感到颜色不均匀。但更可能是由于生产时涂料搅拌不足，使颜色发生差异，以及膜厚不均匀产生的。不过，这种情况由于在生产过程中的严格检查，对用户很少出现。另一种颜色不均匀是在屋面或墙面的施工后，从远距离看来，有时会发现板和板之间的颜色有所不同。有时是在施工后立即发现，有时是经过数年之后才发现。彩涂钢板上的涂料，由于使用的涂料不一样，数年之后，颜色的变化也会不同。根据上述情况，同一座建筑物上，最好使用同一时期生产的产品，避免不同时期的产品一起混合使用。即使看起来颜色相同，也要绝对避免混合使用不同供应商的彩涂产品。这一点在加工构件时应特别注意。

（2）粉化

彩涂钢板的涂层是烘烤有机涂料而成的，在户外使用时，由于太阳光线、气温和雨露的影响，涂膜会逐渐老化。在这种老化现象中，若仔细观察年月长久的钢板表面，或者擦磨一下，就会发现附着有白色的粉状物，这种状态被称为粉化现象。对暴露于大气中的钢板来说，这种现象是不可避免的。但是根据使用的涂料，也可能推算发生这种现象的年数。例如，涂用耐气候性好的特殊聚酯树脂涂料、硅改性聚酯涂料以及聚二氟乙烯树脂涂料等均能延长粉化的发生时间。

（3）粘漆

彩涂钢板的粘漆是指彩涂钢卷正面与背面涂膜粘在一起而造成涂膜面异常的状态。粘漆产生原因很多，但在涂层硬度不足的情况下，如加上大的载荷，就容易发生这种现象。另一种粘漆多半是在钢卷开卷时发生，容易发生在钢卷的内圈附近，是刮伤形状的涂膜剥离，这一现象称为"鸡爪印"。在漆膜的硬度不够或正面背面的硬度差太大的情况下，容易发生上述现象。特别在钢卷卷曲时，张力有变化的情况下，更容易发生这种现象。因此，在钢卷卷曲或开卷时，不使钢卷的内圈松弛是防止粘漆的有效措施。

6. 彩涂钢板的检验

彩色钢板作为建筑制品用的原材料，应具备出厂合格证、产品质量证明书，证明书中应注有产品标准号、钢板牌号、镀锌量、表面结构、表面质量、表面处理、规格尺寸和外形精度等。彩色钢板及钢带的性能应符合《彩色涂层钢板及钢带》GB/T12754—2006中的规定。

彩色钢板出厂前需要进行一系列的检验和试验，合格后出具质量证明书。当使用中发生质量问题时，需进行复检。彩色钢板的检验内容如下：

1）外观用肉眼检查。

2）尺寸、外形应用合适的测量工具测量。

3）每批彩涂板的检验项目、试样数量、试样位置和试验方法应符合表10-1的规定。

4）彩涂板应按批检验，每批应由不大于30吨的同牌号，同规格，同镀层重量，以及涂层厚度，涂料种类和颜色相同的彩涂板组成。

5）彩涂板的复验应符合GB/T 17505的规定。

对进口彩色钢板应由国家商检部门进行检验，检验结果除应符合进口国的规定外，还应符合我国的标准规定。

10. 2. 2 单层压型钢板加工与检验

1. 单层压型钢板的加工

单层压型钢板的加工一般在工厂内加工，也可在工地加工。单层板包括屋面板（上、下层）、墙面板（外、内面）、楼承板、吊顶板、装饰板等。

彩色钢板的检验方法　表 10-1

序号	检验项目	试样数量	试样位置	试验方法	备注
1	涂层厚度				测量点为距边部不小于 50mm 的任意点
2	镜面光泽				—
3	铅笔硬度				—
4	弯曲			《彩色涂层钢板及钢带试验方法》GB/T 13448	试样方向为纵向(沿轧制方向)
5	反向冲击	3 个/批	在板宽的 1/2 处取一个,在两边距边部 50mm 处各取一个		
6	耐中性盐雾				平板试样
7	紫外灯加速老化				UVA-340 采用 12h 为一循环周期:8h 紫外光照,黑板温度 60℃±3℃,4h 冷凝,黑板黑度 50℃±3℃。UVA-313 采用 8h 为一循环周期:4h 紫外光照,黑板温度 60℃±3℃,4h 冷凝,黑板温度 50℃±3℃。
8	镀层重量			《钢产品镀锌层质量试验方法》GB/T 1839	—
9	拉伸试验	1 个/批	《钢材力学性能及工艺性能试验取样规定》GB/T 2975	《金属材料　拉伸试验　第 1 部分:室温试验方法》GB/T 228.1—2010	拉伸试样不去除镀层

1)　单层压型板加工前的准备

(1)　设备准备:调整压型机的上下辊间隙、水平度和中心线位置;检查电源情况;擦净辊上的油污,以免加工过程中粘结污物,影响漆面的外观。检查长度测量仪器或工具是否准确。在工地现场加工时应注意设备放置在坚固平整的场地上,并应有遮雨措施。调整好压型机后应经过试压,试压后测量产品是否达到《建筑用压型钢板》GB/T 12755—2008 规定后才能成批生产。根据压型板厚度,对设备的上下压辊间隙要进行适合的调整;超长尺板的加工,对加工设备具有一定的精度要求,进板定位准确,中心线精调,防止加工压型设备中心线跑偏造成板材安装时咬合或搭接发生较大偏差产生渗漏。

(2)　加工文件的准备:加工前应准备好加工清单。加工清单中注明板型、板厚、板长、块数、色彩及色彩所在正面与反面,需斜切时应注明斜切的角度或始末点的距离。当几块板连在一起压型时,应说明每块连压的长度和总长度。

(3)　堆放场地的准备:场地应平整,周围无污物,不妨碍交通,不积水。现场加工时应选择运输吊装方便的地方,准备好垫放压型板的方木等。

(4)　彩色钢板原材料的准备:按加工彩色钢板压型板的总面积计算彩色钢板的总重量,并准备 5% 左右的余量以备不足。彩色钢卷应放在干燥的地方并有遮雨措施。检查每个钢卷的标签货号、色彩号、厚度等是否相同,当每卷有长度标记时应抄录下,并计算总长度,以核算总长度数。

2)　加工注意事项

(1)　压型设备的选择宜首选先成型后剪切的设备,以减少压型板的首末端喇叭口现象。当使用压型前剪时,应使用剪板机剪切,剪板机的刀刃需与钢板中心线垂直,以保证安装时不出现压型板的板边锯齿口排列现象。

(2)　将彩色钢板卷装入开卷架时,要用专用工具,以保证不损坏钢卷外圈和内圈的彩板边沿。开卷架应与压型机辊道的中心线相垂直。

(3)　打开钢卷后应测量钢卷的实际宽度,并将宽度的正负偏差合理分配给压型板的两个边部,同时调整彩板的靠尺宽度以适应板的宽度。

(4)　压型彩色钢板宜选用贴膜的彩色钢板,以保证彩板的表面在压型、堆放、运输和安装时不受损伤。

（5）彩色钢板压型过程中，要随时检查加工产品的质量情况，当发现彩板有漏涂、粘连和污染等情况时，应及时处理，以免造成损失。当发现彩板出现油漆剥落、裂纹等现象时，应即刻停止生产，对影响彩板质量的原因进行追查。首先检查压型设备的调整是否有问题，当机器问题被排除后，应追查到供货商直至生产厂家。

（6）压型时，应先加工长尺板，后加工短尺板，同一长度应一次顺序压完。在压长板过程中，当发现彩板有局部质量问题时，可切去缺陷部位，余下的切成需要的短板。

（7）从落料辊架上抬下压型板时，应从板的两侧抬起，长板可由4～6人等搬运。

（8）加工完的压型板要放在垫木上，垫木上最好铺放胶皮一类的衬垫，以保护第一块板材不受损伤。垫木间距视板型及堆放的块数确定，可1.5～3m。垫木间要保持一定的斜度，以便排除可能下雨时产生的积水。

（9）同一编号的压型板应叠放，不可混置，叠放的数量应与运输的包装要求相同，当板型不能重合堆放时，应在板间加放垫块，以免造成板材局部变形。每一叠压型板中宜每十块一错位，以便核对数量（图10-2），避免板薄而统计出误。在每一叠上应贴上板的编号、长度、数量、加工日期等标签。

图10-2 压型板叠放示意

2. 单层压型钢板的加工设备

单层压型钢板的原材料包括彩色钢板和镀层钢板。从板型分为单层压型板和彩钢瓦，其中，单层压型钢板包括彩色钢板压型板和镀层压型钢板。

1）单层压型钢板

单层压型钢板的压型机是采用多道成型辊将彩色钢板或镀层板连续冷弯成型的原理设计的。它由开卷机（架）、OPP覆膜机、送料台、成型机、切断机和成品辊架六部分组成。

当加工曲板时还需曲面压型机或冲压机。目前有立式无皱褶式浪板弯曲机和齿形浪板弯曲机，其机身小，搬动方便，适合各种曲面板的制作。

开卷机（架）分为被动开卷架和主动开卷架。被动开卷架是利用压型机的驱动力拖动开卷架转动。这种开卷架机构简单，造价低、操作简单，但是操作劳动强度大。主动开卷机是由电动机驱动开卷机转动，减少了成型机的驱动负荷，操作简单，劳动强度低。

成型机的成型工艺有两类：一是各个波形同时逐步成型法；二是第一步中间波成初型，第二步是左右两波成初型，这样逐步将所有波初步成型，而后经过数道辊将压型板的形状压到设计要求的尺寸、角度和转角半径，再经过最终的几道定型辊后即告完成。

压型板的剪断设备：成型前剪断使用剪板机，该剪板机应为专用于剪薄板，不应用于剪切厚度大于2mm厚的钢板。成型后剪断的为成型剪，这种剪断设备的使用可以避免成型前剪切产生压型板端部扩张现象。剪切动力采用液压系统，长度计量采用编码器计数，工业PLC控制。这种设备的功率6kW左右，工作速度在8～12m/min。

2）彩钢瓦

彩钢瓦是以彩色钢板做原料压制成型的仿古瓦状的屋面轻型建材，彩钢瓦的瓦型有仿常用黏土平瓦型、梯形波型瓦和筒瓦型。这种压型瓦因类似民用建筑的斜屋面用黏土瓦，色彩种类多且鲜艳，因此是民用建筑的良好屋面用材。

彩钢瓦的成型方法有三种方法：单张板冲压成型；连续辊压成压型板，再步进冲压成型；连续辊压、步进冲压和剪断。第一种方法瓦型板面积小，材料利用率低；第二种方法加工工序多；以第三种方法较先进，它的方法工序简单，材料利用率高。

欧洲国家多用彩色钢板纵向连续瓦型，日本国多用横向连续瓦型。在瓦型设计中应注意瓦楞的纵横搭接关系和所占有的空间尺寸关系，避免安装搭接造成的偏差。

彩色钢板压型瓦屋面体系，在国外已形成成套配件系统，如平脊瓦、斜脊瓦、平斜脊瓦的交接配件系统，天沟、阴角天沟、上屋面梯、管道出屋面等配件，我国也已经开发应用。

各种单层压型钢板的成型机设备见图 10-3～图 10-9。

图 10-3　开卷机

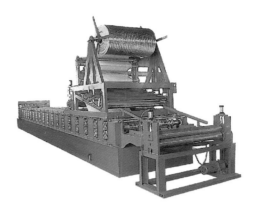

图 10-4　覆膜架

图 10-5　立式成型机

图 10-6　屋面板压型机

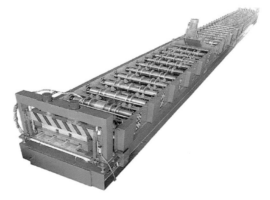

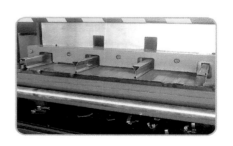

图 10-7　闭口楼面板压型机

3. 单层压型钢板的检验

彩色钢板和镀层板作为建筑制品的原材料，从生产厂家或供应商处购入后，均已附有产品材质单、工厂的检验合格证。彩色钢板和镀层板的用户一般不再做质量检验。当对板材质量有疑问时，可按国标《彩色涂层钢板及钢带》GB/T 12754—2006、《连续热镀锌钢板及钢带》GB/T 2518—2008、《连续热镀铝锌镀层钢板及钢带》GB/T 14978—2008 和《建筑屋面和幕墙用冷轧不锈钢钢板及钢带》GB/T 34200—2017 等相应标准的具体规定进行检验。

图 10-8　墙面板压型机

图 10-9　彩板分条机

单层压型钢板的质量应该符合国标《建筑用压型钢板》GB/T 12755—2006、《建筑用不锈钢压型板》、《钢结构工程施工验收规范》GB 50205—2001 和《压型金属板工程应用技术规范》GB 50896—2013 等标准的规定。

压型板专用的国家现行标准是《压型金属板工程应用技术规范》GB 50896—2013，该标准包括了压型板设计施工验收维护全过程，里面有关压型板的质量标准比较详细，标准内容与《建筑用压型钢板》GB/T 12755—2006 一致。规范中规定：压型钢板质量检查项目与方法应符合表 10-2 的规定，制作的允许偏差应符合表 10-3 的规定。

压型钢板质量检查项目与方法　　　　　　　　　　　　　　　　　表 10-2

序号	检查项目与要求	检查数量	检验方法
1	所用镀层板、彩涂层的原板、镀层、涂层的性能和材质是否符合相应材料标准	同牌号、同板型、同规格、同镀层重量及涂层厚度、涂料种类和颜色相同的镀层板或涂层板为一批，每批重量不超过 30t	对镀层板或涂层板产品的全部质量报告书（化学成分、力学性能、厚度偏差、镀层重量、涂层厚度等）进行检查
2	压型钢板成型部位的基板不应有裂纹	按计件数抽查 5%，且不应少于 10 件	观察和用 10 倍放大镜检查
3	压型钢板成型后，涂层、镀层不应有肉眼可见的裂纹，剥落和擦痕等缺陷		观察检查
4	压型钢板成型后，应板面平直，无明显翘曲。表面清洁，无油污，无明显划痕、无磕伤等。切口平直，切面整齐，半边无明显翘角、凹凸与波浪形，并不应有皱褶		观察检查
5	压型钢板尺寸允许偏差应符合要求		断面尺寸应用精度不低于 0.02mm 的量具进行测量，其他尺寸可用直尺、米尺、卷尺等能保证精度的量具进行测量

压型钢板制作的允许偏差（mm）　　　　　　　　　　　　　　　　表 10-3

项　目		允许偏差	
波　高	截面高度不大于 70	±1.5	
	截面高度大于 70	±2.0	
覆盖宽度	截面高度不大于 70	+10.0(a) −2.0	+3.0(b) −2.0
	截面高度不大于 70	+6(a) −2.0	

续表

项　　目		允许偏差
板　　长		+9.0 0.0
波　　距		±2.0
横向剪切偏差(沿截面全宽)		1/100 或 6.0
侧向弯曲	在测量长度 L_1 范围内	20.0

注：1. L_1 为测量长度，指板长扣除两端各 0.5m 后的实际长度（小于 10m）或扣除后任选 10m 的长度；

2. a 是搭接型压型钢板偏差，b 是扣合型、咬合型压型钢板偏差。

压型钢板的质量要求一般为外观检查和尺寸允许偏差两部分。在此对质量要求说明一下：

1) 外观质量：经加工成型后的板内外表面不得有划出镀层的划痕和板面脏污。

2) 尺寸允许偏差：一般包括波高、覆盖宽度、板长、波距、横向剪切偏差（沿截面全宽）和侧向弯曲六项内容。

（1）压型板的长度允许偏差：对于屋面板，不论屋面是由几块板搭接还是由一块板构成，都有搭接长度和屋脊盖板做调整，故对长度偏差规定在实际使用中并不十分严格。对于墙面板的长度加工偏差控制应视墙面板在墙面上的位置不同而异。如墙上的安装空间上下是限定的，应在加工墙板时按负偏差控制，不宜出现正偏差，以免出现就位困难和要用切割锯重新切短的现象。

（2）压型板的宽度允许偏差。压型板的截面尺寸加工控制是较重要的控制项目。国标规定的覆盖宽度允许偏差是：截面高度不大于 70，允许偏差为 ±10.0、−2.0；截面高度大于 70，允许偏差为 +6.0、−2.0。标准均对压型板的屋面板和墙面板只作统一的宽度允许偏差规定，未作分别规定。实践说明，屋面压型板的宽度偏差可按较宽的规定执行，墙面板的压型板应按较严的允许偏差执行。这是因为墙面上孔洞较多，建筑功能和建筑艺术要求孔洞的大小、位置变化较多，如不严格控制将会给安装和建筑外形造成较大影响。

（3）压型板的波高允许偏差：压型板的波高偏差往往与宽度偏差相关联，宽度正偏差时，高度为负偏差，反之亦然。国标的规定值是波高不大于 70 时，允许偏差为 ±1.5；波高大于 70 时，允许偏差为 ±2.0。压型板的高度偏差对施工和使用上不会有多大影响，尽管对板的承载力可能有些变化，但其影响是很小的。因此对波高的检验可以从宽掌握。

（4）压型板的横切允许偏差。横切允许偏差是指压型板的横向切断面与压型板的板长中心线的垂直度偏差，一般用图 10-10 示意的方法进行检验。

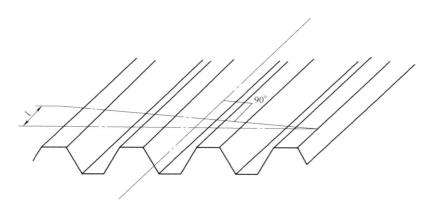

图 10-10　压型板横切允许偏差检验方法

（5）压型板横切偏差值的控制应从严，这个偏差值反映在檐口、压型板的搭接处会呈现锯齿形边沿现象，可能严重影响建筑美观。如果该偏差在屋面上出现时，一般视距较远，或不呈现在看面上，影响较小；而作为墙面则直接影响外观质量。故墙面压型板加工时更应从严执行。

解决横切偏差的途径：不用手工切断，严格调整机前切或机后剪的刀口与压型机中心线的垂直度，并应随时检查加工过程中三台机器的位移变化。特别在工地加工压型板时注意调整机器的正确位置。

（6）压型板的侧向弯曲（镰刀弯）允许偏差。压型板的侧向弯曲是指成型后的压型板中心线为一曲线，与标准中心线的最大距离为其侧向弯曲值，见图10-11。

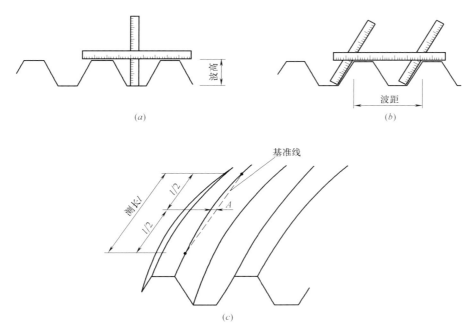

图 10-11　压型板的波高、波距和侧向弯曲变形检验方法
（a）波高测量；（b）波距测量；（c）侧向弯曲测量

压型板的侧向弯曲允许偏差值在国标里规定不小于 10m 长的板为 20mm，小于 10m 长的板为 10mm。

压型板的侧向弯曲变形是较难调整的变形，当采用带有固定支座的板型时，这种侧向弯曲变形较小时还可以通过支座使其强制变形；当用没有支座的板型时，板的施工变得很困难，尤其压型板中弯曲变形不同时，施工安装更为困难。故在加工过程中宜按国标的规定执行。

（7）压型板的端部扩张变形（喇叭口）。这种变形是先剪板后成型工艺过程中经常出现的现象，对此，现行国标没有作出允许偏差的规定。经过十几年的实践经验积累，在制定新的标准时应该增加端部扩张变形的规定。现在采用连续成型，端头采用成型剪切断这种现象会改善很多。

从施工安装角度出发，端部扩张变形宜控制在 10mm 以内。

（8）压型板边部不平度。在加工压型板中由于原板的不平整或机器的原因，压型板的两个搭接边会出现波浪形不平现象。对此国标规定了"压型钢板的平直部分和搭接边的不平度每米不应大于1.5mm"。

压型板的边部成型质量对屋面防雨是至关重要的因素，对外观的形象也有影响，因此严格控制板边成型质量不可忽视。

压型板的波高、波距和侧向弯曲变形检验方法见图10-11。

压型钢板的检验：正式加工后，对每个彩板卷中的第一块板进行检验，直到合格后才可连续进行生产。生产过程应随时进行肉眼观测，当发现有异常时应停机检验。在正常生产情况下，每卷钢板生产的产品应抽检不少于三块。

4. 单层压型彩色钢板的面积计算

单层压型彩色钢板面积计算依情况不同而定，作为工程承包单位是依据建筑工程面积计算规定进行计算，其计算方法是以压型钢板所覆盖的平面面积来计算工程量，以该工程量为依据进行工程预算和决算。这里说的平面面积是指压型钢板所铺放的平面，如屋面的斜平面，墙面的垂直平面。

作为施工单位实际订货所需的压型板面积应以施工详图规定的压型板规格和数量进行计算。即：

$$F = (B \times L \times n) + (B \times L_1 \times n) + \cdots\cdots \tag{10-1}$$

式中　F——总面积（m^2）；

　　　B——压型板的覆盖宽度（m）；

　　　L——压型板的长度（m）；

　　　n——压型板的块数。

这种方法亦是压型板加工厂家销售用的计算面积方法。有的供应商为了计算方便，采用了每种板型按延长米的方法进行计算，这种方法只是在销售上看来价格低，是不科学的。

5. 单层压型彩色钢板重量计算

这里给出的是经压型后的彩色钢板压型板的重量，该重量计算主要用于计算屋面的自身荷载和屋面备料及资金使用。彩色钢板的备料计算中，还应考虑钢板厚度的允许偏差（10％）的影响，该值应从供应商或生产长处获得参考值，因为各个厂家的偏差控制是不完全相同的。

彩色钢板压型板的重量计算方法：

$$W = \frac{B_1}{a} \times \gamma \times F \tag{10-2}$$

式中　W——所需彩色钢板总重量（kg）；

　　　B_1——彩色钢板原板宽度（m）；

　　　a——压型钢板的覆盖率（％），等于压型钢板有效覆盖面积与原版宽度的比值；

　　　γ——彩色钢板的面密度（kg/m^2），等于彩色钢板的钢板重量 $7850kg/m^3 \times$ 钢板厚度 t（m）＋镀锌层重量（kg/m^2）＋涂层重量（kg/m^2）；

　　　F——压型板的总面积（m^2）。

算例：如 5000m^2 的彩色钢板压型板，厚度 0.6mm，镀锌层 275g/m^2，涂层厚度 25μm，涂层重量 28g/m^2，原板宽度 1000mm，覆盖率 75％，计算其总重量。

1）γ 值计算

$$7850kg/m^3 \times 0.0006m + 0.275kg/m^2 + 0.028kg/m^2 = 5.013kg/m^2$$

2）重量

$$W = 1 \div 0.75 \times 5.013 \times 5000 = 33333kg（33.3t）$$

3）备料重量

$$33.333 \times 1.1 = 36.67t$$

6. 单层压型钢板的包装

工厂内加工的压型钢板，根据用户要求、运距长短、批量大小、装卸方式及板材长短决定包装方式。包装对保护压型钢板质量是不可缺少的步骤，无论批量大小都应做专门包装。

小批量压型板、市区内运输、采用人工装卸、板材也应做专门包装。批量大、运距长、板材长，更需作专门包装。相同编号的压型板成叠用垫板或其他材料和打包带捆扎。小于 3m 长的压型钢板捆扎两道，每增长 3m，增加一道捆扎。每捆的重量不宜超过 3t。在包装好的压型钢板上应挂（贴）两个标志牌，标志牌上标明产品型号、长度、数量、厚度、生产厂家、捆号等合格证。当用户有特殊需要时也可采用塑料布包装的方式。

不论用什么方式包装，包装不应损伤成品，并使在装卸和运输过程中成品不被损坏。

每批彩色钢板压型板制作完成后应出具质量证书。质量证书应包括彩色钢板生产厂家的产品质量证明书，应与加工过程中使用的材料相一致，不得张冠李戴；压型钢板的质量检验证书，应包括质量检验结果、供货清单、生产日期等。

10.2.3　拱形波纹钢板加工与检验

1. 拱形波纹钢板加工

在施工现场用专用成型机（如 MIC-240 型）加工彩涂钢板，施工吊装形成拱形波纹钢屋盖，如图 10-12 所示。

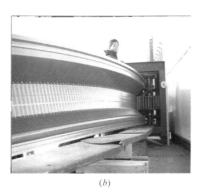

图 10-12　现场施工

（a）专用成型机（一）；（b）专用成型机（二）；（c）咬边机；（d）吊装；（e）拱形波纹板屋盖

2. 拱形波纹钢板检验

拱形波纹钢屋盖结构采用的彩涂钢板牌号、基板厚度、镀层重量、涂层要求和外观质量等，应符合设计要求及《拱形波纹钢屋盖结构技术规程（试用）》CECS 167：2004 的规定。彩涂板贮存时应采取可靠的防水、防潮措施。

1）直形槽板的理论下料长度应取拱形波纹钢屋盖结构最外缘的弧长。计算弧长 s 时，结构的跨度 l 应取经验收合格的屋盖结构的实测跨度，矢高 f 应根据设计要求按实测跨度确定。

2）直形槽板的长度不应超过理论下料长度±10mm。在直形槽板上应标出吊装点的位置。当有预留件时，也应标出预留件位置。

3）通过成型设备压制成型的弧形槽板，其下翼缘两边角曲线的长度差不得大于 5mm。2m 长的曲度率，靠尺与弧形槽板的间隙不得大于 5mm。弧形槽板上的小波纹应均匀、光顺。

10.2.4　各类金属面板夹芯板加工与检验

1. 各类金属面板夹芯板加工

1）各类金属面板夹芯板加工要求

彩板夹芯板的加工是在工厂内进行的，采用连续的自动或半自动化生产工艺。也有个别采用趋块模压生产。

（1）用户确定了生产厂家后，应向夹芯板厂家提供详细的加工清单和技术要求，当工程项目较复杂时应由供应厂家进行详图设计，协助用户签提供加工清单，并请用户签认后方可生产。

（2）加工清单和技术要求应力求详尽。

（3）加工清单中应注明板号、块数、长度、宽度、厚度、正反面色彩、实际用量和备用量、用于屋面或墙面等。

（4）技术要求应注明：板型、彩色钢板的材质、厚度、镀层量、涂层种类、表面涂层厚度、芯材密度要求、表面贴膜与否。

（5）加工完的夹芯板按规格分类堆放。并应在板的侧边上标明板号及板长以便识别。

2）各类金属面板夹芯板加工设备

基本为三种：一种是以聚氨醋（PU）为芯材的夹芯板生产线，一种以岩棉、矿渣棉为芯材的夹芯板生产线，一种是以聚苯乙烯泡沫板（EPS）为芯材的夹芯板成型机。

PU夹芯板生产线，20世纪90年代从意大利等国引进，我国已有不少厂家能制造。这种生产线新型的还可以生产岩棉、矿渣棉夹芯板和EPS夹芯板，一机多用。其生产线示意图见图10-13。

EPS夹芯板成型机分为立式和卧式两种设备，该设备可以全部自动化生产。EPS夹芯板产品是最早使用的夹心板，因为芯材的耐火等级不高，已经被限制使用。

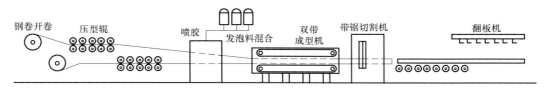

图10-13　卧式 PU 夹芯板生产线立面示意

3）彩色钢板夹芯板的长度

彩色钢板夹芯板的长度确定受到使用要求、施工要求和其物理力学性能等多种因素的制约。从使用要求出发，希望屋面板从屋脊到檐口一块板覆盖，这样既防水好又节约材料。而从运输条件出发，由于夹芯板是在工厂内生产的，目前最大运输长度一般为12m。

从夹芯板的物理力学性能出发，要认真考虑夹芯板变形问题，即在同一时间和同一块夹芯板上，上下两层钢板由于中部保温隔热层的存在，造成上下两层钢板在不同的工作温度状态下产生不同的伸长，导致夹芯板发生变形，严重者造成夹芯板上表面钢板发生裙皱。这种变形多发生在夏季，不同种类的夹芯板其变形特点不同，其中以上表面为深色彩色钢板和上表面为平板时最为突出。

当夏季室外温度在30℃左右时，深色彩板上表面受到晴天的太阳直射，其外表面温度可达70℃左右，内外温差40℃左右。若夹芯板长12m，上下钢板温度伸长差为5.8mm。实验与实践均证明，这时的两面平板的夹芯板会产生上表面皱折变形。因此，使用双面平板夹芯板时，其长度应控制在9m以内；而上表面为波形压型板时，由上板面的刚度较大，使用长度可到12m。

4）彩涂钢板夹芯板的面积计算

参见第10.2.2中的单层压型彩色钢板的面积计算。

5）彩涂钢板夹芯板的重量计算

这里给出的是经复合后的彩涂钢板夹芯板的重量计算意见。它的重量计算主要用于屋面、墙面自身的荷载取值和备料计算。

上下两层彩色钢板在形状不同时应分开计算，计算方法参见10.2.2节，并应折算成单位面积重量，芯材重量按芯材板厚度、芯材密度可计算出夹芯板芯材的单位面积重量。夹芯板的用胶重量，可按岩棉夹芯板 $0.3kg/m^2$，EPS夹芯板 $0.2kg/m^2$ 计算。以上计算结果可供确定结构计算屋面恒定荷载、运输和起吊重量时使用。作为生产厂备料时，钢板按总重量备用，岩棉夹芯板和EPS芯材在密度确定下按面积订货，胶结材料按重量备料。PU夹芯板为芯材与胶料合一的形式，可按芯材确定的密度换算成重量进行计算。PU夹芯板中聚氨醋的密度一般为 $34kg/m^2$。

6）彩涂钢板夹芯板的厚度

彩色钢板夹芯板的厚度受力学性能和保温隔热性能因素确定，一般是计算确定达到保温隔热要求最小厚度，详见建筑热工资料。

7）彩色钢板夹芯板的包装和运输

彩板夹芯板的包装方式与采用的运输方式和运输距离有着密切的关系。

（1）火车运输的步骤是：装汽车→运输→卸汽车→装火车→卸火车→装汽车→卸汽车，从工厂到工地共需七个工序。为保护七个装卸工序中夹芯板不受损害，必须有良好的捆装，不宜用散装。

（2）汽车运输的步骤是：装汽车→卸汽车，仅两个工序。市内运输一般用散装后与车体固定，不论距离远近，均应用塑料薄膜包装。

（3）捆装的每捆高度不大于1200mm，装车总高度不大于2400mm。装车后应与车体有良好的固定，并应具有在运输中途可以继续紧捆的条件。捆装时，在各捆扎点应设置角铁保护，捆间应设置板条垫块。装车可用叉车，当用吊车时，捆的上下应设置通常C形钢等杆件撑开吊绳，避免挤损夹芯板板面。

（4）为保证板面运输不受磨损，夹芯板表面应在生产中贴PVC类保护膜。

（5）运输方式选择：鉴于火车运输存在装卸工序多、易损坏板材、运输周期不易控制、运输安全不易监理等问题，而运输综合费用与汽车运输基本相同，因此国内运输夹芯板多数选用汽车。

2. 各类金属面板夹芯板检验

由于各类金属夹芯板均在工厂生产线上生产，按各自企业标准和国家行业现行标准检验后出厂，在施工现场进行安装，本节主要内容为产品的原材料要求、技术要求、检验规则及标志、包装、运输、贮存。

金属夹芯板产品质量应符合国家标准《建筑用金属面绝热夹芯板》GB/T 23932—2009和行业标准《建筑用金属面酚醛泡沫夹芯板》JC/T 2155—2012的规定。

国家标准《建筑用金属面绝热夹芯板》GB/T 23932—2009适用于聚苯乙烯夹芯板、硬质聚氨酯夹芯板、岩棉、矿渣棉夹芯板、玻璃棉夹芯板四类产品。《建筑用金属面酚醛泡沫夹芯板》JC/T 2155—2012适用于酚醛泡沫夹芯板。

1）原材料要求

（1）金属面材：彩色涂层钢板应符合《彩色涂层钢板及钢带》GB/T 12754—2006的规定，基板公称厚度不得小于0.5mm。基板必须热镀锌，锌层双面质量不得小于180g/m²。其他金属面材应符合相关标准的规定。压型钢板应符合《建筑用压型钢板》GB/T 12755—2008的要求。

（2）芯材：硬质聚氨酯泡沫塑料应符合《建筑绝热用硬质聚氨酯泡沫塑料》GB/T 21558—2008的规定，其中物理力学性能应符合类型Ⅱ的规定，并且密度不得小于38kg/m³。岩棉、矿渣棉应符合《绝热用岩棉、矿渣棉及其制品》GB/T 11835—2016的规定，密度不得小于100kg/m³。玻璃棉应符合《绝热用玻璃及其制品》GB/T 13350—2008的规定，密度不得小于64kg/m³。聚苯乙烯泡沫塑料板：EPS应符合《绝热用模塑聚苯乙烯泡沫塑料》GB/T 10801.1的规定，其中，EPS为阻燃型，并且密度不得小于18kg/m³，导热系数不得大于0.038W/(m·K)；XPS应符合《绝热用挤塑聚苯乙烯泡沫塑料（XPS）》GB/T 10801.2的规定。酚醛泡沫塑料应符合《绝热用硬质酚醛泡沫制品》GB/T 20974—2014的规定，其中压缩强度应符合相关规定，并且导热系数应不大于0.033W/(m·K)。

（3）胶粘剂应符合相关标准的规定。

2）技术要求

（1）外观质量应符合表10-4的规定。

外观质量　　　　　　　　　　　　　　　　　　　　　　　　　表10-4

项目	质量要求
板面	板面平整；无明显凹凸、翘曲、变形；表面清洁、色泽均匀；无胶痕、油污；无明显划痕、磕碰、伤痕等
切口	切口平直，板边缘无明显翘角、脱胶与波浪形，面板宜向内弯包
芯板	芯板切面应整齐，无大块剥落，块与块之间接缝无明显间隙

（2）尺寸允许偏差

尺寸允许偏差应符合表10-5的规定。

尺寸允许偏差 表 10-5

项目		尺寸(mm)	允许偏差
厚度		≤100	±2mm
		>100	±2%
宽度		900～1200	±2mm
长度		≤3000	±5mm
		>3000	±10mm
对角线差	长度	≤3000	≤4mm
	长度	>3000	≤6mm

（3）物理性能

① 传热系数应符合表 10-6 的规定。

传热系数 表 10-6

名　　称		标称厚度 (mm)	传热系数 U≤ W/(m²·K)
硬质聚氨酯夹芯板	PU	50	0.45
		75	0.30
		100	0.23
岩棉、矿渣棉夹芯板	RW/SW	50	0.85
		80	0.56
		100	0.46
		120	0.38
		150	0.31
玻璃棉夹芯板	GW	50	0.90
		80	0.59
		100	0.48
		120	0.41
		150	0.33
聚苯乙烯夹芯板	EPS	50	0.68
		75	0.47
		100	0.36
		150	0.24
		200	0.18
	XPS	50	0.63
		75	0.44
		100	0.33
酚醛泡沫夹芯板	W	50	0.63
		75	0.44
		100	0.33

② 粘结性能

粘结强度应符合表 10-7 的规定。

③ 剥离性能

粘结在面材上的芯材应均匀分布，并且每个剥离面的粘结面积应不小于 85％。

粘结强度		表 10-7
类别		粘结强度≥（MPa）
硬质聚氨酯夹芯板		0.10
岩棉、矿渣棉夹芯板		0.06
玻璃棉夹芯板		0.03
聚苯乙烯夹芯板	EPS	0.10
	XPS	0.10
酚醛泡沫夹芯板		0.06

④ 抗弯承载力

夹芯板为屋面板时，夹芯板的挠度为 $L_0/200$ （L_0 为 3500mm）时，均布荷载应不小于 0.5kN/m²；夹芯板为墙面时，夹芯板的挠度为 $L_0/150$ （L_0 为 3500mm）时，均布荷载应不小于 0.5kN/m²。当有下列情况之一者时，应符合相关结构设计规范的规定：L_0 大于 3500mm；屋面坡度小于 1/20；夹芯板作为承重构件使用时。

⑤ 燃烧性能

燃烧性能按照《建筑材料及制品燃烧性能分级》GB/T 8624—2006 分级，酚醛泡沫夹芯板不低于 B 级。

⑥ 耐火极限

岩棉、矿渣棉夹芯板，当厚度不大于 80mm 时，耐火极限应不小于 30min；当厚度大于 80mm 时，耐火极限应不小于 60min。

3）检验规则

检验分类分出厂检验与型式检验。出厂检验：产品出厂时必须进行出厂检验，检验项目包括外观、尺寸偏差、面密度、剥离性能。有下列情况之一时，应进行型式检验；①新产品投产、定型鉴定时；②正常生产时，每一年进行一次；防火性能试验每两年进行一次；③原材料、工艺等发生较大变动时；④停产半年以上，恢复生产时；⑤出厂检验结果与上次型式检验结果有较大差异时。组批：以同一原材料、同一生产工艺、同一规格、稳定连续生产的产品为一个检验批。抽样：外观与尺寸偏差按表 10-8 抽样。

外观与尺寸偏差抽样方案　表 10-8

批量 N（块）	样本（次）	样本大小		合格判定数		不合格判定数	
		第一次	第二次	A_{C1}	A_{C2}	R_{e1}	R_{e2}
≤50	1	2		0		2	
	2		2		1		2
50～90	1	3		0		2	
	2		3		1		2
91～150	1	5		0		2	
	2		5		1		2
151～280	1	8		0		2	
	2		8		1		2
281～500	1	13		0		3	
	2		13		3		4
501～1200	1	20		1		3	
	2		20		4		5
1201～3200	1	32		2		5	
	2		32		6		7
3201～10000	1	50		3		6	
	2		50		9		10

物理力学性能从外观与尺寸偏差检验合格的试件中分别抽取。

抗弯承载力的试件应从同一原材料、同一生产工艺、不同规格的产品中抽取其厚度最小的产品进行试验。

4）判定规则

（1）外观与尺寸偏差

若检验结果、外观质量与尺寸偏差均符合表 10-4 和表 10-5 规定，则判定该试件合格；若有一项不符合标准，则判定该试件不合格。

若一个检验批的样本中，不合格试件数不超过 A_{c1}，则判定该批产品外观与尺寸偏差合格；如不合格试件数不小于 R_{e1}，则判定该批产品外观与尺寸偏差不合格。

若样本不合格试件数大于 A_{c1}、小于 R_{e1}，则抽取二次样本再检验。若检验结果累计不合格试件数不大于 A_{c2}，则判该批产品外观与尺寸偏差合格；若不小于 R_{e2}，则判该批产品外观与尺寸偏差不合格。

（2）物理性能

试验结果均符合表 10-6，则判该批产品物理性能合格，否则判为不合格。同一类型的板材中，抗弯承载力的试验结果适用于不小于所测厚度的产品。

（3）总判定

若检验结果均符合（1）、（2）的规定，则判该批产品合格。

5）标志、包装、运输与贮存

（1）标志

出厂产品应提供原材料质量保证书与产品质量合格证书等标志。标志应包括下列内容：产品名称、商标；生产企业名称、地址；生产日期或批号；产品标记；彩色涂层钢板厚度、芯材密度；"注意防潮""防火"指示标记。

（2）包装

散装按板长分类，角铁护边，用绳固定。箱装用型钢及金属薄板或木板等材料作包装箱。包装箱高度不宜超过 2.0m。夹芯板之间宜衬垫聚乙烯膜或牛皮纸等隔离，外表面宜覆保护膜。

（3）运输

产品可用汽车、火车、船舶或集装箱运输，汽车可以散装运输，其他运输工具只能箱或捆装运输。运输过程中，应注意防水，避免受压和机械损伤，严禁烟火。

（4）贮存

应在干燥、通风的仓库内贮存。露天贮存，需采取防雨措施。贮存场地应坚实、平整，散装堆放高度不超过 1.5m。堆底应用木条或泡沫板铺垫，垫木间距不大小 2.0m。贮存时，应远离热源，不得与化学药品接触。

10.2.5　压型钢板泛水板加工与检验

彩色钢板（包括镀层板）建筑围护结构的屋面和墙面板的边缘部位都要设置彩色钢板或镀层板制成的异形件配件，用来防风雨和装饰建筑外形。与压型钢板配套使用的配件有彩板，也有镀层板，以下简称"泛水板"。泛水板的质量直接影响到建筑物的使用和外观形象。

泛水板（也称异形件）的加工和安装精度直接影响建筑物的外观，特别是手能触及的和视线能观察到的细部；泛水板用量约占 5%～10%，但其产生的影响将是严重的，交工验收出现的矛盾多出现在这些部位。

1. 彩涂钢板围护结构的泛水板加工

1）泛水板分类

泛水板分为屋面和墙面。彩板屋面泛水板有屋脊件、封檐件、山墙封边件、高低跨泛水件、天窗泛水件、屋面洞口泛水件等；墙面配件有转角件、板底泛水件、板顶封边件、门窗洞口包边件等。这些配件因位置不同、用途不同和外观要求不同而被设计成各种各样，很难定型。有些屋面或墙面板需要的专用泛水板已成为定型产品，与板材配套供应市场。

2）彩板配件的加工

定型小件泛水板采用压力成型。泛水板加工采用专用模具冲断下料、打孔、压力成型多道工序完成。

有些常用通长泛水板，如落水管，采用冷弯连续成型机成型。这种定型泛水板的供应种类较少，但是连续成型通长泛水板应作为彩板建筑发展的一个发展方向。

非定型泛水板，种类繁多，一般采用剪板机切断，弯板机成型。这种泛水板在安装时相互搭接，宜选用大于 4m 的加工设备为好，加工时要适当考虑大小头的搭接因素。

泛水板加工前应有加工任务单，任务单中应注明，泛水板形状、尺寸、弯折角度、色彩和色彩朝向、材料厚度、加工数量、质量要求和公差控制等内容。加工数量中可按定尺长度和根数，也可给予总长度控制。

泛水板加工时，建议泛水板的两个长边采用回折边的方法设计，以保证泛水板的边部平直，增加泛水板刚度和防止切边锈蚀等。较薄的构件为增加其刚度，只有采用多次弯折的方法方可达到目的，像"L"型配件中如弯折一次，其刚度较低，再优秀的安装员工也很难将这种刚度极差的异形件安装成整齐划一的外观。

泛水板长度一般为 3m（某些供板商可提供 4m 长的异形件），纵向搭接应大于 100mm，板厚应大于 0.6mm。异形件板的边缘应折边，使裁口避免直接暴露在大气中。

泛水板设计时应考虑充分使用原板宽度，并确定合理的配件展开宽度。泛水板加工前应按任务单要求，在原板宽度条件下，合理排列配件用料，以降低成本，减少损耗。

泛水板加工时，应进行编号计量。泛水板加工过程中，应设专用胚料平台和成品平台，平台表面宜置光滑面板。不得踩压、拖拉、碰撞胚料和成品，以免划伤、粘污和损坏成品件。有条件时，应在加工前粘贴塑料保护膜。

有些泛水板的加工不可预先按图纸加工，需待屋面和墙面板安装完毕后，按实际尺寸，修改设计以后加工，以免结构安装和板材安装误差造成已加工配件不适用，导致浪费。

3）泛水板的加工设备

泛水板中的小型定型泛水板，使用压力机断料和成型，需加工专用配套模具。压力机多为 100～200t，以液压设备为理想。

异形通长泛水板多采用压弯机成型。一般要配备相同加工长度的剪板机和弯板机，也有剪弯一体机的加工设备，目前国产该类设备长度可满足 6m 件的加工要求。长尺定型泛水板，选用辊压冷弯成型，有的设备采用一机制造多种配件。

普通剪板弯板机为手动控制和调节，其加工的产品精度不理想，加工速度慢，选用普通剪板机和程控弯板机，可节省投资。程控剪板弯板机，按加工尺寸和加工步骤输入计算机控制系统后加工，其产品精度高、速度快、质量好，但是价格较贵。

4）泛水板的计量

泛水板对于不同建筑因其使用量不同，在工程报价时往往采用平方米摊销价，而无确切数量。在泛水板加工时，应按任务单加工，按总延长米计算或按定长的根数计量。后一种计量方法较为方便。

2. 彩涂钢板围护结构的泛水板检验

彩色钢板及其制品是一项新兴建材工业，一些相关国家标准和行业标准尚待制定和完善，泛水板的检验可参考单层压型板的检验中有关内容。《压型金属板工程应用技术规范》GB 50896—2013 给出了泛水板的几何尺寸允许偏差，见表 10-9。

泛水板几何尺寸允许偏差　　　　　　　　　　　　　　　表 10-9

下料长度（mm）	下料宽度（mm）	弯折面宽度（mm）	弯折角度（°）
±6.0	±2	±2	≤2°

鉴于泛水板多在建筑物的显要位置出现，因此严格控制和检验其质量是一项重要环节。

泛水板的原材料下料均应采用剪板机，不宜用手提电动工具切割。每个弯折面的宽度偏差控制，在同一批泛水板加工时不宜同时出现正负公差。自检时需对配件作预搭接试验，以便调整加工的精度。

泛水板品种繁多，断面不一，长短不同，大小各异，运输过程易损伤，应采用箱装。

定型的小型泛水板应分类装箱，码放整齐，可装木箱或纸箱，装纸箱时应用打包带捆实，并应在箱上标明配件名称、编号、数量等。

彩板通长泛水板应装箱运输，按形状分装，码放整齐，可用箱装，也可用框装，框装时配件要用塑料膜封包。同样应挂标记牌。

10.3　压型钢板的安装验收维护

彩板围护结构安装是非常重要的环节，必须引起足够的重视，同样的材料不同的施工队伍、不同的施工工法就会出现截然不同的结果。

10.3.1　安装准备

彩色钢板围护结构施工安装前的准备分为材料准备、机具准备、技术准备、场地准备、组织和临时设施准备等多方面。

1. 材料准备

对小型工程，材料需一次性准备完毕。对大型工程，材料准备需按施工组织计划分步进行，并向供应商提出分步供应清单，清单中需注明每批板材的规格、型号、数量、连接件、配件的规格数量等，并应规定到货时间和指定堆放位置。材料到货后，应立即清点数量、规格，并核对送货清单与实际数量是否相符。当发现质量问题时，需及时处理、更换，并应将问题及时反映到供货厂家。

2. 机具准备

彩板围护结构因其重量较轻，一般不需大型机具。

机具准备应按施工组织计划的要求准备齐全，基本有以下几种：

1）提升设备：有汽车吊、卷扬机、滑轮、拔杆、吊盘等，按工程面积、高度、工期要求、劳动力的条件等实际情况选用不同的方法和机具。

2）手提工具：按安装队伍分组数量配套电钻、自攻枪、拉铆枪、手提圆盘锯、钳子、螺丝刀、铁剪、手提工具袋等。

3）电源连接器具：总用电的配电柜、按班组数量配线、分线插座、电线等，各种配电器具必须考虑防雨、防雷措施。

4）脚手架准备：按施工组织计划要求准备脚手架（固定式或移动式）、跳板、安全防护网。

5）要准备临时机具库房，放置小型施工机具和零配件。

3. 技术准备

1）认真审读施工详图、排板图、节点构造及编制施工组织设计。

2）组织施工人员学习，并由技术人员向工人讲解施工要求和规定。

3）编制施工操作条例和安全操作规定。

4）准备下达的施工详图资料。计算施工工期，下达开、竣工时间表。

5）检查安装前的结构安装是否满足围护结构安装条件。

4. 场地准备

1）按施工组织设计要求，对堆放场地装卸条件、设备行走路线、提升位置、马道设置、施工道路、临时设施的位置等进行全面检查，以保证运输畅通、材料不受损坏和施工安全。

2）堆放场地要求平整，不积水，不妨碍交通，材料不易受到损坏。

3）施工道路要考虑雨季可使用，允许大型车辆通过和回转。

5. 组织和临时设施准备

1）施工现场应配备项目经理、技术负责人、安全负责人、质量负责人、材料负责人等管理人员。

2）按施工组织设计要求，分为若干工作组，每组应设组长、安装工人、板材提升和板材准备的工人。

3）工地应配套有上岗证并近期经过培训考核的电工、焊工等专业人员。

4）上岗工人应进行技术培训。

5）施工临时设施：应配备现场办公室、工具库、小件材料库和工人休息和准备的房间。

10.3.2　施工组织设计

对面积大、板型复杂、单件构件长或安装条件复杂的压型板工程，应作好施工组织设计，该施工组织设计是工程总组织设计的组成部分，在编写施工组织设计时应注意以下问题。

1. 对施工总平面的要求

1）由于屋面、墙面板多为长尺板材，故应准备施工现场的长车通道及车辆回转条件。

2）充分考虑板材的堆放场地，减少二次搬运，有利于吊装。

3）现场加工板材时，应将加工设备放置在平整的场地上，有利于板材二次搬运和直接吊装；现场生产时，多为长尺板，一般大于12m，生产出的板材应尽量避免板的转向运输。

4）认真确定板材安装的起点和施工顺序及施工班组数量。

5）确定经济合理的安装方法，充分考虑板材重量小而长度大、高空作业、不断移动的特点。

6）留出必要的现场板材二次加工的场地，这是保证板材安装精度和减少板材在现场损坏的重要因素。

2. 安装工序

彩板围护结构的安装工序应设在工程总施工工序中合理的位置上。

1）对于纯板材构成的建筑或由板材厂家独立完成的工程项目，由承包方主导安排施工工序。

2）对于多工种、多分包项目的工程，彩板围护结构的施工工序宜安排在一个独立的施工段内连续完成。屋面工程的施工中，如相邻处有高出屋面的工程施工，应在相邻工程湿作业完成后开工，以保护屋面工程不被损坏，或不被用作脚手架的支撑面。

3）彩板围护结构应在其支承构件的全部工序完成后进入开工。

4）墙面工程应设在其下的砖石工程和装修工程完成的情况下开工。

5）围护结构工序确定后应设计屋面工程和墙面工程的施工工序。

屋面工程种类较多，有各自的安装工序特点，但其基本特点是相同的，见图10-14。墙面板的工序也相类似。

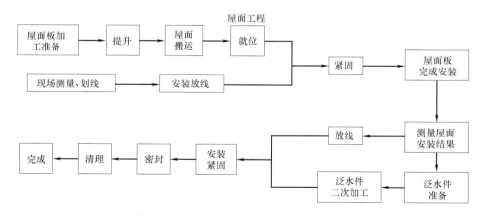

图 10-14　屋面工程施工基本工序示意图

3. 施工组织

根据工程项目的大小、工程复杂程度和工期要求确定施工组织计划。每项目应设项目负责人、工程技术负责人、质量、安全负责人、材料保管人员等施工班组。全过程应设板材二次加工组、运输提升组和安装组，按工程特点确定三组的组数比例，使之与施工进度相协调。

4. 施工机械及施工工具

彩板围护结构的施工机械与施工工具的准备应在安装前作好，确定水平运输和垂直提升的方式，重点应以垂直运输为主，有条件的可利用总项目的提升设备，当垂直提升设备不能满足子项目的运输要求时，应设立独立的垂直提升设备。板材施工安装多为手提式电动机具。每班组应配置齐全，并应有备用。合理配置手提电动工具的电源接入线，这对大型工程的施工进度是必要的。

5. 施工进度

彩板围护结构的开工日期有条件时应安排在前一工序完成验收之后进行，以保证安装质量、成品保护和施工进度。

在一些大型工程中，当不得不采用工序搭接施工时，搭接施工应采用分段验收分段施工，每段施工前应对该段的前一工序进行验收后施工。

彩板围护结构施工应做出施工进度图表，该图表纳入工程总施工进度图表中。

10.3.3 材料堆放

彩板围护结构的板材堆放场地应注意以下九点：

1）板材堆放应设在安装点的相近点，避免长距离运输，可设在建筑的周围和建筑内的场地中。

2）板材宜随进度运到堆放点，避免在工地堆放时间过长，造成板材不可挽回的损坏。

3）堆放板材的场地旁应有二次加工的场地。

4）堆放场地应平整，不易受到工程运输施工过程中的外物冲击、污染、磨损、雨水的浸泡。

5）按施工顺序堆放板材，同一种板材应放在一叠内，避免不同种类的叠压和板材的翻倒。

6）堆放板材应设垫木或其他承垫材料，并应使板材纵向成一倾角放置，以便雨水排出。

7）当板材长期不能施工时，现场应在板材干燥时用防雨材料覆盖。

8）岩棉夹芯板的堆放应在避雨处或有防雨措施下堆放。

9）现场组装用作保温屋面的玻璃棉应堆放在避雨处。

10.3.4 板材现场加工

对使用大于 12m 长的单层彩色钢板压型板的项目，使用面积较大时，多采用现场加工的方案。现场加工的注意事项：

1）现场加工的场地应选在屋面板的起吊点处，设备的纵轴方向应与屋面板的板长方向相一致。加工后的板材放置位置靠近起吊点。

2）加工的原材料（彩板卷或镀层板卷）应放置在设备附近，以利更换彩板卷。彩板卷上应设防雨措施，堆放地不得放在低洼地上，彩板卷下应设垫木。

3）设备宜放在平整的水泥地面上，并应有防雨设施。

4）设备就位后需作调试，并做试生产，产品经检验合格后方可成批生产。

单层彩板压型板现场加工中，对特长板采用的一种高架方法如图 10-15 所示，这种方法是为了解决特长板材的垂直运输困难，它是将压型板机放置在临时台架上，将成品板直接送到屋面上，而后作水平移动。采用该措施适用于大型屋面。

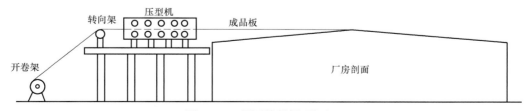

图 10-15 屋面特长板现场加工

10.3.5 安装放线

由于彩板屋面和墙面板是预制装配结构，故安装前的放线工作对后期安装质量起到保证作用，不可忽视。

1）安装放线前，应对安装面上的已有建筑成品进行测量，对达不到安装要求的部分提出修改。对施工偏差做出记录，并针对偏差提出相应的安装措施。

2）根据排板设计确定排板起始线的位置。屋面施工中，先在檩条上标定出起点，即沿跨度方向在每个檩条上标出排板起始点，各个点的连线应与建筑物的纵轴线相垂直，而后在板的宽度方向，每隔几块板继续标注一次，以限制便于检查板宽度方向的安装偏差的积累，见图 10-16（a）。不按规定放线将出现图 10-16（b）的锯齿现象和超宽现象。

同样墙板安装也应用类似的方法放线，除此之外还应标定其支承面的垂直度，以保证形成墙面的垂直平面。

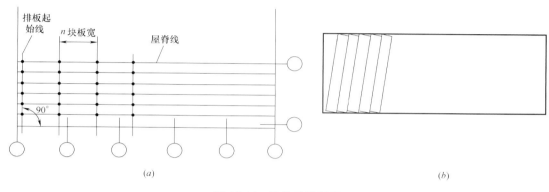

图 10-16 安装放线示意

（a）正确放线；（b）非正确放线

3）屋面板及墙面板安装完毕后应对包角泛水等配件的安装作二次放线，以保证檐口线、屋脊线、窗口门口和转角线等的水平度和垂直度。忽视这种步骤，仅用目测和经验的方法，是达不到安装质量要求的。

10.3.6 板材吊装

彩色钢板压型板和夹芯板的吊装方法很多，如采用汽车吊、塔吊、卷扬机吊升和人工提升等方法。

塔吊、汽车吊的提升方法，多使用吊装钢梁多点提升，具体见图 10-17。这种吊装法一次可提升多块板，但往往在大面积工程中，提升的板材不易送到安装点，增大了屋面的长距离人工搬运，屋面上行走困难，易破坏已安装好的彩板，不能发挥大型吊车提升能力的特长，使用率低，机械费用高；但是提升方便，被提升的板材不易损坏。

使用卷扬机提升的方法，由于不用大型机械，设备可灵活移动到需要安装的地点，故方便而又价格低。这种方法每次提升数量少，但是屋面运距短，是一种被经常采用的方法。

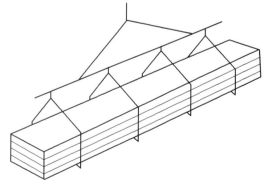

图 10-17 板材吊装示意

使用人工提升的方法也常用于板材不长的工程中，这种方法最方便和低价，但必须谨慎从事，否则易损伤板材，同时使用的人力较多，劳动强度较大。

提升特长板的方法用以上几种方法都较困难，人们创造了钢丝滑升法，见图 10-18。这种方法是在建筑的山墙处设若干道钢丝，钢丝上设套管，板置于钢管上，屋面上工人用绳沿钢丝拉动钢管，则特长板被提升到屋面上，而后由人工搬运到安装地点。

10.3.7 板材安装

1）实测安装板材的实际长度，按实测长度核对对应板号的板材长度，需要时对该板材进行剪裁。

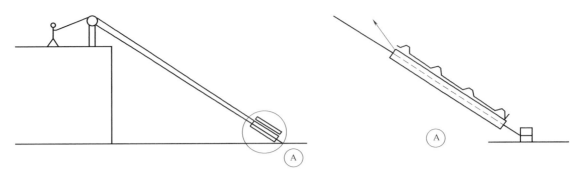

图 10-18 钢丝滑升法示意

2）将提升到屋面的板材按排板起始线放置，并使板材的宽度覆盖标志线对准起始线，并在板长方向两端排出设计的构造长度（图 10-19）。

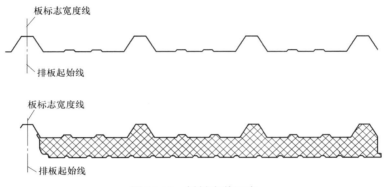

图 10-19 板材安装示意

3）用紧固件紧固两端后，再安装第二块板，其安装顺序为先自左（右）至右（左），后自下而上。

4）安装到下一放线标志点处，复查板材安装的偏差，当满足设计要求后进行板材的全面紧固。不能满足要求时，应在下一标志段内调整。当在本标志段内可调整时，可调整本标志段后再全面紧固，依次全面展开安装。

5）屋面板和墙板出现纵向接缝时，就会出现四块板垂叠的现象，此时可采用两种方法以避免这种搭接的出现，其一是上下搭接时错开一个檩距，其二对对角线上的两块板在重叠部分沿对角线裁切。上述两种方法给施工都带来不少的麻烦，毕竟彩钢板只有 0.5mm 厚，不采用上述两种措施似乎也不会带来很大的问题。

6）安装夹芯板时，应挤密板间缝隙，当就位准确、仍有缝隙时，应用保温材料填充。

7）安装现场复合的板材时，上下两层钢板均按前叙方法。保温棉铺设应保持其连续性。

8）安装完后的屋面，应及时检查有无遗漏紧固点。对保温屋面，应将屋脊的空隙处用保温材料填满。

9）在紧固自攻螺栓时，应掌握紧固的程度，不可过度，过度会使密封垫圈上翻，甚至将板面压得下凹而积水。紧固不够会使密封不到位而出现漏雨，见图 10-20。可以采用新一代自攻螺栓，在接近紧固完毕时可发出一响声，可以控制紧固的程度。

10）板的纵向搭接，应按设计铺设密封条和密封胶，并在搭接处用自攻螺栓或带密封垫的拉铆钉，连接紧固件应拉在密封条处。

10.3.8 采光板安装

采光板的厚度一般在 1～2mm，形状与所搭接的压型钢板相同，故在板的四块板搭接处将产生较大的板间缝隙，产生漏雨隐患，应该采用前面提到的切角方法。采光板的选择中应尽量选用机制板，以减少安装中的搭接不合口现象。采光板一般采用屋面板安装中留出洞口，而后安装的方法。

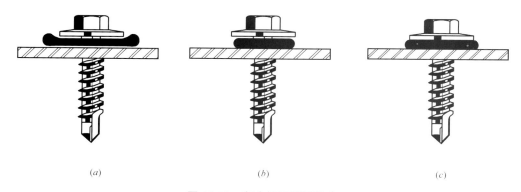

(a)　　　　　　　　(b)　　　　　　　　(c)

图 10-20　自攻螺钉紧固程度
（a）不正确的紧固；（b）不正确的紧固；（c）正确的紧固

固定采光板紧固件下，应增设面积较大的彩板钢垫，以避免在长时间的风荷载作用下将玻璃钢的连接孔洞扩大，以至于失去连接和密封作用。

保温屋面需设双层采光板时，应对双层采光板的四个侧面密封，否则保温效果减弱，以至于出现结露和滴水现象。

10.3.9　门窗安装

1）在彩板围护结构中，门窗的外廓尺寸与洞口尺寸相匹配，一般应控制门窗尺寸比洞口尺寸小5mm 左右。过大的差值会导致安装中的困难。

2）门窗的位置一般安装在钢墙梁上，在夹芯板墙面板的建筑中，也有门窗安装在墙板上的做法，这时应按门窗外廓的尺寸在墙板上开洞。

3）门窗安装在墙梁上时，应先安装门窗四周的包边件，并使泛水边压在门窗的外边沿处。

4）门窗就位并作临时固定后，应对门窗的垂直和水平度行进测量，无误后做固定。

5）安装完的门窗应对门窗周边做密封。

10.3.10　泛水板安装

1）在彩板泛水板安装前，应在泛水板的安装处放出基准线，如屋脊线、檐口线、窗上下口线等。

2）安装前，应检查泛水板的端头尺寸，挑选搭接口处的合适搭接头。

3）安装泛水板的搭接口时，应在被搭接处涂上密封胶或设置双面胶条，搭接后立即紧固。

4）安装泛水板拐角处时，应按交接处的泛水板断面形状加工拐折处的接头，以保证拐点处有良好的防水效果和外观效果。

5）应特别注意门窗洞的泛水板转角处搭接防水口的相互构造方法，以保证建筑的立面外观效果。

10.3.11　安装注意事项

1. 彩板围护结构安装

彩板围护结构安装完毕后即为最终成品，保证安装全过程中不损坏彩板表面是十分重要的环节，因此应注意以下六点：

1）现场搬运彩板制品应轻抬轻放，不得拖拉。不得在上面随意走动。

2）现场切割过程中，切割机械的底面不宜与彩板面直接接触，最好垫以三合板材。

3）吊装中不要将彩板与脚手架、柱子、砖墙等碰撞和摩擦。

4）在屋面施工的工人应穿胶底不带钉子的鞋。

5）操作工人携带的工具等应放在工具袋中，如放在屋面上应放在专用的布或其他布材上。

6）不得将其他材料散落在屋面上，或污染板材。

2. 彩板围护结构施工安全保证

彩板围护结构是以不到 1mm 厚的钢板制成。屋面的施工荷载不能过大，因此，在屋面施工中确保结构安全和施工安全是十分重要的。

1）施工中工人不可扎堆，以免集中荷载过大，造成板面损坏。

2）施工的工人不得在屋面上奔跑、打闹、抽烟和乱扔垃圾。

3）当天吊至屋面上的板材应当天安装完毕，如果有未安装完的板材应做临时固定，以免被风刮下，造成事故。

4）早晨屋面易有露水，坡屋面上彩板面滑，应特别注意防护安全措施。

5）当屋面有积雪结冰时，更要注意防滑，特别屋面坡度较大和呈曲面状时，要采取措施，防止发生安全事故。

3. 彩板围护结构施工中其他应注意的问题

1）板面铁屑清理：板面在切割和钻孔中会产生铁屑，这些铁屑必须及时清除，不可过夜。因为铁屑在潮湿空气条件下或雨天会立即锈蚀，在彩板面上形成一片片红色锈斑，附着于彩板面上，形成后很难清除。同样其他切除的彩板头、铝合金拉铆钉上拉断的铁杆等均应及时清理。

2）在用密封胶封堵缝时，应将附着面擦干净，以使密封胶与彩板有良好的结合面。

3）用过的密封胶筒等杂物应及时装在各自的随身垃圾袋带离现场。

4）电动工具的连接插座应加防雨措施，避免造成事故。

5）在彩板表面上的塑料保护膜在竣工后应全部清除。

10.3.12　竣工验收

在彩板屋面和墙面施工完毕后应进行自检和检后的修整，按验收标准整理文字资料后，才可交工验收。

1. 彩板围护结构在竣工验收时应提交下列文件

1）压型板及夹芯板所采用的彩板出厂材质证书。

2）保温材料的材质证书。

3）压型板、夹芯板的出厂合格证。

4）防水密封材料的出厂合格证。

5）连接件的出厂合格证。

6）围护结构的施工图设计文件及变更通知书。

7）围护结构的质量事故处理记录。

2. 对围护结构应做如下外观检查

1）目测屋面、墙面平整，屋面檐口、屋脊、山墙及墙面下端等处成一直线。

2）彩板面色泽一致，污染、损伤处有修复等。

3）彩板围护结构的长向搭接成一直线，板间缝成一直线且与各有关轴线垂直或平行。

4）目测各泛水件成一直线。

5）目测各连接件是否纵横成一直线。

6）抽检连接件的紧固情况，有无松动，板面有无被紧固件压凹现象。

7）彩板板面有无褶皱，错打孔等。

8）密封胶的封闭是否到位，有无假封现象。

3. 屋面板、墙面板的安装偏差

屋面板、墙面板的安装偏差分别按《压型金属板工程应用技术规范》GB 50896—2013 和《钢结构工程施工质量验收规范》GB 50205—2001 规定验收。

《压型金属板工程应用技术规范》GB 50896—2013 是专用于金属压型板的最新标准，可以据此标准进行验收。

目前在工程中按《钢结构工程施工质量验收规范》GB 50205—2001 的分部工程或子分部工程组织相关人员进行工程验收。该标准正在修订之中，已经完成报批稿。

4.　《压型金属板工程应用技术规范》　GB 50896—2013 规定

《压型金属板工程应用技术规范》GB 50896—2013 的验收一章共有 7 节，下面给出涉及压型钢板的主要内容。

1）一般规定

（1）当压型金属板质量验收时，提供的文件和记录应符合下列内容：

① 详图设计文件、设计变更文件及其他设计文件；

② 设计单位对压型金属板工程详图设计的审查意见或确认文件；

③ 原材料产品质量证明、性能检测报告、进场复试报告、进场验收记录、构配件出厂合格证；

④ 进口材料、构配件要提供报关单、商检证明、中文标志和中文说明书；

⑤ 压型金属板性能检测报告；

⑥ 构件加工制作记录；

⑦ 现场安装施工记录；

⑧ 屋面雨后或淋水试验记录，变形缝、排烟窗、天窗等节点部位的雨后或淋水试验记录；

⑨ 隐蔽工程验收记录；

⑩ 检验批验收记录；

⑪ 其他必要的文件和记录。

（2）当压型金属板分项工程隐蔽工程项目进行验收时，宜符合下列内容：

① 底板的铺装；

② 固定支架安装；

③ 泛水板、包角板的安装节点；

④ 检修口及排烟窗的安装节点；

⑤ 防雷节点的安装；

⑥ 变形缝。

（3）压型金属板工程施工质量控制应符合下列规定：

① 采用的原材料及成品应进行进场验收；凡涉及安全、功能的原材料及成品应按本规范及现行国家标准《建筑工程施工质量验收统一标准》GB 50300、《钢结构工程施工质量验收规范》GB 50205 进行复验，并应经监理工程师（建设单位技术负责人）见证取样、送样；

② 工序应按施工技术标准进行质量控制，每道工序完成后应进行检查；

③ 关各专业工种之间，应进行交接检验，并经监理工程师（建设单位项目技术负责人）检查验收。

（4）分项工程检验批合格质量标准应符合下列规定：

① 主控项目应符合本规范合格质量标准的要求；

② 一般项目其检验结果应有 80% 及以上的检查点（值）符合本规范合格质量标准的要求，且偏差最大值不得超过允许偏差值的 1.2 倍；

③ 质量检查记录和质量证明文件资料应完整。

（5）分项工程合格质量标准应符合下列规定：

① 分项工程所含的各检验批均应符合本规范合格质量标准；

② 分项工程所含的各检验批质量验收记录应完整。

（6）当压型金属板工程施工质量不符合本规范要求时，应按下列规定进行处理：

① 经返工重做或更换构（配）件的检验批，应重新进行验收；

② 检测单位检测鉴定能够达到设计要求的检验批，应予以验收。

（7）通过返修或加固处理仍不能满足使用要求的压型金属板工程，不得验收。

（8）检验批、分项工程的质量验收记录应按本规范附录 E 的要求填写。

（9）压型金属板检验批及分项工程质量验收应由监理工程师（建设单位项目技术负责人）组织施工单位项目专业质量（技术）负责人进行。

（10）压型金属板分项工程检验批的划分应符合下列规定：

① 相同设计、材料、工艺和施工条件的压型金属板工程应以不大于 1000m² 的面积为一个检验批，不足 1000m² 的也应划分为一个检验批。

② 同一单位工程中不连续的压型金属板工程应单独划分检验批。

③ 对于异型或有特殊要求的压型金属板工程，检验批的划分应按压型金属板的结构、工艺特点及压型金属板工程规模来确定。

（11）材料进场验收的检验批宜与分项工程检验批一致，也可根据工程规模及进料实际情况划分检验批，不得低于本规范规定。

2）原材料及成品进场验收

（1）主控项目

① 压型钢板及制造压型钢板所采用的原材料，品种、规格、性能等应符合国家现行产品标准和设计要求。

检查数量：全数检查。

检验方法：检查产品的质量合格证明文件、中文标志及检验报告等。

② 泛水板、包角板及制造泛水板、包角板所采用的原材料，品种、规格、性能等应符合国家现行产品标准和设计要求。

检查数量：全数检查。

检验方法：检查产品的质量合格证明文件、中文标志及检验报告等。

③ 压型钢板涂层、镀层不应有可见的裂纹、起皮、剥落和擦痕等缺陷。

检查数量和检验方法：按照表 10-2 的规定进行。

（2）一般项目

① 压型钢板的规格尺寸及允许偏差、表面质量等应符合设计要求和表 10-3 的规定。泛水板和包角板的规格尺寸及允许偏差应符合设计要求和表 10-9 的规定。

检查数量：每种规格抽查 5%，且不应少于 10 件。

检验方法：断面尺寸应用精度不低于 0.02mm 的量具进行测量，其他尺寸可用直尺、米尺、卷尺等能保证精度的量具进行测量。

② 压型钢板成品，表面应干净，不应有明显凹凸和皱褶。

检查数量：按计件数抽查 5%，且不应少于 10 件。

检验方法：观察检查。

3）压型金属板现场加工验收

（1）主控项目

① 压型钢板成型后，基板不应有裂纹。

检查数量：按计件数抽查 5%，且不应少于 10 件。

检验方法：观察和用 10 倍放大镜检查。

② 有涂层、镀层压型钢板成型后，涂、镀层不应有肉眼可见的裂纹、剥落和擦痕等缺陷。

检查数量和检验方法：按照表 10-2 的规定进行。

（2）一般项目

① 压型钢板的尺寸允许偏差应符合表 10-3 的规定。

检查数量：按计件数抽查 5%，且不应少于 10 件。

检验方法：用拉线和钢尺角尺检查。

② 压型钢板成型后，表面应干净，不应有明显凹凸和皱褶。

检查数量：按计件数抽查 5%，且不应少于 10 件。

检验方法：观察检查。

4）压型金属板安装验收

（1）主控项目

① 压型钢板、泛水板和包角板等应固定可靠、牢固，防腐涂料涂刷和密封材料敷设应完好，连接件数量、间距应符合设计要求和本规范的规定。

检查数量：全数检查。

检验方法：观察和尺量检查。

② 扣合型和咬合型压型钢板板肋与连接，应扣合、咬合牢固，无开裂、脱落现象。

检查数量：每50m应抽查一处，每处1~2m，且不得少于3处。

检验方法：观察和尺量检查。

③ 连接压型钢板、泛水板和包角板采用的自攻螺钉、铆钉、射钉其规格尺寸及间距、边距等应符合设计要求和规范的规定。

检查数量：按连接节点数抽查10%，且不应少于3处。

检验方法：观察和尺量检查。

④ 压型钢板搭接长度应符合设计要求和规范的相关要求。

检查数量：按搭接部位总长度抽查10%，且不应少于10m。

检验方法：观察和尺量检查。

⑤ 压型钢板墙面的造型和立面分格应符合设计要求。

检查数量：全数检查。

检验方法：观察和尺量检查。

⑥ 压型钢板屋面应防水可靠，不得出现渗漏。

检查数量：全数检查。

检验方法：观察检查和雨后或淋水检验。

（2）一般项目

① 压型钢板安装应平整、顺直，板面不应有施工残留物和污物。檐口和墙面下端应呈直线，不应有未经处理的错钻孔洞。

检查数量：按面积抽查10%，且不应少于10m²。

检验方法：观察检查。

② 压型钢板安装的允许偏差应符合表10-10的规定。

检查数量：每20m长度应抽查1处，不应少于2处。

检验方法：用拉线、吊线和钢尺检查。

压型金属板安装的允许偏差（mm）　　　　　　　　　　　　　　　　　表 10-10

项　目		允许偏差
屋　面	檐口、屋脊与山墙收边的直线度 檐口与屋脊的平行度	12.0
	压型金属板板肋或波峰直线度 压型金属板板肋对屋脊的垂直度	$L/800$ 且不应大于 25.0
	檐口相邻两块压型金属板端部错位	6.0
	压型金属板卷边板件最大波浪高	4.0
墙　面	墙板波纹线的垂直度	$H/800$ 且不应大于 25.0
	墙板包角板的垂直度	$H/800$ 且不应大于 25.0
	相邻两块压型金属板的下端错位	6.0

注：1. L 为屋面半坡或单坡长度；
　　2. H 为墙面高度。

③ 连接压型钢板、泛水板和包角板采用的自攻螺钉、铆钉、射钉等与被连接板应紧固密贴，外观排列整齐。

检查数量：按连接节点数抽查 10％，且不应少于 3 处。

检验方法：观察或用小锤敲击检查。

10.3.13 维护

国家标准《压型金属板工程应用技术规范》GB 50896—2013 对压型钢板的维护和维修给出了具体的规定。

1）压型金属板交付使用后，使用中宜定期进行检查、维护，并宜做好相应记录。检查宜按表 10-11 的规定进行。

压型金属板检查要求 表 10-11

项目	部位	检查内容	检查方法	检查频次
压型金属板	屋面、墙面	金属板脱落、变形、渗漏	观察检查	中雨及以上、大雪、8 级以上风后
		表面锈蚀、涂层脱落；板面鼓包、凹陷、裂纹或破损	观察检查	每 12 个月一次
	金属板搭接缝或板肋	搭接缝开裂、密封胶密封状况、板肋形状均匀、咬边开裂	观察检查	每 6 个月一次
	固定支架（座）及固定点部位	金属板破损、变形、开裂	观察检查	每 6 个月一次
	屋面	是否有金属件、积灰、杂物、异物的堆积	观察检查	每 6 个月一次
螺钉连接与固定	屋面、墙面整体，重点边部（檐口、山墙、屋脊等部位），转角及突出部位，悬挑部位	螺钉固定是否牢固、沉陷；螺钉头部锈蚀情况；螺钉胶垫是否完好；钉孔是否可见	观察检查	每 6 个月一次
泛水板、包角板	屋面、墙面边部及其他节点部位	泛水板固定状况，焊缝、胶封是否完好；泛水板变形，是否形成反坡	观察检查	每 6 个月一次

注：1. 屋面节点部位包括屋脊、檐口、山墙等端部，螺钉固定点，泛水连接部位，与天窗、排烟窗、通风管等交接及开洞等部位；
2. 墙面节点部位包括：门窗、雨篷、阴阳角处、管道及开洞等收边部位；
3. 本条结合实际工程经验制定，对高湿度和高腐蚀使用环境条件下的压型金属板工程应按相关规范、标准增加检查内容和检查频次。

2）检查发现的问题应及时处置，并应对处置情况应进行记录。

3）当清洗压型金属板表面时，应根据使用说明书要求采用适合的清洗剂和方式进行清洁。清洁后应用水清洗。

4）维修用涂料、密封胶、紧固件、板材等应与原来使用的材料相同，当需替换时，应咨询设计单位或专业工程师后方可进行。

5）压型金属板在使用及检查、维护中当发现有严重锈蚀、涂（镀）层脱落、变形、连接破坏等影响正常使用的情况时，应进行评估、鉴定及维修。

10.4 楼盖压型钢板、拱形波纹钢屋盖安装工程验收

10.4.1 楼盖压型钢板

用于组合楼板中的镀锌压型钢板和焊钉施工应按《组合楼板设计与施工规范》CECS 273：2010 有关章节验收、施工与验收。尚应符合《钢结构工程施工质量验收规范》GB 50205—2001 的有关规定。

1. 楼盖镀锌压型钢板的施工

1）施工前应绘制压型钢板平面放置图，图中应注明柱、梁及压型钢板的相互关系，板的尺寸、块数、搁置长度及板与柱相交处切口尺寸，板与梁的连接方法，以减少在现场的切割工作量。

2）压型钢板在起吊、堆放时，应多设支点，并应在支点处设置垫板以免形成集中荷载，且不得堆放过高，以防止发生变形。

3）若无外包装的压型钢板，装卸时应采用吊具，严禁直接使用钢丝绳捆绑起吊。长途运输宜采用集装箱；若无外包装时，应在车辆内设置有橡胶衬垫的枕木，其间距不应大于 3m。较长的压型钢板运输时应设置刚性支承台架，装车时，压型钢板外伸长度不应大于 5m；并牢固地与车身或刚性台架捆绑在一起，以防止滑动。

4）压型钢板应按不同材质、板型分别堆放。室内堆放一般采用组装式货架，工地堆放则一般采用设有橡胶衬垫的架空枕木，以防地面水浸泡，架空枕木应有一定倾斜度，以防止压型钢板板面积水，堆放处应置于无污染、不妨碍交通、不受重物撞击的安全地带。

5）工地堆放时，其板型堆放顺序，应与施工顺序相吻合。压型钢板长期存放时，应设置雨棚，且应保持良好的通风环境，以防潮、防锈。

6）在压型钢板铺设之前，必须认真清扫钢梁顶面的杂物，并对有弯曲和扭曲的压型钢板进行矫正，板与钢梁顶面的间隙应控制在 1mm 以下。

7）为了保持钢梁与其上的钢筋混凝土板的黏着力，且对剪力连接件的焊接不受影响，钢梁顶部上翼缘不应涂刷油漆。

8）压型钢板的铺设工作应按排板图进行，用墨线标出每块压型钢板在钢梁上翼的铺设位置，按其不同板型将所需块数配置好，沿墨线排列好，然后对切口、开洞等作补强处理。若压型钢板通过或穿过梁布置时，可直接将焊钉穿透压型钢板焊于钢梁上翼缘。

9）铺设的压型钢板，既可作为浇筑混凝土的模板又可作为工作平台，在板上直接绑轧钢筋、浇筑混凝土，为了保证工作平台的安全，必须保证板与板、板与钢梁焊牢固连接。

10）如设计图纸上注明施工阶段需设置临时支撑，则压型钢板安装以后即应设置临时支撑，待浇筑的混凝土达到足够强度时，方可拆除。临时支撑做法应适合工地条件，一般可在压型钢板底部设临时支撑或临时梁或由上方悬吊拉接。

11）压型钢板之间的连接可采用贴角焊或塞焊，以防止压型钢板相互移动或分开。焊缝间距 300mm 左右，长度 20～30mm 为宜（图 10-21）。

12）压型钢板与钢梁连接可采用贴角焊、塞焊（图 10-22）。当与高强钢梁连接时，应注意焊接条件，并选择较好的焊接工艺。

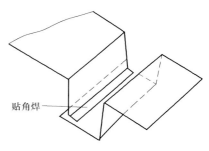

图 10-21　压型钢板相互连接

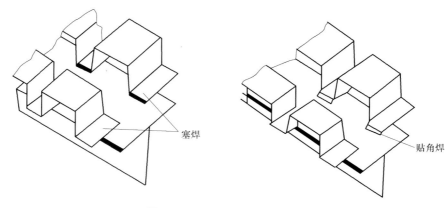

图 10-22　压型钢板与钢梁连接

13）钢筋（剪力连接件）与压型钢板的连接宜采用喇叭形坡口焊（图 10-23）。

14）组合板与钢梁端的锚固连接，应采用焊钉穿透压型钢板与钢梁焊接熔融在一起的方法（图 10-24）。

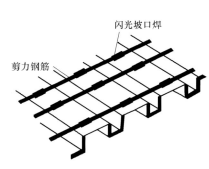

图 10-23　压型钢板与钢筋连接

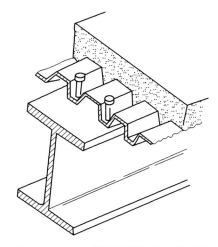

图 10-24　组合楼板用焊钉与钢梁连接

2. 楼盖镀锌钢板的工程验收

1）压型钢板原材料应有生产厂家的质量证明书。

2）压型钢板的几何尺寸应在出厂前进行抽检，对用卷板压制的板，每卷抽检不应少于 3 块；对用平板压制的板，在每作业班中抽检不应少于 3 块。

3）压型钢板应按合同文件规定包装出厂，每个包装箱应有标签，标明压型钢板材质、板型、板号（板长）、数量和净重，且必须有出厂产品合格证书。

4）压型钢板基材不得有裂纹，镀锌板面不得有锈点，涂层压型钢板的漆膜不应有裂纹剥落和露出金属基材等损伤。

5）压型钢板尺寸的允许偏差应符合以下规定：

（1）板厚度极限偏差应符合原材料板相应标准。

（2）当波高小于 75mm 时，波高允许偏差为 ±1mm。当波高大于或等于 75mm 时，波高允许偏差为 1mm，波距允许偏差为 ±5mm。

（3）当覆盖宽度不大于 1m 时，覆盖宽度的允许偏差为 ±5mm。

（4）当板长度小于 10m 时，板长度允许偏差为 ＋5mm；当板长度大于或等于 10m 时，其允许偏差为 －10mm。

（5）对波高不大于 80mm 的压型钢板、任意测量 4～5m 长压型钢板，其翘曲值不应超过 5mm。

（6）测量长度小于 10m 时，镰刀形弯曲值不应超过 8mm；测量长度不小于 10m 时，镰刀形弯曲值不应超过 20mm。

（7）任取 10m 长压型钢板测量扭转，两端扭转角应小于 10°，若波数大于 2，可任取一波测量。

（8）端部相对最外棱边的不垂直度，在压型钢板宽度上，不应超过 5mm。

10.4.2　拱形波纹钢屋盖

1. 拱形波纹钢屋盖安装

在拱形波纹钢屋盖结构单元板制作、安装前，应根据现场情况确定施工方案，并编制施工组织设计。

1）组合单元板中，单元板的数量应根据单元板的宽度和吊装能力确定，且不宜少于 3 块。挂物用的预留件应布置在组合单元板中。

2）单元板之间和吊装就位后的组合单元板间，应采用专门机械咬合锁缝。锁缝必须牢固平滑，不得出现局部翘曲现象。

3）组合单元板的吊点数目应根据组合单元板的刚度确定。吊点应沿单元板跨中轴线对称布置；吊杆的长度应根据吊点数目和分布长度确定。

4）组合单元板吊装前，应在拱脚连接角钢上标明每一组合单元板的位置。作为基准用的组合单元板必须准确定位，保持立面垂直、中轴线位于跨中。

5）连接角钢两肢与水平面的夹角，应根据结构的实际矢跨比确定；在拱脚处弧形槽板，应与连接角钢自然贴合。

6）有山墙的屋盖结构，在屋盖安装完毕后，应及时安装山墙，否则必须采取有效的抗风措施。

7）安装山墙板应从跨中开始，山墙板之间要紧密连接，每块山墙板均应保持竖直。

8）当雷雨天气和风力超过 4 级时，不得进行屋盖结构的吊装作业。

9）彩涂板应采用专用吊具装卸，不得采用叉式升降机或钢丝绳直接装卸。

10）在制作、安装过程中，应采取防护措施，保持单元板表面彩色涂层完好。当出现局部划伤或小面积涂层脱落时，应采用同类修补涂料修补。修补涂料的颜色应与原彩色涂层的颜色一致，且在现场条件下应能固化。

11）当彩涂板可能与腐蚀性介质接触或在其他恶劣环境下使用时，应对板的切口断面进行防腐处理。

12）施工中使用的量测工具，事先应经校准，使用操作应规范、统一。用于检测弧形单元板曲率的靠尺必须具有足够的刚度，其长度不宜小于 2m。

13）屋盖挂物用的预留件应采用彩涂板制作，不得采用抗腐蚀性较差的其他材料。

14）组合单元板的矢高偏差不得超过设计矢高的±5‰。

15）在屋盖工程中，不得使用有折曲损伤的直形槽板和弧形槽板。吊装前应清除单元板上的泥污和污垢。

2. 拱形波纹钢屋盖验收

拱形波纹钢屋盖结构工程应属于现行国家标准《建筑工程施工质量验收统一标准》GB 50300 规定的"主体结构"分部工程中"钢结构"子分部工程的"压型金属板"分项工程。应按《拱形波纹钢屋盖结构技术规程（试用）》CECS 167：2004 验收。

1）对拱形波纹钢屋盖结构工程，可按一栋房屋中采用同一种类槽形截面单元板的屋盖划分为一个检验批。

2）拱形波纹钢屋盖结构工程应按下列三个阶段进行质量验收，前一阶段未经验收合格，不得进入下一阶段施工：

（1）安装工程准备阶段：包括对各种材料性能，拱脚支点直线度、跨度和标高，单元板下料长度、弧度和矢高，单元板间锁缝等项目的检验。

（2）组合单元板安装阶段：包括对组合单元板安装质量，山墙板安装质量，组合单元板间锁缝等项目的检验。

（3）安装工程竣工阶段：包括对工程质量的总体检验，彩板涂层损伤和其他缺陷的外观检验，以及工程文件验收等。

3）拱形波纹钢屋盖结构工程的检验批及分项工程，应由监理工程师（建设单位项目专业技术负责人）组织施工单位项目专业质量（技术）负责人等进行验收。

4）拱形波纹钢屋盖结构工程的检验批、分项工程的质量验收，应分别按现行国家标准《建筑工程施工质量验收统一标准》GB 50300 规定的格式记录。

5）检测项目

（1）拱形波纹钢屋盖结构工程验收时，应具备下列文件：

① 屋盖结构的设计和设计变更文件；

② 彩涂板、焊条和连接件等材料的出厂质量合格证书或性能检测报告；

③ 各阶段的施工质量检验记录；

④ 施工中重要问题的处理记录；

⑤ 工程竣工图。

（2）拱形波纹钢屋盖结构工程验收的主控项目应符合的规定：

① 屋盖结构基板的强度和厚度应符合设计要求和标准《拱形波纹钢屋盖结构技术规程（试用）》CECS 167：2004 第 3.0.2 条的规定。

检验方法：审查设计计算文件，以及彩涂板生产厂关于彩涂板性能、基板强度、厚度及其厚度负偏差的保证书。

② 单元板和组合单元板之间的咬合锁缝应符合标准《拱形波纹钢屋盖结构技术规程（试用）》CECS 167：2004 第 6.3.2 条的要求。

检验方法：单元板完成组合后，在地面上顺缝目测检查；组合单元板安装就位后，在屋盖上顺缝目测检查。

③ 拱脚的连接构造应符合标准《拱形波纹钢屋盖结构技术规程（试用）》CECS 167：2004 第 4.4.3 条的规定。

检验方法：完成屋盖安装后，顺拱脚目测检查。

（3）拱形波纹钢屋盖结构工程验收的一般项目应符合的规定：

① 各种材料的技术性能应符合设计要求和国家现行标准的规定。

检验方法：检查产品质量合格证书或性能检测报告。

② 拱形波纹钢屋盖结构的两边拱脚处，连接角钢最低点的直线度偏差不应超过±5mm；最低点的标高偏差不应超过±10mm；两个相应连接螺栓群形心间的实测跨度偏差不应超过±10mm（均以设计值为准）。

检验方法：沿连接角钢每 10m，应设一个测量点。采用线绳和钢尺量测直线度和跨度，采用水准仪量测标高。

③ 直形槽板的下料长度和弧形槽板的弧度应符合标准《拱形波纹钢屋盖结构技术规程（试用）》CECS 167：2004 第 5.2.2、5.2，3 条的要求。

检验方法：用钢尺量测指定位置的长度。用 2m 长的曲率靠尺量测弧度间隙。

④ 组合单元板的矢高应符合《拱形波纹钢屋盖结构技术规程（试用）》CECS 167：2004 第 5.2.4 条的规定。

检验方法：组合单元板在地面上水平组装完成后，在保持弧度槽板两端连接螺栓群形心连线的长度为实测跨度的条件下，用钢尺量测槽板的矢高（自拱顶跨中截面形心至两端连接螺栓群形心连线的垂直距离）。

⑤ 组合单元板吊装就位后，其安装质量应符合的要求：

相邻矩形槽单元板相邻腹板下翼缘之间的缝隙不宜大于 8mm；相邻梯形槽单元板间锁缝处卷边的缝隙不宜大于 1mm；屋盖两拱脚处的纵向长度相差不应大于 10mm，拱脚处的纵向长度与屋脊线长度相差不应大于设计矢高的 4‰。屋脊线与屋盖的跨度中线水平偏差不应大于设计跨度的 5‰；屋脊线各点的高差不应大于设计矢高的 1%。

检验方法：沿房屋纵向每安装 10m 拱形屋盖必须检查一次。采用钢尺和线锤量测单元板之间的缝隙、拱脚处的纵向长度、屋脊线长度以及屋脊线与屋盖跨度中线的水平距离，采用水准仪量测屋脊线的标高，每次检查单元板之间的缝隙时，量测点应随机选择，且不少于 10 处。

⑥ 山墙板吊装就位后，其安装质量应符合的要求：

矩形槽山墙板之间的缝隙不宜大于 5mm；梯形槽山墙板之间锁缝处卷边的缝隙不宜大于 1mm；每一山墙板的垂直度偏差不应超过矢高的±1%；山墙板下端连接螺栓（螺钉）的数量和位置应符合设计要求。

检验方法：每一面山墙，用钢尺随机量测 10 处缝隙；每一面山墙，用线锤和钢尺量测两边和跨中处的垂直度。

⑦ 拱形波纹钢屋盖结构的外观应符合的要求：

屋盖中任一块单元板不得有折曲损伤缺陷；在施工过程中，彩涂板的涂层不宜出现单块面积大于 200mm² 和总面积大于 5‰ 屋盖表面积的损伤（破裂、脱落和划伤）；在损伤处应按标准《拱形波纹钢屋盖结构技术规程（试用）》CECS 167：2004 第 5.1.4 条的规定采取修补措施。

检验方法：对拱形波纹钢屋盖结构的内外表面，进行全面目测检查；对涂层损伤处采用钢尺量测。

6）合格判定

（1）拱形波纹钢屋盖结构工程中，一个检验批应判定为合格的质量要求：

抽出样本均符合标准《拱形波纹钢屋盖结构技术规程（试用）》CECS 167：2004 第 7.2.2 条规定的主控项目的要求；抽出样本的 80% 以上符合标准《拱形波纹钢屋盖结构技术规程（试用）》CECS 167：2004 第 7.2.3 条规定的一般项目的要求。其余样本不得有明显影响安装质量的缺陷，其中允许偏差项目的最大偏差值不得超过规定允许偏差值的 1.5 倍。

（2）当各检验批的质量经验收均为合格时，分项工程应判定为合格。

（3）当拱形波纹钢屋盖结构工程经验收判定为不合格时的处理方法：

① 当某些主控项目局部不满足要求时，必须采取措施使全部项目达到要求后，工程方可投入使用；

② 当有超过 20% 的一般项目不满足要求时，应采取措施使未达到要求的项目降低到 20% 以下，工程方可投入使用；

③ 经采用纠正或修补措施后，仍然判定为不合格的工程，不得投入使用。

7）维护

（1）工程交付使用后，应根据屋盖所用彩涂板的维护年限和屋盖支座的使用条件制定维护制度和措施，定期对屋盖和支座进行检查和维修。

（2）维修和加固应在专业人员指导下进行。

（3）未经设计单位许可，不得改变拱形波纹钢屋盖结构原设计的荷载状况、建筑功能和环境条件。

参 考 文 献

[1] Eglantine Hauchard. Presentation AG2017-members，Amsterdam，Holland，June 7-9，2017 （C）. 50thECCA Anniverasry.

[2] Nicolas Larche，Tomas Prosek，Andrej Nazarov，Domimigue Thierry. Zn-Mg Automotive Steel Coatings. IC Report 2008，3. French Corrosion.

[3] 王定武. 我国不锈钢生产的发展和展望 ［J］. 冶金管理. 2016.

[4] 冀志宏，王兴艳. 我国不锈钢产业现状分析及发展建议 ［J］. 冶金经济与管理. 2017.

[5] 鹿宁. 我国不锈钢行业发展分析 ［J］. 冶金经济与管理. 2016.

[6] 刘登良. 涂层失效分析的方法和工作程序 ［M］. 北京：化学工业出版社，2003.

[7] 肖佑国，祝福军. 预涂金属卷材及涂料 ［M］. 北京：化学工业出版社，2003.

[8] 顾进荣. 彩色涂层钢板在建筑上的运用 ［J］.《材料保护》杂志，1992.

[9] 中国国家标准化管理委员会. 彩色涂层钢板及钢带试验方法 GB/T 13448—2006 ［S］. 北京：中国标准出版社，2006.

[10] 中华人民共和国住房和城乡建设部.《建筑设计防火规范》GB 50016—2014 ［S］. 北京：中国计划出版社，2014.

[11] 中华人民共和国住房和城乡建设部.《建筑物防雷设计规范》GB 50057—2010 ［S］. 北京：中国计划出版社，2011.

[12] 中华人民共和国住房和城乡建设部.《冷库设计规范》GB 50072—2010 ［S］. 北京：中国计划出版社，2010.

[13] 中华人民共和国住房和城乡建设部.《民用建筑热工设计规范》GB 50176—2016 ［S］. 北京：中国建筑工业出版社，2017.

[14] 中华人民共和国住房和城乡建设部.《公共建筑节能设计标准》GB 50189—2015 ［S］. 北京：中国建筑工业出版社，2015.

[15] 中华人民共和国住房和城乡建设部.《建筑采光设计标准》GB 50033—2013 ［S］. 北京：中国建筑工业出版社，2015.

[16] 中华人民共和国住房和城乡建设部.《严寒和寒冷地区居住建筑节能设计标准》JGJ 26—2010 ［S］. 北京：中国建筑工业出版社，2010.

[17] 中华人民共和国住房和城乡建设部.《夏热冬暖地区居住建筑节能设计标准》JGJ 75—2012.［S］. 北京：中国建筑工业出版社，2015.

[18] 中华人民共和国住房和城乡建设部.《夏热冬冷地区居住建筑节能设计标准》JGJ 134—2010 ［S］. 北京：中国建筑工业出版社，2010.

[19] 中华人民共和国住房和城乡建设部.《门式刚架轻型房屋钢结构技术规范》GB 51022—2015 ［S］. 北京：中国建筑工业出版社，2015.

[20] 中华人民共和国住房和城乡建设部.《压型金属板工程应用技术规范》GB 50896—2013 ［S］. 北京：中国计划出版社，2013.

[21] 中华人民共和国国家质量监督检验检疫总局.《建筑用金属面绝热夹芯板》GB/T 23932-2009 ［S］. 北京：中国标准出版社，2009.

[22] 中华人民共和国工业和信息化部.《建筑用金属面酚醛泡沫夹芯板》JC/T 2155—2012 ［S］. 北京：中国建材工业出版社，2013.

[23] 中华人民共和国国家质量监督检验检疫总局.《连续热镀锌钢板及钢带》GB/T 2518—2008 ［S］. 北京：中国标准出版社，2008.

[24] 中华人民共和国国家质量监督检验检疫总局.《彩色涂层钢板及钢带》GB/T 12754—2006 ［S］. 北京：中国标准出版社，2006.

[25] 中华人民共和国国家质量监督检验检疫总局.《建筑用压型钢板》GB/T 12755—2008 ［S］. 北京：中国标准出版社，2008.

[26] 中华人民共和国国家质量监督检验检疫总局.《连续热镀铝锌合金镀层钢板及钢带》GB/T 14978—2008 ［S］. 北京：中国标准出版社，2008.

[27] 中华人民共和国住房和城乡建设部.《建筑给排水设计规范》GB 50015—2003（2009 年版）［S］. 北京：中国计划出版社，2003.

[28] 中华人民共和国住房和城乡建设部.《民用建筑隔声设计规范》GB 50118—2010 ［S］. 北京：中国建筑工业出版

社，2010.

［29］ 中华人民共和国住房和城乡建设部.《工业建筑防腐蚀设计规范》GB 50046—2008［S］. 北京：中国计划出版社，2008.

［30］ 中华人民共和国住房和城乡建设部.《冷弯薄壁型钢结构技术规范》GB 50018—2002［S］. 北京：中国计划出版社，2002.

［31］ 中国工程建设标准化协会.《钢结构防腐蚀涂装技术规程》CECS 343：2013［S］. 北京：中国建筑工业出版社，2013.

［32］ 中华人民共和国国家质量监督检验检疫总局.《金属和合金的腐蚀　大气腐蚀性　分类》GB/T 19292.1—2003［S］. 北京：中国标准出版社，2012.

［33］ 苏联.《建筑结构防腐蚀规范》CHNU2-03-11-85［S］. 北京：中冶建筑研究总院《钢结构鉴定与加固论文集》，1995.

［34］ 国际标准化组织.《钢结构防护涂料系统的防腐蚀保护》ISO 1294—1998（1998）.

［35］ 中华人民共和国住房和城乡建设部.《建筑结构荷载规范》GB 50009—2012［S］. 北京：中国建筑工业出版社，2012.

［36］ 中华人民共和国住房和城乡建设部.《钢结构设计标准》GB 50017—2003［S］. 北京：中国建筑工业出版社，2018.

［37］ 中国工程建设标准化协会.《组合楼板设计与施工规范》CECS 273：2010［S］. 北京：中国计划出版社，2010.

［38］ 中国工程建设标准化协会.《拱形波纹钢屋盖结构技术规程》CECS 167：2004［S］. 北京：中国计划出版社，2005.

［39］ 中华人民共和国住房和城乡建设部.《组合结构设计规范》JGJ 138—2016［S］. 北京：中国建筑工业出版社，2016.

［40］ 中国工程建设标准化协会.《不锈钢结构技术规程》CECS 410：2015［S］. 北京：中国计划出版社，2015.

［41］ 中华人民共和国住房和城乡建设部.《建筑钢结构防火技术规范》GB 51249—2017［S］. 北京：中国建筑工业出版社，2017.

［42］ 柴昶，宋曼华，钢结构设计与计算［M］. 第二版，北京：机械工业出版社，2006.

［43］ 中华人民共和国住房和城乡建设部.《钢结构工程施工质量验收规范》GB 50205—2001［S］. 北京：中国计划出版社，2001.

［44］ 中国钢结构协会.《建筑钢结构施工手册》［M］. 北京：中国计划出版社，2002 年.

［45］ 中华人民共和国国家质量监督检验检疫总局.《建筑屋面和幕墙用冷轧不锈钢钢板及钢带》GB/T 34200—2017［S］. 北京：中国标准出版社，2018.